KB058223

10퍼센트 인간

10% HUMAN

10퍼센트 인간

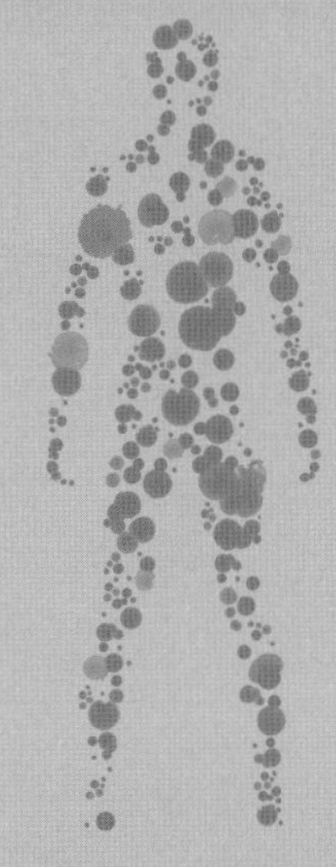

앨러나 콜렌 지음 | 조은영 옮김

SIGONGSA

과학의 핵심은 누가 보아도 모순되는 두 가지 태도가 본질적으로 균형을 이룬다는 데 있다. 직관에 어긋나는 터무니없는 발상일지라도 마음을 열고 새로운 아이디어를 맞이하는 태도, 그리고 신구新舊를 가리지 않고 가차 없이 철저하게 아이디어를 검토하는 회의적인 자세, 이 두 가지 태도 모두 진정한 가짜로부터 심오한 진리를 가려내는 방법이기 때문이다.

– **칼 세이건**

들어가며

미생물과 함께 살다

2005년의 어느 여름밤, 나는 스무 마리의 박쥐가 담긴 주머니를 어깨에 메고 숲길을 걸어 베이스캠프로 돌아가고 있었다. 헤드 랜턴을 향해 달려드는 오만 가지 벌레들에 겨우 익숙해질 무렵, 갑자기 발목에 가려움증이 느껴졌다. 그때 나는 벌레퇴치제로 범벅이 된 바지를 입고, 바짓단을 거머리 방지 양말 속에 깊숙이 밀어 넣고 있었다. 그리고 그것도 불안해서 양말 한 겹을 더 신었다.

곳곳에 설치한 덫을 일일이 확인해가며 박쥐들을 거둬들이는 동안 내 온몸은 완전히 땀에 젖어버렸다. 또 사정없이 공격하는 모기를 쫓느라 정신이 없었고, 축축한 열대우림의 어둠 속 진흙투성이 길을 헤매며 언제 호랑이가 덮칠지 모른다는 두려움에 휩싸여 있었다. 그런데 그 틈을 노려 겹겹으로 둘러싼 옷가지와 벌레퇴치제의 독한 화학물질을 뚫고 옷 속으로 들어온 놈이 있었던 것이다. 뭔지 모르지만 가려운 놈.

스물두 살에 나는 말레이반도에 있는 크라우 야생동물 보호구역Krau Wildlife Reserve의 심장부에서 3개월을 보냈다. 이 시간은 내 인생을 통째로 바꾸어놓았다. 생물학도로서 나는 박쥐에 완전히 빠져 있었다. 그래서 영국의 어느 박쥐 과학자가 올린 야외조사 보조연구원 모집광고를 보았을 때 주저 없이 바로 지원을 해버렸다. 그곳에서 나는 그물침대에서 쪽잠을 자고 왕도마뱀 천지인 강물에서 몸을 씻으면서도 잎원숭이와 긴팔원숭이, 그리고 엄청나게 다양한 박쥐들과 직접 마주하는 즐거움 덕분에 하루하루가 의미 있게 느껴졌다. 그런데 나중에야 알게 된 사실이 하나 있었다. 밀림 생활은 그저 경험 삼아 한번 해보는 것으로 끝날 수 있는 일이 아니라는 것이다.

강변의 공터에 있는 베이스캠프로 돌아오자마자 나는 옷을 벗고 몸을 살펴보기 시작했다. 내 옷 속을 파고든 것은 거머리가 아니었다. 바로 살인진드기였다. 50마리쯤 되는 놈들이 살에 박혀 있거나 다리를 기어오르고 있었다. 급한 대로 일단 눈에 보이는 놈들 먼저 털어버렸다. 그리고 일을 마무리 지으려고 주머니에서 박쥐들을 꺼내 최대한 빨리 치수를 재고 데이터를 기록한 뒤 놓아주었다. 그런 뒤 풀려난 박쥐들이 날아다니고 매미 소리가 울려 퍼지는 숲의 칠흑 같은 어둠 속에서 나는 누에고치 모양의 그물침대 속으로 들어가 지퍼를 잠갔다. 그리고 헤드랜턴 불빛 아래 족집게를 들고 살 속에 박힌 살인진드기를 한 마리씩 모조리 뽑아냈다.

런던에 있는 집으로 돌아오고 몇 개월 뒤 갑자기 발가락뼈가 부어올랐다. 살인진드기가 옮긴 열대 풍토병이 본격적으로 나를 공격하기 시작한 것이다. 몸이 말을 듣지 않았다. 정체 모를 증상이 나타났다가 사라지기를 반복했다. 아무 경고도 없이 순식간에 통증이 밀려오고 무기력과 착란 상태가 지속됐다. 그러다가는 또 아무 일도 없었다는 듯이 멀쩡해졌다. 그럴 때마다 나는 담당 전문의들을 만나 갖가지 혈액 검사를 하고, 일상을 포기한 채 몇 주, 몇 달씩 증상이 사라지기만을 기다려야 했다. 그로부터 몇 년이 지나 마침내 정확한 진단이 내려졌지만, 이미 몸속 깊이 감염된 상태였다. 그리고 황소 떼도 고칠 수 있을 만큼 독한 항생제를 장기간 투여한 후에야 비로소 나 자신으로 돌아왔다.

그러나 기대와는 달리 이야기는 여기서 끝나지 않았다. 살인진드기가 일으킨 병은 고쳤지만, 그 과정에서 난 마치 화학약품에 푹 절인 한 근의 고깃덩어리가 된 것 같았다. 항생제는 분명히 마법 같은 효력을 나타냈다. 하지만 항생제 치료 이후 나는 치료 전 못지않은 다양하고 새로운 증상에 시달리기 시작했다. 피부가 극도로 예민해지고 수시로 장에 탈이 났으며, 유행하는 감염은 꼭 한 번씩 앓고 지나갔다. 이쯤 되니 슬슬 의심이 들었다. 감염을 치료하기 위해 사용한 항생제 때문에 살인진드기가 몰고 온 나쁜 균은 물론 원래 내 몸속에 살던 착한 균까지도 모두 사라진 건 아닐까? 내 몸이 미생물도 살기 어려울 정도로 척박해진 모양이다. 비로소 나는 깨달았다. 얼마 전까지만 해도 내 몸을 자기 집처럼 여기던 100조 마리의 착한 꼬마 생물체들이 나에게 얼마나 소중한 존재였는지를.

우리는 겨우 10퍼센트 인간일 뿐이다. 우리 몸에는 우리가 내 몸뚱이라고 부르는 인체의 세포 하나당 아홉 개의 사기꾼 세포가 무임승차를 한다. 우리는 보통 사람의 몸이 살과 피, 근육과 뼈, 뇌와 피부로 이루어졌다고 생각한다. 하지만 여기에 박테리아와 곰팡이를 빼놓아서는 안 된다. 엄밀히 말하면 내 몸은 내 몸이 아니다. 해저에서 수많은 해양 생물의 서식처 역할을 하는 산호초처럼, 우리의 장腸은 100조가 넘는 박테리아와 곰팡이의 보금자리다. 약 4,000종의 미생물들이 1.5미터짜리 대장 안에서 장벽의 주름을 편안한 더블베드로 삼아 삶의 터전을 일구어놓았다. 아마 우리는 평생 아프리카코끼리 다섯 마리의 몸무게에 해당하는 미생물의 숙주 노릇을 하게 될 것이다. 뿐만 아니라 피부에도 눈에 보이지 않는 미생물들이 득시글거린다. 손톱 밑에는 대영제국의 전체 인구보다도 더 많은 미생물들이 보이지 않게 숨어 있을 것이다.

생각만 해도 역겹지 않은가? 진화의 정점에 서 있는 인간은 이렇게 미생물의 식민지로 전락하기엔 교양이 넘치고 지나치게 깨끗하다. 우리의 먼 조상들은 숲을 떠나오며 털과 꼬리를 떨쳐버렸던 것처럼 미생물도 함께 버리고 왔어야 했다. 위대한 현대 의학은 인체에서 미생물을 몰아내어 인간이 청결한 환경에서 건강하고 독립적으로 살게 해주진 못한단 말인가? 인간의 몸에 미생물이 살고 있다는 사실이 처음으로 밝혀진 순간부터 지금까지 인간은 미생물한테 무심했다. 산호초나 열대우림처럼 이들을 소중히 여기거나 보호하기는커녕, 별다른 해를 끼치지 않는다는 이유로 그저 내버려두었을 뿐이다.

진화생물학자로서 나는 생물체의 해부학적 구조나 본능적인 행동 속에 어떤 진화적 의도가 숨어 있으며, 해당 생물체에 어떤 이로움을 주는지 찾아내려는 버릇이 있다. 해로운 형질이나 이롭지 못한 상호작용이라면 생물체가 이에 직접 맞서 싸우거나, 아니면 진화의 시간 속에서 도태되어 사라진다. 이러한 관점에서 우리 몸속 100조 마리의 미생물을 보자. 만일 이들이 처음부터 파티에 빈손으로 찾아왔다면 마치 귀향이라도 한 듯 감히 인간의 몸에 뿌리를 내리고 살 수 있었을까? 인체의 면역계는 병원균과 싸워서 감염을 제거해주는 역할을 한다. 그렇다면 면역계는 어째서 이들 미생물의 침입을 눈감아주었을까? 장기적인 항생제 투여로 시작된 감염과의 전쟁에서 내 몸속 침입자들은 좋은 놈, 나쁜 놈 가릴 것 없이 모두 엄청난 화학폭격에 희생되었다. 나는 이 전쟁이 나에게 가져온 예상치 못한 피해를 밝혀내고 싶었다.

다행히 참 시기적절한 때에 이러한 의문들을 가지게 된 것 같다. 과거에는 체내에 서식하는 미생물을 연구할 때 주로 페트리 접시에 배양하는 방법을 사용했다. 하지만 이 방법으로는 원하는 답을 얻어내는 데 한계가 있었다. 체내에 서식하는 미생물은 대부분 장 속 깊은 곳, 산소가 없는 환경에 적응한 생물체라 산소에 노출되면 죽어버리기 때문이다. 따라서 체내에 서식하는 박테리아를 체외에서 키우는 것은, 더구나 그걸로 실험을 한다는 것은 그 이상으로 힘든 일이었다. 하지만 마침내 과학기술이 우리의 궁금증을 해결해줄 수 있는 수준에 도달했다.

인간의 모든 유전자를 해독해낸 획기적인 '인간 게놈 프로젝트'에 뒤이어 과학자들은 많은 양의 DNA 염기서열을 저렴한 비용으로 밝혀낼 수 있게 되었다. 심지어 대변을 통해 체외로 배출된 죽은 미생물조차도 그 안에 고스란히 남아 있는 DNA를 분석함으로써 식별할 수 있게 되었다. 지금까지 우리는 몸속의 미생물들이 별것 아니라고 생각했지만, 현대 과학은 이제 전혀 다른 이야기를 풀어놓는다. 인간의 삶이 이 히치하이커들과 어떻게 서로 얽혀 있으며 이들이 인간의 몸을 어떤 식으로 움직이고 결과적으로 인간의 건강에 얼마나 큰 영향을 미치는지 말이다.

나 자신에게 일어난 문제는 빙산의 일각에 불과하다. 위장 장애, 알레르기, 자가면역 질환, 심지어 비만까지도 체내 미생물 사회가 붕괴할 때 일어난다는 과학적 증거들이 발표되고 있다. 미생물의 안녕은 신체 건강뿐 아니라 불안 장애나 강박 장애, 우울증, 또는 자폐증 같은 정신 건강에까지 영향을 미친다. 현대인이 삶의 일부로 받아들인 많은 질병은 사실 유전자 결함이나 신체적 결점 때문에 걸리는 게 아니다. 그보다는 인간 세포의 확장으로서 인류와 오랜 시간 공생해온 존재를 소중히 여기지 않았기 때문에 새롭게 나타난 질환이다. 그 존재는 바로 우리의 미생물이다.

나는 살인진드기 감염을 치료하는 과정에서 사용된 항생제가 내 몸속 미생물을 어떻게 파괴했는지 알고 싶어서 공부를 시작했다. 해를 입은 미생물 무리가 어떻게 나를 병들게 했는지, 그리고 어떻게 하면 8년 전 살인진드기에 물렸던 그날 밤으로 돌아가 원래 미생물들이 일구어놓은 조화로운 균형을 되찾을 수 있을지 알고 싶었다. 그래서 나는 자기발견의 궁극적인 단계, 즉 게놈의 DNA 염기서열을 밝혀보기로 했다. 그런데 분석 대상은 나 자신의 게놈이 아닌 내 몸 안에 살고 있는 미생물들의 게놈, 다시 말해 미생물군 유전체microbiome였다. 미생물군 유전체 염기서열 분석을 통해 현재 내 몸속 박테리아의 상태를 알게 되면 그것을 바탕으로 새롭게 시작할 수 있을 거라는 확신이 들었다.

그래서 나는 DNA 염기서열 분석을 의뢰하기 위해 '아메리카 장 프로젝트American Gut Project'에 지원했다. 아메리카 장 프로젝트는 콜로라도 주립대학교의 롭 나이트Rob Knight 교수 연구실에서 시작한 시민참여 과학 프로그램이다. 이 프로젝트는 전 세계에서 기증받은 대변 샘플을 이용해 인간의 몸에 서식하는 미생물의 DNA 염기서열을 밝히려는 목적으로 시작되었다. 이를 통해 인체에 어떤 미생물이 살고 있으며 이들이 인간의 건강에 얼마나 큰 영향력을 발휘하는지 알 수 있다. 나는 프로젝트에 등록하고 대변 표본을 보냈다. 그리고 얼마 후 미생물 분석 결과를 돌려받았다. 드디어 내 몸속 생태계의 스냅샷을 마주한 것이다.

우선 여러 해에 걸친 항생제 투여에도 여전히 살아남은 박테리아가 있다는 사실에 마음이 크게 놓였다. 그리고 지금 내 몸에 거주하는 박테리아들이 참혹한 전쟁터에서 겨우 살아남은 돌연변이체가 아니라 이 프로젝트에 참여한 다른 사람들의 미생물과 대체로 비슷한 종이라는 사실에 뛸 듯이 기뻤다. 하지만 예상한 대로 박테리아의 '다양성'은 타격을 입었다. 내 박테리아들은 미생물 분류 체계의 가장 높은 수준에서 양당兩黨 체제를 이루고 있었다. 이는 다른 사람들과 비교했을 때 다양성이 훨씬 떨어지는 것이었다. 내 박테리아는 97퍼센트 이상이 두 개의 분류군 중 하나에 속했지만, 다른 참가자들의 박테리아는 약 90퍼센트만 두 개의 분류군에 속했고 나머지는 그 밖의 다양한 분류군에 속해 있었다. 아마도 내가 복용한 항생제 때문에 개체 수가 적은 일부 종들이 먼저 제거되고, 힘이 센 다수의 종만 살아남은 것 같았다. 나는 내 안에서 흔적도 없이 사라진 박테리아들이 내 건강과 어떤 관련이 있는 놈들이었는지 매우 궁금해졌다.

열대우림과 참나무숲을 비교할 때, 숲을 구성하는 교목과 관목, 또는 조류와 포유류의 비율만 보아서는 각각의 생태계가 어떻게 기능하는지 제대로 알 수 없다. 마찬가지로 박테리아를 이렇게 광범위한 수준으로만 비교해서는 내 몸속 생태계에 관해 구체적으로 파악할 수 없다. 그렇다면 이번엔 앞에서와 반대로 미생물 분류 체계의 반대쪽 끝에 있는 속과 종을 살펴보아야 한다. 현재 남아 있는 박테리아는 항생제 전투 내내 장벽에 들러붙어 있던 놈일 수도 있고, 아니면 전쟁 이후에 복귀한 놈일 수도 있다. 하지만 어느 쪽이든 상관없이 일단 이놈들의 정체를 구체적으로 밝혀야 몸 상태를 제대로 파악할 수 있을 것이다. 어쩌면 착한 박테리아가 화학전에 희생되어 사라지는 바람에 고삐가 풀려버린 나쁜 박테리아가 기승을 부리는 것인지도 모르기 때문이다.

나 자신과 내 미생물에 대한 공부를 시작하기에 앞서 나는 배운 것은 바로 실천에 옮기겠다고 결심했다. 그들과 다시 친해지고 싶었다. 내 몸의 세포와 조화롭게 살아갈 미생물 군단을 되찾으려면 예전과는 다르게 살아야 한다는 사실을 깨달았다. 나도 모르게 내 몸속 미생물 세계에 끼친 피해 때문에 현재의 증상들이 나타나는 거라면, 손상된 부분을 고치고 복구하여 이 괴로운 알레르기와 피부 트러블, 그리고 끊임없는 감염의 고통에서 벗어나고 싶었다. 무엇보다 내 노력은 나 자신만을 위한 것이 아니었다. 가까운 미래에 나에게 찾아올 내 아이들을 위한 것이기도 했다. 아이들에게 내가 가진 절반의 유전자와 함께 몸 안의 미생물까지 같이 물려주어야 한다면, 이왕이면 그럴 만한 가치가 있는 걸 지니고 싶었다.

나는 일상생활에서 미생물을 우선순위에 놓기로 했다. 매일 먹는 식단을 미생물의 필요에 맞추어 바꿨다. 이런 생활방식의 변화가 효과를 보이면 다시 한 번 대변 샘플을 보내어 DNA 염기서열 분석을 할 계획을 세웠다. 미생물이 다시 돌아와 내 몸 안에서 다양성과 균형을 되찾길 바랐다. 그리고 무엇보다 그들에 대한 내 투자가 건강하고 행복한 삶이라는 성과를 얻을 수 있길 간절히 소망할 뿐이었다.

CONTENTS

• 머리말 •

나머지 90퍼센트

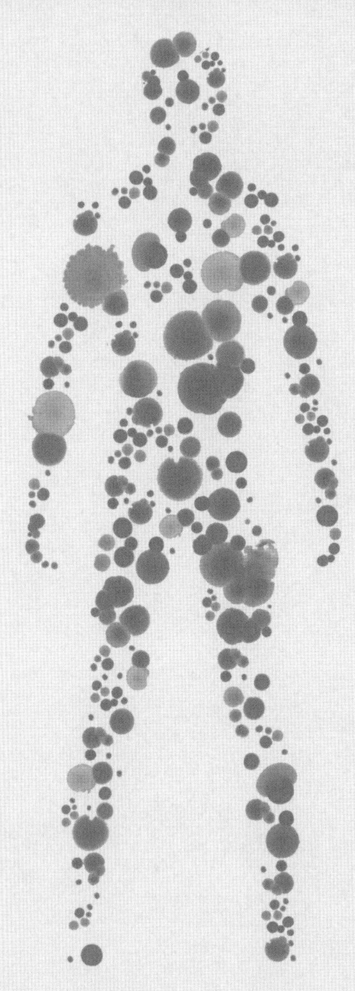

1 0 % H U M A N

인간 게놈의 첫 번째 초안이 발표되기 몇 주 전인 2000년 5월, 뉴욕의 콜드 스프링 하버 연구소Cold Spring Harbor Laboratory 내의 술집에서 과학자들이 노트북 한 대를 둘러싼 채 시끌벅적하게 떠들고 있었다. 그곳은 인간 게놈 프로젝트의 다음 단계를 앞두고 흥분이 고조되고 있었다. 프로젝트의 다음 단계는, 이제 막 밝혀진 인간 게놈의 전체 DNA 염기서열을 기능에 따라 분류하고 유전자를 식별하는 과정이었다. 노트북에는 한 가지 흥미로운 문제에 대한 내기 정보가 들어 있었는데, 내로라하는 최고의 전문가들이 세계가 주목하는 이 내기에 도전했다. '과연 인간의 유전자는 몇 개인가?'

선임 연구원 리 로웬Lee Rowen은 맥주잔을 입에 대고 생각에 잠겼다. 로웬은 염색체 14, 15번 해독팀을 이끌고 있었다. 유전자는 생명체를 만드는 데 필요한 건축 자재인 단백질을 암호화한다. 그렇다면 인간이라는 생물체가 지닌 고도의 복잡성을 볼 때 인간은 아마도 아주 많은 수의 유전자를 가지고 있을 거라고 쉽게 짐작할 수 있다. 쥐는 2만 3,000개의 유전자를 가지고 있다. 인간은 아마 쥐보다는 더 많은 유전자를 가지고 있을 것이다. 2만 6,000개의 유전자를 가진 밀wheat보다도 많을 것이다. 그리고 발생 생물학자들이 실험용으로 애용하는 예쁜꼬마선충*C. elegans*의 2만 500개 유전자에 비해서도 비교할 수 없을 만큼 많은 유전자를 보유할 것이다.

평균 5만 5,000개, 최대 15만 개까지 다양한 추측과 예측이 난무한 가운데 로웬의 감은 좀 더 낮은 숫자에 머물렀다. 그녀는 처음엔 4만 1,440개 그리고 1년 후에는 좀 더 낮추어 2만 5,947개에 승부수를 걸었다. 그로부터 3년 뒤인 2003년 마침내 염기서열 분석이 마무리 단계에 들어서고 모두가 기다렸던 인간 게놈의 유전자 수가 밝혀졌을 때, 상금은 로웬의 손에 쥐어졌다. 로웬이 내기에 건 숫자는 총 165개의 베팅 중에서 가장 낮았다. 하지만 실제 밝혀진 유전자 수는 로웬을 비롯한 어떤 과학자가 예측한 것보다도 더 낮았다.

제2의 게놈을 만나다

인간의 게놈에는 2만 1,000개가 조금 못 되는 유전자가 있다. 이는 기껏해야 예쁜꼬마선충의 게놈 크기에 불과하다. 식물인 벼에 비하면 절반 정도 수준이고, 작은 물벼룩조차도 3만 1,000개로 인간을 한참 앞선다. 하지만 이 생물체들은 말을 할 수 없고 창조적인 능력도 없으며 지적인 사고와도 거리가 먼 존재들이다. 과학자 대부분이 높은 숫자에 돈을 걸었던 것처럼, 대부분의 사람들이 아마 인간이라면 풀이나 기생충, 물벼룩보다는 훨씬 많은 유전자를 가져야 한다고 생각했을 것이다. 유전자는 결국 우리 몸을 구성하는 단백질 생산에 필요한 정보다. 그런데 인체와 같이 복잡하고 섬세한 작품을 만드는 데 필요한 단백질과 유전자라면 적어도 벌레보다는 그 수가 많아야 하지 않을까?

그런데 인간의 몸이 2만 1,000개의 유전자만으로 움직이는 것은 아니라는 점에 주목해야 한다. 우리는 혼자 사는 존재가 아니다. 우리 각자는 모두 슈퍼생물체superorganism, 다시 말해 여러 종이 모여 있는 하나의 집합체다. 이들은 서로 함께 협력해가며 모두의 생존을 책임지는 이 육신을 관리하고 운영한다. 인간의 세포는 미생물보다 무게나 부피는 훨씬 클지 몰라도 개수로 따지면 몸 안에 서식하는 미생물의 10분의 1밖에 안 된다.

미생물총微生物叢, microbiota이라고 불리는 100조 마리의 체내 미생물은 대부분이 박테리아로 구성되어 있다. 박테리아는 보통 세균이라고 부르며 겨우 하나의 세포로 이루어진 아주 작은 생물체다. 미생물총은 박테리아 말고도 바이러스, 곰팡이 같은 균류fungi, 원시세균Archaea을 포함한다. 이 중 바이러스는 너무 작고 구조가 단순해서 차마 생명체라고 부를 수도 없다. 이들은 전적으로 다른 생명체가 지닌 세포에 의지해 자신을 복제한다. 우리 몸에 사는 균류는 보통 이스트(효모균)인데 박테리아보다는 훨씬 복잡하지만 그래도 여전히 작고 단세포로 이루어진 생물

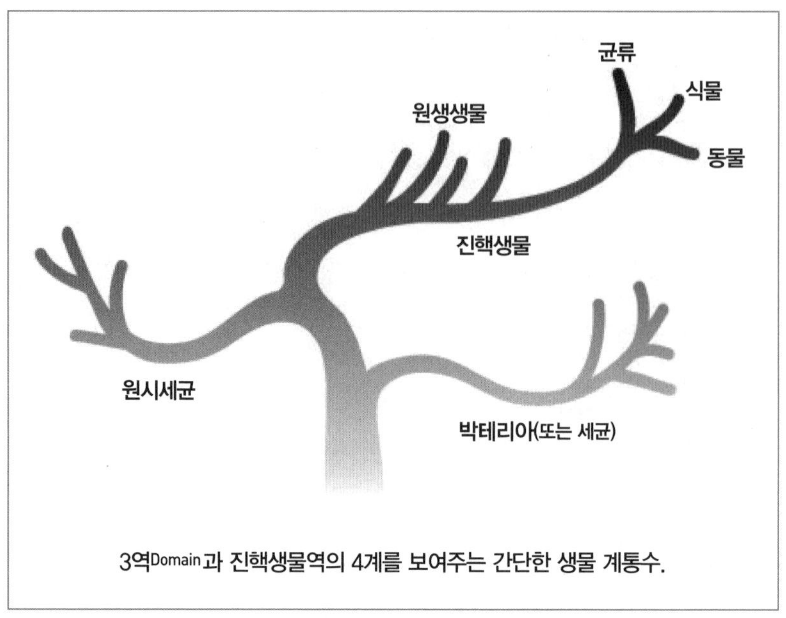

3역Domain과 진핵생물역의 4계를 보여주는 간단한 생물 계통수.

이다. 원시세균은 박테리아와 비슷해 보이지만 진화적으로 보면 식물과 동물의 관계만큼이나 서로 거리가 먼 미생물이다.

이렇게 우리 몸에 거주하는 박테리아, 바이러스, 균류, 원시세균을 포함하는 모든 미생물총의 유전자들이 2만 1,000개의 인간 유전자와 더불어 우리의 몸을 함께 이끌어가고 있다. 모두 합치면 인체에 서식하는 미생물은 총 440만 개의 유전자를 가진다. 이것이 바로 미생물군 유전체, 즉 미생물총을 이루는 게놈의 집합체다. 따라서 숫자로만 따지면 당신은 불과 0.5퍼센트만 인간이다.

인간 게놈이 유전자의 개수뿐 아니라 유전자가 만들어내는 단백질의 다양한 조합을 통해 인체의 복잡성을 창조해낸다는 사실은 잘 알려져 있다. 또한 인간과 동물의 게놈은 단순히 체내에서 생산하는 단백질을 암호화하는 수준 이상의 기능을 수행하고 있다. 그런데 여기에 체내 미생물이 가진 유전자가 더해져 복잡성이 배로 늘어난다. 이 단순한 생물체가 인간에게 제공하는 서비스는 손쉽게 지원되면서도 빨리 진화하는 특징이 있다.

최근까지 체내 미생물에 대한 연구는 배지培地가 담긴 페트리 접시 위에서 배양할 수 있는 경우에만 가능했다. 이것은 꽤 어려운 작업이다. 페트리 접시 속에 담긴 젤리 형태의 배지는 미생물이 자랄 수 있는 생육 환경을 재현하기 위해 보통 혈액이나 골수 혹은 당분으로 만들어지는데, 장내에 서식하는 미생물 대부분은 산소에 노출되면 죽어버리기 때문이다. 이 미생물들은 산소를 견뎌낼 수 있도록 진화하지 않은 것이다. 게다가 이렇게 체외에서 미생물을 키울 때는 생존에 필요한 영양분과 온도, 기체 조건 등을 추정하여 배양하는데 만약 적절한 조건을 알아내지 못한다면 그 종에 대한 연구는 실패로 돌아간다. 미생물 배양은 교사가 수업시간에 출석부를 보고 출석을 확인하는 것에 비유할 수 있다. 이때는 학생의 이름을 부르지 않으면 누가 강의실에 있는지 알 수가 없다. 하지만 오늘날의 DNA 염기서열 분석은 신원을 확인하기 위해 상대에게 신분증을 요청하는 것과 같다. 따라서 때로는 예상하지 않은 사람을 마주칠 수도 있다. 또한 이 기술은 인간 게놈 프로젝트 이후 빠르게 발전하여 현재는 훨씬 빠르고 저렴하게 정보를 제공한다.

인간 게놈 프로젝트가 종결되면서 전 세계적으로 기대가 높아졌다. 인간 게놈은 신이 창조한 가장 위대한 작품인 인체의 신비를 밝히는 열쇠이자 질병의 비밀을 담고 있는 성스러운 도서관이라는 인식이 널리 퍼졌다. 2000년 6월, 27억 달러의 예산 아래 집행된 이 프로젝트의 첫 번째 초안이 완성되었을 때 당시 미국 대통령이었던 빌 클린턴은 이렇게 선언했다.

> 이제 우리는 신이 생명을 만들어낸 창조의 언어를 배우게 되었습니다. 인체는 신이 내린 가장 신성하고도 성스러운 선물입니다. 우리는 인체의 복잡성과 아름다움, 그리고 경이로움에 더할 나위 없는 경외와 찬사를 보냅니다. 누구에게도 알려지지 않았던 이 근본적인 지식을 이용하여 인류는 곧 엄청난 질병 치유의 힘을 가지게 될 것입니다. 게놈 과학은 우리 모두의 삶 그리고 우리 아이들의 삶에 실질적인 영향을 미칠 것입니다. 질병의 진단과 예방, 치료 과정에 혁명이 일어날 것입니다.

하지만 이후 몇 년간 세계의 과학 저널리스트들은 인간 게놈 프로젝트를 통해 밝혀진 전체 DNA 염기서열 정보가 실제로 의학 발전에 이바지한 수준에 대해 실망감을 나타냈다. 인체 설명서의 해독을 통해 몇몇 중요한 질병을 치료하는 데 반박할 수 없는 큰 변혁이 일어난 것은 사실이다. 하지만 보다 일반적인 질병의 원인에 대해서는 기대한 만큼 밝혀내지 못했다. 특정한 질병을 앓고 있는 사람들끼리 공유하는 유전적 변이가 직접 병과 연관되는 경우는 예상외로 많지 않았기 때문이다. 낮은 수준으로나마 수십 혹은 수백 개의 유전자 변이와 연관성을 보이는 질병도 있었지만, 특정한 유전자 변이를 가진다고 해서 바로 해당 질병으로 이어지는 경우는 극히 드물었다.

새로운 세기가 도래했지만, 사람들은 인간이 가진 2만 1,000개 유전자만으로는 스토리를 제대로 풀어나갈 수 없다는 사실을 알지 못했다. 이 시기에 인간 게놈 프로젝트를 통해 개발된 DNA 염기서열 분석 기술을 적용한 또 하나의 중대한 게놈 프로젝트가 발족하였다. 바로 '인간 미생물군 유전체(마이크로바이옴) 프로젝트Human Microbiome Project'다. 인간 미생물군 유전체 프로젝트는 인간의 게놈이 아닌 인간이 지닌 미생물총의 게놈을 분석하여 우리 몸속에 어떤 미생물들이 서식하는지 구체적으로 파악하기 위해 계획된 프로젝트다.

더 이상 페트리 접시에 매달리지 않아도 된다. 산소가 미생물을 죽이지 않을까 걱정할 필요도 없다. 인간 미생물군 유전체 프로젝트는 1억 7,000만 달러의 예산을 들여 5년간 진행된 DNA 염기서열 분석 프로젝트다. 이 프로젝트는 인체의 18개 부위에 서식하는 미생물을 대상으로 진행되었으며 인간 게놈 프로젝트보다 수천 배 더 많은 DNA 염기서열을 읽었다. 이 프로젝트는 인체를 구성하는 인간과 미생물의 유전자를 동시에 점검하는 포괄적이고 종합적인 연구다. 2012년에 인간 미생물군 유전체 프로젝트의 제1단계 결과가 발표되었을 때는 단 한 명의 세계 지도자도 승리의 축배를 들지 않았다. 언론에서도 겨우 몇몇 신문사에서 특집 뉴스로 잠깐 다루었을 뿐 큰 관심을 얻지 못했다. 그러나 인간 미생물군 유전체 프로젝트는 앞으로 우리 자신의 게놈이 알려준 것 이상으로 인간에 대한 풍부한 정보를 제공할 것이다.

미생물과 한 팀을 이루다

생명이 시작된 이래로 생물체는 서로를 이용해왔다. 특히 미생물은 지구의 가장 척박한 장소에서도 매우 효과적으로 생명을 유지할 수 있다는 것을 증명해왔다. 현미경을 통해서나 볼 수 있는 미세한 미생물에게 특히 인간과 같은 대형 척추동물의 몸은 단순한 서식지에 머물지 않는다. 그것은 세계이자 생태계이고 기회의 땅이다. 지구가 자전하면서 온갖 다양하고 역동적인 모습을 보여주는 것처럼, 인체 역시 호르몬의 밀물과 썰물이 화학적 기후를 형성하고 또 시간이 흐르면서 복잡하게 달라지는 지형을 형성해간다. 미생물에게 이곳은 에덴동산이다.

인류는 아마도 인간이기 이전부터 미생물과 나란히 진화해왔을 것이다. 심지어 우리 조상이 포유류라고 불리기도 전에 이 공생은 시작되었을 것이다. 초파리부터 고래까지, 모든 동물의 몸은 미생물에게 또 다른 차원의 세계를 의미한다. 이 작은 생명체의 숙주 노릇을 하다 보면 어느 날 갑자기 공생 관계를 배신하고 병원균으로 돌변하여 치명적인 손상을 입히는 위험 분자들이 나타날 수도 있다. 하지만 미생물을 몸 안에 두는 일은 이런 위험을 감내하고서라도 유지해야 할 만큼 엄청난 수익과 혜택이 보장되는 비즈니스다.

하와이짧은꼬리오징어Hawaiian bobtail squid는 픽사Pixar 애니메이션에 나오는 주인공같이 눈이 크고 색깔이 화려한 종이다. 이 오징어는 생명의 위협을 줄이기 위해 박테리아 한 종에게 특별히 배 밑면의 일부를 내어주고 살게 했다. 알리비브리오 피셔리*Aliivibrio fischeri*라는 이 종은 먹이를 빛에너지로 전환하는 능력이 있는 발광박테리아다. 이 박테리아 때문에 바다 밑에서 보면 마치 오징어가 빛을 발하는 것처럼 보인다. 이 빛이 바다 위로 비치는 달빛과 어우러져 수면 가까이 떠다니는 그림자를 감추어주기 때문에, 오징어는 아래에서 접근하는 포식자의 눈을 효과적으로 피할 수 있다. 박테리아는 오징어의 몸에 공짜로 사는 대신 집에 보안 시스템을 장착시켜준 것이다.

미생물에게 세를 주고 대신 광원을 얻는 전략은 아주 독창적인 생존 방법인 것 같지만, 사실 자기 목숨을 제 몸에 거주하는 미생물에게 맡기는 동물은 오징어 말고도 많다. 살아남기 위한 전략은 여러 가지이며 방법도 다양한데 특히 미생물과 공조 체제를 이루는 것은 12억 년 전 처음으로 다세포 생명체가 진화한 이래로 진화 게임의 원동력이 되어왔다.

당연히 세포 수가 많은 생물일수록 더 많은 미생물을 거느릴 수 있다. 실제로 소처럼 덩치가 큰 동물은 박테리아에게 호의적인 것으로 잘 알려졌다. 소는 초식동물이다. 하지만 자기가 가진 유전자만 가지고서는 풀처럼 섬유질이 많은 먹이로부터 아주 소량의 영양분밖에 얻지 못한다. 또 풀을 소화하려면 세포벽을 이루는 질긴 분자들을 끊어낼 수 있는 특별한 효소가 필요하다. 그런데 소가 진화를 통해 이 효소의 유전자를 얻으려면 얼마나 오랜 시간을 기다려야 할지 모른다. 진화는 세대를 거듭할 때 무작위적으로 일어나는 돌연변이에 의존하는 과정인데 언제 '우연히' 세포벽을 분해하는 효소로 이어지는 유전자 돌연변이가 생길지 알 수 없기 때문이다.

따라서 풀에서 양분을 추출하는 능력을 갖추는 가장 빠른 방법은 외부 전문가, 즉 미생물에게 임무를 맡기는 것이다. 소의 위장을 구성하는 네 개의 방에는 1조 마리나 되는 식물성 섬유질 분해 미생물이 살고 있다. 섬유질 덩어리는 되새김질을 통해 소의 입과 위장을 오가면서 입에서는 물리적으로 쪼개지고, 위장에서는 미생물이 만들어내는 효소를 통해 화학적으로 분해된다. 미생물에게 이런 유전자를 얻는 일쯤은 쉽고도 빠른 일이다. 왜냐하면 미생물의 한 세대가 돌아오는 시간, 즉 돌연변이와 진화가 일어날 기회가 돌아오는 시간이 대체로 하루보다도 짧기 때문이다.

만일 소와 하와이짧은꼬리오징어가 미생물과의 팀워크를 통해 이득을 얻을 수 있다면 우리 인간 역시 그럴 수 있지 않을까? 인간은 풀을 먹고 살지도 않고 위장이 네 개도 아니다. 하지만 인간은 나름의 고유한 특성이 있다. 인간의 위는 작고 구조도 단순하다. 그저 식도를 통해 내려온 음식물을 몇 가지 효소와 섞어주고, 약간의 위산을 뿌려 원치 않는 손님을 처리하는 게 전부다. 하지만 위를 지나 소장으로 가면 음식물이 다양한 효소 활동으로 분해된 뒤 융모를 통해 혈관으로 흡수된다. 융모는 소장 벽을 이루는 손가락 모양의 돌기로 전체 면적이 테니스장만 하기 때문에 소장에서 생성되는 수많은 영양분이 쉽게 혈관으로 흡수될 수 있다. 이제 소장을 따라가다 막다른 길목에 다다르면 테니스장이라기보다는 테니스공 모양에 더 가까운 곳이 나타나는데 여기서부터 대장이 시작된다. 복부의 오른쪽 아랫부분에 자리 잡은 주머니 모양의 이 기관은 맹장이라고 불린다. 바로 이곳이 인체에 서식하는 미생물 커뮤니티의 심장부다.

충수와 자연선택

맹장에는 꼬리가 하나 달려 있는데 이 기관이 바로 충양돌기vermiform appendix 또는 막창자꼬리로 불리는 충수蟲垂다. 충수라는 이름은 벌레 같은 모양이라는 뜻이며 구더기나 뱀에 비유되기도 한다. 사실 충수는 대부분의 사람들이 그 유일한 기능을 충수염이라고 알고 있을 정도로 존재감이 없는 기관이다(일반적으로 맹장염이라고 부르는 것이 사실은 대부분 충수염에 해당한다-옮긴이). 충수는 길이가 짧게는 2센티미터에서 길게는 25센티미터까지 이어지며 극히 드물기는 하지만 충수가 두 개인 사람도 있고, 반대로 하나도 없는 사람도 있다. 100년이 넘게 충수는 아무 기능도 없는 그야말로 있으나 마나 한 기관으로 취급받았다. 통념대로라면 차라리 없는 것이 더 나을지도 모르는 기관이다.

100년을 끈질기게 따라붙은 이 미신에 대해 책임을 져야 할 사람은 바로 영국의 진화생물학자 찰스 다윈Charles Darwin이다. 동물해부학을 마침내 우아한 진화의 틀에 멋지게 끼워 넣은 다윈은 《종의 기원》의 후속작인 《인간의 유래》에서 흔적기관에 대해 다루면서 충수를 예로 들고 있다. 그는 다른 동물들의 커다란 충수와 비교했을 때 사람의 충수는 인류가 식단을 바꾸는 과정에서 기능을 잃고 점차 퇴화해가는 기관에 불과하다고 생각했다.

다윈 이후로도 딱히 밝혀진 기능이 없었기 때문에 100년 동안 충수가 흔적기관이라는 사실에는 의문이 제기된 적이 없었다. 게다가 많은 사람이 충수염으로 골치를 앓은 탓에 충수는 무용지물이라는 생각이 더 널리 퍼졌다. 특히 의료기관들이 충수를 아예 유명무실한 기관으로 규정하다시피 하여 1950년대에 이르러서 충수 절제술은 선진국에서 가장 흔하게 행해지는 외과 수술이 되었다. 충수는 심지어 병원에서 다른 복강 수술 시 덤으로 함께 제거될 정도였다. 한때는 남성 여덟 명 중 한 명이 충수 절제술을 받았고, 여성의 경우는 네 명 중 한 명으로 비율이 두 배나 높았다. 통계적으로 인구의 약 5~10퍼센트가 살면서 충수염을 앓는데 대체로 자식을 낳기 수십년 전에 발병하며 제때에 치료하지 않으면 환자의 반이 사망에 이른다.

이 점이 수수께끼다. 충수염이 이처럼 자연적으로 일어나는 질병이고 빈번하게 어린 개체를 죽음에 이르게 한다면, 충수는 자연선택에 의해 재빨리 도태되었어야 한다. 한 집단 내에서 충수를 가진 사람들이 번식기에 도달하기 전에 염증이 생겨 죽는다면, 충수를 만드는 자신의 유전자를 자손에게 물려주지 못하게 된다. 시간이 흘러 집단 내에 충수를 가진 사람은 점점 줄어들 것이고 마침내 사라질 것이다. 자연선택이 충수가 없는 사람의 손을 들어주는 것이다.

하지만 충수를 지니는 것이 치명적인 결과를 불러오지 않는다면, 충수가 과거의 유물이라는 다윈의 가정은 어느 정도 설득력을 지닌다. 그러므로 충수가 지금까지 유지되는 이유에는 서로 모순되지 않는 두 가지 설명이 있을 수 있다. 첫째, 충수염은 환경이 변하면서 비교적 근대에 나타난 질병이라는 것이다. 그렇다면 과거에는 충수염으로 인해 죽는 일이 드물었을 테니까 이 쓸모없는 기관도 별 탈 없이 유지될 수 있었을 것이다. 둘째, 충수가 진화의 역사에서 미처 퇴장하지 못한 해로운 흔적기관이 아니라, 충수염의 위험을 감수하고서라도 유지해야 할 만큼 이로운 기관이라는 것이다. 다시 말해 자연선택이 충수를 가지고 있는 사람을 선택한 것이다. 왜일까?

해답은 바로 충수 안에 들어 있는 물질에서 찾을 수 있다. 충수는 지름 약 1센티미터, 평균 길이 8센티미터의 가느다란 관인데, 그 입구를 지나는 음식물 찌꺼기로부터 차단되어 보호된다. 충수는 그냥 말라비틀어진 살점이 아니다. 그 안에는 특수화된 면역세포나 미생물이 가득 차 있다. 충수 안에서 미생물들은 서로를 지탱하며 생물막biofilm이라고 부르는 보호막을 형성하여 해로운 박테리아를 차단한다. 충수는 비활성화된 기관이 아니라 미생물을 보호하고 키우며 소통하는 면역계의 중추기관이며, 퇴화기관이 아니라 인체가 착한 미생물 세입자에게 제공하는 일종의 안전가옥인 셈이다.

뜻밖의 긴급한 상황에 대비하여 비상금을 숨겨두는 것처럼 충수에 비축된 미생물은 재난의 시기에 비로소 쓸모가 생긴다. 식중독이나 장염이 대장을 한바탕 휩쓸고 지나가면 장은 곧 충수에 피신해 있던 정상적인 주민들로 다시 채워진다. 물론 식중독이나 장염같이 비교적 가벼운 질병 때문에 미생물을 비축해둔다는 건 보험치고 과해 보일지도 모른다.

하지만 이질, 콜레라, 편모충증 같은 치명적인 장염이 서방 세계에서 사라진 것은 겨우 최근 몇십 년 전의 일이다. 또 선진국에서는 정수처리장이나 하수종말처리장 같은 공중위생시설 덕분에 감염성 질환을 예방할 수 있지만 아직도 전 세계에서 다섯 명 중 한 명의 아이가 감염성 설사로 죽어가고 있다. 질병에 목숨을 잃지 않고 살아남은 사람들은 충수 덕분에 빠르게 회복할 것이다. 하지만 이러한 재난 대비책은 평화의 시기에는 상대적으로 크게 빛을 발하지 못하는 법이다. 따라서 근대에 들어와 충수의 기능은 무시될 수밖에 없었다. 특히 충수를 제거함으로써 생기는 불이익은 근대적이고 위생적인 생활 방식 때문에 밖으로 드러날 일이 없었다. 깨끗한 환경과 생활 습관 덕분에 감염에 걸리질 않으니 충수 속의 미생물 대원들이 출동할 기회가 없어진 것이다.

사실 충수염은 근대에 출현한 질병이다. 다윈의 시절에는 충수염이 극히 드물었고 충수염으로 죽는 사람도 거의 없었다. 다윈이 충수를 가리켜 이로울 것 없는 기관이지만 그렇다고 해를 끼치지도 않는 진화의 잔재일 뿐이라고 말한 데는 이런 배경이 있다. 충수염은 19세기 후반부터 퍼지기 시작했는데, 1890년 이전에는 충수염으로 인한 사망 건수가 한 해에 서넛 정도로 유지되던 것이 1918년에는 113건으로 늘었다. 이러한 빠른 증가는 산업화가 일어난 지역 전반에서 나타났다. 충수염이 지금처럼 흔하지 않을 때도 충수염 진단은 어렵지 않았다. 환자가 배를 쥐어짜는 극심한 고통 끝에 결국 사망한 경우에 부검을 해보면 금방 진단이 가능했다.

충수염이 증가한 원인에 대해 많은 해석이 제시되었다. 육류나 버터, 설탕의 섭취가 늘어났기 때문이라는 설명부터 코 안쪽의 부비동이 막혀서, 혹은 충치가 원인이라는 주장까지 있었다. 대체로 섬유질이 부족한 식단이 충수염의 근본적인 원인이라는 쪽으로 의견이 흘러갔지만 그래도 여전히 가설들이 난무했다. 예를 들면 수질 관리의 개선과 이로 인한 위생적인 환경이 가져온 변화—실제로 이 때문에 충수가 거의 불구가 된 것은 사실이다—때문이라는 가설도 있었다. 충수염 증가의 근본적인 원인이 무엇이든 간에 제2차 세계대전이 일어날 무렵 이미 사람들은 충수염이 원래는 희귀한 병이었다는 사실을 잊게 되었다. 충수염은 비록 겪고 싶지는 않지만 살면서 언제든지 일어날 수 있는 흔한 질병이라는 생각이 자리 잡게 된 것이다.

사실 현대 선진국에 사는 사람들도 성인이 될 때까지는 충수를 가지고 있는 것이 좋다. 수시로 재발하는 장염, 면역기능 장애, 혈액암, 그리고 일부 자가면역 질환이나 심지어 심장마비로부터 보호받을 수 있기 때문이다. 어떤 식으로든 미생물 보호구역으로서 충수의 역할은 이러한 이점을 가져온다.

충수가 있으나 마나 한 기관이 아니라는 사실은 우리 몸속 미생물이 그만큼 중요하다는 뜻으로 바꾸어 해석할 수 있다. 체내 미생물이 단지 무임승차를 하는 히치하이커가 아니고 인체에 중요한 서비스를 제공하는 필수적인 존재이기 때문에 장이 진화를 통해 그들을 안전하게 보호할 수 있는 은신처를 마련해온 것이다. 그렇다면 누가 충수 안에 숨어 있으며 그들은 우리를 위해 정확히 어떤 일을 하는가?

무균 쥐 실험

지난 수십 년 동안 장내 미생물총gut microbiota, 즉 장에 서식하는 미생물이 필수 비타민을 합성하고 식물성 섬유질을 분해하는 등 인체를 위해 몇 가지 일을 한다는 사실이 널리 알려졌다. 하지만 미생물과 인간 세포와의 상호작용이 어느 정도 수준에서 일어나는지는 비교적 최근까지도 제대로 파악되지 않았다. 그러다가 1990년대 후반 미생물학자들이 분자생물학 기술을 이용하여 도약적인 발전을 이루어냈다.

DNA 염기서열 분석이라는 새로운 기술을 통해 우리는 체내에 어떤 미생물들이 존재하는지 알 수 있고 그들의 계통수系統樹, tree of life를 그릴 수 있다. 생물 계통수는 가장 포괄적인 상위 분류 단계에서 시작하여 아래로 내려가면서 역, 계, 문, 강, 목, 과, 속, 종, 균주(균주는 박테리아에 적용되는 분류 체계임-옮긴이)로 분류된다. 아래로 내려갈수록 개체들은 서로 더욱 밀접하게 연관된다. 반대로 인간을 예로 들어 아래에서 위로 올라가 보면, 우선 인간은 사람속 사피엔스종으로 대형 유인원이라고 불리는 사람과에 속한다. 사람과는 다시 원숭이 등과 함께 영장목으로 분류되며 모든 영장류는 털이 달리고 젖을 먹는 포유강에 속한다. 포유류는 척추를 가진 척삭동물문에 포함되며, 마지막으로 척삭동물과 오징어 같은 무척추동물을 모두 포함한 동물계, 더 나아가 진핵생물역으로 분류된다. 생물체로서의 범주를 정할 수 없는 바이러스를 제외하면 박테리아를 비롯한 모든 미생물은 계통수 위의 다른 역에서 동물계가 아닌 그들만의 독립적인 계를 형성한다.

DNA 염기서열 분석을 이용하면 서로 다른 종을 식별하고 계통수 내에 위치를 결정할 수 있다. 특히 16S rRNA 유전자는 이런 목적으로 특별히 유용하게 쓰이는 DNA 조각으로 일종의 박테리아 바코드 같은 역할을 한다. 따라서 박테리아의 전체 게놈을 다 분석하지 않아도 16S rRNA 유전자 염기서열만으로 각 박테리아의 신원을 빠르게 파악할 수 있다. 16S rRNA 유전자의 염기서열이 서로 비슷할수록 진화적으로 더 가까운 종이며 계통수 내에서 더 많은 줄기와 가지를 공유한다.

체내 미생물을 연구하는 데 있어 DNA 염기서열 분석 기술이 유일한 방법은 아니다. 특히 미생물이 체내에서 어떤 역할을 하는지 알아보기 위해 과학자들은 많은 경우 쥐를 대상으로 실험한다. 여기에 특별한 과정을 거쳐 탄생한 '무균germ-free' 쥐가 있다. 무균 쥐의 제1세대는 제왕절개술을 통해 태어난다. 그리고 착한 미생물까지 포함하여 어떤 미생물도 체내에서 일절 증식하지 않도록 완벽하게 격리된 우리에서 사육된다. 제2세대 무균 쥐부터는 균이 없는 제1세대 엄마에게서 태어나 바로 무균실에 격리된다. 그리고 한 번도 미생물에 접촉해본 적이 없는 순수한 무균 쥐의 혈통을 유지한다. 무균 상태를 유지하는 것은 쉬운 일이 아니다. 무균 쥐가 세균에 오염되는 것을 막기 위해 먹이나 침구조차도 방사능 처리 과정을 거친다. 무균실에 들어가는 것은 모조리 살균된 용기에 담겨 운반된다. 무균 쥐가 이사라도 한 번 가게 되면 진공청소기와 항균 화학제품들이 총동원되어야 한다.

이처럼 공들여 탄생한 무균 쥐를 미생물이 풀세트로 장착된 평범한 쥐와 비교하는 방식을 통해, 연구자들은 미생물의 숙주가 된다는 것이 체내에 어떤 효과를 낳는지 정확히 테스트할 수 있다. 심지어 무균 쥐의 체내에 한 종 또는 소수의 특정 박테리아만을 증식시켜봄으로써 그 박테리아가 쥐의 생체 활동에 어떻게 관여하는지 관찰할 수 있다. 이렇게 속사정이 뻔히 알려진 쥐를 연구함으로써 우리는 미생물총이 인간의 몸속에서 벌이는 일을 짐작할 수 있다. 물론 쥐는 인간과 달라서 쥐를 대상으로 한 연구 결과를 인간에게 똑같이 적용할 수는 없을 것이다. 하지만 실험용 쥐는 매우 유용한 연구 대상이며 과학자들이 생물학적 문제를 푸는 데 결정적인 단서를 제공해왔음은 분명한 사실이다. 설치류 모델이 없었다면 의학의 발전은 엄청나게 더디게 이루어졌을 것이다.

바로 이 무균 쥐를 이용하여 제프리 고든Jeffrey Gordon 교수는 신체를 건강하게 유지하는 데 미생물총이 얼마나 근본적인 역할을 하는지 암시하는 놀라운 연구 결과를 내놓았다. 고든 교수는 미국 미주리 주 세인트루이스에 있는 워싱턴 대학교의 교수로 미생물군 유전체 분야의 총지휘관이다. 그는 무균 쥐와 정상적인 쥐의 장을 비교해 정상 쥐의 장 내벽 세포가 박테리아의 지휘에 따라 미생물의 먹이가 되는 입자를 분비한다는 사실을 밝혔다. 장벽 세포가 분비하는 이 물질은 미생물이 장 내벽에 안착할 수 있도록 유도하는 역할을 하였다. 미생물총의 존재는 장의 화학적 환경만이 아니라 장벽의 물리적 형태까지도 변화시켰다. 장 내벽에 있는 손가락 모양의 융모는 미생물의 요청으로 더 길게 자라는데 이로 인해 음식물이 닿는 표면적이 넓어져서 더 많은 에너지를 흡수할 수 있다. 미생물이 없는 쥐는 평소보다 약 30퍼센트 정도 더 먹어야만 미생물이 있는 쥐와 같은 양의 에너지를 얻을 수 있다는 계산이 나온다.

미생물이 하는 일

미국 국립보건원NIH이 주도하는 인간 미생물군 유전체 프로젝트는 전 세계의 많은 실험실에서 행해지는 여러 연구와 더불어 우리의 건강과 행복이 몸속의 미생물에 전적으로 의존하고 있다는 사실을 입증하고 있다. 미생물과 몸을 공유함으로써 이득을 보는 것은 인간도 마찬가지라는 말이다. 따라서 인심을 써서 미생물에게 거주를 허락하는 수준으로는 충분치 않다. 적극적으로 보살피고 독려해야 한다. 이러한 의식의 변화가 DNA 염기서열 분석 기술 및 무균 쥐 연구와 힘을 합쳐 과학계에 혁명을 일으키기 시작했다.

인체는 안팎으로 지구처럼 다양한 풍경을 가진 미생물 서식지를 형성한다. 지구 생태계가 온갖 식물과 동물로 가득 차 있는 것처럼 인간의 몸을 구성하는 미생물 또한 매우 다양하다. 인간의 몸은 다른 동물과 마찬가지로 아주 정교한 관tube 또는 파이프에 비유할 수 있다. 다시 말해 몸의 한쪽 끝에서 들어간 음식물이 관을 통과해 다른 쪽 끝으로 나오는 구조라는 말이다. 우리는 보통 살갗이 우리 몸의 겉면을 덮고 있다고 생각하지만, 관의 구조를 생각하면 관의 안쪽 역시 바깥이나 다름없다. 관 안쪽의 표면 역시 비슷한 방식으로 외부 환경에 노출되어 있기 때문이다. 피부는 여러 겹의 보호막을 형성해 바깥 미생물의 침입이나 해로운 물질로부터 신체를 보호한다. 마찬가지로 몸을 관통하는 소화관의 세포 역시 바깥으로부터 우리를 안전하게 지켜야 한다. 관 형태의 인체 구조상 우리의 진정한 '속inside'은 소화관이 아니라 피부와 소화관으로 둘러싸인 세포 조직과 기관, 근육과 뼈이기 때문이다.

다시 말하지만, 인간의 표면을 이루는 것은 피부만이 아니다. 고랑과 주름이 나타나는 굽고 꼬인 내부의 관 역시 인체의 겉이나 다름없다. 이렇게 보면 폐나 질vagina, 요로조차도 모두 외부에 노출된 몸의 표면이다. 그런데 안이든 바깥이든 이 모든 표면을 미생물이 차지하고 있다. 미생물의 영역을 부동산에 비유한다면 각각의 땅은 가치가 천차만별이다. 소장이나 대장같이 영양분이 풍부한 노른자 땅에는 인구밀도가 높은 도심이 형성되는 반면, 시골이나 척박한 환경에 해당하는 폐나 위 같은 지역은 거주자가 많지 않다. 인간 미생물군 유전체 프로젝트는 인체의 안팎을 이루는 표면 중에서 18개 부위를 선정해 수백 명의 지원자의 미생물을 채취, 분석하여 각각의 특성을 규명해보고자 시작되었다.

18, 19세기는 탐험가들이 수집하여 포름알데하이드 용액으로 처리한 뒤 장식장에 진열해놓은 수많은 새와 포유류 박제들로 상징되는 신종新種 발견의 황금시대였다. 인간 미생물군 유전체 프로젝트의 첫 5년간 분자생물학자들은 18, 19세기가 남긴 생명공학적 반향反響을 보았다. 인체는 과학계에 완전히 새로운 미생물 신종과 변종의 보고寶庫였던 것이다. 게다가 이 새로운 미생물들은 기껏해야 한두 명의 지원자 몸에서 발견된 것들이다. 인간이 지니는 미생물 세트는 모두에게 똑같이 복제되어 장착된 것이 아니다. 그리고 모든 사람에게 공통으로 발견되는 박테리아는 거의 없다. 결국 개인은 지문만큼이나 고유한 미생물 집단을 소유한다는 말이다.

우리 몸속 거주자들의 구체적 신상명세는 사람마다 다르지만, 분류

체계의 상위 레벨에서 보면 모두 비슷한 미생물을 보유하고 있다. 예를 들어 내 대장에 서식하는 박테리아는 내 손에 사는 박테리아보다는 내 친구의 대장에 사는 박테리아와 더 비슷할 것이다. 게다가 사람마다 고유한 미생물 조성을 가진다고 하더라도 그들이 수행하는 기능은 대체로 구별하기가 어렵다. 내가 가진 박테리아 A가 내 친구의 박테리아 B와 종은 다르지만 수행하는 일은 같을 수도 있다는 뜻이다.

팔뚝의 건조하고 차가운 대평원에서 사타구니의 습하고 따뜻한 숲을 거쳐 산소가 부족한 위胃 속의 척박한 산성 황무지까지, 인체의 각 부위는 완전히 다른 생태 환경을 형성하며 주어진 환경에 최고로 적합하게 진화한 미생물들의 터전이 되어왔다. 심지어 한 부위에서조차 그 위치에 따라 서식하는 종이 다르다.

예를 들어 총 2제곱미터에 이르는 사람의 피부는 아메리카 대륙의 지형만큼이나 다양한 생태계를 축소된 형태로 보여준다. 따라서 얼굴이나 등처럼 피지가 풍부한 지역을 차지한 놈들은 팔꿈치처럼 건조하고 거친 환경에 사는 놈들과는 판이하다. 이는 마치 파나마의 열대우림과 그랜드캐니언의 반사막지대가 완벽하게 다른 생태계를 지닌 것과 같다. 얼굴이나 등에는 프로피오니박테륨*Propionibacterium*속에 속하는 종이 주로 사는데 이들은 촘촘하게 배열된 땀구멍에서 방출된 지방을 먹고 산다. 팔꿈치나 팔뚝에는 훨씬 다양한 종들이 거주한다. 배꼽과 겨드랑이, 사타구니같이 습한 지역에는 코리네박테륨*Corynebacterium*과 포도상구균*Staphylococcus*에 속한 종들이 사는데 이들은 습도가 높은 곳을 좋아하며 땀 속에 들어 있는 질소를 먹고 산다.

이렇게 미생물들이 형성하는 제2의 피부는 인간의 피부 세포와 더불어 인체의 진정한 내부를 지키기 위해 이중 보호막을 형성하고, 피부 세포가 만들어놓은 외부와의 차단막을 더욱 튼튼하게 한다. 사악한 의도를 가지고 침투한 외부 박테리아들은 철통 같은 국경도시의 방어를 뚫고 상륙의 발판을 마련하려고 애쓰지만, 그들의 시도는 피부 미생물이 뿜어내는 화학 무기의 맹공격에 맞닥뜨리게 된다.

입안의 연한 피부 조직은 특히나 외부 박테리아의 침투에 취약하다. 음식물 속에 몰래 숨어서 잠입하거나 공기 중에 떠다니며 기회만 엿보는 침입자들로 늘 북적거리기 때문이다. 인간 미생물군 유전체 프로젝트 연구원들은 지원자들의 입안에서 샘플을 채취할 때 한 군데에서만 채취하지 않고 조금씩 다른 부위에서 총 아홉 개의 샘플을 채취했다. 그런데 놀랍게도 이 아홉 개의 집단은 서로 겨우 몇 센티미터 떨어졌지만 확연히 다른 종으로 이루어져 있었다. 분석 결과 입속의 미생물은 대부분 연쇄상구균*Streptococcus*에 속하는 박테리아종과 그 밖의 몇몇 다른 그룹으로 이루어진 총 800종의 박테리아로 구성되어 있었다.

연쇄상구균은 세균성 인두염으로부터 괴사성 근막염까지 다양한 질병을 일으키는 박테리아로 잘 알려져 있다. 하지만 악명 높은 몇 종을 제외하면 연쇄상구균속의 많은 종들은 착한 박테리아다. 이들은 몸으로 들어가는 이 취약한 관문을 지키며 몹쓸 침입자들을 몰아내는 역할을 한다. 샘플을 채취한 구역 사이의 미세한 거리 차이가 우리에게는 별 의미 없는 작은 숫자에 불과하지만, 미생물들에게는 마치 북스코틀랜드의 평야와 남프랑스의 산악지대만큼이나 다른 지형과 기후를 가진 땅으로 여겨질 것이다.

그렇다면 입에서 콧구멍까지의 기후 변화를 상상해보자. 끈적거리는 침이 고인 울퉁불퉁한 암반 지대가 점액과 먼지로 뒤덮인 코털의 숲으로 바뀌는 것을 떠올릴 수 있다. 폐로 들어가는 입구인 콧구멍에는 프로피오니박테륨, 포도상구균, 코리네박테륨, 모락셀라*Moraxella* 같은 큰 분류군을 포함하여 약 900종에 달하는 다양한 박테리아 종이 살고 있다.

목을 통과하여 위胃로 내려가면 위쪽에서 보여주었던 종 다양성은 급격히 감소한다. 산도 높은 척박한 위의 환경은 음식물과 함께 쏟아져 내려온 미생물 대부분을 제거한다. 다만 어떤 사람들의 위장에 상주하는 종이 하나 있는데 바로 인체에 축복과 저주를 동시에 가져온 헬리코박터 파일로리*Helicobacter pylori*다. 이제 위를 떠나 미생물의 밀도와 다양성이 가장 높은 지역으로 발걸음을 옮겨보자. 소장에서 음식물은 소화 효소에 의해 빠르게 분해되어 혈관으로 흡수된다. 물론 여기에도 미생물은 있다. 이 7미터에 달하는 긴 소화관이 시작하는 지점에서 1밀리미터당 1만 마리로 출발한 미생물은 관이 끝나는 지점에서 1밀리미터당 1,000만 마리로 걷잡을 수 없이 늘어난다. 바로 여기서부터 대장이 시작된다.

충수가 제공하는 미생물 보호구역의 바깥에는 인구가 바글거리는 미생물 대도시가 나타난다. 이곳이 미생물을 따라 떠나는 인체 여행의 백미인 맹장이다. 충수가 붙어 있는 테니스공 모양의 이 기관은 적어도 4,000개 이상의 종으로 구성된 수십 조兆의 박테리아가 살고 있는 미생물 라이프의 메카다. 소장을 통과하며 소화되고 남은 음식물들이 이 대

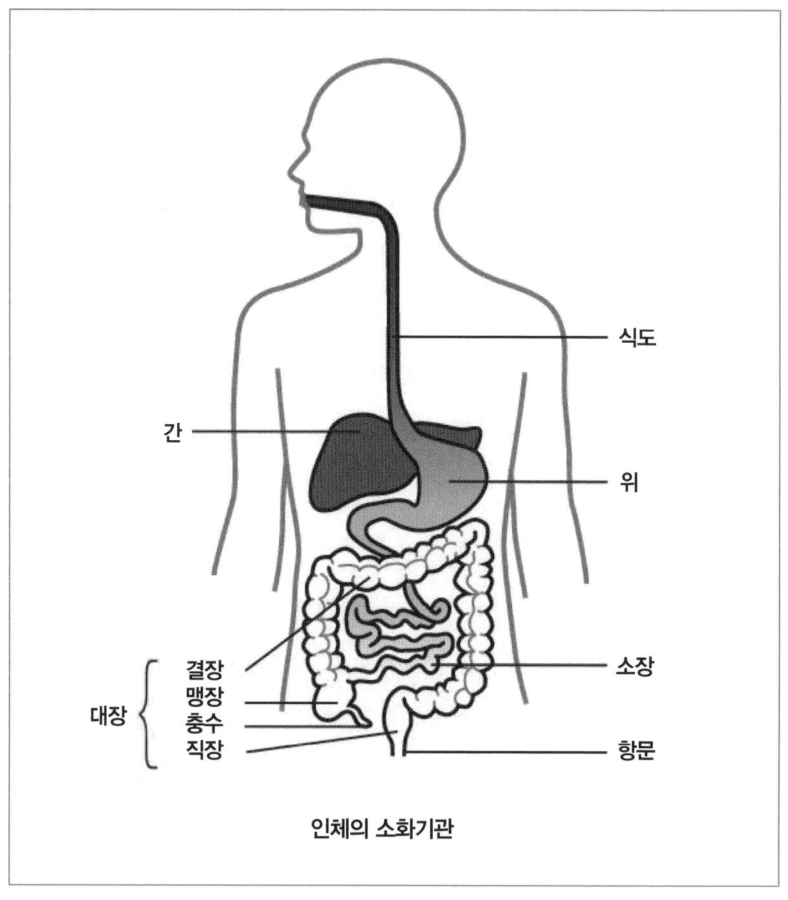

인체의 소화기관

장 박테리아들에 의해 최대로 활용된다. 소장에서 소화하지 못해 내려보낸 질긴 섬유질은 소화의 제2라운드에서 미생물들에 의해 철저하게 분해될 것이다.

대장 길이의 대부분을 차지하는 결장은 우리 몸통의 오른쪽에서 시작하여 위쪽으로 올라가 갈비뼈 아래를 가로지른 뒤 몸통의 왼쪽 지점에서 다시 아래로 내려간다. 그 과정에서 결장은 1조, 풀어 쓰면

1,000,000,000,000마리의 미생물들에게 살 집을 제공한다. 이곳에서 그들은 우리가 먹은 음식물을 에너지로 바꾸고 그 과정에서 배출되는 노폐물을 결장 내벽의 세포가 흡수하게 한다. 인체를 이루는 세포 대부분은 혈액으로 운반되는 당糖을 에너지원으로 사용한다. 하지만 결장 세포의 주된 에너지원은 바로 이 미생물의 노폐물이다. 따라서 미생물이 없으면 결장 세포들은 시들어 죽을 것이다. 반대로 습지처럼 따뜻하고 축축하며 부분적으로 산소가 완전히 결여된 결장의 환경은 미생물 거주자에게 매일매일의 끼니를 해결해줄 뿐 아니라 기근이 찾아와도 걱정이 없는 영양분 풍부한 점액질층을 제공한다.

인간 미생물군 유전체 프로젝트에 사용할 장내 미생물 샘플을 채취하기 위해서는 원칙적으로 지원자들의 장을 절개해야 하지만, 좀 더 현실적인 방법은 대변에서 발견되는 미생물의 DNA 염기서열을 분석하는 것이다. 우리가 먹은 음식물은 장을 통과하면서 인체의 소화기관과 미생물에 의해 대부분 소화되고 흡수되어 최종적으로 소량만이 남아 몸 밖으로 배출된다. 대변은 사실 우리가 먹은 음식물 찌꺼기라기보다는 대부분이 박테리아다. 대변 습윤 중량의 약 75퍼센트가 살아 있거나 죽은 박테리아이며 식물성 섬유질은 약 17퍼센트를 차지한다.

사람의 장에는 언제나 1.5킬로그램 정도의 박테리아가 들어 있는데 이는 간肝과 거의 비슷한 무게다. 박테리아 한 개체의 수명은 겨우 며칠, 또는 몇 주에 불과하다. 대변에서 발견되는 4,000종의 박테리아는 다른 신체 부위에 사는 박테리아를 모두 합친 것보다 인체에 대해 더 많은 것을 알려준다. 장에 살고 있는 박테리아, 즉 장내 미생물은 인간의 건강 상태나 식이 상태를 알려주는 표징이 된다. 또한 사회 집단의 전반적인 건강 상태나 사회 구성원 개인의 건강에 대한 지표로도 이용될 수 있다. 지금까지 대변에서 가장 흔하게 발견된 박테리아 분류군은 의간균*Bacteroides*이다. 하지만 장 속의 박테리아는 사람이 먹는 것을 똑같이 섭취하기 때문에 사람에 따라 그 구성은 천차만별이다.

물론 우리가 소화하고 남은 찌꺼기를 이용한다고는 하지만, 장내 미생물은 단순히 먹다 남은 것을 먹는 하이에나 같은 청소 동물이 아니다. 진화를 통해 획득하기엔 오랜 시간이 걸리는 기능이 미생물을 통해 아웃소싱outsourcing된다는 측면에서, 인간 역시 미생물을 이용한다. 뇌 기능에 필수적인 비타민 B12의 경우 클렙시엘라*Klebsiella*가 대신해서 합성해주는데 우리가 무엇하러 힘들여 이를 합성하는 유전자를 가질 필요가 있겠는가. 그리고 의간균이 있는데 왜 굳이 장벽을 형성하는 유전자가 따로 필요하겠는가. 미생물의 유전자를 이용하는 것은 새로운 유전자를 진화시키는 것보다 훨씬 저렴하고 쉬운 방법이다. 그러나 곧 알게 되겠지만 미생물의 역할은 비타민 합성 수준 그 이상이다.

미생물과의 교감

인간 미생물군 유전체 프로젝트는 건강한 사람들의 미생물을 대상으로 벤치마킹을 시도했다. 이제 이 프로젝트는 다음과 같은 질문에 답하기 위한 새로운 연구를 수행하고 있다. 몸이 아픈 사람들의 미생물은 건강한 사람들의 미생물과 어떤 차이가 있는가? 이 미생물의 차이가 현대인의 질병을 설명할 수 있는가? 그렇다면 다른 종류의 미생물을 가진다는 것은 어떤 메커니즘으로 사람의 건강에 해를 끼치는가? 여드름이나 마른버짐, 피부염 같은 피부 질환들은 피부에 서식하는 미생물의 정상적인 균형이 파괴되었다는 신호인가? 또한 염증성 장 질환, 소화기 암, 심지어 비만증에 이르는 증상들은 모두 장내 미생물에게 일어난 변화 때문에 발생한 것인가? 그리고 미생물과는 전혀 상관없어 보이는 알레르기, 자가면역 질환, 심지어 정신 질환까지도 미생물총이 파괴되어 일어난 질병이라고 할 수 있는가?

콜드 스프링 하버 연구소에서 벌어진 인간 게놈 유전자 내기의 승리자 리 로웬의 오랜 경험에서 비롯된 추측은 인간과 미생물에 관한 심오한 발견의 단초가 되었다. 우리는 혼자가 아니다. 그리고 우리 몸에 탑승한 미생물 승객들은 우리가 예상하는 이상으로 우리 인류의 진화와 안녕에 중요한 역할을 담당한다. 무균 쥐를 연구한 제프리 고든은 이렇게 말했다.

> 인체를 구성하는 미생물적 일면을 자각하기 시작하면서 인간은 자신의 개체성을 새로운 관점으로 보게 되었다. 미생물과 인간이 얽혀 있다는 것을 느끼면서 어린 시절에 가족이나 주변과 나누었던 개인적인 교감을 떠올리는 것이다. 우리는 문득 인간 진화에 새로운 차원이 나타날지도 모른다는 생각을 하게 된다.

인류의 삶은 지금까지 미생물에 의존해왔다. 미생물이 없다면 우리는 진정한 자신의 극히 일부분으로만 남을 것이다. 결국 10퍼센트만이 인간이라는 뜻일까?

• 1장 •

정상의 탈을 쓴 21세기형 질병들

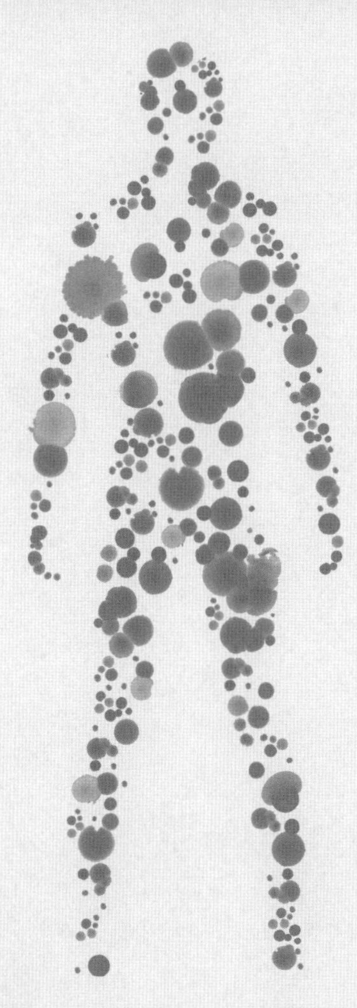

1 0 % H U M A N

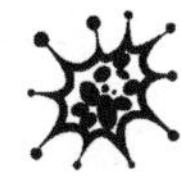

1978년 9월, 재닛 파커Janet Parker는 지구 상에서 천연두로 목숨을 잃은 마지막 사람이 되었다. 180년 전 에드워드 제너Edward Jenner가 우유 짜는 여인에게서 채취한 우두 고름으로 어린 소년에게 처음 예방접종을 한 장소에서 불과 113킬로미터 떨어진 곳에서, 파커의 몸은 지상에서 마지막 파티를 즐기는 천연두 바이러스의 최종 숙주가 되었다.

파커는 영국의 버밍햄 대학교에서 의학 전문 사진작가로 일했다. 파커의 암실이 의대 천연두 연구실 위층에 있지만 않았어도 그녀가 목숨을 빼앗기는 일은 없었을 것이다. 그해 8월 어느 오후 파커가 전화로 촬영 장비를 주문하고 있을 때 바로 아래층의 천연두 연구실에서 공기 중에 날아다니던 천연두 바이러스가 환기구를 통해 그녀의 암실로 들어왔다. 그리고 그녀를 치명적인 감염에 빠뜨렸다.

미생물이 일으킨 감염병

세계보건기구WHO는 무려 10년에 걸쳐 세계적인 천연두 예방접종을 시행해왔고 마침내 그해 여름 천연두 바이러스의 근절을 앞두고 있었다. 바이러스의 마지막 근거지인 소말리아에서 젊은 병원 조리사가 가벼운 천연두를 앓다가 회복한 것을 끝으로 이후 1년간 자연적으로 발병한 천연두는 보고된 바가 없었다. 천연두 박멸로 인간은 질병에 대한 전대미문의 승리를 거두었다. 예방접종이 천연두 바이러스를 궁지로 몰자 바이러스는 감염시킬 만한 상대를 찾지 못해 갈 곳을 잃었다.

그러나 단 하나의 작은 피난처가 남아 있었다. 과학자들이 연구 목적으로 바이러스를 배양하던 페트리 접시가 바로 세계에서 유일한 천연두 바이러스의 번식처였던 것이다. 영국 버밍햄 의과대학교는 이와 같은 바이러스 보호구역 중 하나였다. 이 대학 교수인 헨리 베슨Henry Bedson과 그의 연구팀은 인간의 몸에서 사라진 천연두가 혹여 동물에서 발병할 가능성을 대비하여 천연두나 수두 바이러스 종류를 신속히 식별하는 방법을 개발 중이었다. 이런 숭고한 목적 덕분에 연구실 안전관리 수칙에 대한 조사관의 우려에도 불구하고 이 천연두 연구실은 세계보건기구의 승인을 얻었다. 그리고 어차피 몇 달 뒤에는 폐쇄할 예정이었기 때문에 굳이 조기에 폐쇄하거나 비용을 들여 수리할 필요도 느끼지 못했다.

파커는 처음에 가벼운 유행성 질병으로 진단받아 퇴원했다가 발병 2주 후에야 본격적으로 감염병 전문의의 치료를 받기 시작했다. 이미 파커의 몸은 고름집으로 뒤덮였고 그제야 천연두 가능성이 제기되었다. 베슨 교수에게는 참으로 아이러니하게도, 파커의 병을 진단하기 위해 그의 연구팀 수두 바이러스 전문가가 소환되었다. 베슨의 두려움은 사실로 확인되었고 파커는 곧 인근 격리병원으로 이송되었다. 2주 뒤인 9월 6일, 파커가 여전히 병원에 누워 사경을 헤매고 있을 때 베슨 교수가 집에서 목에 칼을 긋고 숨진 것이 그의 아내에 의해 발견되었다. 1978년 9월 11일, 재닛 파커는 천연두로 사망하였다.

재닛 파커의 운명은 그녀보다 먼저 죽음을 맞은 수천만의 운명과 같았다. 그녀는 '아비드Abid'라고 알려진 변종 천연두 바이러스에 감염되었는데, 아비드라는 이름은 8년 전 파키스탄에서 세계보건기구가 천연두 박멸을 목표로 집중적인 캠페인을 시작한 직후에 바이러스에 감염되어 사망한 세 살짜리 파키스탄 소년의 이름을 딴 것이다. 16세기 무렵에 세계 대부분의 지역에서 많은 사람을 죽음으로 몰고 간 이 천연두는 유럽 사람들이 자신들의 영역을 떠나 세계를 탐험하고 식민지화하는 과정에서 주로 전파되었다. 또 18세기에 인구가 점차 증가하고 인구 이동이 늘어나면서 끝없이 퍼져 나가 전 세계 인구의 주요 사망 원인이 되었다. 유럽에서만 한 해에 40만 명이 천연두로 사망했는데, 이 중 10분의 1이 어린아이였다.

인두법은 현대 예방접종의 전신으로 천연두를 앓고 있는 사람의 분비물을 의도적으로 건강한 사람에게 감염시키는 방법이다. 18세기 후반부에는 이 조잡하고 위험한 방법의 활용으로 천연두 사망률이 줄어들었다. 그리고 1796년에 제너의 우두법의 발견으로 천연두 발생은 진정국면에 들어섰다. 1950년대에 천연두는 산업화가 이루어진 나라에서는 거의 자취를 감추었다. 하지만 여전히 세계적으로 매해 5,000만 건의 천연두가 발병하였고 이 중 200만 명이 죽음에 이르렀다.

비록 천연두 바이러스는 산업화 국가에서 그 파괴력을 잃었지만, 미생물이 군림하는 폭정의 시대는 20세기가 시작되는 순간에도 계속되었다. 감염병은 가장 흔히 나타나는 형태의 질병이었는데 인간 본연의 사회성과 모험심 때문에 쉽게 퍼져 나갔다. 인구가 기하급수적으로 증가하고 인구 밀도 역시 이례적으로 높아지는 상황에서 미생물이 생활사life cycle를 지속하는 데 도움이 되는 '인간 대 인간 이동'이 쉬워졌다. 1900년에 미국의 3대 사망 원인은 요즘 시대와 같은 심장병이나 암, 뇌졸중이 아니었다. 그때는 미생물에 의해 사람 사이에서 퍼지는 전염성 질환이 주된 사망 요인이었다. 이들 중에서도 폐렴, 감염성 설사병, 결핵은 인구의 3분의 1을 죽음으로 몰았다.

한때는 저승사자라고도 불린 폐렴은 처음엔 기침으로 시작하지만 곧 폐로 파고들어 호흡을 가쁘게 하고 고열을 일으킨다. 폐렴은 단일 원인이 있는 병이라기보다는 여러 가지 증상을 종합하여 기술한 병에 더 가까운데 아주 작은 바이러스에서부터 박테리아, 곰팡이, 그리고 가장 원시적인 형태의 동물인 원생 기생충 등 다양한 종류의 미생물에 의해 일어난다. 감염성 설사병에는 콜레라, 이질, 편모충증 등이 있는데 역시 다양한 미생물에서 원인을 찾을 수 있다. 괴질 또는 호열자라고 불리던 콜레라는 박테리아에 의해 일어나는 감염성 설사병이다. 적리赤痢라고도 하는 이질은 기생성 아메바에 의해 발생하고 편모충증은 기생충에 의해 일어난다. 마지막으로 결핵은 폐렴처럼 폐에서 일어나지만, 폐렴과 달리 원인이 구체적으로 밝혀졌다. 바로 미코박테륨Mycobacterium이라고 하는 결핵균에 의해 감염이 일어난다.

폐렴, 감염성 설사병, 결핵 외에도 소아마비, 장티푸스, 홍역, 매독, 디프테리아, 성홍열, 백일해, 독감 등 수많은 전염성 질병들이 역사에 흔적을 남겨왔다. 소아마비는 바이러스가 중추 신경계를 감염시켜 운동 신경을 파괴하는 병인데, 20세기 초에 산업화 국가에서 매해 수백 수천 명의 어린이를 마비시켰다. 성적 접촉을 통해 전염되는 박테리아성 질병인 매독은 유럽 인구의 15퍼센트가 살면서 한 번쯤은 걸린다고 할 정도로 흔하게 나타났다. 홍역은 한 해에 100만 명에 달하는 사람들을 죽음으로 이끌었고, 디프테리아—지금 누가 이 끔찍한 병을 기억하겠는가—때문에 미국에서만 매해 1만 5,000명의 어린이가 세상을 떠났다. 제1차 세계대전이 끝난 뒤 2년 동안 독감으로 죽은 사람은 전쟁으로 사망한 사람의 5~10배가 넘었다.

이러한 재앙이 인간의 수명에 커다란 영향을 미친 것은 말할 나위 없다. 1900년도에 세계 평균 기대수명은 31세에 불과했다. 선진국은 그보다 나은 상황이었지만 그래도 겨우 50세 정도였다. 진화의 역사 속에서 인간은 기껏해야 20세 또는 가까스로 30세 정도 살 수 있었다. 물론 평균 기대수명은 이보다 훨씬 낮았을 테지만 말이다. 그러던 것이 한 세기 만에, 그것도 겨우 10년 동안의 발전, 특히 1940년대의 혁신적인 항생제 개발로 인해 한 사람이 이 세상에 머무는 시간이 두 배로 늘어났다. 2005년에 인간의 평균 수명은 66세였으며, 가장 잘사는 나라들에서는 평균 80세의 고령에 도달하게 되었다.

평균 수명은 특히 영유아 생존율에 크게 영향을 받는다. 1900년에는 열 명 중 세 명의 아이들이 다섯 살이 되기 전에 사망했는데 이는 평균 기대수명을 급격히 낮추었다. 만약 2000년에도 영유아 사망률이 1900년 수준으로 머물러 있었다면, 아마도 미국에서만 매해 50만 명 이상의 아이들이 돌잔치도 하기 전에 세상을 떠났을 것이다. 하지만 실제로는 2만 8,000명이 사망하는 것에 그쳤다. 다섯 살까지 아무 탈 없이 자란 대다수 아이들은 늙을 때까지 살아남아 평균 기대수명을 높이는 데 기여할 것이다.

많은 개발도상국에는 아직 그 효과가 완전히 발휘되지 못하고 있는 것으로 보이지만, 하나의 종으로서 인간은 자신의 가장 크고 오래된 적인 병원균을 정복하기 위해 먼 길을 걸어왔다. 병을 일으키는 미생물인 병원균은 인간이 모여 살면서 형성한 비위생적인 환경에서 번성한다. 인구가 많아질수록 병원균이 살아남기는 더 쉬워진다. 우리가 지난 몇 세기 동안 싸워온 많은 감염병은 인간의 조상이 아프리카를 떠나 전 세계에 퍼져 정착한 이후에 발생하였다. 병원균의 세계 정복은 인간의 세계 정복과 그 역사를 함께한다. 인간처럼 병원균의 행보에 충성심을 발휘한 종은 없었다.

선진국에 사는 현대인에게 전염병 시대는 먼 옛날 과거의 이야기에 불과하다. 수천 년에 걸친 미생물과의 사투 끝에 인간은 마침내 승리를 거두었다. 그리고 이제 우리에게 남은 것은 어린 시절에 따끔한 예방주사를 맞고 나서 받았던 소아마비백신을 넣은 각설탕에 대한 기억뿐이다. 아니면 중고등학교 시절 학교 급식실 밖에서 친구들과 추가 접종을 하기 위해 긴 줄을 서서 기다리던 추억이 전부다.

죽음을 몰아낸 예방접종

19세기 말과 20세기 초에 이루어진 의학 기술의 혁신과 공중 보건 조치 덕분에 인간의 삶은 근본적으로 달라졌다. 특히 지금부터 설명할 네 가지 의료 보건 혁신으로 인간의 수명은 폭발적으로 늘어나서 부모와 자녀, 이렇게 두 세대가 함께 살던 사회는 이제 네 세대 심지어 다섯 세대가 한 시대를 공유하는 사회로 바뀌었다.

첫 번째로 가장 먼저 이루어진 혁신은 에드워드 제너와 블로섬이라는 소 덕분에 개발된 백신과 예방접종이다. 제너는 목장에서 소젖을 짜는 여자들은 약한 우두에 감염된 덕분에 천연두에 걸리지 않는다는 사실을 알고 있었다. 그래서 제너는 이 여인의 고름을 다른 사람에게 접종하면 똑같이 천연두로부터 보호받을 수 있을 거라고 믿었다. 제너의 첫 실험 대상은 여덟 살짜리 소년 제임스 피프스James Phipps로 제너의 정원사 아들이었다. 제너는 이 용감한 꼬마에게 우두에 감염된 여인의 고름을 접종한 후 진짜 천연두 고름을 두 번이나 주입하였다. 물론 어린 소년은 완벽하게 면역되었다.

1796년의 천연두 백신으로 시작하여 19세기에는 광견병(공수병), 장티푸스, 콜레라, 흑사병(페스트), 그리고 1900년 이후에 수십 개의 다른 감염병에 이르기까지, 예방접종은 고통과 죽음으로부터 수백만 명의 목숨을 구했다. 몇몇 병원균은 지역적으로 혹은 전 지구적으로 완전히 자취를 감추었다. 이제는 예방접종 덕분에 직접 병을 겪지 않고도 병에 대한 면역을 얻어 우리 몸을 지킬 수 있게 되었다. 예방접종은 특정 병원균에 관한 정보를 면역계에 미리 알려주기 때문에, 병에 걸리는 위험을 감수하지 않고도 똑같은 면역 효과를 누릴 수 있다. 백신을 맞지 않는다면 새로운 병원균이 침투했을 때 곧 병에 걸려 죽을지도 모른다. 일반적으로 면역계는 체내에 침입한 병원균을 공격하고 처리하는 과정에서 그 미생물에 맞춤 제작된 항체antibody라는 단백질을 생산한다. 감염된 환자가 일단 병원균을 이기고 살아남으면 항체는 체내를 돌아다니며 해당 병원균만 찾아다니는 전문 스파이팀을 꾸린다. 그러다가 똑같은 병원균이 재침입하는 순간 재빨리 면역계에 경고 메시지를 전달한다. 그러면 면역계는 병원균이 몸을 장악하기 전에 공격할 준비를 마치게 된다.

예방접종은 이러한 자연적인 면역계의 반응을 흉내 내어 면역계가 특정 병원균을 인지하도록 사전에 가르친다. 면역을 얻으려고 병에 걸려 고생할 필요 없이 따끔한 주사 한 방이면 해결된다. 백신은 병원균의 사체나 조직의 일부분, 아니면 병원균으로 기능을 하지 못할 정도로 약해진 균을 사용해 제조되기 때문에, 백신 성분이 체내에 들어와도 진짜 감염을 일으키지는 못한다. 하지만 여전히 면역계는 병원균이 침입했을 때처럼 반응하여 실제로 병원균이 침입했을 때 방어할 수 있도록 항체를 생산한다.

사회적 차원의 대규모 예방접종사업은 사회 구성원 다수에게 백신을 주입하여 집단 면역체제를 구축함으로써 전염성 질병이 퍼지는 것을 방지하려는 목적으로 시행된다. 선진국에서 이런 예방접종사업은 여러 전염성 질병을 근절하기 위해 시도되었고 앞에서 말했듯이 천연두의 경우 완벽하게 박멸에 성공했다. 천연두는 전 세계적으로 1년에 5,000만 건씩 발생하던 것이 10년 만에 발병률 제로로 떨어졌다. 천연두 박멸 이후 정부는 예방접종 및 치료에 드는 직접 비용과 질병으로 인한 사회적 간접 비용을 포함한 수조 원을 절약하게 되었다. 특히 미국은 전염성 질병을 지구적인 차원에서 근절하기 위해 파격적으로 투자해왔는데 그 결과 현재는 26일마다 질병 퇴치에 투자한 액수만큼 비용을 절감하고 있다. 10여 가지의 다른 전염성 질병에 대한 정부 차원의 예방접종사업 역시 발병률을 극적으로 감소시켜 국민의 고통을 줄이고 소중한 생명을 구하며 경제적 비용을 절약해왔다.

미국뿐 아니라 오늘날 대부분의 선진국이 10여 가지 전염성 질병에 대한 예방접종 프로그램을 시행하고 있다. 세계보건기구는 이 중 대여섯 개 질병을 선정하여 지역적 또는 지구적 근절을 시도하고 있다. 이 프로그램은 해당 질병의 발병률에 극적인 효과를 창출해왔다. 1988년에 세계적인 소아마비 근절 프로그램이 시작되기 전에는 한 해에 35만 명이 소아마비 바이러스에 감염되었다. 하지만 2012년에는 3개국에서 223건으로 발병률이 감소하여 겨우 25년 만에 무려 50만 명을 죽음에서 구했다. 소아마비백신이 아니었다면 팔다리가 마비되었을지도 모르는 1,000만 명의 어린이들이 자유롭게 걷고 뛰게 되었다. 홍역이나 풍진의 경우도 마찬가지다. 홍역과 풍진 모두 한때는 흔하게 일어났던 질병이지만 예방접종 덕분에 전 세계적으로 1,000만 명의 죽음을 막을 수 있었다. 다른 선진 세계에서와 같이 미국에서는 예방접종 덕분에 아홉 개의 주요 소아 질병의 발병 건수가 99퍼센트까지 감소하였다. 1950년에는 선진국에서 1,000명의 신생아 중 40명이 돌이 되기 전에 사망하였다. 하지만 2005년에는 사망률이 한 자릿수로 줄어들어 사망 건수가 네 건에 불과했다. 예방접종이 가져온 성공적인 결과 덕분에 지금은 서구 사회의 가장 오래된 구성원만이 이 죽음을 부르는 병이 가져온 참혹한 공포와 고통을 기억한다. 이제 우리는 자유다.

깨끗한 병원과 식수

백신 개발 초창기 이후에 두 번째 의료 혁신이 일어났다. 바로 의료 환경의 개선이다. 병원 위생은 오늘날에도 여전히 개선의 압박을 받고 있지만 19세기 말의 수준과 비교하면 현대 병원은 청결의 사원이다.

그 당시를 상상해보자. 병동에는 아프고 죽어가는 사람 천지다. 환자의 환부는 노출된 채 썩어가고, 언제 세탁했는지도 모르는 의사의 하얀 가운은 수술 중에 튄 피와 고름으로 물들어 원래의 색을 알 수 없을 정도다. 하지만 위생에 관심을 가지는 사람은 아무도 없다. 감염은 세균이 아니라 미아스마miasma라고 하는 독기毒氣에서 비롯된 것이라고 믿었기 때문이다. 감염을 일으키는 미아스마는 부패한 물질이나 오염된 물에서 발생하는데 의사나 간호사가 제어할 수 있는 수준을 넘어선 무형의 힘으로 여겨졌다.

미생물은 150년 전에 처음 발견되었다. 하지만 당시에는 미생물과 질병의 연관성이 알려지지 않았다. 미아스마는 신체적인 접촉에 의해서는 전염되지 않는다는 믿음이 있었는데, 실상은 바로 그 의료진의 신체적 접촉을 통해 미생물 감염이 전염되는 형편이었다. 병원은 공중보건을 향한 투지와 근대 의학을 대중에게 알리려는 열망으로 탄생한 새로운 발명품이었다. 하지만 출발할 때의 숭고한 목적과는 반대로 병원은 더러운 질병 배양기가 되었고, 그곳에 수용된 사람들은 목숨을 걸고 치료를 받아야만 했다.

병원이 확산하면서 고통을 겪게 된 것은 대부분 여성이었다. 병원에서 아기를 낳으면서 출산의 위험률이 떨어지기는커녕 오히려 증가했기 때문이다. 1840년 무렵에는 병원에서 아기를 낳은 여성의 최대 32퍼센트가 출산 후 사망했다는 기록이 있다. 당시에는 의사가 모두 남자였는데 의사들은 사망 원인을 산모가 감정적 트라우마를 극복하지 못했다거나 장이 너무 더러웠기 때문이라는 식으로 산모에게 돌렸다. 하지만 이 끔찍하게 높은 사망률의 진짜 원인은 헝가리의 젊은 산부인과 의사 이그나츠 제멜바이스Ignaz Semmelweis에 의해 마침내 밝혀졌다.

제멜바이스가 일하던 빈 종합병원에서는 임산부가 진통을 시작하여 병원으로 찾아오면 두 진료소에 격일로 번갈아 보냈다. 한 곳은 의사가, 다른 곳은 여성 조산사가 운영하는 진료소였다. 제멜바이스는 매일 걸어서 출근했는데 하루걸러 한 번씩 병원 문밖에서 아기를 낳는 임산부를 목격하게 되었다. 우연인지는 모르겠지만 그날은 분명히 의사가 운영하는 진료소에서 임산부를 받는 날이었다. 여인들은 다음 날까지 출산을 미루지 못한다면 아기를 낳은 후 자신이 살아남을 가능성이 적다는 것을 알고 있었기 때문에 병원 문 앞에서 기다리다가 급기야 길거리에서 아기를 낳는 지경에 이른 것이다. 산후 사망의 주요 원인은 산욕열로 일종의 패혈증인데 신기하게도 그 병은 유독 의사가 운영하는 진료소에 도사리고 있었다. 조산사가 운영하는 진료소는 산욕열로 사망하는 산모가 2~8퍼센트밖에 되지 않았기 때문에 의사의 진료소보다 훨씬 안전했다. 그래서 산모들은 추위와 고통을 참으며 아기가 조금만 기다렸다가 자정을 알리는 종이 울린 후에 세상으로 나오길 간절히 기도했다.

제멜바이스는 병원에서 권한이 없는 하급자였지만 임산부 사망률을 설명할 수 있는 두 진료소 간의 차이를 찾아보기 시작했다. 처음에 제멜바이스는 환자의 과잉수용이나 병동의 분위기를 염두에 두었다. 그러나 두 진료소 간에 이와 관련된 어떤 차이점도 찾을 수 없었다. 그러다가 1847년, 그의 친한 친구이자 동료 의사였던 제이콥 콜레츠카Jakob Kolletschka가 부검을 하던 중에 학생의 메스에 실수로 베인 후 사망하는 사건이 일어났다. 사망의 원인은 바로 산욕열이었다.

친구의 죽음 이후 제멜바이스는 병동에서 여인들을 죽음으로 이끈 것이 바로 의사라는 사실을 깨달았다. 조산사에게는 아무런 문제가 없었다. 제멜바이스는 곧 그 원인을 알 수 있었다. 의사들은 산모가 진통하는 동안 시체 안치소에서 시체를 가지고 의대생들에게 수업을 가르치다가 때가 되면 산모에게로 갔다. 제멜바이스는 의사들이 시체 안치소에서 산부인과 병동으로 죽음의 씨앗을 옮겨왔을 거라고 생각했다. 반면에 조산사는 시체를 만질 일이 없었다. 따라서 제멜바이스는 조산사의 병동에서 사망한 산모조차도 아마 출산 후 의사를 만났기 때문에 죽었을 거라고 확신했다.

제멜바이스는 죽음이 어떤 경로로 시체 안치소에서 산부인과 병동까지 이동했는지는 알 수 없었다. 하지만 그는 적어도 어떻게 죽음을 막을 수 있는지는 알고 있었다. 당시 병원에서 의사들은 시체의 썩어 문드러진 살에서 나는 악취를 없애기 위해 흔히 표백분을 섞은 용액으로 시체를 씻어냈다. 제멜바이스는 표백분이 그 냄새를 없앤 것처럼 죽음의 매개체 역시 제거할 수 있으리라고 생각했다. 그래서 그는 의사들이 시체 부검을 한 뒤에 환자를 진료할 때는 반드시 표백분 용액으로 손을 씻어야 한다는 방침을 정했다. 그러자 한 달 사이에 그의 진료소에서 산모의 사망률은 조산원의 사망률과 거의 비슷한 정도로 감소했다.

제멜바이스는 이렇게 빈에서, 그리고 이후에 헝가리의 두 병원에서 놀라운 성과를 이루어냈다. 하지만 주위 사람들에게는 조롱을 받고 무시를 당했다. 그 시대에는 빳빳하고 악취 가득한 의사 가운이 경력과 전문가적 기술의 상징이었다. 당시 어느 유명한 산부인과 의사가 "의사는 젠틀맨이다. 젠틀맨의 손은 깨끗하다"는 말을 하기도 했지만 사실 지금까지 그들은 매달 10여 명의 산모를 감염시키고 죽음에 이르게 했던 것이다. 그런데 생명을 살리고 책임지는 의사에게 감히 죽음의 책임을 묻는다는 것 자체가 당시에는 아주 괘씸한 일이었기 때문에 제멜바이스는 의사협회에서 쫓겨나고 말았다. 산모들은 계속해서 의사들의 자만과 오만에 돈을 내면서 목숨을 걸어야 했다.

20년 뒤에 위대한 프랑스인 루이 파스퇴르Louis Pasteur는 감염과 질병은 미아스마가 아니라 미생물에서 비롯된다는 질병 세균설germ theory of disease을 주창했다. 파스퇴르의 이론은 1884년에 독일의 노벨상 수상자인 로베르트 코흐Robert Koch에 의해 증명되었다. 하지만 그때는 이미 제멜바이스가 오래전에 세상을 떠난 후였다. 제멜바이스는 산욕열에 집착했고 분노와 좌절로 정신이 피폐해졌다. 그는 의사협회를 향해 쓴소리를 해대며 자신의 이론을 주장했고 동료들을 무책임한 살인마라고 비난했다. 마침내 동료들은 제멜바이스를 속여 정신병원에 집어넣었다. 그곳에서 제멜바이스는 억지로 피마자유를 마셔야 했고, 병원 경호원들에게 매질을 당했다. 2주 후 그는 상처에 생긴 감염으로 인한 고열로 사망했다.

제멜바이스는 비참하게 생을 마감했지만, 그의 관찰과 지침은 세균설을 통해 든든한 과학적 배경을 가지게 되면서 돌파구를 찾았다. 살균과 소독을 위한 손 씻기는 점차 유럽의 외과 의사들 사이에서 퍼져나갔다. 의사들의 진료 위생 습관은 영국의 외과 의사인 조지프 리스터Joseph Lister의 업적으로 인해 보편화되었다. 1860년대에 리스터는 미생물과 음식에 관한 파스퇴르의 글을 읽고 자극을 받았다. 그래서 그는 괴저壞疽와 패혈증의 위험을 줄이는 방법을 찾으려고 상처를 처리할 때 사용할 수 있는 적절한 소독제를 찾는 데 노력을 기울였다. 마침내 리스터는 나무가 썩는 것을 막아준다고 알려진 석탄산carbolic acid을 이용해 수술에 들어가기 전 수술 도구를 소독했다. 그리고 석탄산에 적신 붕대로 상처를 감싸고 심지어 수술 중에도 석탄산으로 상처를 닦아냈다. 제멜바이스가 손 씻기를 통해 사망률을 낮추는 데 성공한 것처럼 리스터도 마찬가지였다. 이전에는 리스터가 수술했던 환자들의 45퍼센트가 사망했지만, 선구적인 석탄산 사용으로 수술 중 사망률은 이전의 3분의 2 수준인 15퍼센트로 낮아졌다.

세 번째 의료 혁신은 제멜바이스와 리스터가 위생적인 의료 환경 개선에 힘쓰던 때를 뒤이어 나타났다. 바로 공공시설의 위생 관리 개선을 통한 집단 발병의 예방이다. 오늘날 여전히 많은 개발도상국에서 그렇듯이 수인성水因性 질병은 20세기 이전 서구 사회에서 건강을 위협하는 주요 요인이었다. 미아스마의 사악한 힘이 여전히 기승을 부려 강과 우물, 펌프를 오염시켰다. 1854년 8월, 런던의 소호 거리 주민들이 병들어가기 시작했다. 많은 사람이 설사를 시작했는데 우리가 상상할 수 있는 수준 이상이었다. 물처럼 흐르는 하얀 설사가 끝없이 나왔다. 한 사람이 하루에 최대 20리터에 달하는 설사를 했다. 그리고 그것은 모두 소호의 다닥다닥 붙은 주택가 지하의 정화조에 버려졌다. 이 병은 바로 콜레라였다. 이 병으로 인해 소호에서만 수백 명이 목숨을 잃었다.

영국 의사 존 스노John Snow는 나쁜 기운이 병을 일으킨다는 미아스마 가설에 의심을 품었다. 그는 몇 년 동안이나 미아스마가 아닌 다른 원인을 찾고자 애썼다. 스노는 이전에 발생한 전염병의 사례를 분석한 후 콜레라가 수인성 질병이라는 결론을 내렸다. 그리고 소호에서 콜레라가 창궐했을 때 마침내 자신의 가설을 테스트할 기회를 얻었다. 스노는 지역 주민을 면담하고 지도에 콜레라 발병자나 사망자가 나온 집들을 표시하여 병의 근원지를 추적해나갔다. 마침내 스노는 모든 콜레라 환자들이 발병 시점에 브로드 스트리트에 있는 동일한 식수 펌프를 사용했다는 사실을 알아냈다. 콜레라 발생 구역에서 비교적 멀리 떨어진 지역에서 발생한 사망자 역시 감염 경로를 역추적해보니 브로드 스트리트에 이르렀다. 그런데 단 한 군데 예외가 있었다. 소호의 어느 수도원에서는 똑같이 오염된 식수 펌프를 사용했지만 한 사람의 감염자도 나오지 않았던 것이다. 그 이유는 수도승들이 신의 보호를 받아서라기보다 식수 펌프에서 끌어 올린 물을 맥주로 발효시킨 후에 음료수로 마셨기 때문이었다.

스노는 콜레라 발병의 패턴을 찾아나갔다. 콜레라 환자들 간의 연관성을 찾아보고 또 병에 걸리지 않은 사람이 병을 피해갈 수 있었던 이유를 조사했다. 브로드 스트리트 외의 지역에서 발생한 환자에 대해서는 브로드 스트리트와 연결 지을 수 있는 고리를 찾았다. 스노는 논리와 증거를 바탕으로 발병의 매듭을 풀고 원인을 추적하되, 논리적 판단에 방해되는 요소는 철저히 배제하였다. 또한 예외적인 상황에 관해서는 설명할 수 있는 근거를 알아내려고 애썼다.

존 스노는 이렇게 합리적인 연구 방식으로 발병의 원인에 접근할 수 있었다. 이것은 최초의 역학조사였다. 다시 말하면 전염병의 원인을 찾기 위해 질병의 분포와 패턴을 이용한 것이다. 스노의 조사 결과에 따라 마침내 브로드 스트리트의 식수 펌프 사용이 중단되었다. 그리고 스노는 정화조가 넘쳐서 상수도를 오염시켰다는 사실도 알아냈다. 이어서 그는 브로드 스트리트 식수 펌프로 공급되는 물을 염소chlorine로 소독하였는데 이 방법은 곧 다른 지역에서도 사용되었다. 19세기가 끝날 무렵 이러한 수질 위생 관리법은 전 지역에 걸쳐 보편적으로 사용되었다.

항생제의 발견

지금까지 언급한 세 가지 의료 보건 혁신은 20세기에 들어서면서 점차 틀을 갖추기 시작했다. 제2차 세계대전 말에는 추가로 다섯 개의 질병에 대한 백신이 개발되어 총 열 개의 질병을 예방할 수 있게 되었다. 또한 세계적으로 병원에서는 위생적인 의료 위생 기법을 도입하였다. 그리고 정수처리장에서 염소를 이용한 소독 처리는 정수 과정의 표준 절차가 되었다. 서구 세계에서 미생물의 시대를 마감한 마지막 네 번째 의료 혁신은 제1차 세계대전과 함께 시작하여 제2차 세계대전과 동시에 마무리되었다. 이 네 번째 혁신은 소수의 사람들이 각고의 노력을 기울이고 거기에 운이 더해져서 이루어진 결과였다. 이들 중 첫 번째 사람은 스코틀랜드 생물학자인 알렉산더 플레밍Alexander Fleming이다. 플레밍은 런던의 세인트 메리 병원에 있는 자신의 연구실에서 '우연히' 페니실린을 발견하여 유명해졌다. 하지만 그전부터 그는 여러 해 동안 항균 물질을 찾으려고 노력을 기울여왔다.

플레밍은 제1차 세계대전 동안 프랑스의 서부 전선에서 부상병들을 치료하며 많은 병사가 패혈증으로 죽어가는 것을 지켜보았다. 전쟁이 끝나고 안타까운 마음을 안고 영국으로 돌아온 플레밍은 리스터의 석탄산 붕대를 보완하고 개발하는 데 힘을 썼다. 연이어 플레밍은 콧물에서 자연적으로 만들어지는 항균 효소인 라이소자임lysozyme을 발견했다. 그러나 라이소자임은 석탄산과 마찬가지로 상처의 표면을 뚫고 들어가지 못하기 때문에 상처가 깊은 경우에는 환부를 곪게 하였다.

몇 해 뒤인 1928년 어느 날, 플레밍은 긴 연휴를 마치고 실험실로 돌아와 오랫동안 방치된 박테리아 배지들을 정리하고 있었다. 대부분이 곰팡이에 오염되어 엉망이었다. 당시에 플레밍은 포도상구균을 연구 중이었는데 유독 한 개의 포도상구균 배지가 눈에 들어왔다. 배지에서 자라는 페니실리움*Penicillium* 주위로 깨끗한 원형의 고리가 생겼는데 다른 부분은 다 포도상구균으로 뒤덮여 있었지만 이 고리 부분만은 무균 상태였던 것이다. 플레밍은 곧바로 자신이 중대한 발견을 했다는 것을 깨달았다. 곰팡이가 주위의 박테리아를 죽일 수 있는 '즙'을 분비하고 있었던 것이다. 이 즙이 바로 페니실린이다.

페니실리움이 자란 것은 의도하지 않은 우연한 결과지만 이 현상의 잠재적 중요성을 인지한 플레밍의 혜안은 결코 우연이 아니었다. 이후에 두 개의 대륙에서 20년에 걸쳐 실험과 발견이 진행되었고 의학계에서는 혁명이 일어났다. 오래전에 플레밍은 페니실리움을 다량으로 배양하여 페니실린을 추출하기 위한 노력을 기울였지만 실패를 거듭했다. 마침내 1939년, 호주 태생 약리학자인 하워드 플로리Howard Florey와 그가 이끄는 옥스퍼드 대학교의 연구팀이 소량의 항생제를 분리해내는 데 성공했다. 1944년에는 미국의 전시생산국戰時生産局의 재정지원으로 노르망디 상륙작전에서 돌아온 병사들을 위한 충분한 양의 페니실린이 생산되었다. 부상병들의 감염을 치료하고 싶었던 알렉산더 플레밍의 꿈이 실현되었고, 이듬해에 그와 플로리, 그리고 옥스퍼드팀의 다른 멤버인 언스트 보리스 체인Ernst Boris Chain이 노벨 생리의학상을 수상했다.

페니실린의 뒤를 이어 20가지 이상의 항생제가 개발되었다. 이들은 각각 종류가 다른 박테리아의 약점을 공략하여 감염으로 시달리는 면역계에 후방 지원을 해주었다. 1944년 이전에는 아주 작은 찰과상이나 긁힌 상처일지라도 감염이 일어나면 죽을 가능성이 매우 컸다. 1940년, 옥스퍼드셔에 사는 앨버트 알렉산더라는 영국 경찰관이 장미 가시에 스치는 바람에 얼굴을 다쳤는데, 얼마나 심하게 감염됐는지 눈을 제거해야 할 정도였다. 그는 죽음의 문턱에서 사경을 헤매고 있었다.

마침 하워드 플로리의 아내 에델Ethel이 주치의였는데 그녀는 플로리가 알렉산더 순경에게 페니실린을 처방할 수 있도록 설득하였다. 그리하여 알렉산더 순경은 세계에서 첫 번째로 페니실린을 사용한 환자가 되었다. 소량의 페니실린을 주입한 지 24시간 만에 알렉산더 순경은 열이 떨어지고 회복하기 시작했다. 하지만 기적은 일어나지 않았다. 치료를 시도한 지 며칠 만에 페니실린이 바닥났기 때문이다. 플로리는 치료를 계속하기 위해 순경의 소변으로 빠져나온 페니실린이라도 추출하려고 애를 썼지만 결국 5일째 되는 날 알렉산더 순경은 세상을 떠났다.

오늘날에는 찰과상이나 종기 정도로 죽는다는 것은 상상도 할 수 없는 일이다. 그리고 우리는 대개 항생제가 사람의 목숨을 살리는 약이라는 생각은 하지 못한 채 항생제를 복용한다. 마찬가지로 외과 수술 시 몸에 메스를 대기 전에 항생제 정맥 주사를 맞아 보호막을 치지 않는다면 수술의 위험성은 상당히 커질 것이다.

21세기의 새로운 '정상'

이제 우리의 21세기 삶은 예방접종, 항생제, 정수 소독 기술, 병원 위생 덕분에 감염의 접근을 막고 무균 상태로 휴전을 맞이했다. 이제 급성 감염병의 위협은 예전만큼 크지 않다. 하지만 그 대신 지난 60년 동안 이전에는 흔하지 않았던 질환들이 눈앞에 나타나기 시작했다. 이 만성적인 21세기형 질병은 우리 사회에 너무 만연해서 인간이라면 누구나 겪는 정상적인 삶의 일부로 여겨지고 있다. 하지만 그것이 정상이 아니라면?

이젠 주위를 둘러봐도 천연두나 홍역, 소아마비에 걸린 사람을 찾아보기 어렵다. 우린 얼마나 운이 좋은 사람들인가. 이렇게 건강하니 말이다. 하지만 다시 한 번 제대로 둘러보면 이번엔 다른 게 보일 것이다. 봄이면 꽃가루 알레르기 때문에 충혈된 눈을 비비면서 콧물을 흘리는 딸이 눈앞에 있다. 제1형 당뇨병 때문에 하루에도 몇 차례씩 스스로 인슐린을 주사하는 처제가 떠오른다. 아내가 자신의 이모님처럼 다발성 경화증으로 휠체어에 의지하게 될까 걱정이 된다. 늘 소리를 지르고 몸을 뒤흔들고 남과 눈을 맞추려 들지 않던 동네 치과의사의 어린 아들이 알고 보니 자폐증이라는 소문을 들은 기억이 난다. 불안 장애가 심해 쇼핑조차 제대로 하지 못하는 어머니를 생각하면 답답하다. 아토피 증상이 있는 아들 때문에 피부에 자극을 주지 않는 순한 세제를 고르고 있다. 밀가루 음식을 먹으면 설사를 하는 사촌 동생을 가족 식사 모임에서 만났다. 실수로 견과류를 먹고 에피팬(알레르기 쇼크 치료제)을 찾아다니다 의식을 잃고 쓰러진 이웃 아주머니를 발견하였다. 마지막으로 나 자신은 소위 이상적인 몸무게를 목표로 다이어트에 도전했다가 보기 좋게 실패하였다. 이렇듯 알레르기, 자가면역 질환, 소화 장애, 정신건강 질환, 비만이 바로 현대인이 생각하는 새로운 '정상'이다.

알레르기를 예로 들어보자. 딸의 친구 중 20퍼센트는 봄부터 여름까지 연신 재채기에 코를 훌쩍거리고 다니기 때문에, 꽃가루 알레르기는 봄이면 으레 나타나는 연례행사라고 여길 수도 있다. 아들과 같은 반 친구 다섯 중 하나는 아토피 증상을 보이기 때문에, 내 아들이 아토피라는 사실이 별로 놀랍지 않을 것이다. 견과류 아나필락시스 쇼크(과민성 쇼크)는 겁나는 일이지만 그렇다고 아주 드문 일도 아니기 때문에, 요새 나오는 식품의 포장에는 '땅콩을 사용한 제품과 같은 제조시설에서 제조하고 있습니다'라는 경고 문구를 쉽게 찾아볼 수 있다.

하지만 왜 아이들 다섯 명 중의 한 명이 천식 때문에 흡입기를 가지고 다녀야 하는지 궁금해한 적이 있는가? 숨을 쉰다는 것은 가장 기본적인 생명 활동이다. 그런데 왜 수백만 명의 아이들이 약물 없이는 제대로 숨도 쉬지 못해 힘들어해야 하는지 생각해본 적이 있는가? 아이들 열다섯 명 중 한 명은 적어도 한 개의 음식에 알레르기 반응을 보인다는 사실은 어떤가? 이것이 정말 정상처럼 보이는가?

선진국 인구의 절반이 알레르기로 고생한다. 사람들은 꼬박꼬박 항히스타민제(알레르기 완화제)를 복용하고 되도록 개나 고양이는 만지지 않는다. 장을 볼 때면 식품의 영양성분표를 꼼꼼히 체크한 뒤 장바구니에 넣는다. 주변에 흔하게 널려 있으면서 독성은 없는 물질, 그러니까 꽃가루나 먼지, 개나 고양이의 털, 우유, 달걀, 견과류를 보면 면역계가 과민반응을 보이지 않도록 무의식적으로 멀리하게 된다. 그렇지 않으면 몸이 무서운 병균이라도 만난 것처럼 반응하기 때문이다.

처음부터 이 모양은 아니었다. 1930년대에 천식은 흔한 병이 아니었다. 아마 한 학교당 한 명 정도로 희귀한 질환이었을 것이다. 하지만 1980년대에는 비율이 껑충 뛰어올라서 한 반에 한 명이 천식을 앓았다. 지난 10년 동안 천식 발병의 급증세는 주춤해졌지만 여전히 아이들 4분의 1이 천식 때문에 고생한다. 다른 알레르기도 마찬가지다. 예를 들어 땅콩 알레르기는 지난 세기말에 겨우 10년 동안 세 배로 급증하였고 이후 다시 5년 만에 두 배로 증가하였다. 이제는 학교나 직장에 견과류 금지 구역을 지정할 정도다. 아토피나 꽃가루 알레르기 역시 한때는 드물게 나타나는 증상이었지만 이제는 어쩔 수 없는 현실이 되었다. 이것은 정상이 아니다.

자가면역 질환은 어떤가? 처제의 인슐린 자가투여는 1,000명당 약 네 명에게 일어나는 제1형 당뇨병 환자에게서 자주 볼 수 있다. 사람들 대부분은 처이모님의 신경을 파괴한 다발성 경화증이라는 병명을 들어봤을 것이다. 이 밖에도 관절을 망가뜨리는 류머티즘성 관절염, 장을 공격하는 셀리악병, 근육 섬유를 찢는 근육염, 세포를 파괴하는 루푸스 등 약 80종류의 자가면역 질환들이 있다. 알레르기 질환에서 나타나듯이 면역계는 병원균뿐만 아니라 우리 자신의 세포까지도 공격하는 무뢰한으로 변하고 있다. 선진국 인구의 거의 10퍼센트가 이런 자가면역 질환을 앓고 있다는 사실은 매우 놀랄 만한 일이다.

제1형 당뇨병은 자가면역 질환의 좋은 예다. 증상이 확실하여 오진할 확률이 낮고 따라서 상대적으로 수십 년 전 의료기록도 신뢰할 수 있기 때문이다. 제1형 당뇨병은 당뇨 중에서도 일찍 발병하여 대개 청소년 시기에 나타나는데 췌장 세포를 공격하여 인슐린을 전혀 생산할 수 없게 만든다. 반면에 제2형 당뇨병은 인슐린을 만들어내긴 하지만 인체가 인슐린에 반응하지 않아 역할을 제대로 할 수가 없다. 인슐린 없이는 사탕이나 디저트 같은 단순당과 파스타나 빵 같은 복합당을 포함한 어떤 형태의 당도 전환하여 몸속에 저장할 수 없다. 따라서 세포에 저장되지 못하고 혈액에 쌓이는 당은 급격히 독성을 띠며 환자에게 극심한 갈증을 일으키고 화장실을 들락날락하게 만든다. 쇠약해진 환자는 급기야 몇 주 혹은 몇 달 뒤에 신부전으로 사망한다. 인슐린을 투여하지 않으면 이렇게 된다. 정말 심각한 질병이다.

다행히 다른 질환에 비해 당뇨병은 과거나 지금이나 비교적 쉽게 진단을 내릴 수 있다. 요즘 시대에는 금식 후 혈당을 측정하면 바로 당뇨 진단을 내릴 수 있지만 100년 전만 해도 당뇨병은 기꺼이 나서주는 의사가 있어야 진단할 수 있었다. 여기서 '기꺼이'라는 단어를 쓴 이유는 당뇨병을 진단하려면 환자의 소변을 맛봐야 했기 때문이다. 소변 자체의 알싸한 맛과 함께 단맛이 느껴지면 그건 혈당이 너무 높아서 신장이 강제적으로 당을 소변으로 배출시킨다는 뜻이다. 물론 과거에는 당뇨병인지 모르고 지나간 경우도 많았고 기록되지 않은 발병 사례도 많았을 것이다. 그러나 시간의 흐름에 따른 제1형 당뇨병의 증가는 우리 사회에서 자가면역 질환이 차지하는 위상이 변하고 있다고 말해주는 믿을 만한 지표가 된다.

서구에 사는 사람 250명 중 한 명은 췌장이 제 역할을 하지 못한다. 따라서 식사 후에 적정량의 인슐린을 투여해야만 섭취한 당을 체내에 저장할 수 있다. 놀라운 것은 역사적으로 이렇게 당뇨 발병률이 높은 적이 없다는 사실이다. 제1형 당뇨병은 19세기에는 거의 존재하지도 않았던 병이다. 미국의 매사추세츠 종합병원은 1898년까지 75년 이상의 의료 기록을 가지고 있는데, 50만 명에 이르는 환자 기록 중 소아 당뇨로 진단받은 경우는 단 21건에 불과하다. 오진誤診의 가능성은 염두에 두지 않아도 될 것 같다. 위에서도 언급했듯이 당뇨는 소변의 맛을 보아 쉽게 진단할 수 있고, 체중 감소를 비롯한 치명적인 증상으로 미루어보면 당시에도 어렵지 않게 당뇨병임을 알 수 있었기 때문이다.

제2차 세계대전 직전에 공식적인 병원 기록이 시작되면서 제1형 당뇨병의 보급을 추적할 수 있게 되었다. 그 당시 미국이나 영국, 스칸디나비아에서는 5,000명당 한두 명의 아이들이 소아 당뇨병에 걸렸다. 전쟁은 아무것도 바꾸지 못했지만 전쟁이 끝나고 얼마 후부터 당뇨병 발생 건수가 늘어나기 시작했다. 1973년에 당뇨병은 1930년대에 비해 6~7배 이상 흔해졌다. 1980년대부터는 증가 추세가 안정권에 들어가 현재까지 250명당 1명의 발병률을 유지하고 있다.

다른 자가면역 질환 역시 당뇨병과 비슷하게 증가하는 추세를 보인다. 신경계를 파괴하는 다발성 경화증은 밀레니엄 시대에 들어서면서 20년 전보다 두 배로 증가하였다. 밀가루 성분이 들어가면 즉각적으로 장세포 공격에 들어가는 셀리악병은 1950년대에 비해 현재는 30~40배나 흔한 병이 되었다. 루푸스나 염증성 장 질환, 류머티즘성 관절염 역시 꾸준히 증가해왔다. 이것은 비정상이다.

전염성 질병을 대체하다

우리가 단체로 벌이는 살과의 전쟁은 어떤가? 서구 세계에 사는 인구의 절반 이상이 과체중 혹은 비만하다. 이 책을 읽는 당신 역시 체중과 씨름 중일 거라고 감히 짐작해본다. 이제는 정상 체중인 사람이 오히려 비정상적으로 보인다는 사실이 놀라울 뿐이다. 옷 가게에 서 있는 마네킹의 몸집이 커졌고 텔레비전에서는 체중 감량을 주제로 한 리얼리티쇼가 인기를 끌고 있다. 이런 변화는 어쩌면 예상된 일인지도 모른다. 통계적으로 보면 이제 비만은 거의 모든 사람에게 현실이다.

하지만 예전에는 이렇지 않았다. 여기 1930년, 1940년대에 짧은 반바지와 수영복을 입고 뜨거운 여름을 즐기는 젊은 청춘 남녀의 사진이 있다. 이 흑백사진 속의 젊은이들은 드러난 갈비뼈와 날씬한 배 때문에 되레 야위고 수척해 보인다. 하지만 아니다. 그들은 현대인의 군살을 가지지 않았을 뿐이다. 20세기 초반만 해도 사람들의 체중은 거의 변함없이 일정해서 사람들은 그것을 기록으로 남길 생각조차 하지 못했다. 하지만 비만 확산의 진원지인 미국에서는 1950년대 들어서 사람들의 체중이 갑작스럽게 증가하기 시작하자 비로소 체중을 기록하기 시작했다. 1960년대 초반에 미국에서 행해진 제1차 전국인구조사에 따르면 성인 13퍼센트가 이미 비만 범주에 속했다. 다시 말하면 체질량지수BMI(체중을 신장의 제곱으로 나눈 값)가 30을 넘는다는 것이다. 설문조사에 응한 사람 중 30퍼센트는 체질량지수 25~30에 해당하는 과체중으로 분류되었다(대한비만학회의 지침에 따르면 한국인의 경우 체질량지수 23 이상이면 과체중, 25 이상이면 비만으로 분류된다-옮긴이).

1999년에 미국의 비만 인구 비율은 두 배 이상 늘어 30퍼센트에 육박했고, 예전에는 정상 체중이던 사람들의 몸무게가 늘어 과체중이 된 비율도 34퍼센트가 되었다. 다시 말해 총 64퍼센트가 과체중 혹은 비만이라는 이야기다. 영국도 비슷한 경향을 보이지만 수치는 조금 낮다. 1966년에는 영국 성인 인구 중 1.5퍼센트만이 비만이고 11퍼센트가 과체중이었다. 하지만 1999년에는 24퍼센트가 비만이고 43퍼센트가 과체중으로 총 67퍼센트가 정상 체중보다 무거웠다. 비만은 단순히 몸무게가 초과되는 문제로 끝나지 않는다. 비만은 제2형 당뇨병의 원인이 되고 심장병, 심지어 암까지도 일으킨다. 그리고 이 모든 것은 갈수록 보편적이 되고 있다. 말할 필요도 없이 이것은 정상이 아니다.

배앓이 역시 늘어나고 있다. 글루텐 무첨가 식품을 찾아다니는 사촌 동생이 이상해 보일지 모르겠지만, 과민성 장 증후군으로 고생하는 사람은 사촌 동생만이 아니다. 과민성 장 증후군 증상을 보이는 사람은 인구의 15퍼센트나 되기 때문이다. 과민성이라는 단어가 가지는 뉘앙스 때문에 과민성 장 증후군은 남들보다 조금 더 예민한 장을 가졌다거나 모기 물린 수준의 불편함을 주는 질병 정도로 인식되는 경우가 많다. 하지만 그것은 이 질환이 삶의 질에 미치는 영향을 몰라서 하는 말이다. 과민성 장 증후군 환자들에게는 언제든지 뛰어갈 수 있도록 가까운 곳에 화장실의 위치를 확보하는 것이 다른 어떤 것보다 중요하다. 증상이 약한 환자들도 다른 사람에게는 별 의미 없는 장의 평안을 우선으로 추구하게 된다. 크론병 같은 염증성 장 질환이나 궤양성 대장염 역시 증가하고 있는데, 이 질환들은 장에 심한 손상을 주어 최악의 경우에는 몸 바깥에 장루 주머니를 연결해야 한다. 확실히 정상이 아니다.

이제 마지막으로 정신건강 질환에 도달했다. 자폐성 장애로 진단받았다는 동네 치과의사의 아들은 어느 때보다도 동지가 많다. 68명 중 한 명(남자아이의 경우는 42명 중 한 명)이 자폐아 범주에 있기 때문이다. 1940년대 초에는 자폐증이 너무 드물어서 병명조차 없었다. 2000년에 들어서 이 병에 대한 기록을 시작했을 무렵만 해도 발병률은 지금의 반도 되지 않았다. 자폐증의 발병 수치가 증가한 것이 과잉진단이나 자폐증에 대한 인식이 확산하였기 때문이라는 것은 틀린 말은 아니다. 하지만 대부분의 전문가들은 자폐증의 급증이 사실이라는 데 동의한다. 변화는 분명히 일어나고 있다. 주의력결핍 장애ADD, 투렛 증후군, 강박 장애 역시 증가하고 있다. 우울증이나 불안 장애 역시 마찬가지다.

이러한 정신적인 고통의 증가는 정상이 아니다. 이런 질환들이 이제는 매우 '정상적'으로 보이기 때문에, 아마 이 질환들이 우리 증조할아버지나 그 이전에 살았던 조상 어르신들은 아예 들어본 적도 없는 새로운 병이라는 사실은 깨닫지 못했을 것이다. 심지어 의사들도 그들이 치료하는 병의 역사에 대해서는 잘 알지 못하고 그저 현재의 의료 경험을 바탕으로 훈련을 받는다. 과거에는 충수염이 흔하지 않았다는 사실이 오늘날 의학계에서는 거의 잊힌 것처럼, 일선에서 일하는 의료종사자들에게 가장 중요한 것은 현재 자신이 담당한 환자와 환자의 병을 고칠 수 있는 치료법이다. 병의 기원을 알고 이해하는 것은 그들의 책임이 아니다. 마찬가지로 집단 내 발병률의 변화 역시 그들에게는 부수적인 문제일 뿐이다.

21세기에 인간의 삶은 19세기와 20세기에 일어난 네 가지 의료 보건 혁신 이후로 크게 달라졌다. 그리고 사람들이 걸리는 질병 역시 달라졌다. 하지만 우리의 21세기형 질병은 원래 전염성 질병 뒤에 감춰져 있다가 이 질병들이 사라지면서 무대 위로 올라온 것이 아니다. 그것은 현대인이 살아가는 방식이 변하면서 새롭게 발생하여 전염성 질병을 대체하게 된 종합 질병 세트다. 그렇다면 서로 판이해 보이는 21세기형 질병들을 어떻게 하나로 묶을 수 있을까? 알레르기로 인한 재채기와 가려움증, 자가면역으로 인한 자기 파괴, 비만으로 인해 일어나는 신진대사의 비극, 소화 장애로 인한 정신적 수모, 정신건강 질환으로 인한 오명까지. 전염성 질병을 몰아낸 마당에 적을 잃은 인간의 몸이 자기 자신을 들쑤시고 있는 것만 같다.

그저 순순히 새로운 운명을 받아들일 수도 있다. 적어도 병원균이 판치던 세상에서 벗어나 장수할 수 있게 된 것에 감사하며 살아도 좋다. 하지만 대신 우리는 이런 의문을 던질 수도 있다. 도대체 무엇이 변한 것인가? 비만과 알레르기, 과민성 장 증후군과 자폐증처럼 서로 전혀 관련이 없어 보이는 질병 사이에 어떤 고리가 있을까? 전염성 질병에서 새로운 종합 질병 세트로의 전환은 결국 우리에게 신체의 균형을 유지하기 위해 적당한 감염이 반드시 필요하다고 경고해주는 것은 아닐까? 아니면 전염성 질병의 감소와 만성 질환의 증가 간 상관관계는 21세기형 질병의 뒤에 우리가 미처 모르는 근본적인 원인이 있다고 알려주는 것은 아닐까?

어디서 21세기형 질병이 발생하는가

이제 우리에게 큰 문제가 하나 주어졌다. 왜 이러한 21세기형 질병이 나타나게 된 것일까? 요새는 병의 원인을 유전에서 찾는 것이 유행이다. 인간 게놈 프로젝트 덕분에 돌연변이가 일어났을 때 질병을 일으킬 수 있는 수많은 유전자가 밝혀졌다. 어떤 유전자에 일어난 돌연변이는 확실히 병증으로 나타난다. 예를 들어 4번 염색체의 *HTT* 유전자에 생긴 변이는 헌팅턴 무도병Huntington's disease을 일으킨다. 어떤 돌연변이는 단지 병의 발병 소지를 높인다. 예를 들어 한 여성의 *BRCA1*와 *BRCA2* 유전자 염기서열에 오타가 생기면 그녀가 평생 동안 유방암에 걸릴 확률이 10 중에 8까지로 높아진다.

현대는 게놈의 시대다. 그렇다고 급증하는 현대 질병의 원인을 DNA에만 돌릴 수는 없다. 한 사람이 어떤 특정 유전자 변이, 이를테면 살이 찌는 버전의 유전자를 가지고 있다고 하자. 그렇다고 하더라도 살찌는 유전자가 한 세기 만에 인구 전체에 이렇게 극적으로 퍼질 수는 없다. 인간의 진화는 그렇게 단기간에 일어나는 과정이 아니다. 또한 유전자 변이라는 것은 그 변이로 인한 효과가 이로운 것이라면 자연선택을 통해 집단 내에서 확산되지만, 해로운 효과를 낳는다면 자연선택에 의해 억제되고 집단 내에서 자리를 잡지 못하게 된다. 그렇다면 천식, 당뇨병, 비만, 자폐증이 자연에 의해 선택될 만큼 인간에게 이로운가? 아니, 물론 그럴 리가 없다.

현대 질병이 급증한 원인으로 유전학을 배제한다면, 이제 다음 순서는 환경의 변화를 살펴보는 것이다. 한 사람의 키가 유전자만이 아니라 영양 상태, 운동, 생활 습관 등 후천적인 요인과 함께 작용하여 결정되는 것처럼 한 사람이 병에 걸릴 위험도 마찬가지다. 하지만 이 역시 간단한 문제는 아니다. 지난 한 세기 동안 인간의 삶은 너무나 많은 부분에서 변화가 일어났기 때문이다. 또한 이것은 인과관계이고 저것은 그저 상관관계에 불과하다고 꼬집어 말할 수 있으려면 인내심을 가지고 과학적으로 평가하는 과정이 필요하다. 만일 비만 또는 비만 관련 질환이라면 식습관의 변화가 질병의 환경적 요인으로 작용했을 것이라고 바로 알 수 있겠지만, 이것이 다른 21세기형 질병들에는 어떻게 영향을 미쳤는지는 확실하지 않다.

우리의 관심을 불러일으키는 이 질병들을 보면 모든 병을 아우르는 공통된 원인이 있다고는 보이지 않는다. 비만을 일으키는 환경 변화가 알레르기를 발생시킬 수 있는가? 자폐증이나 강박 장애와 같은 정신건강 질환의 원인이 실제로 과민성 장 증후군 같은 소화 장애와 똑같은 출발선에서 시작되었을 가능성이 있는가?

21세기형 질병 간의 괴리감에도 불구하고 머릿속에 두 가지가 떠오른다. 우선 알레르기와 자가면역 질환은 확실히 면역계라는 공통분모로 묶인다. 면역계는 인체에 일어나는 위협의 수준을 결정한다. 그런데 그 능력을 교란시켜 면역계가 별것 아닌 것, 심지어는 자기 자신한테도 과잉반응을 보이게 만드는 무엇이 있다는 말이다. 우리는 그 범인을 찾아야 한다. 둘째, 사회에서 암묵적으로 받아들여지는 증상 뒤에 감춰진 골칫거리, 바로 장 기능 장애다. 몇몇 현대 질병을 놓고 보면 장 기능 장애가 이어주는 연결고리는 명확하다. 과민성 장 증후군과 염증성 장 질환의 중심에는 문제를 일으키는 장이 있다. 다른 병과 관련해서는, 애매하기는 해도 여전히 연관성이 있다. 자폐증 환자는 설사를 달고 산다. 우울증과 과민성 장 증후군은 나란히 나타난다. 비만은 음식물이 '장'을 통해 지나가는 과정과 직접적인 연관이 있다.

장과 면역계라는 두 가지 테마는 서로 연관이 없어 보일 수도 있다. 하지만 장의 해부학적 구조를 자세히 들여다보면 실마리를 찾을 수 있다. 많은 사람이 '면역' 하면 백혈구와 림프절을 떠올린다. 하지만 백혈구와 림프절은 면역계가 가장 활발히 움직이는 곳은 아니다. 사실 인간의 장에는 인체의 모든 부분을 합친 것보다도 더 많은 면역세포가 존재한다. 약 60퍼센트에 이르는 면역조직이 창자 주변, 특히 소장의 끝 부분에서 맹장과 충수로 이어지는 구역에 밀집해 있다. 우리는 흔히 인체와 바깥 세계를 갈라놓는 벽으로 피부를 생각하기 쉽지만 사실 우리 몸에는 피부 표면적 1제곱센티미터당 2제곱미터의 장벽腸壁이 있다. 비록 '안쪽'에 있더라도 장벽은 바깥 세계와 혈액 사이에 겨우 한 겹의 세포층을 가지고 있을 뿐이다. 따라서 장벽을 따라 행해지는 면역계의 경계와 감시는 인체를 보호하는 필수적인 과정이며, 필요하다면 그곳을 통과하는 모든 입자와 세포들을 조사하고 검역해야 한다.

전염성 질병의 위협은 거의 사라졌지만, 우리의 면역계는 아직도 전시 상태에 있다. 왜 그럴까? 1854년에 소호의 콜레라 발병 때 존 스노 박사가 행한 선구적인 기법으로 돌아가보자. 역학조사 말이다. 스노 박사가 콜레라 발병의 미스터리를 풀기 위해 처음으로 논리와 증거를 이용한 이래로 역학조사는 의학계의 탐정 역할을 해왔다. 이보다 간단할 수는 없다. 세 가지만 물어보면 된다. 첫째, 어디서 질병이 발생하는가? 둘째, 누가 병에 걸리는가? 셋째, 언제 발병했는가? 이 세 가지 질문에 대한 답변은 '왜 21세기형 질병이 일어나는가' 라는 근본적인 질문에 대한 실마리를 제시해준다.

존 스노는 '어디'라는 질문에 답하기 위해 발병지를 표시하여 만든 콜레라 지도 덕분에 발병의 진원지인 브로드 스트리트 식수 펌프를 찾아냈다. 하지만 우리는 별다른 수사 없이도 비만, 자폐증, 알레르기, 자가면역 질환이 모두 서구 세계에서 시작되었다는 사실을 금방 알아챌 수 있다. 런던 유니버시티 칼리지의 외과 교수인 스티그 벵마크Stig Bengmark는 비만 확산의 진원지로 미국 남부 지역을 꼽고 있다. 벵마크는 "앨라배마, 루이지애나, 미시시피 같은 주들은 미국, 그리고 세계에서도 비만과 만성 질환 발생률이 가장 높은 지역이다. 이 질환들은 쓰나미처럼 전 세계로 퍼져 나가 서쪽으로 뉴질랜드와 오스트레일리아, 북쪽으로 캐나다, 동쪽으로는 서구 유럽과 아랍, 남쪽으로는 특히 브라질까지 확산하고 있다"고 말한다.

벵마크의 관찰은 알레르기, 자가면역 질환, 정신건강 질환 등 다른 21세기형 질병으로까지 이어진다. 이 모든 병이 서구에서 시작되었다. 물론 지리적 위치만으로 질병의 증가를 단정 지을 수는 없다. 지리적 위치는 단지 다른 연관성에 관한 실마리, 운이 좋다면 정확한 원인에 대한 단서가 될 뿐이다. 그런데 21세기형 질병들이 가장 명확하게 관련되는 지리적 특성은 바로 부富다. 국가 간 국민총생산GNP의 비교 연구에서부터 한 지역에 사는 사회경제적 집단 간의 대조 연구에 이르기까지, 여태껏 축적된 많은 증거가 만성질환과 부의 상관관계를 지목하고 있다.

1990년, 독일인들은 부가 알레르기에 미치는 영향을 자연스럽게 단적으로 보여주었다. 40년 동안 갈라져 지내던 동독과 서독이 1989년 베를린 장벽이 무너지면서 통일되었다. 동독과 서독은 지역, 기후, 그리고 인종까지 많은 것을 공유하였다. 그러나 서독 사람들은 전쟁 이후 번영을 이루어 서구 세계의 경제적 발전을 거의 따라잡은 반면, 동독 사람들은 제2차 세계대전 이후로 정체 상태에 머물러 이웃 나라인 서독에 비해 훨씬 가난했다. 이러한 부의 차이는 건강의 차이와도 어느 정도 관련이 있었다. 뮌헨 대학교 소아병원의 연구에 따르면, 부유한 서독 어린이들에게서 알레르기가 두 배나 많이 나타났고, 그중에서도 꽃가루 알레르기 때문에 고생하는 아이들은 세 배나 더 많았다.

이와 같은 상관관계는 다른 알레르기나 자가면역 질환에 대해서도 반복적으로 나타나는 패턴을 보여준다. 미국의 빈곤층 자녀들은 부유한 아이들에 비해 음식 알레르기나 천식에 걸릴 확률이 낮다. 독일의 상류층—부모의 교육 수준이나 직업으로 판단했을 때—자녀들은 평범한 배경을 가진 아이들에 비해 훨씬 더 아토피에 걸릴 확률이 높다. 북아일랜드의 저소득층 자녀들은 제1형 당뇨병에 걸릴 가능성이 매우 낮다. 캐나다에서 염증성 장 질환은 보통 저소득보다는 고소득과 동반하여 나타난다. 이러한 경향은 한 국가나 지역에 국한되지 않는다. 한 국가의 국민총생산을 보면 그 나라에서 21세기형 질병이 어느 정도 발생하는지 예측할 수 있을 정도다.

소위 서구 질환의 증가는 더는 서구 국가에만 국한되지 않는다. 만성적인 질환은 부와 함께 찾아온다. 개발도상국들이 경제적으로 성장하면서 문명병이 퍼지기 시작했다. 서구 세계의 문제로 시작한 것이 지구의 나머지 반까지도 둘러싸며 위협하고 있다. 선두를 달리는 것은 비만이다. 비만증은 이미 개발도상국을 비롯하여 세계 인구의 절대다수에 영향을 끼치고 있다. 비만의 뒤를 이어 비만과 관련된 질환, 이를테면 심장병이나 제2형 당뇨병이 바짝 쫓아오고 있다. 천식이나 아토피 같은 알레르기 장애 역시 남아메리카, 동유럽, 아시아의 중산층 국가들 사이에서 증가하며 21세기형 질병 확산의 중심에 서 있다. 자가면역 질환이나 행동학적 질환들은 조금 뒤처지는 듯 보이지만 특히 브라질이나 중국을 비롯한 상위 중상소득 국가에서는 흔하게 나타나고 있다. 가장 잘사는 나라들에서는 21세기형 질병의 증가 추세가 정체기에 도달한 한편, 다른 지역에서는 이러한 질병들이 상승세를 타기 시작했다.

21세기형 질병만 놓고 본다면 돈은 위험한 것이다. 연봉이 얼마나 높은지, 이웃이 얼마나 부유한지, 나라가 얼마나 잘사는지 등등 이 모든 것이 그 한 사람이 처한 건강 위험도에 기여한다. 그러나 물론 부자가 된다고 해서 다 아프다는 것은 아니다. 돈으로 행복을 살 수는 없지만 깨끗한 물, 감염병으로부터의 차단, 열량과 영양이 풍부한 음식, 교육 여건, 바람직한 직업 환경, 핵가족, 멀리 떨어진 곳에서의 휴가, 그리고 기타 많은 다른 좋은 것들을 구할 수 있기 때문이다. 하지만 '어디'에서 질병이 발생하는가에 대한 우리의 질문은 현대인의 역병이 시작된 위치뿐 아니라, 만성적인 건강 장애를 불러일으키는 것은 바로 돈임을 말해준다.

흥미롭게도 부가 증가할수록 건강이 나빠진다는 공식은 부가 최정점에 이르는 순간 더 이상 적용할 수 없게 된다. 가장 잘사는 나라의 가장 잘사는 사람들은 만성 질환의 유행에서도 자신들을 안전하게 지킬 수 있는 것처럼 보이기 때문이다. 부자들의 전유물로 시작된 담배, 배달음식, 즉석식품 같은 것들이 이제는 가난한 사람들의 주식主食이 되었다. 반면에 유복한 사람들은 최신 건강 정보를 쉽게 접하고 가장 최고의 의료 서비스를 받으며 건강을 유지하기 위한 선택의 자유를 누린다. 개발도상국에서 체중 증가와 알레르기는 사회의 가장 부유층에서 일어나는 반면, 선진국에서 비만과 만성 질환에 시달리는 사람들은 빈곤층이다.

누가 21세기형 질병에 걸리는가

이제 우리는 '누가' 병에 걸리는가 하는 질문을 할 차례가 되었다. 부와 서구식 생활방식이 모든 사람들의 건강에 해를 끼쳤는가, 아니면 어떤 사람들은 남보다 더 병에 걸리기 쉬운 것인가? 이것은 참 좋은 질문이다. 1918년, 제1차 세계대전이 끝난 후 세계를 휩쓸었던 유행성 독감으로 인해 1억에 가까운 사람들이 사망하였다. 오늘날의 의학 지식이 있었다면 병에 걸린 사람이 '누구인지' 파악함으로써 사망률을 상당히 낮추었을지도 모른다. 독감은 대개 사회의 취약층인 노약자와 환자들을 사망에 이르게 하지만, 1918년 독감 유행 때는 주로 건강한 젊은이들이 표적이 되었다. 이 희생자들은 인생의 전성기에, 독감 바이러스 때문이 아니라 바이러스를 제거하려다 면역계에 의해 고삐가 풀린 사이토카인 발작cytokine storm 때문에 죽었다.

사이토카인은 면역 반응을 높이는 면역 전달 물질로 어떤 상황에서는 의도하지 않게 감염 자체보다 훨씬 위험한 반응을 촉발할 수 있다. 환자가 젊고 건강할수록 그들의 면역계가 일으키는 발작의 강도 역시 함께 커지기 때문에 사망할 확률이 훨씬 높아진다. 만약 당시에 이 무서운 전염병을 대처하는 단계에서 "누가 독감에 걸렸는가" 하고 물었더라면, 이 특별한 독감 바이러스를 그렇게 위험하게 만든 것이 무엇인지 알게 되었을 것이다. 뿐만 아니라 그 사실을 토대로 바이러스와 싸우는 동시에 면역계의 발작을 잠재우는 방향으로 치료가 이루어질 수 있었을 것이다.

우리는 '누가'라는 질문을 나이, 인종, 성별 이렇게 세 부분으로 나누어 살펴볼 것이다. 첫째, 21세기형 질병에 주로 걸리는 사람의 연령대는 어떻게 되는가? 둘째, 이 질환들은 인종별로 다르게 나타나는가? 셋째, 남녀는 똑같이 병에 걸리는가?

나이부터 시작해보자. 유독 의료 서비스가 훌륭한 선진국에서 발생하는 병이 있다면 그 병의 원인은 바로 노화라고 생각하기 쉽다. 부유한 나라에서 평균 수명보다 훨씬 오래 살면서 생기는 질병이라면 아마 노화의 결과로 나타난 병일 거라고 추측하는 것이 가장 자연스러우니까 말이다. 그렇다면 지금 70대, 80대 연세에도 건강하게 잘살고 계시는 많은 어르신들이 나이가 들었다는 이유만으로 조만간 몸이 편찮아지실 거라는 말인가?

20세기를 거치며 마침내 인간이 병원균에 의한 죽음의 늪에서 벗어났을 때, 병원균이 떠난 자리를 채울 무언가가 등장해 인간에게 다른 방식으로 죽음과 고통을 가져올 것이라는 불길한 예감은 틀리지 않았다. 하지만 우리가 현재 직면하는 많은 질병은 단순히 길어진 기대 수명에 의해 발생한 노인병이 아니다. 물론 적어도 암은 노화한 신체에서 세포 복제 과정에 문제가 생기면서 일어나는 병이기 때문에 암의 증가는 부분적으로 수명의 증가와도 관련이 있다고 말할 수 있다. 하지만 다른 21세기형 질병들은 모두 노화와 관련된 병은 아니다. 사실 대부분의 21세기형 질병은 전염성 질병이 우세하던 시기에는 상대적으로 발병률이 낮았던 어린이나 청년들을 대상으로 나타나고 있다.

음식 알레르기, 아토피, 천식, 피부 알레르기는 대개 태어나자마자,

또는 출생 후 몇 년 안에 시작된다. 자폐증은 전형적으로 걸음마를 배우는 시기에 나타나서 5세 이전에 진단을 받는다. 자가면역 질환은 어느 나잇대에든 발병할 수 있지만 젊은 나이에 나타나는 경우가 많다. 예를 들어 제1형 당뇨병은 어른이 되어 발병하는 경우도 있지만, 전형적으로 어린이나 사춘기 아이들에게 나타난다. 다발성 경화증이나 마른버짐, 그리고 크론병이나 궤양성 대장염 같은 염증성 장 질환 모두 보통 20대에 시작된다. 그리고 루푸스는 대개 15세에서 45세의 사람들에게서 나타난다. 비만증 역시 어릴 때 시작하기도 하는데 미국 어린이들의 7퍼센트가 태어날 때 정상 체중을 웃돌다가 걸음마를 배우는 시기에 10퍼센트, 유년기로 들어서면 약 30퍼센트 정도가 과체중이 된다. 그렇다고 노인들이 21세기형 질병에 면역이 있다는 것은 아니다. 이 병들은 모두 어느 나이에서나 나타날 수 있다. 그러나 특히 어린이와 젊은이들이 질병의 표적이 된다는 사실을 보면 이 질병을 촉발하는 것이 노화 과정은 아님을 알 수 있다.

심장마비, 뇌졸중, 당뇨병, 고혈압, 암과 같이 서구 사회에서 고령 인구의 주요 사망 원인이 되는 질환조차도 대부분은 유년기 또는 청년기에 시작된 체중 증가에 뿌리를 두고 있다. 우리는 이 질환으로 인한 죽음을 늘어난 수명 탓으로만 돌릴 수는 없다. 왜냐하면 전통적인 사회에서 옛날 방식으로 살고 있는 80~90대 노인들은 소위 이런 '노인병(성인병. 현재는 생활습관병으로 명칭이 바뀌었으나 문맥상 노인병이라고 표기했다-옮긴이)'으로 세상을 떠나는 일이 별로 없기 때문이다. 21세기형 질병은 인구통계에서 급증하는 상위층, 즉 노인 인구에 제한되는 것이 아니라 그보다는 1918년의 독감처럼 생의 정점에 서 있는 사람들을 공격한다.

이제 인종에 대하여 살펴보자. 북아메리카, 유럽, 호주를 위시한 서구 세계는 대개 백인들이 차지하고 있다. 따라서 이러한 새로운 건강 쟁점들이 실제로는 백인이 가진 유전적 소인素因으로 일어난다고 생각할 수도 있다. 하지만 이 대륙 안에서 비만, 알레르기, 자가면역 질환, 또는 자폐증의 발병률이 일관되게 백인에게만 높게 나타나는 것은 아니다. 비만은 백인보다 오히려 흑인, 라틴계, 남아시아인에게 높게 나타나는 경향이 있고 알레르기나 천식은 지역에 따라 흑인과 백인의 발병률이 다르게 나타난다. 자가면역 질환의 경우는 특정한 패턴을 따르지 않는다. 루푸스나 피부 경화증 같은 질환들은 흑인에게서 주로 나타나고 소아 당뇨나 다발성 경화증은 백인을 선호하는 경향이 있다. 자폐증은 인종을 가리지 않는 것으로 보이지만 흑인 아이들의 경우 진단을 늦게 받는 경우가 많다.

인종적 차이처럼 보이는 것이 실제로는 각 인종이 가진 유전적 소인 때문이라기보다 부나 주거 환경 같은 다른 요인에서 기인하는 것은 아닐까? 신뢰할 만한 통계 연구에 의하면 미국의 흑인 아동에게서 다른 인종들보다 천식 발병의 비율이 높은 이유는 인종 때문이 아니라, 흑인들이 대체로 모든 아이들에게 천식이 흔하게 나타나는 도심 지역에 밀집하여 거주하기 때문이라는 사실이 밝혀졌다. 실제로 아프리카에서 자라는 흑인 어린이에게서 발생하는 천식의 비율은 대부분의 미개발국가에서 다른 인종에게 나타나는 발병률과 비슷한 수준으로 낮게 유지되었다.

민족성과 환경이 21세기형 질병을 일으키는 주요 요인이 되는지 확인할 수 있는 가장 간단하고 확실한 방법은 이민자들의 건강 변화를 관찰하는 것이다. 1990년대에 소말리아에서 일어난 내전으로 많은 사람이 소말리아를 떠나 유럽이나 북미로 이주했다. 하지만 자국의 혼돈에서 탈출한 소말리아 난민들은 새로운 전쟁에 맞닥뜨리게 되었다. 본국인 소말리아에서는 자폐증의 발병이 극도로 낮았던 반면, 소말리아 이주민 사회에서 태어난 아이들의 자폐증 발병 비율은 본토에 남아 있는 아이들의 발병 비율을 빠르게 추월한 것이다. 캐나다 토론토에 있는 대규모 소말리아 공동체에서는 자폐증을 서구병이라고 부른다. 왜냐하면 꽤 많은 이민 가정에서 자폐증이 나타났기 때문이다. 스웨덴에 정착한 소말리아 난민의 경우도 마찬가지다. 소말리아 이주민 자녀들은 스웨덴 아이들과 비슷한 비율로 자폐성 장애를 가지게 되며 이는 본토 어린이와 비교하면 서너 배 높은 수치다. 그렇다면 인종의 차이는 지역의 차이보다도 오히려 덜 중요하다고 결론을 내릴 수 있겠다.

그렇다면 '누구'라는 질문의 마지막 대상인 성별은 어떠한가? 남녀가 똑같이 병에 걸리는가? 일반적으로 여성이 더 강한 면역체계를 갖추고 있다는 사실은 '남성 독감man flu'을 목격한 사람이면 누구나 자연스럽게 수긍할 것이다. 그러나 안타깝게도 이러한 면역 관련 만성 질환의 확산과 관련하여 여성의 면역 우위성은 도리어 불리하게 작용한다. 남성은 그저 가장 약한 감기에 굴복하고 마는 것 같지만, 여성은 그들 면역계의 눈에만 보이는 악마와 싸우기 때문이다.

자가면역 질환은 성별의 차이에서 가장 다양한 패턴을 보인다. 일부 질환은 남녀 모두에게 비슷하게 나타나거나 남성에게서 더 흔하게 나타나지만 많은 경우 여성에게서 압도적으로 높은 비율로 나타난다. 알레르기성 장애는 어릴 적에는 여자아이보다는 남자아이에게서 더 흔하게 나타나지만 사춘기 이후에는 여성에게서 더 많이 발생한다. 장 질환 역시 남성보다는 여성에게서 더 많이 일어난다. 염증성 장 질환의 경우는 크게 차이가 나지 않지만, 과민성 장 증후군의 경우는 남성보다 두 배나 많은 여성이 고통을 겪는다.

놀랍게도 비만증 역시 남성보다 여성이 더 영향을 받는 것으로 보인다. 특히 개발도상국에서는 이러한 경향이 더 두드러진다. 그러나 체질량지수가 아닌 다른 방식으로 비만을 측정하면, 예를 들어 허리둘레로 측정하면 실제로 남녀 모두 똑같이 위험한 수준으로 체중이 초과되고 있음을 알 수 있다. 이와 비슷하게 우울증이나 불안 장애, 강박 장애 같은 정신건강 질환 역시 남성보다 여성에게서 더 많이 일어나는 것처럼 보인다. 하지만 남성의 경우 우울하다는 자신의 감정을 솔직하게 인정하지 않는 경향이 부분적으로 차이를 만들어낼 수도 있다고 본다. 자폐증의 경우 부담을 떠안는 것은 남성으로, 여자아이보다 남자아이가 자폐증에 걸릴 확률이 다섯 배나 더 높다. 알레르기처럼 어릴 때 발병하는 경향이 있는 자폐증에서는 발병 시기가 사춘기 이전이라는 사실이 중요하다. 성호르몬의 영향이 없는 상태에서 병이 시작되기 때문에 다른 질병에서 나타나는 여성 편향이 크게 두드러지지 않는다고 해석할 수 있다.

유독 여성이 21세기형 질병의 타깃이 된다는 사실 뒤에는 여성의 강한 면역계가 자리 잡고 있다. 알레르기나 자가면역 질환처럼 면역계의 과민반응과 관련된 질병의 경우, 강한 면역계가 훨씬 강도 높은 반응을 보일 가능성이 크기 때문이다. 물론 성호르몬, 유전, 생활습관의 차이 역시 중요한 역할을 할 것이다. 하지만 왜 여성이 더 심하게 영향을 받는지 정확한 원인은 아직 모른다. 그 이유가 무엇이든 간에 이 현대인의 전염병에서 나타나는 여성 편향은 그 안에서 면역계가 근본적인 역할을 하고 있음을 강조하고 있다. 21세기형 질병은 노인병이 아니고 유전병도 아니다. 비약하자면 21세기형 질병은 젊은이, 부유층, 그리고 면역이 강한 사람들, 특히 여성이 걸리는 병이다.

언제 21세기형 질병이 시작되었나

이제 우리는 현대에 만연한 유행병의 미스터리에 관한 마지막 질문에 도달했다. 바로 21세기형 질병이 과연 '언제부터' 발병했는가 하는 질문이다. 단언하건대 우리는 가장 중요한 질문을 앞두고 있다. 나는 현대에 유행하는 만성 질환을 21세기형 질병이라고 불러왔다. 하지만 21세기형 질병의 기원은 이제 갓 발걸음을 뗀 신新세기에 있지 않고 지난 세기, 즉 20세기에 있다. 20세기는 인간 역사를 통틀어 가장 위대한 발명과 발견의 시대였다. 그 100년의 시간 동안 선진국에서는 공포의 전염성 질병이 거의 박멸되었고, 그 뒤를 이어 과거에는 극도로 희귀했다가 놀라울 정도로 보편적인 것이 되어버린 질병들이 나타났다. 지난 세기에 일어난 많은 개발과 발전의 과정에서 비롯한 일련의 변화들이 21세기형 질병을 야기한 것이 틀림없다. 따라서 질병이 시작된 시점을 찾는다면 질병의 근원을 찾는 가장 큰 단초도 발견하게 될 것이다.

이미 그 시기를 짐작하고 있을지도 모르겠다. 미국에서 제1형 당뇨병이 급증하기 시작한 것은 20세기 중엽이었다. 덴마크와 스위스에서 징집병사를 대상으로 한 조사 데이터 분석에서는 그 시점을 1950년대 초반으로 두었고, 네덜란드에서는 1950년대 후반, 그리고 개발이 덜 이루어진 사르디니아(이탈리아 서쪽에 있는 섬)에서는 1960년대로 꼽고 있다. 천식과 아토피는 1940년대 후반에서 1950년대 초반에 증가하기 시작했고, 크론병과 다발성 경화증은 1950년대부터 증가하기 시작했다. 비만의 증감 경향은 1960년대에 들어서야 대단위로 기록되기 시작했기 때문에 우리가 현재 보는 것과 같은 비만 확산의 출발점이 언제인지 정확히 결정하기는 어렵다. 그러나 일부 전문가들은 1945년에 제2차 세계대전이 끝난 시점을 시발점으로 보고 있다. 비만의 뚜렷한 상승세는 1980년에 시작되었지만 상승의 원인은 확실히 그 이전부터 자리 잡고 있었다. 이와 비슷하게 자폐성 장애로 진단받은 아이들의 수는 1990년대 후반까지도 기록되지 않았지만 증상 자체는 1940년대 중반에 처음으로 기술되었다.

지난 세기 중엽에 어떤 변화가 일어난 것이다. 어쩌면 그 이후로도 수십 년 동안 아마도 한 가지 이상의 변화가 지속적으로 일어났을 것이다. 그리고 세계 전반에 걸쳐 변화가 확산되어 시간이 지날수록 더 많은 지역으로 번지고 있다. 우리의 21세기형 질병의 원인을 찾기 위해서 우리는 매우 특별하며 예외적인 '10년'을 중심으로 일어난 변화를 살펴봐야 할 것이다. 바로 1940년대다.

무엇이, 어디에서, 누가, 언제부터라는 질문으로부터 우리는 네 가지를 입증하였다. 첫째, 우리의 21세기형 질병은 대부분 장에서 시작되며 면역계와 관련이 있다. 둘째, 21세기형 질병은 대부분 어린이, 사춘기 청소년, 그리고 청년에게서 발병하며 남성보다는 여성에게 더 집중적으로 나타난다. 셋째, 이러한 질병은 서구에서 시작되었지만 개발도상국들이 현대화되면서 이 지역에서도 증가하고 있다. 넷째, 21세기형 질병의 증가는 1940년대 서구에서 시작하였으며 이후 개발도상국으로 이어졌다.

그렇다면 이제 마지막 질문을 던져본다. "왜 하필 21세기형 질병인가?" "물질적으로 여유 있고 서구화된 현대인의 근대적인 생활 중 어떤 점이 우리를 만성적인 질병에 시달리게 하는가?"

개인의 삶과 우리 사회에 많은 변화가 일어났다. 우리의 소비 패턴은 검소에서 낭비로 바뀌었다. 또한 전통적인 것을 버리고 혁신적이 되었으며, 물건이 부족하던 시절에서 벗어나 넘쳐나는 물건으로 폭탄을 맞고 있다. 열악하던 진료 환경은 최고의 의료 서비스로 단장했고, 새싹에서 시작한 제약산업은 활짝 만개하였다. 몸을 움직이는 것이 일상이던 생활에서 온종일 앉아 있는 생활로, 동네 가게에서 해외 직구로, 고쳐 쓰던 습관에서 버리고 새로 장만하는 습관으로, 앞에서는 내숭이라도 떨던 태도가 남을 개의치 않는 태도로 변했다.

이 모든 변화 중에서 아직 말하지 않은 한 가지가 있다. 바로 이 미스터리를 풀기 위해 100조의 작은 실마리들이 우리가 자신들을 찾아와 주길 애타게 기다리고 있고 있다는 사실이다.

• 2장 •

모든 병은 장에서 시작된다

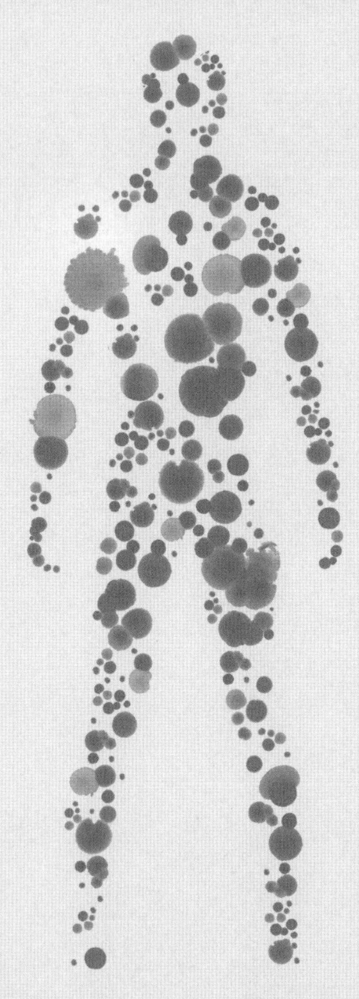

1 0 % H U M A N

정원솔새Garden warblers는 새를 관찰하는 사람들 사이에서도 구분하기 어렵기로 유명하다. 이 회갈색의 작은 새는 특징이 하나도 없다는 것이 특징일 정도로 매우 평범하게 생겼다. 하지만 생김새와 달리 정원솔새의 일상은 전혀 평범하거나 무료하지 않다. 어린 정원솔새는 알에서 부화한 지 겨우 몇 개월 만에 유럽의 여름 보금자리를 떠난다. 그리고 6,500킬로미터를 날아가 아프리카 사하라 사막 이남에서 겨울을 보낸다. 어린 솔새는 한 번도 가본 적 없는 이 먼 길을 어미 새의 안내나 지도책 하나 없이도 완벽하게 정해진 루트에 따라 이동한다.

이 믿을 수 없는 여행을 출발하기에 앞서 정원솔새는 먹이를 구하기 어려운 상황에 대비해 살을 찌워 비행에 필요한 에너지를 비축한다. 작고 날씬했던 솔새의 몸은 겨우 몇 주 만에 눈에 띄게 통통한 모습으로 변한다. 17그램이던 몸무게가 37그램으로 두 배 이상 늘어나는데, 사람으로 보자면 고도 비만 수준이다. 이 폭식의 기간에 정원솔새는 매일 몸무게가 원래의 10퍼센트씩 늘어난다. 몸무게 70킬로그램인 남성이 매일 7킬로그램씩 늘어 150킬로그램이 되는 셈이다. 살을 충분히 찌우고 나면 어린 솔새는 실력 있는 운동선수도 감당하기 어려운 지구력 싸움을 시작한다. 겨우 한 줌의 식사로 수천 킬로미터를 비행하는 것이다.

이렇게 단기간에 살을 찌우려면 당연히 닥치는 대로 먹어치워야 한다. 실제로 솔새는 하룻밤 사이에 곤충에서 딸기나 무화과로 식단을 바꿀 수 있다. 계절이 여름이라 이미 오래전부터 먹기 좋게 익은 열매가 주변에 널려 있지만, 솔새는 적당한 시기가 될 때까지 먹이를 건드리지 않는다. 그러다 때가 되면 마치 식탐 스위치가 켜지기라도 한 것처럼 오로지 먹는 데만 집중한다.

과학자들은 오랫동안 솔새를 비롯한 다른 철새의 체중 증가가 단순한 이상식욕항진, 즉 과식증 때문이라고 생각해왔다. 하지만 솔새의 몸무게는 비정상적일 정도로 빠르게 증가한다. 작고 날씬하던 새가 순식간에 병적으로 뚱뚱한 상태로 변한다는 것은 단기간에 많은 지방을 저장하게 하는 특별한 메커니즘이 있다는 뜻이다. 이는 얼마나 먹느냐보다는 얼마나 저장하느냐와 관련이 있어 보인다. 과학자들은 솔새가 평소보다 초과해서 먹은 열량과 배설물을 통해 배출한 열량을 계산해봤지만, 솔새가 폭식 기간에 추가로 섭취한 먹이의 양만으로는 이런 갑작스러운 체중 증가를 제대로 설명할 수 없었다.

솔새의 미스터리는 솔새가 겨울 보금자리에 도착한 이후에도 계속된다. 뚱뚱해진 솔새가 지중해와 사하라 사막을 통과하여 여행하는 동안 체지방은 점차 줄어든다. 아프리카에 도착하여 정착할 무렵이면 솔새의 몸무게는 다시 정상 범주로 돌아온다. 그러나 여기에 아주 신기한 일이 벌어진다. 야생이 아닌 인간의 손에 길러지는 정원솔새에게도 똑같은 일이 일어난다는 사실이다. 여름이 끝날 무렵 야생 솔새가 이동을 준비하는 시기가 찾아오면 새장 속의 솔새 역시 결코 떠나지 못할 여행을 준비하기라도 하듯 살을 찌운다. 그리고 야생 솔새가 목적지에 도달할 때쯤이면 새장 속의 솔새 역시 완벽하게 몸의 군살을 떨쳐낸다. 6,500킬로미터를 날지도 않았고, 또 먹이가 부족하여 굶은 것도 아닌데, 자신의 야생 사촌이 여행을 마칠 무렵이면 새장 안에 있으면서도 저절로 살이 빠지는 것이다.

새장 속의 솔새는 날씨, 낮의 길이, 제철 과일에 대한 어떤 정보도 가진 게 없다. 하지만 여전히 야생 솔새와 때를 같이하여 이동 시기에는 순식간에 지방을 축적하고 이동이 끝날 때면 재빨리 원래 모습으로 돌아온다. 정말 놀라운 일이 아닐 수 없다. 솔새는 불과 콩알만 한 크기의 뇌를 가진 생물이다. 살이 쪘다고 해서 다이어트를 결심하지는 않을 거라는 말이다. 그렇다고 그들이 단식하거나 미친 듯이 운동에 몰두하는 것도 아니다. 폭식 기간이 끝나면 원래대로 먹던 만큼만 먹으면서 지낸다. 하지만 먹는 양을 줄인다고 해도 이렇게 빨리 살이 빠질 수는 없다. 일주일 동안 매일 7킬로그램씩 체중을 감량한다고 생각해보라. 불가능한 일이다. 그러나 솔새에게 이 정도는 가뿐하다. 사람이라면 물 한 모금 마시지 않고 굶는다고 해도 이렇게까지 몸무게가 줄지는 않을 것이다.

이런 놀라운 체중의 변화가 솔새의 체내에서 정확히 어떤 메커니즘으로 일어나는지는 알 수 없다. 하지만 섭취한 열량의 차이만 계산해서는 이런 결과가 나올 수 없다. 여기서 우리는 한 가지 사실을 명확하게 알 수 있다. 단지 몸으로 들어온 열량과 빠져나간 열량 사이의 균형을 맞춘다고 해서 몸무게가 일정하게 유지되는 것은 아니라는 점이다. 하지만 비만과 과체중은 섭취한 열량과 소비한 열량 사이의 에너지 불균형에서 비롯한다는 생각은 과학적으로 널리 받아들여지고 있다. 다시 말해 필요한 에너지보다 지나치게 많이 먹기 때문에 살이 찐다는 말이다.

많이 먹으면서 별로 움직이지는 않는다면 남아도는 에너지가 몸에 축적되어 몸무게가 증가하는 것은 너무나 뻔한 일이다. 그러니까 "살을 빼고 싶다면 적게 먹고 많이 움직여야 한다." 그러나 솔새를 보라. 이 새는 섭취하는 열량 이상으로 빠르게 지방을 축적하고 연소하는 열량 이상으로 빠르게 지방을 제거한다. 따라서 겉으로 드러나는 것과는 다른 체중 조절 메커니즘이 있는 게 틀림없다. 칼로리-인calories-in 대 칼로리-아웃calories-out이 솔새에게는 적용되지 않는 공식이라면 인간에게도 마찬가지 아닐까?

어제보다 더 뚱뚱한 오늘

인도 의사 니킬 두란다Nikhil Dhurandhar 박사는 비만 환자 1만여 명을 치료하면서 똑같은 의문을 가지게 되었다. 두란다가 치료한 환자들은 어렵게 소량의 몸무게 감량에 성공했다가도 다시 살이 찌거나 아예 체중 감량에 실패하여 계속해서 병원 문을 두드리는 경우가 많았다. 이런 어려움 속에서도 두란다와, 역시 마찬가지로 비만 전문의인 두란다의 아버지는 1980년대에 인도 뭄바이에서 가장 성공한 비만 클리닉을 운영했다. 두란다는 10년 동안이나 사람들이 덜 먹고 더 움직일 수 있게 도와주었지만 결과는 허탈감뿐이었다. 그는 어느덧 회의를 느끼기 시작했다. "살이 빠지는가 싶더니 또다시 살이 찐다. 정말이지 어렵고 힘든 일이다." 두란다는 비만의 메커니즘을 밝혀내고 싶었다. 덜 먹고 더 움직이는 것이 비만의 영구적인 치료법이 아니라면, 더 많이 먹고 덜 움직이는 것 역시 비만의 유일한 원인도 아닐 테니까 말이다.

인류는 그 어느 때보다도 절실하게 비만의 메커니즘을 알아낼 필요가 있다. 우리는 현재 솔새 같은 집단 체중 증가의 중심에 서 있기 때문이다. 그리고 솔새에서 보인 것처럼, 우리가 섭취하는 열량에서 소비한 열량을 뺀 나머지로는 도저히 늘어난 몸무게를 설명할 방도가 없다. 우리가 하나의 생물체로서 지금까지 늘려온 몸무게의 상당 부분이 음식의 과잉섭취나 신체활동의 부족에서 비롯하지 않았다는 사실은 종합적인 연구 조사에서도 잘 드러난다. 심지어 어떤 연구 조사에서는 인간이 예전보다 덜 먹지만 활동량은 별 차이가 없다고까지 말한다. 과학계에서는 과연 식탐과 게으름만으로 지난 60년간 기하급수적으로 증가해온 비만 확산을 설명할 수 있는지에 대해 조용히 논란을 벌이고 있다. 하지만 이는 비만 연구가 올바른 방향으로 나아가기 위한 과학적 암류暗流일 뿐이다. 도대체 어떤 다이어트가 가장 효과적일 것인가?

두란다가 절망에 빠져 있던 시기에 마침 정체를 알 수 없는 닭 전염병이 인도 전역에 돌아 수많은 닭이 폐사하고 양계농가에 큰 피해를 주었다. 두란다의 지인 중에 이 전염병의 원인을 밝히고 치료법을 연구하는 수의학자가 있었다. 어느 날 이 수의학자는 두란다와 저녁을 먹다가, 닭 전염병의 원인은 바이러스인데 죽은 닭을 해부해보니 간이 비대하고 갑상선은 축소되었지만 유독 지방은 지나치게 축적되어 있더라는 말을 했다. 두란다는 깜짝 놀라 그에게 되물었다. "폐사한 닭들이 유난히 살이 쪄 있었다고?" 수의학자는 다시 한 번 사실을 확인해주었다.

두란다는 이 사실이 무척 흥미로웠다. 일반적으로 바이러스 감염으로 죽는 동물은 살이 찌지 않고 오히려 몸이 마르기 때문이다. 그렇다면 이 바이러스가 특별히 닭에게서 체중 증가를 유도한 것은 아니었을까? 두란다는 들뜬 마음으로 실험을 계획했다. 그는 닭을 두 집단으로 나눈 뒤 한 집단에게는 바이러스를 주입하고 다른 집단은 그냥 두었다. 3주 후에 보니 바이러스에 감염된 닭들은 건강한 닭에 비해 확실히 체중이 늘어 있었다. 바이러스가 닭을 살찌게 한 것 같았다. 그렇다면 두란다의 환자들도 마찬가지일까? 세계의 수많은 사람들 역시 비만 바이러스에 감염된 것은 아닐까?

현재 인류에게 벌어지는 일은 전례 없는 대사건이다. 그래서 훗날 미래의 인류가 과거를 돌아보면 20세기를 두 차례의 세계대전이나 인터넷 발명뿐만 아니라 비만의 시대로 기억할지도 모르겠다. 5만 년 전 인류와 1950년대 인간의 몸을 비교해보면 아마 현대인의 평균 체형보다 저 둘이 더 비슷할 것이다. 겨우 60년 만에 마르고 근육질이던 인류의 수렵 채집인 체형이 과다한 지방층에 완전히 둘러싸여버렸다. 전 인류에 걸쳐 이런 일이 일어난 적은 역사적으로 단 한 번도 없었다. 애완 동물이나 가축을 제외하면 동물 세계에서도 이런 식의 해부학적 변화는 나타난 적이 없다.

현재 지구인 세 명 중 한 명은 과체중이다. 아홉 명 중 한 명은 비만이다. 이 통계는 국민 대다수가 영양실조에 걸린 지역까지 모두 포함한 전체 국가의 평균치다. 비만이 가장 심하게 나타나는 나라의 상황을 보면 믿기 어려울 정도다. 예를 들어 남태평양 섬 국가인 나우루Nauru에서는 성인 인구의 70퍼센트가 비만이고 23퍼센트가 과체중이다. 이 작은 나라는 인구가 겨우 1만 명 정도인데 이들 중 건강한 체중을 가지고 있는 사람은 700명에 불과하다는 말이다. 나우루는 공식적으로 세계 최고의 비만 국가다. 나우루의 뒤를 이어 다른 남태평양 제도의 국가나 여러 중동 지방의 국가들이 비만도 순위를 다투고 있다.

서구에서도 예전에는 다들 날씬했기 때문에 뚱뚱하다는 이유로 특별히 누군가를 언급하거나 걱정할 일이 없었다. 그러던 것이 지금은 주위에서 날씬한 사람을 세는 게 더 빠른 현실이 되었다. 대략 성인 세 명 중 두 명이 평균 체중 이상이고, 이 중 반은 과체중의 수준을 넘어선 비만이다. 미국은 비만국이라는 명성이 있지만 사실은 세계에서 17번째 비만 국가로, 인구의 71퍼센트가 과체중이거나 비만이다. 영국은 비만 국가 순위 39위로 성인 인구 62퍼센트가 과체중이고 이 중 25퍼센트가 비만이다. 이는 서구 유럽에서는 가장 높은 수치다. 서구 세계에서는 뚱뚱한 아이들도 놀랄 정도로 많아 20세 미만의 젊은 인구 중 최대 3분의 1 정도가 과체중이고 이 중 반이 비만이다(2014년에 발표된 세계보건기구의 데이터에 따르면, 한국인은 성인 인구의 5.8퍼센트가 비만이고, 34퍼센트가 과체중이다–옮긴이).

세계적으로 비만은 아주 자연스럽게 퍼졌기 때문에, 이제 사람들은 살이 찐다는 것을 평범한 일로 받아들이고 있다. 정말 그렇다. 비만의 '유행'을 심각한 사회 문제로 다루는 뉴스나 잡지 기사들이 꾸준히 나오고 있지만, 사람들 대부분은 구성원 모두가 뚱뚱해지는 사회에 빠르게 적응해왔다. 사람들은 살이 찐다는 것은 식탐과 게으름에 뒤따르는 자연스러운 결과라고 쉽게 생각한다. 하지만 정말 그렇다면 이건 인간 본성에 대한 명예 훼손이나 마찬가지다. 지구 상에 존재하는 하나의 생물종으로서 인간이 지난 세기에 달성해온 업적을 보면 휴대전화, 인터넷, 비행기, 의약품 등 수없이 많다. 그저 가만히 누워서 케이크로 배나 채우고 살던 사람들은 아니라는 말이다. 하지만 선진국에서는 이제 날씬한 사람들이 소수에 불과하게 되었다. 수천 년을 날씬하게 살아온 인간이 고작 50~60년 만에 이렇게 변했다는 사실은 가히 충격적이다. 도대체 인간은 자기 자신에게 무슨 짓을 한 것인가?

도대체 왜 살이 찌는가

서구 세계에서 사는 사람들은 지난 50년 동안 평균적으로 자기 몸무게의 약 5분의 1을 더 보탰다. 만약 지구에서 당신에게 배정된 시간이 2010년대가 아닌 1960년대였다면 장담하건대 당신은 지금보다는 훨씬 가벼울 것이다. 2015년에 몸무게 70킬로그램인 사람은 1965년이라면 별다른 노력 없이도 몸무게가 겨우 57킬로그램 밖에 안 나갈 것이다. 오늘날 수천만 명의 사람들이 1960년대 이전 몸무게로 되돌리기 위해 뇌에 깊숙이 박힌 식탐을 뿌리쳐가며 끊임없이 다이어트에 매달리고 있다. 최신 유행 다이어트, 헬스클럽, 살 빼는 약에 수십억 달러를 퍼붓고 있지만 여전히 비만도는 거침없이 증가하고 있다.

지금까지 60년에 걸쳐 효과적인 체중 유지와 감량을 위한 연구가 진행되었지만, 역시 비만은 멈출 수 없이 증가하고 있다. 1958년, 비만 인구가 아직은 상대적으로 귀하던 때로 돌아가 당시 비만 연구의 선구자였던 앨버트 스턴카드Albert Stunkard 박사의 말을 빌려보자. "비만한 사람들 대부분은 지속해서 치료를 받지 않는다. 설사 치료를 받는다고 해도 대부분은 감량에 실패한다. 또 체중 감량에 성공한다고 해도 대부분은 다시 살이 찔 것이다." 그의 말은 얼추 맞았다. 반세기가 지난 지금도 체중 감량 전략의 성공률은 극히 낮다. 일반적으로 체중 감량 프로그램에 가입한 사람 중 겨우 절반이 감량에 성공하지만 그나마도 1년에 걸쳐 몇 킬로그램 줄이는 것에 불과하다. 도대체 왜 이렇게 어려운 걸까?

몸무게가 불어난 것을 설명하려는 사람들, 아니면 변명이라도 하려는 사람들에게, 유전은 최근까지도 매우 그럴듯한 비난의 대상이 되었다. 하지만 실제로 비만증에 걸리기 쉬운 유전자는 아주 소수에 불과하다. 그리고 사람들 사이의 DNA 차이로 체중의 증가를 직접 설명하는 연구 결과는 거의 없다. 2010년에 수백 명의 과학자가 팀을 이루어 대단위 프로젝트를 수행한 적이 있는데, 이들은 체중과 연관이 있는 유전자를 사냥하기 위해 25만 명에 달하는 사람들의 유전자를 조사하였다. 놀랍게도 연구팀은 2만 1,000개에 달하는 인간 유전자 중에서 체중 증가를 일으키는 것으로 보이는 유전자를 겨우 32개 찾아낼 수 있었다. 그리고 그 유전자를 바탕으로 비만의 가능성이 가장 낮은 사람과 가장 높은 사람 간의 평균 몸무게를 측정했는데, 그 차이는 겨우 8킬로그램에 불과했다. 설사 비만 유전자를 타고났다고 하더라도, 예를 들어 비만을 유도하는 최악의 유전자 변이 조합을 가진 사람이라 하더라도 단지 유전자 때문에 남들보다 과체중이 될 추가적인 위험도는 1에서 10퍼센트에 불과했다.

비만에 관여하는 유전자가 있든 없든 상관없이 유전을 가지고는 비만 확산을 완전히 설명할 수 없다. 왜냐하면 60년 전 인류는 지금과 똑같은 유전자 변이를 가지고 있었지만 거의 모든 사람이 날씬했기 때문이다. 실제로 문제가 되는 것은 아마 환경 변화에 따른 영향일 것이다. 이를테면 우리의 식단이나 생활습관의 변화가 유전자의 활동에 미치는 영향이 문제가 된다는 말이다.

살이 찌는 원인으로 우리가 흔히 이야기하는 또 다른 설명은 바로 신진대사가 느리기 때문이라는 것이다. "난 뭘 먹든지 일일이 칼로리 계산하고 따질 필요가 없어. 몸이 알아서 다 처리해주니까. 신진대사가 진짜 빠르거든"이라고 이야기하는 마른 사람은 좀 얄미워 보인다. 거기다 이 말은 과학적으로도 근거가 없다. 신진대사가 느리다는 것, 정확히 말해 기초대사량이 낮다는 것은 몸을 움직이거나 텔레비전을 보거나 머리를 굴려 수학 문제를 푸는 일까지 포함하여 아무 일도 하지 않고 있을 때, 상대적으로 거의 에너지를 소비하지 않음을 의미한다. 그리고 대사량은 사람마다 천차만별인데, 실제로 대사가 빠른 사람은 마른 사람이 아니라 뚱뚱한 사람이다. 남들보다 큰 몸을 움직이려면 더 많은 에너지가 필요하기 때문이다.

이렇게 유전이나 기초대사량이 비만 확산의 원인이 아니라면, 또 우리가 먹고 활동하는 양으로는 이 지구적인 체중 증가를 설명할 수 없다면 도대체 무엇으로 그것을 설명할 수 있다는 말인가? 니킬 두란다는 우리가 생각하는 것 이상의 무엇이 있을 거라고 짐작했다. 그리고 마침내 바이러스가 어떤 사람에게는 비만을 일으키거나 악화시킬지도 모른다는 생각이 그의 마음에 자리 잡았다. 두란다는 뭄바이에 사는 그의 환자 52명에게 닭 바이러스에 대한 항체 검사를 했다. 항체가 검출된다면 그 바이러스에 감염된 적이 있다는 뜻이다. 놀랍게도 환자 중 비만도가 가장 높은 열 명이 한 번쯤 바이러스에 노출된 적이 있는 것으로 드러났다. 두란다는 비만 치료를 중단했다. 대신 비만의 원인을 캐는 데 전념하기로 했다.

인간의 역사상 처음으로, 적어도 영국에서는 사람이 먹다가 죽지 않으려면 위를 잘라내야 하는 지경에 이르렀다. 진화가 인류에게 준 소화계를 리모델링하거나 소화의 경로를 변경하게 된 것이다. 뇌와 몸이 먹으라는 대로 고분고분 먹어치우지 않도록 위장의 크기를 물리적으로 줄여버리는 위밴드gastric band나 위우회술gastric bypass이 현재로써는 비만 유행을 잠재우고 인류의 건강을 되찾을 수 있는 가장 효과적이고 저렴한 방법으로 보일 정도다.

인간을 포함한 동물은 생화학 법칙에 의해 지배된다. 그런데 다이어트나 운동으로는 체중 감량의 효과를 보지 못해 위우회술까지 생각해야 하는 게 현실이라면, '유입한 에너지-소비한 에너지=저장된 에너지'라는 물리학 법칙은 도대체 우리에게 어떤 식으로 적용될 수 있단 말인가?

얼마 전부터 밝혀지기 시작했지만 이 공식은 생각만큼 그렇게 간단하지 않다. 솔새 같은 철새나 월동하는 포유류들이 보여주듯이 신체가 몸무게를 관리하는 방식에는 단순한 열량 계산 이상의 메커니즘이 있다. 몸의 에너지 균형을 유지하는 방법으로 하나가 들어오면 하나가 나가는 시스템을 운운하는 책이 있다면 그 책은 아마 영양, 식욕 조절, 에너지 저장 과정이 얽혀서 이루어낸 복잡한 인체의 신비에는 절대 이르지 못할 것이다. 비만이 유행하면서부터 비만에 대해 연구해온 의사 조지 브레이George Bray가 말했듯이, "비만은 로켓 과학이 아니다. 그보다 몇 배는 더 복잡하다."

세균 숲이 파괴되다

2,500년 전에 현대 의학의 아버지인 히포크라테스는 모든 병은 장에서 시작한다고 믿었다. 그는 장 속에 서식하는 100조의 미생물은 고사하고 장의 해부학에 대해서도 아는 바가 없었지만 우리가 2,000년 후에나 배우게 된 이 중요한 사실을 이미 알고 있었다. 당시에 비만은 상

대적으로 흔하지 않았다. 그리고 비만을 제외하고 21세기형 질병 중에 확실히 장의 문제와 관련 있는 과민성 장 증후군 역시 흔한 병이 아니었다. 이제 여기서 우리의 미생물은 바로 가장 기분 나쁜 질병과 함께 등장하게 된다.

2000년 5월 첫 주, 캐나다 워커톤의 어느 시골 마을에 때아닌 심한 폭우가 쏟아져 마을이 온통 물에 잠겼다. 그런데 폭우가 지나가자 수백 명의 워커톤 주민들이 아프기 시작했다. 위장염에 시달리고 피가 섞인 설사를 하는 사람들이 늘어났다. 이에 관계 당국이 상수도원을 조사했는데, 이내 수질관리회사가 며칠 동안이나 침묵한 이유를 알게 되었다. 마을의 식수가 치명적인 대장균에 감염되었던 것이다.

알고 보니 마을의 우물 하나가 염소 소독장치가 작동하지 않은 채로 몇 주 동안이나 식수를 공급하고 있었는데, 수질관리회사 측은 사실을 알면서도 제대로 조처를 하지 않았던 것이다. 이후 폭우가 쏟아지면서 목장에서 분뇨가 섞인 물이 흘러넘쳐 상수원으로 유입되었고 이 오염된 물이 소독 과정을 거치지 않고 식수로 사용되었다. 바로 그것이 감염의 원인이었다. 오염원이 밝혀진 다음 날, 어른 셋과 아이 하나가 사망했고 그 후 몇 주에 걸쳐 세 명이 더 사망했다. 겨우 몇 주 만에 5,000명의 워커톤 주민 중 절반이 대장균에 감염되었다.

이후 상수원은 다시 빠르게 정화되었고 안전한 수준이 되었지만 이야기는 여기서 끝나지 않는다. 여전히 많은 사람들이 병에 시달린 것이다. 설사와 경련이 끊이지 않았다. 만 2년이 지난 후에도 감염된 사람 중 3분의 1이 여전히 완쾌되지 않았다. 그들은 이렇게 대장균 감염 후에 과민성 장 증후군을 앓게 되었고 그중 반 이상이 발병 후 8년이 지난 뒤에도 여전히 배앓이로 고통을 받았다.

이 불운한 워커톤 주민들은 과민성 장 증후군 환자로서 장이 인생을 지배하는 사람들의 무리에 새롭게 합류하게 되었다. 과민성 장 증후군 환자의 대다수가 설사형인데 심한 복통과 예측할 수 없는 설사 때문에 삶에 제약이 크다. 반면에 어떤 사람들에게는 반대의 일이 일어난다. 변비다. 변비로 인한 고통 역시 며칠씩, 때로 몇 주까지도 이어진다. 영국의 소화기내과 전문의 피터 워웰Peter Whorwell은 변비형 과민성 장 증후군 환자들에게, "적어도 이 환자들은 집 밖을 나설 수는 있다"고 말한다. 설사와 변비를 이중으로 겪는 소수의 교체형 과민성 장 증후군 환자들에게 하루하루의 생활은 예측 불가한 고통의 연속이다.

문제는, 서구 세계에 사는 사람 다섯 중 하나, 그것도 대체로 여성이 이 괴로운 증상에서 벗어나지 못하고 남들과 다른 삶을 살아야 하는데, 우리가 그 실체조차 모르고 있다는 점이다. 물론 정상이 아니라는 것만큼은 확실하다. 과민성이라는 용어 때문에 이 병이 환자들의 삶에 미치는 영향이 과소평가 되고 있다. 과민성 장 증후군은 신장 투석 환자나 인슐린 투여에 의존하는 당뇨병 환자보다도 삶의 질이 떨어지는 병으로 늘 순위 안에 든다. 이는 아마도 문제의 원인도 모르고 치료 방법도 알 수 없다는 데서 오는 절망이 크기 때문일 것이다.

과민성 장 증후군의 확산은 사람들이 크게 알아채지 못하는 지구적 유행이다. 열 명 중 한 명이 이 문제로 병원을 찾는다. 소화기내과 의사는 환자의 절반을 차지하는 과민성 장 증후군 환자 덕분에 꾸준히 병원을 유지할 수 있다. 미국에서 과민성 장 증후군 때문에 매해 300만 명이 동네 병원을 가고, 220만 건의 약 처방이 내려지며, 10만 명은 종합병원을 찾는다. 하지만 사람들은 이 문제에 대해서 떠들어대지 않는다. 설사에 관해 얘기하고 싶은 사람은 아무도 없기 때문이다.

하지만 과민성 장 증후군의 원인은 규명하기 어렵다. 염증성 장 질환의 경우는 환자의 결장이 궤양으로 뒤덮여 있지만, 과민성 장 증후군 환자의 장은 건강한 사람의 장처럼 분홍색이고 매끄럽기 때문이다. 물리적 증상이 명확하지 않기 때문에 과민성 장 증후군은 심리적인 요인에서 기인한다는 오랜 선입견으로 환자의 고통을 가중하고 있다. 과민성 장 증후군 환자 대부분이 스트레스를 받는 상황에서 증상이 심해지는 것은 사실이지만, 스트레스가 이런 만성적인 병의 단일 원인이 되기는 어렵다. 과민성 장 증후군 환자의 수는 믿기 어려울 정도로 많다. 이들은 모두 이 질환에 대한 제대로 된 설명을 들을 권리가 있다. 우리 인간이 화장실에서 30초 이내의 거리에 대기하려고 수백만 년에 걸친 진화를 겪어온 것은 아니기 때문이다.

한 가지 실마리를 워커톤 재앙에서 찾아볼 수 있다. 워커톤 주민들은 수질 오염 사건 이후에 과민성 장 증후군을 겪게 되었다. 하지만 소화기 감염을 계기로 과민성 장 증후군을 얻게 된 사람들은 워커톤 주민뿐만이 아니다. 과민성 장 증후군을 호소하는 환자의 3분의 1이 과거에 식중독이나, 이처럼 낫지 않을 것 같은 속병을 앓은 적이 있다고 말한다. 여행지에서의 배탈은 흔히 과민성 장 증후군의 시발점이 되는데 특히 외국에서 감염된 적이 있는 사람들은 과민성 장 증후군에 걸릴 확률이 일곱 배나 더 높다. 그러나 환자를 감염시킨 병원균을 테스트해봐야 소용이 없다. 균은 이미 오래전에 환자의 몸을 떠났기 때문이다. 그보다는 감염이 진행되는 동안 장 속에서 정상적으로 거주하던 주민들이 혼란에 빠져버렸다고 말하는 편이 낫겠다.

과민성 장 증후군 증상이 감염성 질병이 아닌 항생제 투여와 시기를 같이하여 시작된 사람들도 있다. 설사는 항생제 복용 시 흔하게 나타나는 부작용이다. 어떤 환자들에게 이 부작용은 약을 끊은 후에도 지속된다. 그런데 여기에 역설적인 상황이 연출된다. 과민성 장 증후군 치료법으로 항생제를 사용하는 경우가 있기 때문이다. 치료가 도리어 문제 해결을 지연시키는 꼴이 되었다.

그래서 뭐가 어떻게 돌아간다는 것인가? 과민성 장 증후군의 출발점으로 위장염과 항생제가 거론된다는 사실을 단서로 추론해보자면, 단기간에 일어난 장내 미생물의 파괴가 미생물총 구성에 장기적인 영향을 끼칠 수 있다는 결론이 나온다. 생명으로 가득한 원시림을 상상해보자. 나무 아래는 온갖 곤충들이 지배하고 나무 위에는 영장류가 돌아다니는 숲 말이다. 그런데 어느 날 벌목꾼들이 전기톱을 들고 와서 수천 년 동안 일구어낸 나무들을 잘라내고 불도저로 밀어버린다. 이 과정에서 아마도 굴착기 바퀴에 묻어 왔을 외래 잡초의 씨가 땅에 떨어진다. 잡초가 자라 뿌리를 내리고 원래 주인이던 토종 풀들을 몰아낸다. 숲은 시간이 지나면 다시 자라겠지만 분명히 예전처럼 복잡하고 훼손되지 않은 자연 그대로의 아름다운 모습은 아닐 것이다. 숲의 다양성은 줄어들고 환경 변화에 민감한 종들은 버티지 못할 것이다. 침입자들의 세상이 되어버리는 것이다.

100만 배나 더 작은 규모지만 장 속의 복잡한 생태계에서도 똑같은 그림을 그릴 수 있다. 항생제라는 전기톱과 외부에서 침입한 병원균이 수없이 미묘한 상호작용으로 균형을 이룬 생명의 그물망을 찢어놓는다. 파괴의 수준이 심각하다면 시스템은 다시 복원되기 힘들다. 그 대신 무너져내릴 것이다. 열대우림에서는 서식지 파괴, 인체 내에서는 장내 미생물 불균형dysbiosis이 유발된다.

항생제와 위장염이 미생물 불균형의 유일한 원인은 아니다. 건강에 이롭지 못한 식단이나 독한 약물치료 역시 미생물총의 건강한 균형을 파괴하고 다양성을 낮추어 똑같은 효과를 낼 수 있다. 과민성 장 증후군처럼 처음과 끝이 모두 장에서 일어나든, 몸 전체의 기관과 시스템에 영향을 미치는 것이든, 아니면 다른 어떤 결과물로 나타나든 간에 21세기형 질병의 중심은 바로 이 미생물 불균형이다.

항생제와 위장염이 과민성 장 증후군에 미치는 영향을 고려하면 일반적인 설사나 변비 역시 미생물 불균형에 뿌리를 두었다고 추측할 수 있다. DNA 염기서열 분석을 돌리면 사람들의 장에 어떤 종이 살고 있는지 파악할 수 있고 양도 가늠할 수 있다. 과민성 장 증후군 환자와 건강한 사람의 장내 미생물을 비교해보면 과민성 장 증후군 환자 대부분은 장내 미생물의 구성이 확연히 다르다. 하지만 일부 환자들은 장내 미생물이 건강한 사람과 크게 다를 바가 없는데 이런 경우는 보통 우울증을 호소하는 경향이 있다. 즉 이 환자들에게서는 심리적 요인이 과민성 장 증후군 증상을 유발했을 가능성이 크다는 말이다.

그럼에도 대부분의 경우 장내 미생물 불균형이 과민성 장 증후군의 주된 요인이 되며 스트레스는 단지 증상을 악화시킬 뿐이다. 장내 미생물 불균형이 원인이 되어 과민성 장 증후군에 걸린 환자들을 대상으로 병의 증상에 따라 장내 미생물의 조성이 다르다는 것을 보여준 연구가 있다. 밥을 먹으면 쉽게 배가 부르고 복부팽만이 일어난다고 호소하는 환자들은 사이아노박테리아*Cyanobacteria*의 비율이 높았다. 반면에 복통을 심하게 느끼는 사람들은 프로테오박테리아*Proteobacteria*의 비율이 훨씬 높았다. 변비 환자들의 경우는 17개 그룹에서 박테리아의 개체 수가 증가하였다. 과민성 장 증후군 환자들은 건강한 사람에 비해 변형된 미생물총을 지닐 뿐 아니라 시간에 따라 박테리아 그룹 간에 개체 수 변동이 심하게 일어나 장내 미생물의 조성이 불안정하다고 밝힌 연구도 있다.

과민성 장 증후군은 원래의 제 구성원이 아닌 잘못된 미생물이 들어왔을 때 장이 '과민'해진 결과로 나타나는 증상이라고 추측할 수도 있다. 오염된 물이나 날고기를 먹는 바람에 걸리는 급성 장염이나 만성적인 장 기능 장애 모두 장내 미생물이 균형에서 벗어났기 때문에 일어난다는 가설은 꽤 그럴듯하다. 그러나 닭고기를 날로 먹어서 걸리는 식중독의 원인이 캠필로박터 제주니*Campylobacter jejuni*라는 박테리아인 것처럼, 급성 설사병은 주로 특정 병원성 박테리아에 의해 일어난다. 반면에 과민성 장 증후군은 어떤 한 종류의 박테리아가 원인이라고 콕 집어서 말할 수 없다. 그보다는 일반적으로 착한 박테리아(유익균)로 보이는 세균의 전체적인 비율이 중요한 것으로 보인다. 다시 말해 유익균이 충분하지 않거나 유해균(나쁜 박테리아)이 너무 많은 경우를 말한다. 또는 평소에는 문제없이 행동하던 박테리아가 어떤 상황에서는 거칠게 돌변할 수도 있다.

만일 과민성 장 증후군 환자의 장내 미생물 중에 감염을 일으키는 특정 박테리아가 들어 있는 게 아니라면 장내 미생물 불균형이 정확히 어떤 방식으로 장의 기능을 엉망으로 만든다는 걸까? 과민성 장 증후군 환자의 장에 존재하는 박테리아는 건강한 사람의 장에도 똑같이 존재한다. 그런데 어떻게 개체 수의 변화만으로 불편한 증상을 일으킬 수 있다는 말인가? 현재로써는 의학자들도 대답하기 어려운 문제다. 그런데 재미있는 단서를 보여주는 연구들이 있다. 과민성 장 증후군 환자들은 염증성 장 질환에 걸린 사람들과는 달리 장 내벽에 궤양은 없지만 대신 염증 수치가 필요 이상으로 높다는 것이다. 마치 인체가 의도적으로 장벽 세포 사이의 작은 구멍을 열어 물이 빠져 나오게 함으로써 미생물들을 씻어내려고 시도하는 것 같다.

장내 미생물의 잘못된 균형이 과민성 장 증후군을 일으킨다는 것은 쉽게 이해가 간다. 그러나 다른 장 트러블, 이를테면 인간의 허리둘레를 늘어나게 하는 것은 어떤가? 미생물이 열량 섭취량과 소비량 사이의 사라진 고리를 대신할 수 있을까?

스웨덴은 비만을 매우 심각하게 생각하는 나라다. 지구 상에서 겨우 90번째로 뚱뚱한 나라이고 유럽에서는 가장 날씬한 나라인데도 위우회술이 세계에서 가장 많이 행해진다. 뿐만 아니라 고열량 음식에 비만세 도입을 고려해왔고 의사들은 과체중 환자에게 운동을 처방할 수 있다. 스웨덴은 또한 비만이 확산하기 시작한 이후로 비만 연구에 가장 많이 이바지한 어느 과학자의 고향이기도 하다.

그 과학자는 바로 스웨덴 예테보리 대학교의 미생물학 교수 프레드리크 벡헤드Fredrik Bäckhed다. 비록 그의 실험실에는 페트리 접시나 현미경 대신 수십 마리의 실험용 쥐가 더 눈에 띄지만 그는 분명히 미생물학 교수다. 사람처럼 쥐도 장에 놀라운 미생물 컬렉션을 보유하고 있다. 하지만 벡헤드의 쥐는 다르다. 벡헤드의 쥐는 제왕절개술로 태어나 무균 시설에 살면서 체내에 어떤 미생물도 지니지 않은 무균 상태다. 이들은 마치 흰 도화지 같아서 벡헤드 연구팀은 무균 쥐의 장에 그들이 원하는 특정 미생물만을 키울 수 있다.

2004년으로 돌아가 벡헤드는 미국 미주리 주의 세인트루이스에 있는 워싱턴 대학교에서 세계적인 미생물총 전문가 제프리 고든의 연구팀에 합류하였다. 고든은 무균 쥐가 정상 쥐에 비해 마른 편이라고 느꼈다. 고든과 벡헤드는 아마도 무균 쥐에게는 장내 미생물이 없기 때문이 아닐까 짐작했다. 동시에 그 둘은 미생물이 동물의 신진대사에 미치는 영향에 관한 가장 기초적인 연구조차 아직 되어 있지 않다는 사실을 깨달았다. 그렇다면 벡헤드의 첫 번째 질문은 간단하다.

"장내 미생물이 쥐의 체중을 증가시키는가?"

답을 구하기 위해 벡헤드는 일부 무균 쥐를 성체가 될 때까지 기른 후 정상적인 쥐의 맹장에서 내용물을 추출해 무균 쥐의 털에 살짝 묻혔다. 무균 쥐가 털에 묻은 맹장 내용물을 핥아내면서 그들의 장은 다른 생쥐와 같은 미생물을 장착하게 되었다. 그러고 나서 놀라운 일이 발생했다. 무균 쥐의 체중이 증가한 것이다. 그것도 조금 증가한 정도가 아니라 14일 만에 60퍼센트나 증가했다. 그리고 무엇보다 그들은 예전보다 오히려 적게 먹었다.

혜택을 얻은 것은 살 곳을 찾은 미생물뿐만이 아니다. 무균 쥐 역시 마찬가지다. 장에 서식하는 미생물이 우리가 소화하기 어려운 음식물을 분해한다는 사실은 잘 알려져 있다. 하지만 지금까지 아무도 미생물에 의해 일어나는 소화의 제2라운드가 어떻게 에너지 유입에 기여하는지 연구한 적은 없었다. 미생물이 같은 식단에서 좀 더 많은 열량을 끌어낼 수 있다면 생쥐는 적은 양의 먹이를 먹고도 체중이 불어날 것이다. 우리가 지금까지 이해하는 영양의 개념으로 보면 이것은 정말 세상을 놀라게 할 만한 발견이다. 생쥐가 먹이에서 얻어내는 전체 열량의 양을 결정짓는 것이 미생물이라면 바로 그들이 비만에 관여한다는 뜻 아닌가?

피터 턴보의 실험

제프리 고든의 다른 연구진인 미생물학자 루스 레이Ruth Ley는 뚱뚱한 동물 속에 살고 있는 미생물이 날씬한 동물의 미생물과는 분명히 다를 거라고 의심했다. 이를 밝혀내기 위해 레이는 유전적으로 뚱뚱한 중증 비만 쥐*ob/ob mouse*를 이용하였다. 정상적인 쥐보다 세 배나 무거운 이 뚱뚱한 쥐들은 몸집이 거의 둥근 공 모양이다. 또한 그들은 쉴 새 없이 먹는다. 비만 쥐와 정상 쥐는 완전히 다른 종인 것처럼 보이지만 실제로는 비만 쥐의 전체 DNA에 단 하나의 돌연변이가 생긴 것일 뿐이다. 이것 때문에 비만 쥐는 끊임없이 먹고 살이 찐다. 렙틴leptin은 체내에 지방이 충분히 저장되면 쥐와 사람 모두에게서 식욕을 감퇴시키는 호르몬이다. 그런데 비만 쥐의 렙틴 유전자에 돌연변이가 생겨 렙틴이 뇌에 배부르다는 정보를 주지 않기 때문에 비만 쥐는 말 그대로 걸신들린 것처럼 먹어대는 것이다.

레이는 박테리아를 식별하는 바코드로 쓰이는 16S rRNA 유전자의 DNA 염기서열을 비교하여 장내에 어떤 박테리아들이 있는지 알아낸 뒤 비만 쥐와 마른 쥐의 미생물총을 비교하였다. 생쥐들의 장에는 의간균과 후벽균*Firmicutes* 두 그룹의 박테리아들이 우점하고 있었다. 그러나 마른 쥐와 비교했을 때 비만 쥐의 의간균은 절반 수준, 후벽균은 비슷한 수준을 보였다.

레이는 의간균과 후벽균의 비율 차이가 비만에 근본적인 영향을 미칠지도 모른다는 생각에 흥분해서 이번엔 살찐 사람과 마른 사람의 미생물총을 비교했다. 그러자 쥐에서와 비슷한 결과가 나타났다. 살찐 사람들은 후벽균이 훨씬 많았고 마른 사람들은 의간균이 더 많은 비율을 차지한 것이다. 생각보다 결론이 너무 간단하다. 미생물의 조성이 비만과 이렇게 직접적으로 연결되는가? 다시 한 번 질문해보자.

"비만 쥐와 살찐 사람에게 나타나는 특별한 미생물 조성은 비만의 원인인가, 아니면 비만의 결과인가?"

이에 대한 답은 고든 연구팀의 세 번째 멤버이자 박사과정 중인 학생 피터 턴보Peter Turnbaugh가 밝혀냈다. 턴보는 레이가 사용한 것과 유전적으로 동일한 비만 쥐를 실험에 사용하였다. 그러나 이번에는 비만 쥐의 미생물을 무균 쥐에게 옮기고, 동시에 정상적인 마른 쥐의 미생물 역시 다른 무균 쥐에게 옮겼다. 두 그룹의 쥐들은 모두 동일한 조건에 똑같은 양의 음식을 먹었다. 그러나 14일이 지난 후에 뚱뚱한 미생물총을 받은 무균 쥐들은 뚱뚱해졌고 정상 미생물총을 받은 무균 쥐들은 그렇지 않았다.

턴보의 실험은 장내 미생물이 쥐를 살찌게 하는 원인이라는 사실뿐만 아니라 개체 간에 이식이 가능하다는 사실까지 보여주었다. 이는 단지 박테리아를 살찐 쥐에서 마른 쥐로 옮기는 것뿐만 아니라 그 반대, 즉 마른 사람의 미생물을 채취해 뚱뚱한 사람에게 이식한다면 다이어트를 하지 않고도 체중을 감량할 수 있다는 사실을 의미했다. 턴보와 그의 동료들은 이 결과가 가진 치료법으로서의 잠재성—그리고 돈—을 그냥 지나치지 않고 비만 치료법으로 미생물을 이용한다는 아이디어에 대해 특허를 신청했다.

그러나 잠재적인 비만 치료법에 더 흥분하기 전에 우리는 우선 장내 미생물이 어떻게 비만에 관여하는지 알아야 한다. 이 박테리아들이 무슨 일을 하기에 우리를 살찌게 하는가? 턴보의 비만 쥐는 후벽균이 많고 의간균이 적었다. 그리고 이 박테리아들은 어떤 식으로든 같은 먹이에서 더 많은 에너지를 뽑아내는 데 기여한다. 이 사실이 지금까지 전해진 비만 공식의 기본 가정을 무너뜨린다. 열량 섭취량을 계산한다는 것은 단지 한 사람이 먹은 음식의 양을 계산한다고 되는 것이 아니다. 한 사람이 체내에 '흡수한' 에너지의 양을 알아야 한다. 턴보는 비만 세균을 가진 쥐가 같은 음식에서 약 2퍼센트 더 많은 열량을 뽑아낸다고 계산했다. 정상적인 쥐가 생산하는 100칼로리당 비만 쥐들은 102칼로리를 얻어내는 것이다.

겨우 2퍼센트라고 생각할지 모르지만 1년 이상의 시간이 지나면 이는 크게 축적된다. 키 163센티미터, 몸무게 62킬로그램의 한 여성이 있다. 그녀의 체질량지수(체중kg/키의 제곱m^2)는 23.5로 정상 범주에 있다. 이 여성은 하루에 2,000칼로리를 섭취하지만 만일 비만 세균이 있다면 그녀가 추가로 흡수하는 2퍼센트의 열량은 40칼로리로 전환된다. 이 추가 열량을 소모해버리지 않는다는 전제하에 하루당 추가 40칼로리는 1년이 지나면 1.9킬로그램의 체중 증가로 이어진다. 그리고 10년이 지나면 19킬로그램이 되어 그녀의 몸무게는 81킬로그램, 체질량지수는 비만 상태인 30.7이 된다. 이는 모두 이 여성의 장 속 박테리아가 음식에서 추가로 추출하는 겨우 2퍼센트의 열량 때문에 일어나는 일이다.

턴보의 실험은 사람과 영양에 대한 기존 지식을 뒤엎는 혁명에 시동을 걸었다. 식품의 열량은 대개 표준 환산법에 의해 계산된다. 예를 들어 탄수화물은 1그램당 4칼로리, 지방은 9칼로리의 열량을 생산한다. 식품의 영양분석표에는 그 식품이 가지는 열량이 고정된 값으로 나타난다. 사람들은 "이 요거트의 열량은 137칼로리입니다" 또는 "빵 한 쪽의 열량은 69칼로리입니다"라고 말한다. 그러나 피터 턴보의 실험은 이렇게 단순한 문제가 아님을 보여준다. 요거트는 정상적인 몸무게를 가진 사람에게는 137칼로리일지 모르지만, 과체중인 사람이나 다른 조성의 장내 미생물을 가진 사람에게는 140칼로리일 수 있는 것이다. 다시 말하지만, 티끌 모아 태'살'이다.

게으른 사람이 비만이 되는가

장에 서식하는 미생물총이 당신이 먹는 음식에서 추가 에너지를 추출한다면, 우리가 음식에서 얻을 수 있는 전체 열량을 결정하는 것은 표준 열량표가 아닌 당신만이 가진 미생물총이 된다. 이런 사실은 다이어트에 실패하는 사람들에게 그들이 왜 감량에 성공하지 못하는지를 부분적으로 설명해준다. 칼로리 조절 다이어트가 기간 내에 매일 전체적인 열량이 감소하도록 계산되었다면, 계획대로 실천했을 때 당연히 체중 감량으로 이어져야 한다. 그러나 섭취하는 열량이 실제보다 적게 계산되었다면 체중의 변화가 없거나 심지어 체중이 늘 수도 있다.

2011년 미국 애리조나 주 피닉스에 있는 국립보건원의 라이너 점퍼츠Reiner Jumpertz의 실험을 보자. 점퍼츠는 실험에 자원한 사람들에게 고정된 열량의 식단을 주고 소화가 끝난 뒤에 그들의 대변에 남아 있는 음식물의 열량을 측정하였다. 날씬한 사람에게 고열량 식단이 주어진 경우 장내에 의간균에 비해 후벽균의 비율이 갑자기 증가하였다. 이러한 장내 미생물의 변화와 함께 대변으로 빠져나오는 열량이 줄어들었다. 박테리아의 균형이 변하자 같은 식단에서 매일 추가로 150칼로리가 더 얻어진 것이다.

우리 몸에 사는 특정한 미생물들이 우리가 음식에서 추출하는 에너지 수준을 결정한다. 소장이 음식물의 소화를 끝내고 에너지 흡수를 마치면 나머지는 미생물 대다수가 살고 있는 대장으로 이동한다. 여기에서 미생물은 에너지 공장의 노동자가 되어 자신이 선호하는 분자들을 분해하고 흡수한다. 그러면 그 나머지는 대장의 장벽 세포가 흡수하게 되는 것이다. 어떤 박테리아는 밀가루에 포함된 아미노산 분자를 분해하는 유전자를 가지고 있을 것이다. 또 어떤 박테리아는 녹색 채소의 기다란 탄수화물을 해체하는 데 적합한 능력을 지닐 것이다. 또 다른 박테리아는 소장에서 흡수되지 않은 당을 끌어 모으는 데 효과적일 수 있다. 따라서 채식주의자의 대장에는 아미노산을 분해하는 박테리아가 많지 않다. 이 박테리아는 고기가 꾸준히 공급되지 않으면 살아갈 수 없기 때문이다.

벡헤드에 따르면 우리가 음식물에서 추출할 수 있는 영양소는 우리의 미생물 공장이 어떤 음식을 분해할 수 있는지에 따라 결정된다. 만일 채식주의자들이 자신의 원칙을 깨고 등심구이를 먹는다고 해도 그들에게는 고기를 제대로 소화해낼 수 있는 아미노산 분해 미생물이 충분하지 않아 대장에서 추가로 추출되는 열량은 많지 않을 것이다. 그러나 평소에 육식을 즐기는 사람이라면 이에 적합한 미생물을 가지고 있을 테고 따라서 채식주의자들보다는 고기에서 더 많은 열량을 추출하게 될 것이다. 다른 영양소에 대해서도 마찬가지다. 지방을 거의 먹지 않는 사람은 지방을 분해하도록 특화된 미생물이 별로 없어서 대장을 지나는 도넛이나 초콜릿바에서 충분한 추가 열량을 뽑아내지 못하고 그냥 통과시키겠지만, 매일 오전 티타임 시간에 기름진 간식을 즐기는 사람들은 지방을 주식으로 하는 거대 박테리아 집단을 가지고 있어서 도넛이 도착하자마자 기다렸다는 듯이 최대치의 열량을 선사할 것이다.

의심할 나위 없이 우리가 음식에서 흡수하는 열량의 양은 중요하다. 하지만 정말로 문제가 되는 것은 얼마큼의 에너지를 생산했는가보다는 생산된 에너지로 무엇을 하는가이다. 생산된 에너지를 곧바로 근육이나 신체기관에 보내어 소모하게 하는지, 또는 굶주릴 때를 대비해 저장하게 하는지 말이다. 이러한 일들은 우리의 유전자가 결정한다. 그러나 중요한 것은 우리가 부모님으로부터 어떤 유전자 변이를 물려받았는지가 아니라, 그 유전자가 언제 켜지고 꺼지는지, 또 어떤 유전자가 많고 적게 발현되는지를 조절하는 데 있다.

인체는 온갖 종류의 화학 전달 물질을 통해 세포 내의 유전자 발현 여부와 발현 정도를 조절한다. 이런 통제를 통해 우리의 눈에 있는 세포는 우리의 간肝에 있는 세포와는 다른 일을 한다. 또 뇌세포는 한밤중에 깊이 잠들어 있을 때와 낮에 활발히 움직일 때 서로 다르게 기능한다는 뜻이기도 하다. 그러나 유전자를 통제하는 것은 우리 몸만이 아니다. 체내의 미생물 역시 자신의 필요에 따라 인간 유전자의 일부를 조종한다.

미생물총은 에너지를 지방세포에 저장하는 유전자의 발현을 늘릴 수 있다. 사실 당연한 일이다. 인간도 그랬겠지만, 미생물 역시 추운 겨울을 버텨낼 수 있는 인간의 몸에 서식해야지만 살아남을 수 있었기 때문이다. 비만 세균은 이런 유전자의 발현을 대폭 증가시켜 음식물에서 추출하는 잉여 에너지를 지방으로 저장하게 한다. 이상적인 몸무게를 유지하려고 애쓰는 현대인에게는 몹시 억울한 일이겠지만, 이러한 유전자 조절 능력은 우리에게 주어진 양식을 최대한 이용하여 굶주린 시기를 위해 에너지를 비축하는 역할을 한다. 풍년과 흉년이 있던 과거에는 기근의 시기를 버틴다는 게 생명과 직결된 문제였을 테니까 말이다.

정리하자면, 열량을 섭취한다는 것은 단순히 음식을 입에 넣는 행동을 말하는 것이 아니라, 미생물이 대장에서 추가로 추출하는 열량을 포함해 실제로 소장과 대장 모두에서 에너지를 흡수하는 메커니즘을 의미한다. 마찬가지로 열량을 소비한다는 것은 섭취한 열량을 어디에 사용할 것인지 결정하는 문제로, 단순히 몸을 움직이는 데 쓰인 열량만을 뜻하는 것이 아니라, 보릿고개를 대비해 남는 열량을 지방으로 저장하는 과정까지 모두 포함하는 복잡한 메커니즘이다. 이 두 메커니즘 모두 어떻게 한 사람이 자기 몸속 미생물의 움직임에 따라 남들보다 더 많은 열량을 흡수하고 더 많은 열량을 저장할 수 있는지 보여준다. 여기서 한 가지 질문을 던져보자. 이렇게 열량을 더 많이 흡수하고 지방을 더 많이 저장하는데 왜 포만감은 더 빨리 느끼지 못하는 걸까? 충분히 열량을 흡수하고 충분히 지방을 저장했다면 왜 여전히 먹는 것에 집착하게 되는 걸까?

인간의 식욕은 음식이 위胃에 채워질 때 느껴지는 물리적 포만감에서부터 지방으로 전환된 에너지양을 뇌에 보고하는 호르몬까지 많은 요인에 의해 지배된다. 앞에서 이야기했던 유전적으로 비만이 된 생쥐에게 결여된 화학물질인 렙틴이 바로 그 호르몬이다. 렙틴은 지방 조직에서 직접 생산되기 때문에 지방세포가 많이 만들어질수록 더 많은 렙틴이 혈액으로 분비된다. 놀라운 시스템이다. 지방이 적당히 축적되면 렙틴은 뇌에 포만감을 전달하고, 뇌는 곧 식욕을 억누른다.

그렇다면 왜 사람들은 살이 찌기 시작했는데도 음식에 대한 흥미를 잃지 않는 걸까? 1990년대에 렙틴이 처음 발견되었을 때 유전적으로 렙틴을 생성할 수 없도록 조작된 비만 쥐 덕분에 호르몬을 이용한 비만 치료법에 대한 관심이 집중된 적이 있었다. 비만 쥐에게 렙틴을 투여했더니 적게 먹고 많이 움직이기 시작하면서 체중이 감소하여, 한 달 만에 체중의 반이 줄었다. 심지어는 정상적인 쥐에게 렙틴을 투여해도 살이 빠지는 효과가 나타났다. 쥐가 이런 식으로 치료될 수 있다면 사람 역시 렙틴으로 비만을 치료할 수 있지 않을까?

비만이 여전히 한없이 확산되는 현재의 상황을 보면 짐작이 되겠지만, 대답은 '아니오'이다. 비만한 사람들에게 렙틴을 투여해도 체중이나 식욕에 거의 변화가 일어나지 않았다. 실망스럽긴 하지만 이러한 실패로 인해 비만의 진정한 본질에 관한 실마리를 얻게 되었다. 비만 쥐와는 달리 인간이 살 찌는 것은 렙틴의 양이 적어서가 아니다. 사실 과체중인 사람은 특별히 렙틴의 수치가 높다. 왜냐하면 렙틴을 분비하는 지방 조직이 넘쳐나기 때문이다. 문제는 뇌가 렙틴에 대해 내성을 보인다는 사실이다. 마른 사람의 경우 체중이 늘게 되면 렙틴이 추가로 생산 되면서 식욕이 감퇴하는 효과를 낳는다. 하지만 비만한 사람들은 많은 양의 렙틴이 생산됨에도 불구하고 뇌가 그것을 감지하지 못하기 때문에 배부르다고 느끼지 못하는 것이다.

우리는 이러한 렙틴 내성에서 중요한 힌트를 하나 얻는다. 비만 환자의 경우 식욕 조절과 에너지 저장의 정상적인 메커니즘이 근본적으로 바뀌어버렸다는 점이다. 원래 잉여 지방은 단순히 사용하지 않은 열량을 저장하는 장소가 아니라 자동온도조절장치처럼 에너지 사용을 통제하는 제어기관의 역할도 담당한다. 몸의 지방세포가 적당한 수준으로 채워지면 자동제어장치가 꺼지면서 식욕을 감퇴시켜 지방의 저장을 막는다. 그리고 지방 저장량이 떨어지면 자동제어장치가 켜지면서 식욕을 증진시켜 더 많은 에너지를 지방으로 저장하게 한다. 정원솔새의 경우처럼 체중 증가는 단지 더 많이 먹는 문제가 아니다. 이 솔새 효과는 식사량과 운동량의 조절만이 체중 유지에 절대적으로 필요한 조건이라는 기존의 가정을 흔들고 있다. 이 가정이 정말로 잘못된 것이라면, 비만은 식탐과 나태에서 비롯된 생활습관병이 아니라 우리가 조절할 수 없는 '질병'인 것이다.

니킬 두란다의 실험

너무 진보적인 제안이라고 느껴진다면 이 얘기를 들어보라. 몇십 년 전만 해도 위궤양은 스트레스나 카페인 때문에 생기는 병이라고 알려져 있었다. 비만처럼 생활습관에서 오는 병이라는 것이다. 따라서 습관을 고치면 문제는 사라질 거라고 믿었다. 해결책은 간단하다. "물을 많이 마시고 마음을 편히 가지세요." 하지만 이런 식의 처방은 아무 소용이 없다. 환자는 위산 때문에 헐어버린 위를 움켜쥐고 계속해서 병원을 찾는다. 그러면 의사는 말한다. "실패의 원인은 분명합니다. 환자분이 치료에 너무 집착하시는 바람에 스트레스가 생겨서 회복을 방해한 것입니다"라고.

그러나 1982년 호주의 과학자 로빈 워런Robin Warren과 배리 마셜Barry Marshall이 진실을 밝혀냈다. 위에 서식하는 헬리코박터 파일로리라는 박테리아가 위궤양과 위염의 주범이었던 것이다. 스트레스와 카페인은 증상을 더 고통스럽게 만들 뿐이었다. 당시 워런과 마셜의 가설은 과학자들 사이에서 심한 반발을 일으켰기 때문에 마셜은 직접 박테리아가 든 용액을 마시고 위염을 일으켜 둘의 연관성을 증명해야 했다. 결국 의학계가 이 뜻밖의 원인을 완전히 포용하기까지는 15년이 걸렸다. 이제 항생제를 사용하면 싸고 효과적으로 위궤양을 치료할 수 있다. 2005년에 워런과 마셜은 위궤양이 기존 학설대로 생활습관에서 오는 병이 아니라 박테리아 감염에 의한 결과라는 사실을 밝힌 공로로 노벨 생리의학상을 수상했다.

워런과 마셜처럼 니킬 두란다 역시 바이러스와 함께 비만이 생활습관에서 비롯된 병이라는 기존 학설에 도전하고 있었다. 바이러스 감염이 체중 증가의 원인이라는 가능성을 연구하기 위해 두란다는 비만 환자를 치료하는 대신 비만의 과학을 연구하기로 했다. 두란다는 연구에 필요한 재정적 지원을 얻기 위해 가족을 떠나 미국으로 향했다. 그의 신념은 과학적 통념에 맞선 맹신에 가까운 것이었지만, 결국에는 성공하리라는 희망으로 가득 차 있었다.

그러나 미국으로 건너간 지 2년이 지난 후에도 두란다는 닭 바이러스 연구의 후원자를 찾지 못했다. 결국 연구를 포기하고 인도로 돌아가려고 했는데, 마침 위스콘신 주립대학교의 식품영양학 교수 리처드 앳킨스Richard Atkinson가 두란다를 고용했다. 이제 드디어 그의 바이러스를 테스트할 수 있게 된 것이다. 그러나 여기에는 또 하나의 큰 장애물이 있었다. 미국 정부가 두란다의 닭을 미국으로 들여오는 것을 허가하지 않은 것이다. 하긴 닭을 데리고 왔다면 미국에 비만을 퍼뜨렸을지도 모르는 일이다.

그래서 앳킨스와 두란다는 다른 방식으로 접근하기로 했다. 두란다의 바이러스 대신 다른 바이러스로 전환했다. 그들은 바이러스 카탈로그 목록을 훑어보며 닭 바이러스와 유사한 바이러스 중 호흡기 감염을 일으킨다고 알려진 새로운 바이러스를 골라 주문하였다. 그것은 미국인들에게 흔하게 나타나는 바이러스였다. 바이러스의 이름은 Ad-36(아데노바이러스-36Adenovirus-36)이다.

다시 한 번 두란다는 닭을 이용해 실험했다. 닭을 두 집단으로 나누어 반은 Ad-36에 감염시키고 나머지 반은 닭에서 정상적으로 발견되는 아데노바이러스adenovirus를 감염시켰다. 그리고 기다렸다. Ad-36이 과연 인도 바이러스처럼 이 새들을 살찌게 할 것인가?

만일 그렇게 된다면 두란다는 다음과 같은 놀라운 주장을 할 수 있을 것이다. 사람이 살찌는 이유는 과식과 운동량 부족 때문만이 아니다. 또한 비만이 확산하는 데에는 또 다른 원인이 있다. 그리고 비만증은 의지가 부족한 사람이 걸리는 질병이 아니라 감염성 질환일지도 모른다.

마지막으로 가장 논란을 일으킬 만한 주장이겠지만, 비만은 전염된다.

지난 35년간 미국에서 비만 확산을 표시한 지도를 보면 확실히 비만은 지구를 휩쓰는 전염병이라는 인상을 받게 된다. 이 유행병은 미국 남동부에서 시작하여 점차 미국의 북부와 서부로 퍼져 나가며 전국적으로 확산되었다. 특히 비만은 주요 대도시를 중심으로 발병하여 시간이 지나면서 비누 거품처럼 주위로 전염되었다. 간혹 전염병과 유사한 패턴을 언급한 연구가 있긴 했지만, 대체로 사람들은 비만 확산의 원인을 비만 환경의 확산으로 보았다. 비만 환경이란 패스트푸드 식당, 고열량 식품을 판매하는 슈퍼마켓, 신체 활동이 부족한 생활습관처럼 비만을 조장하는 주변 환경을 말한다.

비만이 개체 수준에서도 전염병처럼 퍼질 수 있다는 것을 보인 연구가 있다. 이 연구는 32년간 1만 2,000명의 몸무게와 그들의 사회적 관계를 분석함으로써 한 사람이 비만이 될 가능성은 그들이 가장 가깝게 지내는 사람의 체중 증가와 매우 밀접하게 연관되어 있다는 사실을 밝혀냈다. 예를 들면 내 배우자가 살이 찌면 내가 살이 찔 확률이 37퍼센트 높아진다는 것이다. 얼마든지 그럴 수 있는 일이다. 부부는 일반적으로 거의 비슷한 식단을 공유하니까 말이다. 그러나 이러한 연관성은 같이 살지 않는 성인 형제자매 사이에서도 똑같이 나타난다. 더 충격적인 것은 가까운 친구가 살이 찌면 나 또한 살찌게 될 확률이 무려 171퍼센트로 높아진다는 사실이다. 처음부터 몸무게가 비슷한 사람끼리 만난 것으로 의심할 수도 있겠지만 그건 아니다. 이 친구들은 살이 찌기 전부터 가까운 사이였다는 것이 확인되었다. 이웃이라도 가깝게 지내는 경우가 아니라면 비만의 위험에서 면제되었는데 이 결과는 주변에 패스트푸드점이 개업하거나 헬스클럽이 폐업한다고 해서 그 동네 사람들의 체중이 증가하는 것은 아님을 암시한다.

물론 이런 현상은 여러 가지 사회적 요인으로 설명할 수 있다. 이를테면 비만을 바라보는 관점이 서로 비슷하다든지, 건강하지 못한 불량식품을 함께 먹는다든지 하는 서로 공유하는 부분 말이다. 그러나 여기에 꼭 덧붙여야 할 중요한 한 가지가 있다. 바로 미생물의 교환이다. 두란다의 바이러스가 비만의 주범은 아니라 하더라도 다른 미생물이 비만의 원인으로 작용할 수 있다. 아마도 사람들이 서로 어울려 지내면서 비만의 가능성이 있는 미생물총을 주고받는 것이 패스트푸드점의 개업 못지않게 비만 확산을 촉진하는 주된 요인이 될지도 모른다. 가까운 친구라면 서로의 집에서 시간을 보내거나 음식과 화장실을 공유하는 경우가 많은데 이는 곧 미생물의 공유를 의미한다. 이렇게 미생물을 주고받는다는 것은 비만이 쉽게 확산될 수 있다는 뜻이기도 하다.

마침내 두란다가 기다리던 실험의 마지막 날이 다가왔다. 다행히 두란다는 사랑하는 가족을 남겨두고 타지에 와서 고생한 보람을 느낄 수 있었다. 인도에서 두란다의 닭들을 감염시켰던 바이러스처럼 Ad-36 역시 감염된 닭의 체중을 증가시킨 것이다. 반면에 다른 아데노바이러스에 감염된 닭의 체중은 그대로 유지되었다. 두란다는 마침내 이 결과를 과학 저널에 투고하였다. 두란다와 가족의 희생이 의미를 찾는 순간이었다. 하지만 여전히 의문은 많이 남아 있었다. 과연 Ad-36이 사람의 경우에도 똑같이 작용하는가? 과연 일개 바이러스가 인간을 뚱뚱하게 만들 수 있다는 말인가?

하지만 인간을 대상으로 바이러스 감염 실험을 할 수는 없다. 설사 원하는 대로 바이러스가 체중을 늘린다고 해도 실험 후 다시 원래 상태로 복귀시킬 방법이 없기 때문이다. 두란다와 앳킨스는 차선책으로 영장류 중에 마모셋이라는 작은 원숭이를 대상으로 실험을 하였다. 닭의 경우처럼 Ad-36에 감염된 마모셋은 체중이 불어났다. 두란다는 엄청난 발견을 눈앞에 두고 있다고 생각했다. 그는 최소한 이 바이러스가 인간의 비만과도 연관이 있는지 확인하기 위해 혈액 검사를 통해 수백 명의 지원자에게서 Ad-36 항체가 검출되는지 검사하였다. 확실히 뚱뚱한 지원자 중 30퍼센트에서 Ad-36 항체가 검출되었다. 반면에 마른 지원자 중에서는 11퍼센트만이 항체를 보유하고 있었다.

Ad-36은 솔새 효과의 좋은 예다. 바이러스에 감염된 닭은 평소보다 더 먹거나 덜 움직이지 않았다. 하지만 닭은 자신이 섭취하는 먹이에서 더 많은 에너지를 지방으로 저장하였다. 비만한 사람들의 몸에 사는 박테리아처럼 Ad-36은 정상적인 에너지 저장 시스템을 혼란스럽게 만들고 있었다. 이 바이러스가 비만 확산에 정확히 얼마큼 기여하는지는 아직 모르지만, 솔새의 경우처럼 비만을 이해하는 데 중요한 실마리를 제공한다. 비만은 과식이나 운동량 부족에서 생기는 생활습관의 병은 아니라는 사실이다. 그보다는 신체의 에너지 저장 시스템의 기능 장애라고 볼 수 있다.

아커만시아의 효과

앞에서 보았듯이 이론적으로는 식단에 들어 있는 잉여 열량을 알면 얼마큼 체중이 증가할지 정확하게 계산할 수 있다. 권장 열량보다 3,500칼로리를 초과해서 섭취하면 약 450그램의 지방을 얻는다는 계산이 도출된다. 하루 만에 3,500칼로리를 다 섭취할 수도 있고 1년에 걸쳐서 나누어 섭취할 수도 있다. 그러나 결과는 똑같을 것이다. 하루가 되었든 1년이 되었든 초과한 3,500칼로리 때문에 몸무게 450그램이 증가할 것이다.

하지만 실제로는 이런 식의 계산이 통하지 않는다. 체중 증가에 관한 초기 연구에서도 단지 초과 열량의 합산으로 체중 증가량을 계산하지는 않았다. 한 실험에서 12쌍의 쌍둥이에게 일주일에 6일씩 총 100일에 걸쳐 매일 권장 열량보다 1,000칼로리가 초과한 식단을 주었다. 몸이 필요로 하는 것보다 총 8만 4,000칼로리를 더 섭취한 셈이다. 이론적으로라면 모든 사람의 체중은 정확히 11킬로그램이 증가해야 한다. 하지만 현실에서는 이 단순한 공식이 적용되지 않았다.

우선 전체적인 평균 증가량은 약 8킬로그램으로 예상치보다 훨씬 적게 증가하였다. 게다가 개인의 증가량에서는 공식을 완전히 무시한 결과가 나타났다. 가장 적게 증가한 경우가 겨우 4킬로그램이고 가장 많이 증가한 경우가 13킬로그램으로 예상치를 훨씬 벗어났다. 이 수치들은 이론상 증가 값인 '11킬로그램 전후'라고 부를 수 있는 수준이 아니다. 11킬로그램을 기준으로 사용한다는 자체가 의미 없을 정도로 수치 변동의 폭이 컸다.

체중 증가가 섭취열량과 소비열량의 계산을 통해 예상된 수치를 크게 벗어나 극적으로 다양하게 나타났다는 사실에서, 솔새 효과가 철새나 월동하는 동물에게만 한정된 메커니즘이 아님을 알 수 있다. 물론 근본적으로 이 열역학 법칙은 기각될 수 없다. 체중을 유지하려면 에너지 유입량과 에너지 유출량이 같아야 한다. 그러나 체내에서 일어나는 메커니즘은 단순히 우리가 얼마큼 먹고 움직이느냐를 넘어서 우리 몸이 실제로 흡수하는 열량과 그 열량을 소비하거나 저장하는 수준을 조절한다는 것이다.

Ad-36은 이 사실을 보여주는 좋은 예다. 일반적으로 피하지방이나 내장지방 조직은 비어 있는 상태로 대기하다가 에너지 저장 시기가 찾아오면 지방을 축적한다. 그런데 Ad-36에 감염된 닭에서는 저장할 만한 잉여 에너지가 많지 않은 상황에서도 지방세포가 지방을 축적한다. 그렇다고 닭이 모이를 더 먹지도 않는다. 바이러스는 닭에게 다른 곳에 쓰일 에너지를 대신 가져다가 저장하라고 몰아붙이기 때문이다.

그렇다면 인간의 비만에서도 이와 비슷한 일이 일어나는가? 뚱뚱한 사람들은 마른 사람과는 다른 방식으로 지방을 저장하는가? 벨기에 루뱅 가톨릭대학교의 영양대사학 교수인 파트리스 카니Patrice Cani는 비만한 사람들은 포만 호르몬인 렙틴의 효과에 내성을 보일 뿐 아니라 그들의 지방 조직 역시 병증을 나타낸다는 사실을 발견했다. 마른 사람과는 달리 뚱뚱한 사람들의 지방세포는 마치 그들이 감염과 싸우고 있기라도 하듯이 면역세포가 넘쳐난다는 것이다.

카니는 또한 마른 사람들이 에너지를 저장할 때는 지방세포를 더 많이 만들어 각각 소량의 지방을 저장하지만 뚱뚱한 사람의 몸에서는 이런 정상적인 과정이 일어나지 않는다는 사실을 알게 되었다. 비만한 사람들은 지방세포의 수를 늘리는 대신 세포의 크기를 늘려 더 많은 지방을 쑤셔 넣는 것이다. 체내의 염증 수치가 높고 새로운 지방세포를 만들지 않는다는 사실은 에너지 저장과정이 정상적인 수준을 넘어서 병적인 상태로 바뀌었다는 것을 의미한다. 이제 체중 증가는 추운 겨울을 견디기 위한 정상적인 지방 축적이 아닌 그 자체로 하나의 질병이 된 것이다.

카니는 염증을 일으키고 지방 저장의 변화를 가져오는 것이 비만 세균이라고 의심했다. 장에 서식하는 어떤 박테리아는 세포의 표면이 LPS(지질다당류)라고 부르는 분자로 코팅되어 있는데 이 분자가 혈액으로 들어가면 독소로 작용한다. 카니는 비만한 사람들의 혈액에서 LPS 수치가 높게 나온 것을 보고 그들의 지방세포에서 염증을 일으키는 것이 바로 LPS라고 생각했다. 더 정확히 말해서 카니는 LPS가 체내에서 지방세포의 분열을 방해하기 때문에 지방이 기존의 지방세포에 용량을 초과하여 저장된다는 사실을 발견한 것이다.

이것은 커다란 도약이었다. 비만한 사람의 지방 조직은 생화학적인 기능 장애를 가지고 있다. 그리고 그 주범은 LPS다. 그런데 의문이 있다. 장에 있어야 할 LPS가 어떻게 혈관으로 들어가 지방조직에 영향을 미칠 수 있다는 말인가?

뚱뚱한 사람과 마른 사람의 장에서 서로 다른 비율로 존재하는 미생물 중에 아커만시아 뮤시니필라*Akkermansia muciniphila*라는 종이 있다. 이 박테리아는 체중과 뚜렷한 상관관계를 보이는데 아커만시아의 수가 적은 사람일수록 체질량지수가 높아진다. 마른 사람의 경우 아커만시아가 차지하는 비율이 약 4퍼센트에 달하지만 비만한 사람의 경우는 거의 존재하지 않는다. 점액질을 좋아한다는 뜻의 뮤시니필라라는 이름이 암시하듯이 이 종은 장 내벽의 두꺼운 점액질 막에 서식한다. 이 점액질은 미생물이 혈관으로 들어가 나쁜 짓을 하지 못하도록 사전에 차단하는 보호막을 형성한다. 따라서 체내의 아커만시아의 양은 체질량지수에만 관련이 있는 게 아니다. 아커만시아의 수가 적을수록 장 내벽의 점액질층이 얇아져서 더 많은 LPS가 혈관으로 들어갈 기회를 주게 된다.

마른 사람의 장에서 주로 나타나는 아커만시아는 두꺼운 점액질층

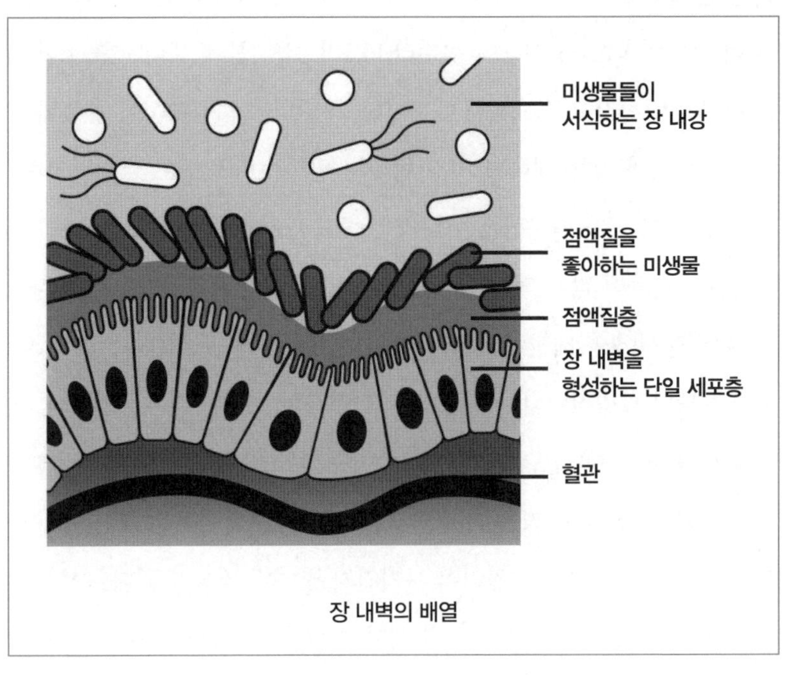

장 내벽의 배열

을 좋아하기도 하지만 실제로는 장 내벽의 세포를 설득하여 점액질을 충분히 생산하도록 한다. 아커만시아는 장 내벽 세포가 점액질을 생산하는 유전자를 더 많이 발현하도록 유도하는 화학물질을 분비하여 박테리아 자신에게는 유리한 서식환경을 조성하는 동시에 LPS가 장 내벽 세포를 통과해 혈관으로 들어가는 것을 막는다.

카니는 만약 아커만시아가 점액질층의 두께를 증가시킨다면 아마도 혈액 내의 LPS 수치를 낮추고 체중 증가도 억제할 수 있을 것으로 생각했다. 카니가 쥐의 식단에 아커만시아를 첨가했더니 말할 것도 없이 혈액 내 LPS 수치가 떨어지면서 지방세포가 새로운 지방세포로 분열하기 시작했고, 곧이어 체중이 줄었다. 또한 아커만시아를 먹은 쥐들은 렙틴에 민감해져서 식욕이 감퇴하였다. 쥐의 체중이 증가한 이유는 그들이 너무 많이 먹었기 때문이 아니라 LPS가 쥐의 몸에 에너지를 소비하는 대신 저장하라고 강요했기 때문이다. 두란다가 의심했듯이 솔새에서 일어나는 것과 같은 에너지 저장 방식의 변화는 사람들이 살찌는 이유가 너무 많이 먹기 때문만은 아니라는 중요한 사실을 알려준다. 그리고 어쩌면 사람들이 많이 먹는 이유도, 그들이 아프기 때문일지도 모른다.

아커만시아 박테리아가 생쥐를 비만으로부터 보호한다는 카니의 발견은 꽤나 혁명적이다. 카니는 아커만시아의 효과를 과체중인 사람들에게 시험하여 체중 증가를 저지할 수 있는 보조제를 만들고 싶어 한다. 하지만 최종적으로 우리는 과체중 또는 비만한 사람들의 몸에서 아커만시아의 수를 감소시키는 원인이 무엇인지 밝혀낼 필요가 있다. 여기 몇 가지 단서가 있다. 쥐에게 고지방 식단을 주면 아커만시아의 레벨이 낮아지면서 비만하게 된다. 그러나 이 식단에 식물성 섬유질을 첨가하면 아커만시아 박테리아 수가 정상으로 되돌아온다.

그 이상의 원인을 찾다

2030년이 되면 미국 인구 86퍼센트가 과체중 또는 비만이 될 것으로 예측된다. 이 속도라면 2048년에는 인구 전체가 뚱뚱하게 될 것이다. 우리는 지난 50년 동안 사람들에게 적게 먹고 많이 움직이라고 격려함으로써 비만 확산을 막으려고 노력해왔다. 그러나 이 방법은 성공하지 못했다. 사람들은 살을 빼고 날씬해지려고 엄청난 시간과 돈을 퍼붓지만 매해 100만 명 이상의 어른과 어린이가 과체중이 되거나 비만이 되어 가고 있다. 그리고 반세기 전에도 그랬던 것처럼 성과 없는 비만 치료는 계속되고 있다.

현재로써 비만에 대해 유일하면서도 지속적으로 효과를 나타내는 치료법은 위우회술이다. 다이어트를 통한 체중 감량에 실패한 사람들은 과식하는 것을 막기 위해 위를 달걀 크기로 줄여야겠다고 생각한다. 식단 조절을 계속할 수 없어서 이런 과감한 결정을 내리는 것이다. 수술 후 몇 주 안에 환자들은 몇 킬로그램을 감량하게 된다.

위우회술은 위의 크기를 축소해서 매끼 아이가 먹는 분량 이상으로 음식 섭취가 불가능하도록 물리적으로 막는 방법이다. 따라서 굳은 의지가 없이도 어쩔 수 없이 많이 먹지 못하게 만들어 체중 감량에 성공하도록 유도한다. 그러나 여기에는 단지 먹는 음식의 양을 조절하는 것 이상의 무엇이 있다. 수술 후 몇 주 안에 비만 세균이 우점하던 장내 미생물은 정상적인 상태로 복귀한다. 후벽균과 의간균의 비율이 역전되고 우리의 오랜 착한 친구 아커만시아의 수치가 1만 배나 늘어 정상치로 돌아온다. 생쥐에서 소량의 위우회술을 시도했더니 역시 장내 미생물의 구성에 비슷한 변화를 보였다. 그러나 수술이 잘못되어 위를 절개했어도 위가 제자리에 도로 붙은 경우에는 같은 효과가 나타나지 않았다. 위 절제수술을 받은 쥐의 미생물총을 무균 쥐에 옮기니 갑작스럽게 체중이 감소했다. 위를 절제하면서 새롭게 경로가 조정된 영양소, 효소, 호르몬 등이 체중 감소를 이끈 것 같다. 체중이 감소한 이유는 위를 절개했기 때문이 아니라 다시 돌아온 날씬한 미생물총 덕분에 에너지 조절에 변화가 생겼기 때문일 것이다.

뭄바이에서 닭 바이러스가 발병한 지 25년 만에 니킬 두란다는 미국에서 비만협회 회장이 되었다. 비만을 일으키는 바이러스성 원인에 대한 두란다의 연구는 과학적으로 인정을 받아왔다. 지금도 그는 비만 확산의 표면에 드러나는 칼로리-인 대 칼로리-아웃을 넘어서 비만의 기저에 자리 잡은 진정한 원인을 밝히기 위해 연구를 계속하고 있다.

우리는 바이러스와 박테리아 모두를 포함한 미생물을 통해 비만에는 많이 먹고 적게 움직이는 것 이상의 원인이 있다는 사실을 배우게 된다. 우리가 음식에서 얻어내는 에너지, 그리고 그 에너지를 사용하고 저장하는 방법은 우리 몸속에 서식하는 특정 미생물 군집과 복잡하게 얽혀 있다. 만일 우리가 정말로 비만 확산의 중심에 도달하고 싶다면 우리는 미생물총을 들여다보고 그들이 인체 안에서 가장 건강하고 날씬한 형태로 조성해놓은 환경을 우리가 어떻게 바꾸어놓았는지 물어봐야 할 것이다.

• 3장 •

뇌에 손을 뻗다

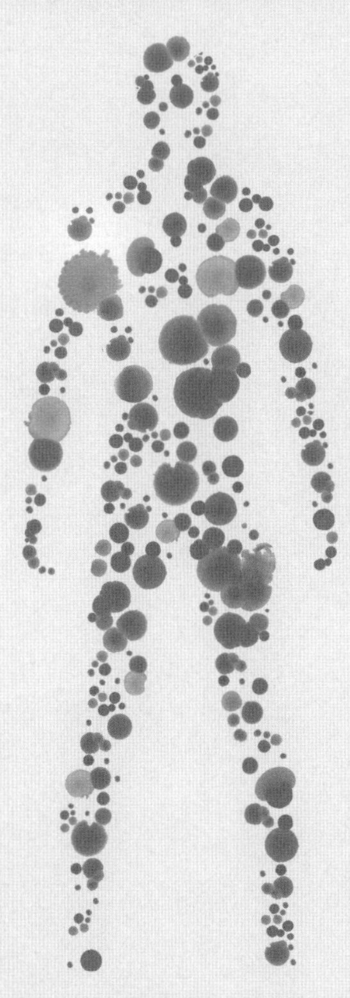

북아메리카 서부 지역, 농약으로 범벅된 습지대에서는 가끔 기괴한 모습의 기형 개구리와 두꺼비들이 출현한다. 뒷다리가 여덟 개인 놈들, 다리가 엉덩이에 붙어 있는 놈들, 아예 다리가 없는 놈들까지 형태도 다양하다. 기형 개구리들은 살아남기 위해 불편한 다리로 힘을 다해 뛰어오르고 물속에서 헤엄치려고 버둥거린다. 그러나 이들 대부분은 제대로 자라기도 전에 포식자의 먹잇감이 된다.

놀랍게도 이러한 발달 이상은 유전적 돌연변이 때문이 아니라 기생충인 흡충trematode 때문에 일어난다. 이 흡충의 애벌레는 이전 숙주였던 램스혼 달팽이ram's horn snail의 몸에서 배출된 뒤 올챙이를 찾아 나선다. 흡충 애벌레는 올챙이의 다리가 형성되는 팔다리싹limb bud으로 파고 들어가 낭종cyst을 형성하고 다리의 정상적인 발육을 방해하여 때로는 개구리의 다리를 두 배씩 늘려놓기도 한다.

개구리에게 다리 기형은 천적 앞에서 더욱 치명적이다. 그래서 불쌍한 개구리들은 사냥하기 쉬운 먹잇감을 찾아다니는 배고픈 왜가리에게 영락없이 잡아먹히고 만다. 하지만 개구리 몸속에 기생하는 흡충은 자신이 창조한 개구리의 기형 다리 덕분에 수월하게 생활사를 지속시킬 수 있다. 왜가리는 힘들이지 않고 기형 개구리를 잡아먹지만 동시에 흡충도 함께 먹기 때문에 자연스럽게 흡충의 다음 숙주가 된다. 곧 흡충은 왜가리의 배설물을 통해 다시 물속으로 들어가 램스혼 달팽이를 찾아간다. 숙주를 바꿔가며 생활사를 유지하는 흡충의 전략은 참으로 영리해 보이지만 그 어디에도 지능이 개입된 흔적은 찾아볼 수 없다. 개구리를 불운하게 만든 것은 자연선택이다. 왜냐하면 결국 살아남는 것은 중간 숙주인 개구리를 기형으로 만들어버린 흡충이기 때문이다. 흡충은 개구리의 사지 기형을 유도해 다음 숙주로 쉽게 이동하여 생활사를 영속시킬 수 있는 유전자를 후세에 전할 수 있을 것이다.

이처럼 숙주의 몸을 변형시키는 것은 기생 생물의 진화적 적응도, 즉 생식의 가능성을 높이는 한 방법이다. 그러나 한 가지가 더 있다. 바로 숙주의 행동을 변화시키는 것이다.

숙주를 조종하는 미생물

파푸아 뉴기니의 열대우림을 돌아다니다 무심코 눈높이쯤에 달린 나뭇잎을 뒤집어보면 개미가 입으로 엽맥을 꼭 문 채로 죽어 있는 모습을 발견할 수 있다. 생명을 잃은 개미의 빈껍데기에서는 가느다란 한 줄기 실이 뻗어 나오고 그 줄기 끝에는 포자 주머니가 대롱대롱 매달려 있다. 이 줄기가 바로 동충하초 균류*Cordyceps fungi*다. 동충하초 균류는 개미의 몸속으로 들어가 그 안에서 자라면서 개미의 몸을 먹어치운 후 포자를 숲 바닥에 떨어뜨린다. 개미의 몸속에 자리를 잡는 것은 번식에 필요한 에너지를 얻는 영리한 전략이다. 그러나 개미는 이 균류를 위해 그 이상의 일을 한다.

일단 동충하초에 감염되면 개미는 좀비로 변한다. 좀비가 된 개미는 자신의 공동체를 위해 땅에서 수행해야 할 일상적인 임무를 망각한 채 무작정 나무 위로 올라간다. 땅에서 약 150센티미터 정도 높이에 도달하면 좀비 개미는 나무에서 북쪽을 향해 달려 있는 잎을 골라 뒷면의 엽맥에 턱을 깊숙이 박아 넣고는 그 상태로 꼼짝도 하지 않는다. 곧이어 동충하초는 개미의 몸을 양분 삼아 자라면서 좀비가 된 개미의 목숨을 빼앗는다. 이것을 '데스 그립death grip'이라고 부르는데, 좀비 개미가 나무 위로 올라가 나뭇잎의 엽맥을 붙잡고 기다리는 모습이 죽음을 부르는 행동 같다고 해서 이름 붙여졌다. 동충하초는 곧 균사체를 뻗어내고 포자를 방출하며, 땅으로 떨어진 포자는 낙엽 더미를 뒤덮으면서 새로운 개미군단을 감염시킨다. 동충하초는 이렇게 믿기 어려운 특별한 방식으로 개미의 행동을 조종하여 다음 세대로 번식한다.

숙주의 행동에 변화를 일으키는 미생물은 동충하초만이 아니다. 광견병에 걸린 개들은 극도로 공격적이 된다. 입에 거품을 문 채 필사적으로 공격할 상대를 찾아 물어뜯는다. 물론 이 개의 침은 광견병 바이러스로 가득 차 있다. 톡소플라스마*Toxoplasma* 기생충에 감염된 쥐는 빛을 두려워하지 않는다. 또 포식자인 스라소니의 소변 냄새에 이끌려 스스로 먹잇감이 되길 자처한다. 기생성 선충인 연가시에 감염된 곤충은 스스로 물가로 들어가 자살하는데 이때 성충 연가시가 숙주의 몸에서 빠져나온다.

이처럼 미생물이 숙주의 몸에서 유발한 괴이한 행동은 결과적으로 미생물을 새로운 숙주로 옮기는 역할을 하기 때문에 선택적으로 진화해 왔다. 광견병 바이러스는 감염된 개가 다른 개를 물어뜯을 때 침을 통해 옮겨져 번식한다. 톡소플라스마 기생충은 쥐가 공포심을 버리고 포식자인 스라소니를 찾아가도록 유도한 뒤 쥐가 잡아먹힐 때 자연스럽게 스라소니 몸속으로 들어간다. 연가시는 짝을 찾아 번식하려면 물속으로 들어가야 하기 때문에 숙주인 곤충이 스스로 물가로 향하도록 만든다. 미생물은 숙주의 행동을 통제하여 자신이 번식하는 데 유리한 상황을 만들어내고 결국 진화의 선택을 받는다. 기생 생물에 의해 숙주의 행동이 제어되는 수준은 상상을 초월한다.

숙주의 행동에 미치는 미생물의 영향력은 야생동물에만 국한되는 것은 아니다. 인간 역시 미생물의 기막힌 생존방식에 희생양이 될 수 있다. 벨기에 소녀 A양의 이야기를 들어보자. A양은 대학 입시를 준비하는 열여덟 살의 건강하고 행복한 소녀였다. 그런데 어느 날부터 갑자기 공격적인 성향을 보이고 의사소통을 거부하기 시작했으며 성적 자제력을 잃었다. 그녀는 정신병원에 입원했다가 항정신병 약물을 처방받고 퇴원하였다. 하지만 3개월 뒤 A양의 행동은 더 악화되었고 끊임없는 구토와 설사 때문에 다시 병원으로 돌아갔다. 주치의는 A양 뇌의 생체검사를 통해 그녀가 보인 정신이상 행동의 원인을 찾아냈다. 바로 휘플씨병Whipple's disease이었다. 숙주의 비정상적인 행동을 통해 자신의 존재를 알리는 박테리아가 일으킨 희귀한 병에 걸린 것이다.

A양을 정신병원으로 보낸 정신이상 행동이 구토나 설사 같은 소화기 증상을 동반했다는 사실이 흥미롭다. 휘플씨병을 앓고 있는 사람들은 대개 급격한 체중 감소, 지속적인 복통과 설사 등 소화기 감염 때문에 병원을 찾는다. 하지만 A양의 경우 박테리아 감염이 장뿐만 아니라 뇌에서도 일어나는 바람에 의사들이 병의 근원을 제대로 파악하기가 어려웠던 것이다. 사실 소화기 증상은 정신 건강 장애나 신경계 이상을 나타내는 환자들 사이에서 매우 흔하게 나타난다. 그러나 보통은 환자들의 병적인 행동 변화가 더 두드러져 보이기 때문에 상대적으로 위장 장애는 주목을 받지 못한다.

그러나 지금부터 만나볼 이 특별한 여성은 아들에게 나타난 배탈 증상에서 그의 자폐증을 설명할 수 있는 놀라운 단서를 찾아냈다.

앤드루는 왜 자폐아가 되었나

1992년 2월, 미국 코네티컷 주의 브릿지포트에 사는 엘렌 볼트Ellen Bolte는 네 번째 자녀인 앤드루를 낳았다. 앤드루는 딸인 에린과 다른 두 아들과 마찬가지로 건강하고 정상적인 발육상태를 보이는 행복한 아기였다. 소아과에서 15개월 정기점검을 받을 때만 해도 앤드루는 평소와 다름없이 건강해 보였다. 그런데 의사는 앤드루의 귀를 살펴보고 깜짝 놀라서는 귀에 물이 차 있다고 말했다. 그리고 중이염이 의심되니 항생제를 처방받아야 한다고 했다. 당시를 떠올리며 엘렌은 "저는 깜짝 놀랐어요. 앤드루는 열도 없었고 평소처럼 잘 먹고 잘 놀았거든요"라고 이야기했다. 그러나 열흘 후에 다시 병원을 찾았을 때 여전히 귓속의 물은 빠지지 않았고 앤드루는 또다시 열흘 치 항생제를 받아들고 돌아와야 했다. 이번엔 다른 항생제였는데, 효과가 있었는지 앤드루의 귀는 깨끗해졌다.

그러나 그것도 잠시뿐 앤드루의 항생제 치료는 3차 그리고 4차까지 진행되었다. 모두 다른 박테리아를 타깃으로 한, 종류가 다른 약물이었다. 이즈음에 엘렌은 앤드루가 계속 약을 먹을 필요가 있는지 의문이 들기 시작했다. 왜냐하면 앤드루는 전혀 몸이 불편하거나 청력에 이상이 있어 보이지 않았기 때문이다. 하지만 의사는 앤드루의 청력을 염려한다면 계속 항생제 치료를 받아야 한다고 강하게 주장했다. 엘렌은 어쩔 수 없이 의사의 말을 따르기로 했다. 이즈음부터 앤드루의 설사가 시작되었다. 하지만 설사는 항생제의 부작용으로 흔하게 나타나는 증상이기 때문에 설사를 다스리기보다 감염을 막는 게 시급하다는 소견으로 앤드루는 또다시 30일 치 항생제를 처방받아야만 했다.

이 마지막 치료를 시작하고부터 앤드루의 행동이 달라지기 시작했다. 처음엔 마치 술을 마신 것처럼 히죽히죽하면서 비틀거렸다. 엘렌은 "앤드루는 마치 기분 좋게 취한 것처럼 보였어요. 남편이랑 저는 집에서 파티를 할 때 분위기를 띄우려면 펀치에 항생제를 타면 되겠다는 농담을 할 정도였으니까요. 그동안 중이염 때문에 고생하다가 통증이 없어지니 좋아서 그런 줄만 알았어요"라고 회상했다. 그러나 이것도 잠시뿐 일주일 후 앤드루의 행동에는 전혀 다른 변화가 일어났다. 시무룩하고 뚱하게 있으면서 말수도 줄고 움츠러들었다. 그러다가 어느 날은 온종일 격하게 짜증을 내고 소리를 질러댔다. "항생제 치료 전에 내 아들은 아프지 않았어요. 하지만 이제 내 아들은 정말로 아픈 아이가 되었습니다." 이와 동시에 앤드루의 소화기 증상이 더 악화되었다. 설사가 심해지고 변은 점액질과 소화되지 않은 음식물로 가득했다.

앤드루의 행동은 갈수록 이상해졌다. "앤드루는 정말 이해할 수 없는 행동을 하기 시작했어요. 발끝으로 걸어 다니고 저에겐 눈길도 주지 않았어요. 그나마 몇 마디 하던 말도 다 잊어버렸고 심지어 제가 자기 이름을 불러도 들은 척도 안 했어요. 마치 아이의 영혼이 사라져버린 것 같았습니다." 엘렌과 남편은 앤드루를 이비인후과 전문의에게 데려가 귀에 작은 튜브를 삽입하고 귓속의 물을 뺐다. 의사는 앤드루가 더는 중이염 증상을 보이지 않는다고 말하면서 배탈을 다스려야 하니 우유를 끊어보라고 권했다. 앤드루의 귀는 깨끗해졌다. 엘렌은 희망이 생겼다. "이제 됐어. 귀가 나았으니 앤드루의 이상한 행동도 조만간 정상으로 돌아올 거야." 하지만 엘렌은 곧 알게 되었다. 그런 일은 일어나지 않을 거라는걸.

이제 앤드루의 소화기 증상은 무서울 정도로 심각해졌다. 앤드루는 원래 정상 체중을 가진 건강한 아이였으나 이제는 마르고 배만 볼록 튀어나왔다. 그의 행동 역시 더 심해졌다. 무릎을 구부리지 않은 채로 발끝으로 걸어 다녔고 현관 앞에 서서 거실 등을 켰다 껐다 하는 행동을 30분이나 반복했다. 냄비 뚜껑에는 집착하면서 또래 아이들에게는 전혀 관심을 보이지 않았다. 무엇보다도 그는 소리를 질러댔다. 상황이 이렇게 되자 앤드루의 부모는 도움이 절실해졌다. 그들은 병원을 전전하며 유명한 의사를 만나러 다녔고 마침내 25개월이 되었을 때, 앤드루는 자폐증 진단을 받았다.

앤드루가 자폐증 진단을 받은 무렵에는 엘렌 볼트를 비롯한 많은 사람들이 자폐증 하면 1988년도에 개봉한 영화 〈레인맨〉의 주인공 더스틴 호프만을 떠올렸다. 영화 속의 호프만은 사회성이 결여되어 의사소통이 어렵고 일상생활의 반복된 규칙에 과도하게 집착하는 사람이다. 그러면서 한편으로는 수년 전에 있었던 미국 메이저리그 게임의 결과까지도 꿰고 있을 정도로 비상한 기억력을 지닌 천재였다. 이처럼 학습 장애와 천재성을 동시에 보이는 〈레인맨〉의 호프만은 전형적인 서번트 자폐autistic savant 환자다. 하지만 언론의 관심에도 불구하고 뛰어난 음악적, 수학적, 예술적 재능을 나타내는 서번트 환자는 흔하지 않다. 현실에서 자폐증은 평균, 또는 평균 이상의 지능을 나타내는 아스퍼거 증후군Asperger syndrome부터 앤드루 볼트처럼 심각한 학습 장애를 나타내는 캐너 증후군Kanner syndrome까지 여러 범주에서 다양한 증상으로 나타난다.

그 가운데 자폐 스펙트럼 장애ASD를 가진 모든 사람에게 공통으로 나타나는 증상은 사회성의 결여다. 이런 특징을 바탕으로 1943년 미국의 정신과 의사 레오 캐너Leo Kanner는 처음으로 자폐증을 하나의 증후군으로 규정하였다. 캐너는 자폐증을 주제로 한 독창적인 논문에서 '태어나면서부터 사람들과 평범한 관계를 맺는 능력이 부족한' 아이들 11명의 사례를 소개하였다. 캐너는 이 질환을 명명하면서 조현병schizophrenia과 관련된 증상에서 빌려온 자폐증autism이라는 용어를 사용했는데 이는 '자기自己' 안에 갇혀 있다는 의미다. 캐너는 논문에서, "처음부터 이 아이들은 극도의 자기 폐쇄적이며 고립된 행동을 보이는데 외부로부터 다가오는 어떤 것도 무시하고, 무관심하며, 차단해버린다"고 기술하였다. 자폐성 장애를 가진 사람들은 다른 사람의 말투나 숨은 의도를 파악하지 못하기 때문에 농담을 잘 알아듣지 못하고 비꼬는 말을 문자 그대로 받아들인다. 이들은 타인과 공감하는 능력이 부족하고 어린 시절에 자연스럽게 익히는 암묵적인 사회규범을 이해하는 데 어려움을 겪는다. 또한 정해진 일상 패턴을 고집하고 한 가지 생각이나 사물에 집착에 가까울 정도로 집중하는 경향이 있다.

앤드루 볼트가 자폐증 진단을 받은 1990년대에는 레오 캐너가 기술한 것처럼 자폐증은 선천적인 것으로 여겨졌다. 그런데 앤드루의 자폐증 증상은 태어나면서부터 시작한 것이 아니었기 때문에 엘렌은 앤드루에게 내려진 자폐증 진단이 잘못된 것이라고 믿었다. "나는 내 모든 것을 걸고 앤드루가 자폐를 타고난 것이 아니라고 확신합니다. 나에게는 네 명의 아이들이 있습니다. 앤드루는 자기의 형제자매처럼 건강한 아이였습니다. 완벽하게 정상이었다고요." 그러나 엘렌의 항변에도 불구하고 의사들은 앤드루가 태어나는 순간부터 자폐아였지만 단지 초기에 나타난 징후를 눈치 채지 못한 것뿐이라고 주장했다. 엘렌은 앤드루가 처음엔 분명히 자폐아가 아닌 건강한 아이였고 그러므로 그가 걸린 병은 자폐증이 아니라고 확신했다. 정확한 진단은 내려지지 않았다. 엘렌은 결국 자신이 직접 나서서 앤드루의 증상을 연구하고 조사하기 시작했다. 그리고 마침내 자폐증의 원인에 대한 기존의 가설을 뒤엎는 결론에 도달했다.

자폐증은 선천적인 것인가

자폐성 장애는 원래 1만 명에 한 명 정도 발병하는 매우 희소한 질병이었다. 1960년대 말에 처음으로 실질적인 조사가 이루어졌을 때 2,500명 중 한 명의 어린이가 자폐 스펙트럼 장애 범주에 포함되었다. 2000년도부터는 미국 질병통제예방센터에서 공식적으로 자폐증에 대한 기록을 남기기 시작했는데 처음 조사에서 자폐 스펙트럼 장애 범주에 들어가는 아이들은 8세 아동의 경우 150명 중의 한 명꼴이었다. 이 수치는 이후 10년간 빠르게 증가하여 2004년에는 125명 중의 한 명, 2006년에는 110명 중의 한 명, 그리고 2008년에는 88명 중의 한 명꼴로 발병하였다. 마지막으로 2010년에는 68명 중 한 명으로 발병률이 지난 10년 사이에 두 배로 증가하였다.

자폐증 발병률 추이를 그래프로 그려 보면 증가 추세는 당분간 계속될 것으로 예측된다. 이는 굉장히 염려스러운 상황이며 이대로라면 미래에 우리 사회의 모습은 매우 달라져 있을 것이다. 가장 보수적으로 예측해도 2020년이면 30명 중 한 명의 어린이가 자폐 범주에 들 것이고

2050년이면 미국에 있는 모든 가정에 자폐 스펙트럼 장애를 가진 아이가 있을 거라고 예상하는 연구 결과도 있다. 자폐 스펙트럼 장애는 여아보다 남아에게서 약 2퍼센트 더 빈번하게 나타난다. 어떤 사람들은 자폐증 진단을 내리는 것이 예전보다 쉬워졌고 자폐증의 범주가 확대된 것이 수치를 증가시켰을 뿐 실제 환자의 수가 급증한 것은 아니라고 주장한다. 또한 자폐증에 대한 사회적 관심이 확산되면서 기존에 진단받지 못했던 사람들에 대한 자폐 진단이 이루어진 것이 수치 증가에 한몫했다고도 말한다. 그렇지만 전문가들은 자폐성 장애 환자의 증가가 현실이라고 인정한다. 다만 현재까지도 자폐를 일으키는 원인에 대해서는 합의가 이루어지지 않았다.

엘렌 볼트가 연구를 시작했을 무렵 자폐증의 원인을 설명하는 지배적인 가설은 자폐증이 유전적 요인에 의해 발병한다는 것이었다. 그러나 그보다 겨우 10년 전만 해도 많은 정신과 의사들은 레오 캐너가 무심코 제안한 '냉장고 엄마' 가설을 믿고 있었다. 1949년에 캐너는 "자폐 아동의 부모는 아이가 세상에 태어난 순간부터 냉정하고 차가운 태도로 아이를 대한다. 오직 물질적인 필요에만 반응하고 기계적인 관심을 줄 뿐이다. 자폐 아동은 성에로 뒤덮인 차가운 냉장고 안에 얌전히 놓여 있다. 그들이 자기 자신 속으로 침잠해 들어가는 것은 철저한 고독에서 평안을 찾아야 하는 이런 상황을 외면하려는 것처럼 보인다"라고 썼다. 그러나 또한 캐너는, 자폐증은 내재한 장애 때문에 세상에 나올 때부터 가지고 태어나는 병이라고 썼다. 그렇기 때문에 그는 아이가 건강하지 않은 것을 부모의 책임으로 돌릴 수는 없다고 믿었다. 1990년대에 세계의 일부 지역에서는 여전히 냉장고 엄마의 개념이 영향력을 가졌지만, 이후로 냉장고 엄마의 역할은 힘을 잃었고 대신 관심은 유행처럼 유전적 소인에 쏠리게 되었다.

물론 처음부터 엘렌이 자폐의 원인에 대한 수수께끼를 풀고자 한 것은 아니었다. 대신 엘렌은 질병이나 뭔가에 노출되는 등 갑작스럽게 일어난 사건이 앤드루를 병들게 했을 가능성에 관해 관심을 가졌다. 엘렌은 과학자가 지녀야 할 가장 훌륭한 자세인 열린 사고와 회의론적 사고방식이 완벽하게 균형을 이룬 사람이었다. 또한 컴퓨터 프로그래머라는 직업 덕분에 일련의 논리적인 과정에 따라 흩어진 퍼즐 조각을 끼워 맞춰 하나의 가설을 끌어내는 일에 익숙했다. 의학이나 과학적 훈련을 받은 적은 없었지만 엘렌은 본능적으로 앤드루를 관찰하는 것으로부터 그 일을 시작했다. "저는 앤드루를 잘 지켜보았습니다. 그리고 무엇이 그를 지금처럼 행동하게 하였는지 생각해보았습니다. 앤드루는 제가 주는 음식은 먹으려고 하지 않으면서 벽난로의 재나 화장실 휴지는 입에 넣었어요. 무엇이 앤드루를 이렇게 만들었는지 모르겠습니다. 앤드루는 자기 몸에 다른 사람의 손이 닿거나 주위에 큰 소음이 날 때면 아주 고통스러워했습니다. 무엇이 그를 이렇게 힘들게 하는 걸까요."

공립도서관을 시작으로 엘렌은 단서가 될 만한 것이면 뭐든지 닥치는 대로 읽었다. 동시에 그녀는 자폐증이 아닌 다른 진단을 받을지도 모른다는 희망으로 꾸준히 새로운 의사를 만났다. 아니면 적어도 앤드루의 증상에 관심을 보여 자신들을 그냥 돌려보내지 않을 사람을 찾아다녔다. 마침 그중 앤드루에게 관심을 가진 한 의사가 엘렌에게 정말로 연구를 하고 싶다면 의학 논문을 읽어야 한다고 조언해주었다. 섣불리 도전하기엔 겁나고 부담스러운 일이었지만 엘렌은 관련 논문을 접하기 시작했고 빠른 속도로 의학 용어에 익숙해졌다. 출발점이 잘못된 바람에 여러 번 되돌아와야 했지만, 마침내 그녀는 앤드루가 중이염 때문에 처방받았던 항생제가 모든 손상의 원인이 될지도 모른다는 사실에 집중하기 시작했다. 그러던 어느 날 그녀는 우연히 클로스트리듐 디피실리 *Clostridium difficile* 감염에 대한 최신 연구 논문을 접했다. 항생제 치료 후에 이 박테리아에 감염되었을 경우 난치성 설사 증세를 보일 수 있다는 내용이었다. 엘렌의 머릿속에서 앤드루가 겪고 있는 소화기 문제가 떠올랐고 어쩌면 이와 비슷한 박테리아가 장뿐만 아니라 앤드루의 뇌에 영향을 미친 독소를 내뿜은 것은 아닐까 생각하게 되었다.

이 시점에서 엘렌은 하나의 가설을 생각해냈다. 엘렌은 앤드루가 틀림없이 클로스트리듐 디피실리와 근연 관계에 있는 클로스트리듐 테타니(파상풍 유발균)*Clostridium tetani*에 감염되었다고 생각했다. 클로스트리듐 테타니는 일반적으로 혈액으로 들어가 근육 마비를 일으키지만, 앤드루의 몸에 감염된 박테리아는 혈액이 아닌 그의 장으로 들어간 것이다. 엘렌은 중이염 치료 목적으로 처방받은 항생제가 앤드루의 장에 사는 보호성 박테리아까지 모조리 박멸한 뒤 그 빈자리를 클로스트리듐 테타니가 대신 차지했을 가능성에 힘을 실었다. 클로스트리듐 테타니가 장에서 생산한 신경독소 물질이 어떤 식으로든 앤드루의 뇌에까지 이동했을 것이다. 엘렌은 흥분에 차서 이 가설을 주치의에게 털어놓았다.

"그는 편견이 없는 분이었어요. 적절한 수준에서 검사해볼 수 있는 것이 있다면 무엇이든 시도해보자고 하셨지요." 엘렌과 주치의는 앤드루가 클로스트리듐 테타니에 감염된 적이 있는지 확인하기 위해 혈액에서 항체 검사를 시도하였다. 미국에 사는 다른 어린이들처럼 앤드루 역시 파상풍 예방주사를 맞았기 때문에 혈액에서 소량의 항체가 나타나는 것은 예상된 일이었다. 그러나 혈액 검사 결과가 나오자 검사실 연구원들조차 충격을 받았다. 이 균에 대한 앤드루의 면역 수준이 예방접종 후 나타나는 수준으로 보기엔 너무 높았기 때문이다. 여러 달에 걸친 혈액 검사가 부정적인 결과를 나타내자 엘렌은 마침내 그녀가 옳은 길로 가고 있다는 증거를 확보하게 되었다.

장내 감염과 자폐증의 연관성

엘렌은 의사들에게 편지를 써서 자신의 가설을 설명한 후 앤드루에게 더 강한 항생제인 반코마이신vancomycin을 사용해 클로스트리듐 테타니를 제거해달라고 부탁했다. 하지만 의사들은 그녀의 가설을 반박했다. 그녀의 말이 맞는다면 왜 앤드루는 전형적인 파상풍 증상인 근육수축을 보이지 않는가? 어떻게 신경독소가 혈뇌장벽blood-brain barrier을 뚫고 뇌로 갈 수 있는가? 앤드루는 파상풍 예방주사를 맞았는데 어떻게 박테리아에 감염되었겠는가? 이러한 의사들의 반박에도 엘렌은 몇 달간의 연구 끝에 내린 자신의 결론이 옳다는 강한 확신이 있었다.

의사들의 반론에 맞서기 위해 엘렌은 더욱 논문에 파고들었다. 일반적으로 파상풍에 의한 근육 수축은 피부의 상처를 통해 감염이 일어난 후 신경독소가 피부에서 신경을 타고 근육으로 이동하여 일어나는 증상이다. 따라서 앤드루처럼 장으로 클로스트리듐 테타니가 침투한 후 신경독소가 장에서 뇌로 이어지는 신경을 타고 가서 뇌에 영향을 준 경우와는 다른 것이다. 엘렌은 파상풍 신경독소를 추적하여 이 독성 물질이 장과 뇌를 연결하는 미주신경迷走神經을 통해 혈뇌장벽을 거치지 않고도 뇌까지 이동하는 과정을 보여주는 실험 결과도 찾았다. 그리고 예방주사를 제대로 맞은 후에도 전형적인 파상풍에 걸린 환자의 사례를 파헤쳤다. 시간이 지나면서 엘렌은 앤드루에게 내려진 자폐증 진단을 받아들였다. 엘렌의 연구 조사는 매우 개인적인 필요에서 시작했지만, 이제는 명백한 원인이 드러나지 않은 병에 대한 남다른 관점을 제시하기에 이르렀다.

이제 엘렌은 자신의 가설에 대한 반박에 맞설 준비를 완벽하게 마쳤다. 엘렌은 자신의 리스트에 적힌 서른일곱 번째 의사를 만나러 갔다. 시카고의 러시 소아병원의 소아 소화기내과 전문의 리처드 샌들러Richard Sandler는 두 시간에 걸쳐 엘렌의 이야기를 모두 들었다. 그리고 마지막에 그녀에게 생각할 시간을 2주만 달라고 했다. 항생제 처방으로 인해 야기된 클로스트리듐 테타니의 감염을 치료하기 위해 또 다른 항생제를 처방한다는 엘렌의 제안에 대해 샌들러는, "터무니없는 이야기처럼 들렸지만 이론적으로는 충분히 그럴듯한 가설이었습니다. 그냥 무시해버릴 수는 없었습니다"라고 말했다.

마침내 샌들러 박사는 이제 네 살 반이 된 앤드루에게 8주 동안 항생제 처방을 내리는 데 동의했다. 처방에 앞서 그는 혈액, 소변, 대변 검사를 지시했고, 앤드루의 행동을 지속해서 관찰해온 임상심리학자를 치료 과정에 합류시켜 이 기간에 발생할 변화를 체크하도록 했다. 항생제를 처방하고 며칠이 지나자 앤드루는 훨씬 더 활동적이 되었다. 그리고 이후에 앤드루에게 찾아온 변화는 샌들러 박사를 놀라게 했고 2년여에 걸쳐 의료계의 고정된 시각과 싸워온 엘렌의 투쟁이 옳았음을 증명했다. 무엇보다 앤드루의 변화는 자폐증 연구의 역사에 새로운 전환점이 되었다.

역사가 낳은 최고의 관찰자로서 찰스 다윈은 1872년에 《인간과 동물의 감정 표현Expression of the Emotions in Man and Animals》이라는 자신의 책에서, "격렬해진 감정에 반응하여 일어나는 소화액 분비는 감각중추가 의지와 무관하게 소화기관에 직접 영향을 미치는 또 다른 훌륭한 예"라고 말했다. 다윈이 말한 예란 아마도 나쁜 소식을 듣고 갑자기 배가 아프다든지, 늦잠을 자서 시험에 늦었을 때 속이 쓰려온다든지, 좋아하는 사람을 보았을 때 가슴이 두근거리는 경우일 것이다. 뇌와 장은 두 기관 사이의 물리적 거리로 보나 수행하는 기능으로 보나, 완전히 독립적인 기관이지만 서로 밀접한 관계에 있으며 상호작용한다. 다시 말해 감정이 장의 활동에 영향을 미치는 것처럼 장의 움직임 역시 기분이나 행동에 영향을 준다. 최근에 배탈이 났던 때를 생각해보라. 배만 아픈 게 아니라 틀림없이 기분도 나빴을 것이다.

과민성 장 증후군같이 장기적인 만성질환에 시달리는 사람들은 감정 상태에 따라 증상이 좌지우지되는 경우가 많다. 스트레스 지수가 높아지면 장이 문제를 일으킬지도 모른다는 생각이 오히려 상황을 나쁘게 몰고 간다. 첫 데이트나 직장에서 중요한 발표를 앞두고 긴장한 사람에게, 혹시라도 중요한 순간에 장이 말썽을 일으키기라도 하면 어쩌나 하는 걱정이 도리어 증상과 스트레스를 증가시키는 악순환이 일어나는 것이다. 우리는 과민성 장 증후군이 장내 미생물의 조성에 일어나는 변화와 관련이 있다는 사실을 알고 있다. 그렇다면 뇌와 장을 연결하는 사슬에 제3의 고리가 끼워지게 되는가? 장-미생물총-뇌를 한 번에 연결 지어 생각해야 하는 것인가?

2004년 일본의 의학자 노부유키 수도와 요이치 치다는 처음으로 이 질문을 던졌다. 그들은 장내 미생물이 스트레스에 대한 뇌의 반응에 어떤 영향을 주는지 확인하기 위해 두 종류의 쥐를 이용한 간단한 실험을 계획하였다. 이들은 장내에 어떤 미생물도 살지 않는 무균 쥐 그룹과 정상적인 장내 미생물을 가지는 쥐 그룹을 준비하여 각각 튜브 안에 넣고 스트레스를 주었을 때 쥐가 분비하는 호르몬을 측정하였다. 두 그룹에서 모두 스트레스 호르몬이 분비되었지만 무균 쥐에서는 호르몬의 농도가 두 배나 높게 나왔다. 미생물총이 없는 쥐들은 같은 상황에서 스트레스를 더 많이 받은 것이다.

수도와 치다는 무균 쥐에서 나타난 과잉반응을 정상적인 미생물총을 주입함으로써 역전시킬 수 있는지 실험해보았다. 하지만 때는 이미 너무 늦었다. 실험 대상이 된 쥐들은 성장을 마친 어른 쥐였는데 그들의 스트레스 반응은 이미 고정되어버린 것이다. 하지만 미생물을 주입한 시기가 빠를수록 스트레스 반응이 줄어드는 현상이 나타났고 놀랍게도 어린 무균 쥐에게는 비피도박테륨 인판티스*Bifidobacterium infantis*라는 단 한 종의 박테리아만 주입해도 스트레스 수치가 정상 쥐를 넘어서지 않는 것으로 나타났다.

이 실험은 미생물 연구에 새로운 지평을 열었다. 장내 미생물총은 단순히 신체적 건강에만 영향을 미칠 뿐 아니라 정신 건강에도 변화를 일으킬 수 있다. 게다가 장내 미생물총이 초기에 교란된다면 그 효과는 곧바로 유년 시절에 나타나기 시작하는 것 같다. 우리의 뇌는 어린 시절에 집중적으로 발달한다. 인간의 뇌는 태어나면서 약 1,000억 개의 뉴런(신경세포)을 할당받는다. 그러나 이것들은 기본 건축자재일 뿐이다. 제대로 된 건축물을 짓기 위해서는 시냅스(연접)라고 부르는 뉴런의 연결고리들을 세심하게 이어줄 장인의 손길이 필요하다. 어린 시절의 경험은 그 시점에 형성되는 시냅스에게 어떤 경험은 간직하고 어떤 경험은 버리라고 지시한다. 매일매일의 생활이 새로운 자극으로 가득 찬 유아 시기에 아기의 뇌에서는 매초 약 200만 개의 새로운 시냅스가 형성되는데 이들은 각각 학습과 발달의 새로운 잠재력을 제공한다. 건강한 뇌는 기억과 망각이 완벽하게 균형을 이루어야 하므로 유년기에 형성되는 시냅스 대부분은 버려질 것이다. 이른바 "쓰지 않으면 잃는다"는 법칙에 따라 주기적으로 보강되지 않는 시냅스는 우리의 착하고 예쁜 뇌에서 떠날 수 있도록 솎아내어진다.

만약 장내 미생물총이 이 중요한 뇌 발달의 초기 단계에 영향을 주는 것이 맞는다면 이 사실은 앤드루의 자폐증이 장에 일어난 감염 때문이라는 엘렌 볼트의 생각을 뒷받침할 수 있을까? 퇴행성 자폐증은 만

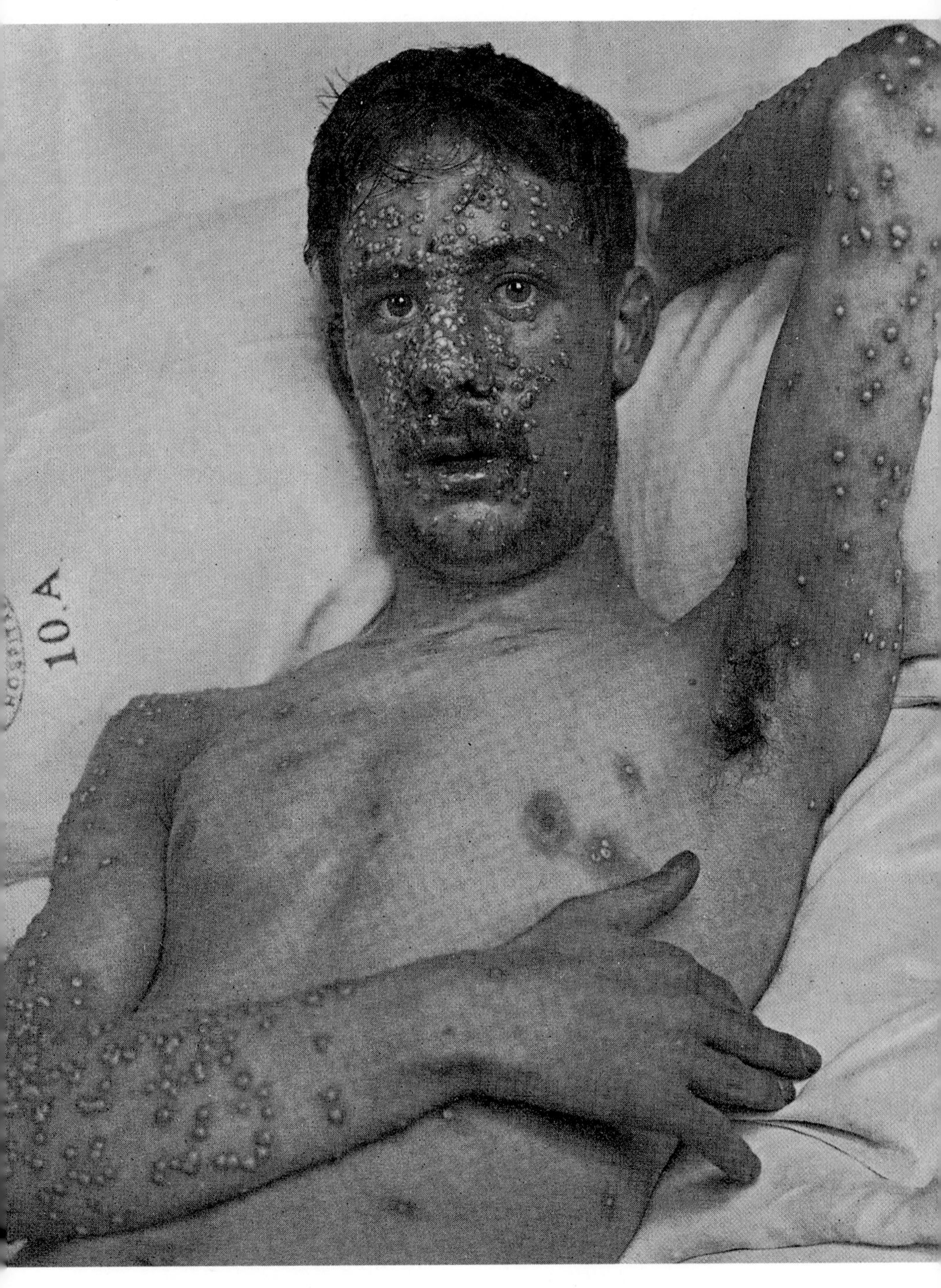

천연두 환자. 천연두는 개발도상국에서조차 1900년대까지 흔하게 나타나던 질병이다. 사진은 세기가 바뀔 즈음에 찍은 것이다.

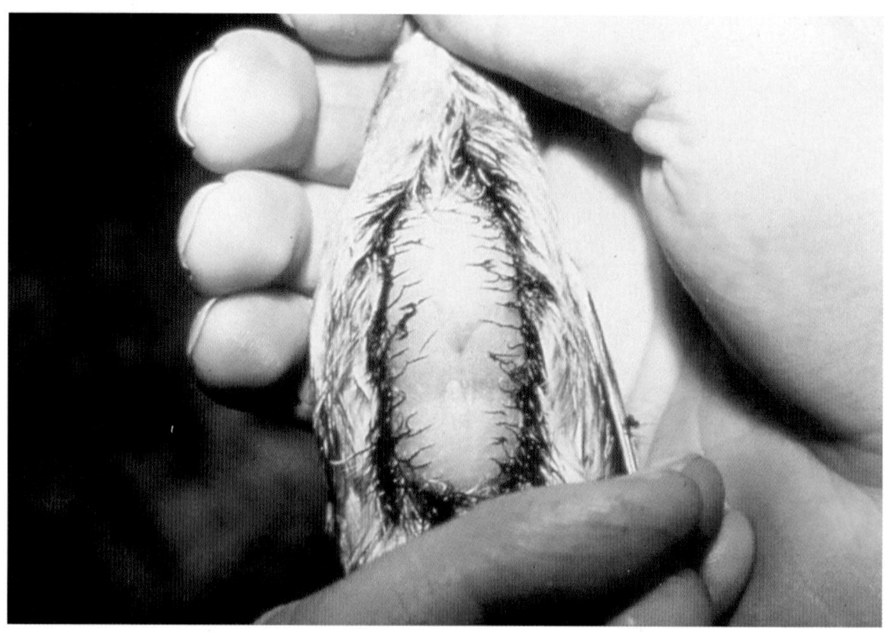

살찐 정원솔새와 정상적인 정원솔새. 배 부분의 깃털을 가르고 찍은 사진. 평소의 솔새(아래)는 지방을 저장하지 않아 마른 상태를 유지하는 반면, 겨울철 장거리 이동을 앞두고 폭식 기간과 신진대사 변화를 겪은 솔새(위)는 지방 형태로 많은 양의 에너지를 저장한다.

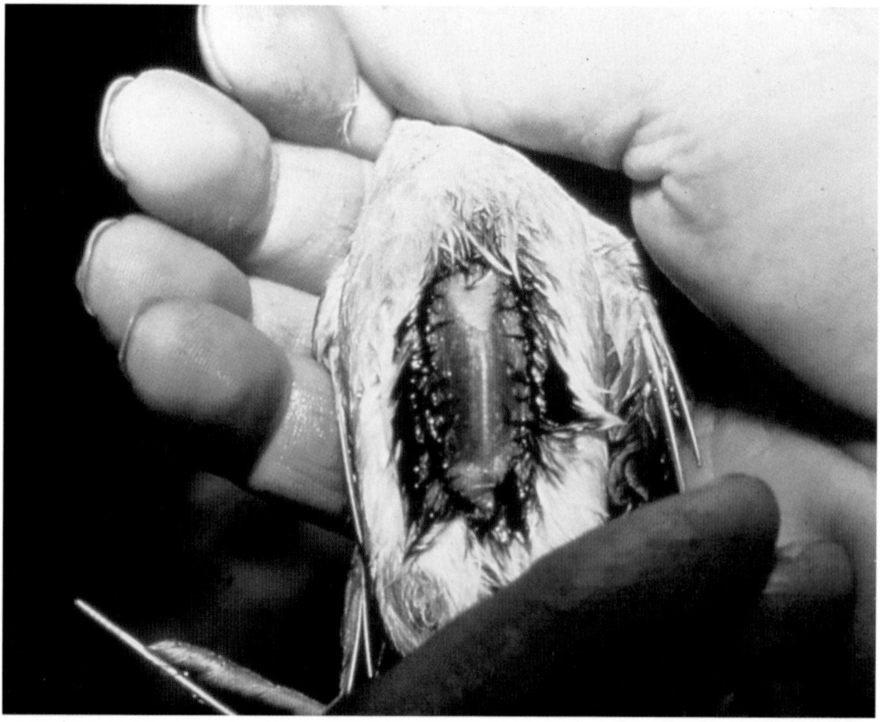

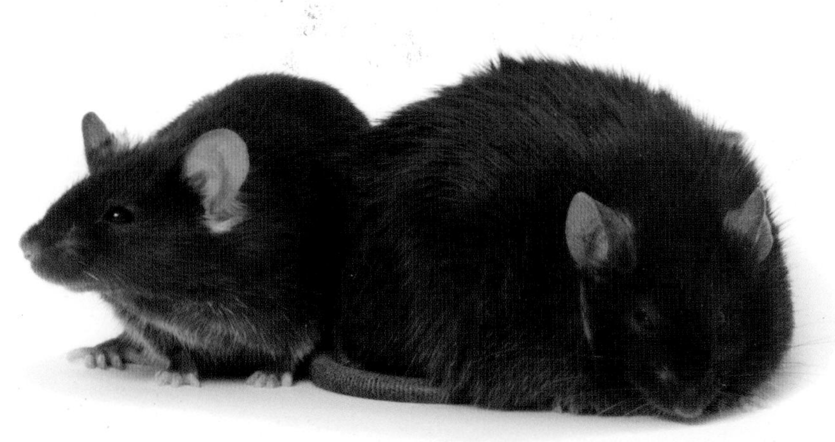

유전적 비만 쥐. 식욕을 감퇴시키는 호르몬인 렙틴의 유전자에 발생한 단 하나의 돌연변이 때문에 비만 쥐는 유전적인 영향을 받아 정상 쥐에 비해 약 3배의 체중에 도달하게 된다.

미국의 성인 비만 추세

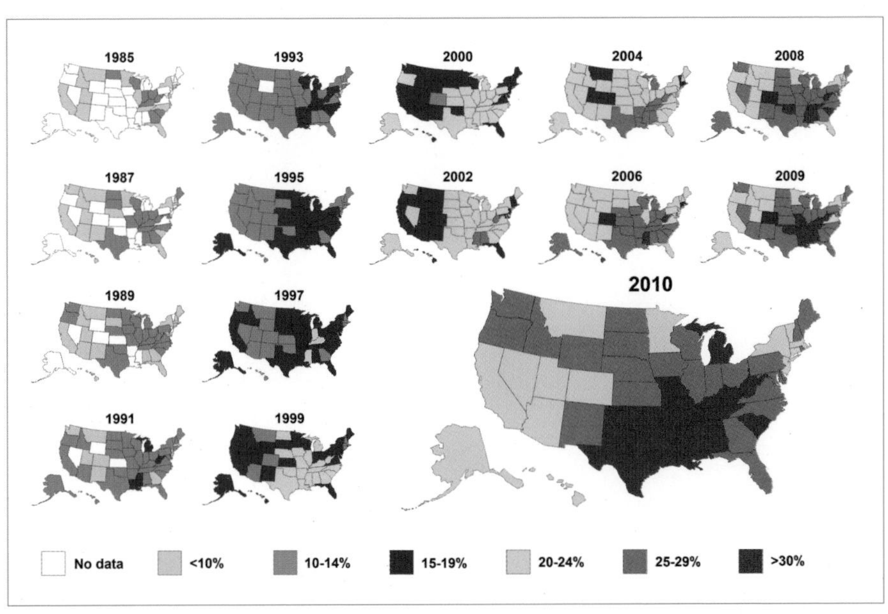

미국 질병관리통제센터의 행동 위험 요소 감시 시스템에서 수집한 정보를 바탕으로 제작한 지도. 보이는 바와 같이 미국에서 성인 비만(BMI 수치 30 이상)은 현대사회로 들어서면서 심각한 수준으로 확산되어, 2012년에 미국의 성인 35퍼센트와 아동 17퍼센트가 비만으로 나타났다. 성인 34퍼센트와 아동 15퍼센트는 비만은 아니지만 과체중인 것으로 조사되었다.

엘렌 볼트와 앤드루, 그리고 그의 누나 에린. 앤드루가 자폐 증상을 보이기 시작한 직후인 1993년 크리스마스 때의 사진.

엘렌 볼트는 생물학에는 문외한인 컴퓨터 프로그래머였지만 어린 아들인 앤드루에게 발병한 자폐증을 설명할 수 있는 미생물학적 원인을 밝히기 위해 직접 연구조사에 뛰어들었다. 2011년에 찍은 가족사진. 왼쪽에서부터 앤드루, 엘렌, 에린, 론.

파푸아뉴기니의 개미 한 마리가 숙주의 행동을 조절하는 균류인 동충하초에 감염되었다. 동충하초에 감염된 개미는 나무를 타고 올라가 나뭇잎에 도달한 뒤 엽맥을 입과 턱으로 문 채 죽어간다. 개미의 몸에서 자란 동충하초는 개미의 숨이 끊어지기 전에 새로운 숙주를 찾기 위해 자신의 포자를 숲바닥에 흩뿌린다.

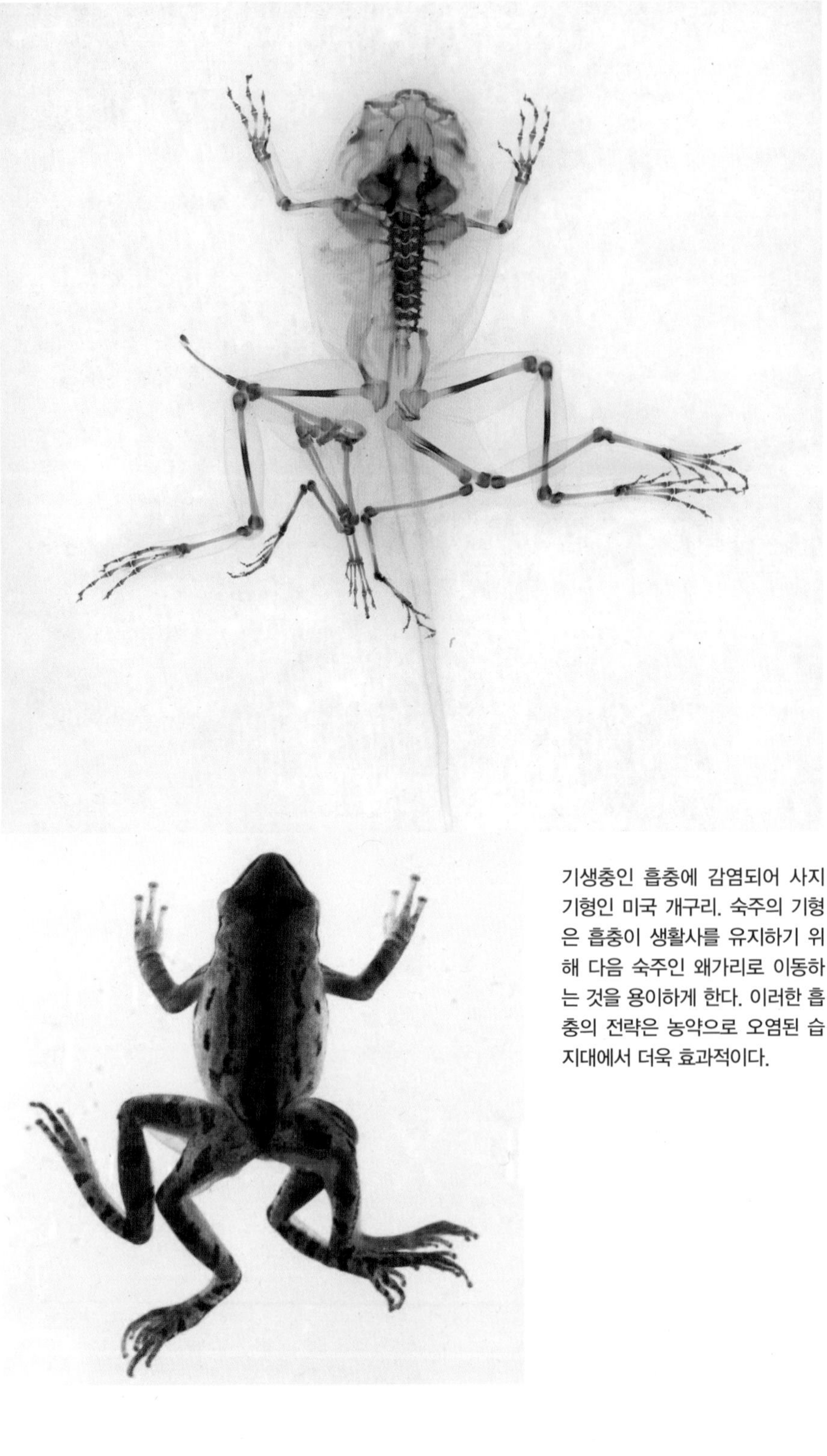

기생충인 흡충에 감염되어 사지 기형인 미국 개구리. 숙주의 기형은 흡충이 생활사를 유지하기 위해 다음 숙주인 왜가리로 이동하는 것을 용이하게 한다. 이러한 흡충의 전략은 농약으로 오염된 습지대에서 더욱 효과적이다.

수컷 주머니날개박쥐. 이것은 쉬고 있는 암컷들을 향해 자신만의 독특한 향수를 날려 보냄으로써 암컷을 유혹한다.

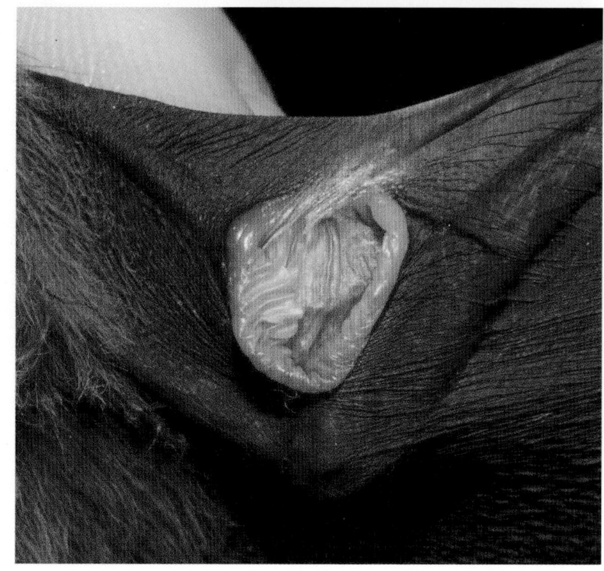

이 향수는 수컷의 날개에 붙어 있는 특별한 주머니 안에 서식하는 미생물들이 소변과 침, 정액 등을 적절하게 배합하여 조제한 결과물이다.

캐나다 구엘프 대학교 대학원생인 에린 볼트가 로보것을 이용하여 그녀의 엄마인 엘렌의 가설을 테스트하고 있다. 엘렌은 장내 미생물이 자폐증의 원인이라는 가설을 세웠다.

세 살 이전의 아이들에게서 발병하는데 이 시기는 뇌가 급격하게 발달하는 시기와 일치한다. 이때는 또한 아기의 장에서 성인과 비슷한 미생물총이 안정적으로 자리를 잡는 시기이기도 하다. 중이염(처럼 보인) 증상을 치료하기 위해 처방된 항생제가 앤드루 몸에서 미생물들이 정상적으로 정착하는 과정을 방해하고 그 틈을 타서 클로스트리듐 테타니가 앤드루의 몸을 차지하고 신경독소 물질을 생산해 뇌까지 영향을 끼친 것이다. 엘렌은 앤드루를 감염시킨 클로스트리듐 테타니를 제거하기 위해 또 다른 항생제를 처방한다는 극단적인 결단이 앤드루의 어린 뇌에 가해진 손상을 멈출 수 있기를 희망했다.

치료 초기에 더 활동적으로 변했던 앤드루는 그 뒤 이틀 동안 놀라울 정도로 침착함을 보였다. 엘렌은 말했다. "이것은 기적입니다. 우리는 몇 주간 치료를 받았고 이제 막 신호가 왔습니다. 저는 우선 앤드루에게 대소변 가리는 법을 가르쳤는데—앤드루는 만 4살입니다!—몇 주 만에 기저귀를 뗐어요. 그리고 앤드루가 3년 만에 처음으로 제 말을 알아들었어요." 앤드루는 사람에게 애정을 표시하고 타인에게 반응을 보였으며 차분해졌다. 심지어 말을 배우기까지 했다. 그는 혼자서 옷을 입을 수 있게 되었고 저녁 무렵 티셔츠 앞자락이 흘린 음식물로 얼룩지는 일도 없었다. 소아 심리학자는 항생제 치료 기간 앤드루의 행동에 대한 보고서를 준비했지만 샌들러 박사는 그것을 읽을 필요가 없었다. 앤드루에게 일어난 변화는 누가 봐도 확실한 것이었기 때문이다.

앤드루의 호전은 놀라운 것이었지만, 앤드루 한 명의 사례로 자폐증의 근원이 장에 있다고 증명할 수는 없다. 운이 좋게도 앤드루의 항생제 시도가 성공한 후에 엄청난 명성을 지닌 미생물학자가 엘렌의 아이디어에 관심을 나타냈다. 시드니 파인골드Sydney Finegold 박사는 혐기성anaerobic 박테리아 연구에 평생을 바친 학자로 2012년 그의 아흔 살 생일을 축하하는 신문 기사에 '20세기, 아니 역사를 통틀어 가장 영향력 있는 혐기성 미생물학자'로 소개되었다. 산소가 없는 상태에서 자라는 박테리아인 혐기성 박테리아는 클로스트리듐 테타니를 포함한 클로스트리듐속屬의 박테리아들을 포함한다. 파인골드의 과학적 역량과 식견으로 엘렌의 자폐증 가설은 이제 믿을 만한 사람의 손에 맡겨지게 되었다.

샌들러 박사는 파인골드, 엘렌과 함께 실험 대상을 확대하여 앤드루처럼 자폐증의 발병 시기가 늦고 설사를 동반한 아이들 11명에게 항생제를 투여하였다. 실험의 목적은 항생제가 자폐증을 치유하는 적합한 치료법인지 테스트하려는 것보다는 자폐증의 원인에 대해 엘렌이 제시한 가설의 개념을 검증하려는 것이었다. 만약에 이 항생제 투여로 아이들이 부분적으로 또는 일시적으로나마 호전될 수 있다면 클로스트리듐 테타니든 다른 박테리아든 장 속에 서식하는 미생물이 원인임이 밝혀질 것이다. 실험 결과 앤드루처럼 다른 아이들 역시 극적인 변화를 보였다. 그들은 눈을 맞추고 정상적으로 놀았으며 말로써 자신을 표현하기 시작했다. 또 한 가지 물체에 집착하는 행동이 줄어들었고 좀 더 쾌활해졌다. 하지만 안타깝게도 앤드루나 다른 아이들 모두 항생제 치료 기간 동안 나타난 건강이나 행동의 호전이 오래가지는 않았다. 항생제를 끊고 약 일주일 만에 아이들 대부분은 이전 상태로 되돌아갔다. 그러나 자폐증이라는 병이 기재된 이후 최초로 자폐증의 미스터리는 새롭고 가능성

있는 실마리를 찾았다. 바로 장내 미생물이다.

2001년 엘렌 볼트가 자폐증의 원인으로 클로스트리듐 테타니에 의한 장내 감염을 가설로 내놓은 지 6년여 만에 그녀는 마침내 자신이 옳았다는 것을 증명했다. 시드니 파인골드는 자폐 장애를 앓고 있는 13명의 아이들과 대조군으로 비교할 건강한 아이 8명을 대상으로 대장에 서식하는 미생물총을 조사하였다. DNA 염기서열 분석은 아이들의 미생물총 전체를 분석하기엔 여전히 엄두를 못 낼 만큼 비쌌다. 하지만 산소가 없는 조건에서 박테리아를 배양할 수 있는 파인골드의 기술로 클로스트리듐 테타니를 포함하는 클로스트리듐속에 속하는 종들의 수는 파악할 수 있었다. 실험 대상이 된 자폐 장애 아동에게서 클로스트리듐 테타니는 발견되지 않았다. 그러나 이들의 장에서는 건강한 어린이들에 비해 평균적으로 열 배 이상의 클로스트리듐속 박테리아가 검출되었다. 아마도 클로스트리듐 테타니처럼 이 박테리아들 역시 어린아이들의 뇌를 훼손하는 신경독소를 방출하고 있는지도 모른다. 엘렌 볼트의 가설이 100퍼센트 옳다고 말할 수는 없다. 하지만 이 단계에서 엘렌은 단지 감염원의 종류만 틀렸을 뿐이었다.

성격을 바꾸는 미생물

단지 장 속에 다른 박테리아를 가졌다는 이유로 자폐 아동에게서 보이는 이상 행동, 그러니까 손사래를 치고, 앞뒤로 몸을 흔들고, 몇 시간씩 소리를 지르는 행동을 하는것이 정말 가능하단 말인가? 물론 그럴 수 있다. 앞에서 우리는 톡소플라스마 기생충이 쥐들을 세뇌하여 노출된 곳을 두려워하지 않고 소변 냄새에 이끌려 천적을 찾아가게 조종한다는 것을 배웠다. 이 톡소플라스마 기생충은 인간의 행동도 조종할 수 있다. 톡소플라스마는 집 고양이에도 흔하게 살고 있는 기생충이다. 인간은 자신이 사랑하는 고양이 덕분에 톡소플라스마 기생충에 자연스럽게 노출된다(고양이가 할퀴었을 때나 배설물과 접촉할 때 감염). 사실 너무 쉽게 감염되기 때문에 프랑스 파리의 임산부 84퍼센트가 이 기생충에 감염되었다는 조사 결과가 있을 정도다. 다른 지역에서는, 예를 들어 뉴욕에서는 임신한 여성의 32퍼센트, 런던에서는 22퍼센트로 수치가 조금 낮을 뿐이다. 발달 과정에 있는 태아에게 톡소플라스마 감염은 매우 위험할 수 있으므로 임산부에 대해서는 산전검사 시 톡소플라스마 테스트를 한다. 하지만 성인에게서 톡소플라스마 감염은 건강에 별로 해를 끼치지는 않는다. 대신 이 기생충에 감염되면 '성격'이 변한다.

이상하게도 톡소플라스마 기생충에 감염된 남녀는 서로 완전히 반대되는 행동 변화를 보인다. 남성의 경우 톡소플라스마에 감염이 되면 사회 규범을 무시하고 도덕성이 낮아지면서 별로 유쾌하지 못한 사람이 된다. 또한 타인과의 관계에서 상대적으로 의심이 많아지고 질투를 하며 확신을 가지지 못해 불안해한다. 하지만 여성의 경우는 감염이 도리어 바람직한 변화를 일으키는데, 감염된 여성은 느긋하고 인간적이며 타인을 신뢰하는 마음이 커진다. 또한 감염되지 않은 여성에 비해 자신감이 커지고 결단력이 생긴다. 톡소플라스마 감염으로 인해 여성은 타인 앞에서 경계심을 풀게 되는 반면, 남성은 타인에 대한 배려가 없이 문란하게 행동한다. 따라서 결국 이런 식의 변화가 역사 속에서 가져왔을 난혼亂婚의 상황을 생각하면 흥미롭다. 근본적으로 쥐에서 그랬던 것처럼 톡소플라스마 감염은 인간 남녀 모두를 위험에 노출시키고 있다. 여성은 신뢰감을 늘림으로써, 남성은 사회적 무모함을 통해서.

톡소플라스마 감염은 성격만 변화시키는 것이 아니다. 남녀 모두 감염이 되면 반응이 느려지고 집중력이 떨어진다. 이런 변화는 비록 실험실 테스트에서는 약하게 나타났지만 현실에서는 심각한 결과를 초래할 수 있다. 체코의 프라하 카렐 대학교에서는 교통사고를 일으키고 병원에 입원한 150명과 사고를 일으킨 적이 없는 일반인을 비교하여 톡소플라스마 감염의 빈도를 조사하였다. 그 결과 톡소플라스마에 감염된 사람이 거의 세 배나 더 사고를 많이 일으킨다는 통계 결과가 나왔다. 터키에서 행한 비슷한 연구에서도 교통사고에 연루된 운전자는 톡소플라스마 감염률이 네 배 정도 높았다.

쥐와는 다르게 인간은 포식자에게 잡아먹힐 일이 거의 없으므로 사실상 톡소플라스마 기생충의 마지막 숙주가 된다. 그러나 고양잇과에게 잡아먹히는 일이 현재로 따지면 교통사고로 사망하는 경우만큼 흔했던 진화의 역사 속에서 이 작은 기생충은 지속적인 영향을 통해 우리의 성격과 행동을 바꿀 수 있게 되었는지도 모른다. 그게 아니면 이 기생충은 원래 인간의 몸에서 기생할 의도는 없었지만 쥐에서 살아남기 위해 진화한 메커니즘이 인간의 뇌에도 비슷하게 작용한 건지도 모르겠다. 어느 쪽이든지 우리는 자신의 몸이 이 말썽꾸러기 기생충의 숙주 역할을 하고 있지는 않은지, 그렇다면 이놈이 개인적으로 어떤 재앙을 일으키고 있는지 충분히 궁금해할 만하다.

톡소플라스마가 일으킨 성격의 변화는 다소 흥미로운 이야깃거리였지만, 여기에는 어두운 측면도 있다. 1896년 〈사이언티픽 아메리칸 매거진〉에 '정신이상이 미생물 때문인가'라는 제목의 기사가 실렸다. 이 당시로서는 미생물이 질병을 일으킨다는 생각 자체가 참신한 발상이었기 때문에 자연스럽게 신체적 질병뿐 아니라 심리적 질환 역시 미생물에 기원할지도 모른다는 생각으로 이어졌다. 뉴욕의 병원에서 근무하는 몇몇 의사들이 조현병 환자의 척수액을 토끼에게 주입했는데 결과적으로 토끼에게 병을 일으켰다. 이를 보고 의사들은 정신 장애가 있는 사람들의 몸속에 어떤 미생물이 도사리고 있는지 궁금해했다.

비록 과학적인 실험이라고 하기에는 조금 부족했지만 이 작은 실험은 정신 장애의 원인으로서 미생물에 대한 관심을 크게 불러일으켰다. 하지만 이 발상이 가진 커다란 잠재력에도 불구하고 몇십 년 후에 지그문트 프로이트Sigmund Freud의 정신분석 이론이 대두하면서 미생물이 정신 질환의 원인이라는 가설은 사정없이 곤두박질치게 되었다. 신경 질환에 대한 생리학적 원인을 대신하여 프로이트는 어린 시절의 경험에 뿌리를 둔 감정적인 원인을 제안하였다. 프로이트의 이론은 조울증에 대한 치료로 대화보다는 리튬이 더 효과적이라는 사실이 밝혀질 때까지 굳게 지속되었다.

20세기의 첫 반세기 동안 많은 질병들이 미생물 때문에 발생한다는 사실이 밝혀졌지만, 단 하나의 신체기관만은 미생물의 영향권에서 제외

되었다. 그 신체기관은 바로 '뇌'다. 신부전이나 심장마비는 말로 치료하려고 하지 않으면서 뇌에 생긴 병은 대화를 통해 치료하려고 시도한다는 사실은 꽤 당황스럽다. 다른 신체기관이 말을 듣지 않으면 외부에서 물리적인 원인을 찾으려고 하면서 뇌—정신!—가 문제를 일으키면 환자 자신이나 그의 부모, 또는 생활 태도에 문제가 있다고 쉽게 가정해 버린다. 뇌에서 자아와 자유의지가 차지하는 고유성 때문에 20세기가 끝나가는 시점까지도 뇌는 미생물학자의 정밀 조사를 받지 못했다. 이즈음 많은 미생물이 정신 장애와 연관되었다고 밝혀졌는데 그중에서도 톡소플라스마 기생충이 많은 질환에 대해 주목받는 용의자가 되었다. 때로는 사람들이 기생충에 감염되어 환각이나 환청, 망상 같은 정신 이상을 보이면 처음에는 조현병(정신분열증)으로 오진되는 경우가 있다. 실제로 조현병을 가진 사람들은 톡소플라스마가 일반인보다 세 배 이상 검출된다. 지금까지 알려진 어떤 유전적 연계성보다 훨씬 더 강력한 연관성이다.

홍미롭게도 톡소플라스마에 심하게 감염된 사람은 조현병 증세만 보이는 것은 아니다. 강박 장애, 주의력결핍 과잉행동 장애, 투렛 장애 역시 톡소플라스마 감염과 관련되어 있다고 밝혀졌는데 이 정신 질환들은 모두 지난 수십 년간 발병률이 증가하여 비교적 흔해진 질환이다. 최근 들어 정신 질환이 미생물에 의해 야기된다는 오래된 발상이 다시 주목받고 있다. 이번에는 여기에 새롭고 미묘한 반전이 있다. 톡소플라스마같이 이미 알려진 적들에게 모든 책임을 묻는 대신 우리 몸속에 자리잡고 있는 미생물에게로 눈을 돌려보면 어떨까?

미생물총의 구성이 정말로 인간의 행동에 영향을 미칠 수 있다면 장내 미생물을 이식하는 것이 성격의 변화를 야기할 수 있을까? 비만 쥐의 장내 미생물을 마른 쥐에게 이식했을 때 체중이 증가했던 것처럼 말이다. 물론 쥐들은 자신의 성격을 묻는 설문조사에 응답할 수는 없다. 하지만 고양이나 개가 품종에 따라 고유한 성격을 지니는 것처럼 쥐도 품종에 따라 다른 성격과 행동을 보인다. BALB라고 알려진 실험용 교배종은 유난히 겁이 많고 우유부단한 편이다. 반면에 스위스 쥐로 알려진 교배종은 완전히 반대 성격으로 자신감이 넘치고 다른 쥐들과 어울리기를 좋아한다. 뚱뚱하고 빼빼한 것처럼 확연히 다른 성격을 지닌 이 쥐들은 서로 성격을 주고받을 완벽한 파트너가 되었다.

캐나다의 온타리오에 있는 맥매스터 대학교의 연구팀은 쥐들에게 항생제를 먹여 장내 미생물총을 변화시키는 것이 새로운 환경에 대한 불안감을 덜어줄 수 있다는 것을 발견했다. 2011년에 그들은 소심한 BALB의 장내 미생물을 스위스 쥐에게 이식함으로써 천하태평인 스위스 쥐에게 불안감을 옮겨보려는 발상을 실험으로 옮겼다. 연구팀은 이 두 쥐에게 서로 상대의 미생물을 주입한 후 간단한 테스트를 했다. 우리 안에 높은 단을 설치하고 그 위에 쥐를 올려놓은 뒤 쥐가 단 밑으로 내려와 주위를 살피기 시작하는 데 걸리는 시간을 측정하였다. 원래는 용감했던 스위스 쥐는 소심한 쥐의 미생물을 받은 후 단 밑으로 내려오겠다고 결심하기까지 세 배나 긴 시간이 필요했다. 마찬가지로 원래는 소심했던 BALB 쥐들은 스위스 쥐의 미생물을 받은 뒤 훨씬 과감해져서 더 빨리 아래로 내려오는 용감한 모습을 보였다.

개인의 성격은 후천적으로 형성된 것이 아니라 유전자에 의해 타고난다는 '양육보다 천성nature-over-nurture'의 관점이 마음에 들지 않는다면, 이건 어떤가? 개인의 성격을 결정하는 것은 장내에 거주하는 박테리아라고 말이다. 장내 미생물이 없는 쥐는 보통 반사회적인 성향을 지니며 다른 쥐들과 어울리기보다는 혼자 시간을 보내길 선호한다. 정상적인 미생물총을 지닌 쥐들은 사육장에 새로운 쥐가 들어왔을 때 먼저 다가가서 어울리는 반면에 무균 쥐들은 그들이 이미 알고 있는 쥐들하고만 교류한다. 장내 미생물을 가지고 있다는 것만으로 그들은 좀 더 친근한 성격을 지니게 되는 것이다.

인간의 사랑에 관여하는 미생물

미생물총은 동성 간의 우정을 넘어서 우리가 마음을 빼앗기는 이성을 향한 본능에도 지대한 영향을 미친다.

중앙아메리카에 서식하는 박쥐류 중에는 어깨 주변으로 양쪽 날개 위쪽 끝에 상처가 있는 종이 있다. 사실 이것은 진짜 상처가 아니고 작은 주머니다. 이 주머니 때문에 이 박쥐에게는 주머니날개박쥐sac-winged bats라는 이름이 붙었다. 주머니날개박쥐의 수컷은 이 주머니를 매우 효과적으로 이용한다. 그들은 여기에 소변이나 침, 정액 같은 온갖 분비물을 채워놓고 있다가 매일 오후가 되면 주머니를 비우고 깨끗이 청소한 뒤 신선한 체액으로 다시 채워서 자신이 원하는 향이 나도록 관리한다.

수컷은 때가 되면 암컷이 무리 지어 앉아 있는 곳으로 날아가 그 앞을 맴돌면서 암컷들을 향해 자신의 향기를 부드럽게 발산한다. 짐작하겠지만, 유혹하는 것이다.

이 완벽한 향수는 주머니에 박테리아를 적당히 섞은 뒤 배양해서 제조한다. 각 수컷은 주머니에 보통 한두 종류의 박테리아들을 지니고 있다. 이는 수컷 박쥐에게 주어진 25종의 박테리아 중에서도 특별히 취향에 맞게 골라온 것처럼 보인다. 이 박테리아들은 주머니 속의 소변과 침, 정액을 먹고 자라면서 그 배설물로 자극적인 성페로몬을 만들어낸다. 수컷은 이 페로몬을 이용해 암컷으로 하여금 자신의 하렘에 들어오도록 설득한다.

동물이 만들어내는 특별한 종류의 페로몬은 사랑의 묘약을 조제할 수 있는 마법 주머니가 없는 동물들에게도 중요한 의미가 있다. 초파리는 겨우 참깨 한 알 정도 크기의 작은 곤충이다. 그런데 이 작은 생물체 역시 짝짓기 시기가 다가오면 까다로워진다. 25년 전 진화생물학자인 다이앤 도드Diane Dodd는 서로 떨어져서 번식한 두 개체군이 시간이 지나 교배하는 방식이 달라지면 두 개의 종으로 분화할 수 있는지 실험하였다. 그녀는 초파리를 두 집단으로 나누어 격리하여 기르면서 한 집단에는 엿당만, 다른 그룹에는 녹말만 주었다. 그리고 25세대가 지난 뒤 이 두 집단을 한 곳에 섞어놓았는데 신기하게도 다른 그룹의 초파리들은 서로 짝짓기를 하려고 들지 않았다. 엿당을 먹은 초파리는 엿당 초파리끼리, 녹말을 먹은 초파리는 녹말 초파리끼리 짝짓기를 할 뿐 서로 섞이려고 하지 않는 것이다.

당시에는 초파리의 행동을 설명하지 못했지만, 2010년 텔아비브 대학교Tel Aviv University의 길 샤론Gil Sharon은 무엇이 이런 반응을 일으키는지 알고 있었다. 샤론은 도드의 실험을 반복해서 수행했고 결과는 마찬가지였다. 초파리들은 서로 다른 먹이를 먹었을 때 25세대까지 갈 것도 없이 겨우 두 세대 만에 서로 짝짓기하는 것을 거부하였다. 그들이 짝을 선택하는 기준을 바꾸어놓은 것은 무엇인가? 샤론은 서로 다른 먹이가 초파리의 장내 미생물 조성을 바꾸어놓았고 이것이 곧 성페로몬의 향을 변화시켰기 때문이라고 추측하였다. 이번에 샤론은 초파리에게서 미생물총을 제거하는 항생제를 주입하였는데 말할 것도 없이 초파리들은 이제 누구와 짝짓기를 하든 상관하지 않았다. 미생물총이 없는 초파리는 더 이상 독특한 향기를 만들어낼 수 없었던 것이다. 초파리에게 원래 가지고 있던 미생물총을 재주입했더니 그들은 이전의 선택적 행동을 회복하였다.

초파리의 행동을 사람에게 확대 적용한다고 비난받기 전에 조금 더 시야를 넓혀보자. 초파리의 경우, 체내의 미생물 중에서도 실제로는 락토바실러스 플란타룸*Lactobacillus plantarum*이라는 한 종의 박테리아가 초파리의 온몸에서 풍기는 화학물질, 즉 성페로몬을 확실하게 바꾸어놓았다. 사람도 마찬가지로 성페로몬의 영향을 받는다. 지금은 전설이 된 재미있는 실험이 하나 있다. 베른 대학교에 재학 중인 여학생들에게 남학생들이 잘 때 입었던 티셔츠를 주고 끌리는 순서대로 순위를 정하도록 한 것이다. 놀랍게도 여학생들은 자신이 가진 면역계와 가장 다른 면역계를 보유한 남학생의 티셔츠를 선호한다고 답하였다. 이론적으로 보면 여성들은 유전적으로 자신과 가장 다른 상대를 고름으로써 자손에게 두 배의 적을 상대할 수 있는 면역계를 물려주려는 것이라고 해석할 수 있다. 여학생들은 후각을 통해서 남학생의 게놈을 스캔하고 아이의 아빠로서 가장 적합한 짝을 찾으려고 한 것이다.

티셔츠에 남아 있는 남학생의 냄새는 바로 피부의 미생물총에 의해 만들어진 것이다. 이 미생물들은 겨드랑이에 살면서 좋든 싫든 땀을 공기 중에 떠다니는 냄새로 바꾸어놓는다. 실제로 겨드랑이나 사타구니에서 나는 땀과 거기에 자라는 털은 몸의 열을 식혀주는 냉각장치의 역할보다는 주머니날개박쥐의 주머니처럼 향수 제조기의 역할을 한다. 이 제조기에서는 몸에서 방출한 땀을 모아 완벽한 향수로 만들어준다. 남학생들 각자가 가지고 있는 이 특별한 피부 미생물들은 적어도 부분적으로는 남학생이 지닌 면역계의 특성을 결정짓는 유전자에 의한 결과물이다. 여학생들은 비록 무의식적이었겠지만 이 미생물총을 단서로 자신에게 가장 이로운 유전적 조합을 선택하게 된 것이다.

피임약은 말할 것도 없고 데오드란트나 항생제 때문에 본능적인 선택 과정에 차질이 생겨서 결국 맺어지지 못한 수많은 커플을 생각하면 안타까울 따름이다. 이 티셔츠 실험에서 피임약을 복용하는 여학생들은 본능이 이끄는 힘을 뒤엎고 자신의 면역계와 가장 '가까운' 남성을 우선순위에 올려놓았다.

만약 짝을 고르고 선택하는 과정의 첫 단계가 미생물에 의해 결정되는 성페로몬이라면 이번에는 화학적인 평가를 할 차례다. 키스는 인간만의 고유한 행위로 너무 동물적이지 않은 수준에서 구경꾼들에게 상대방에 대한 소유권을 알리는 문화적 현상으로 알려졌다. 하지만 인간만 키스하는 것은 아니다. 침팬지를 비롯한 영장류, 그리고 많은 동물이 키스를 한다. 따라서 키스라는 행동에는 생물학적 동기가 있음을 짐작할 수 있다.

서로 사귀는 사이라는 이유로 침과 세균을 나눈다는 것은 무척 위험한 비즈니스다. 더구나 입술과 혀가 닿는 행위가 돌아서면 남이 되는 비인척 관계에서 일어난다면 위험성은 더욱 커진다. 하지만 바로 거기에 핵심이 있다. 내 아이의 아빠가 될 사람이 어떤 미생물을 가졌는지 미리 알아보는 것은 좋은 생각이다. 뿐만 아니라 키스는 심도 있게 서로의 미생물 샘플을 나누는 기회가 된다. 이는 또한 서로의 이면에 있는 유전자와 면역 능력을 맛보는 것이다. 키스하면서 우리는 감정적으로, 그리고 생물학적으로 누구를 신뢰할 것인지 결정한다. 인간의 행동이 미생물에 의해 지배를 받는다는 생각만큼이나 이상할지 모르지만, 인간은 성페로몬과 키스라는 생물학적인 방법을 이용하여 자기계발의 가능성을 높이고 있다.

행복과 우울을 만들다

미생물이 당신을 절망에서 구해주고 돈도 절약하게 해줄 수 있다면 굳이 비싼 돈을 주고 정신과 상담을 받으며 어린 시절의 떠올리고 싶지 않은 기억 속으로 파고 들어갈 필요는 없을 것이다. 프랑스의 한 실험에서 55명의 건강한 일반인 지원자를 대상으로 두 종류의 후르츠바를 매일 먹게 했다. 한 집단은 두 종류의 살아 있는 박테리아가 들어 있는 후르츠바를 주었고 대조군인 다른 그룹에는 플라시보 효과를 위해 박테리아가 들어 있지 않은 후르츠바를 주었다. 한 달 뒤 박테리아를 먹은 지원자들은 실험에 참가하기 전보다 행복 지수가 높아졌다. 이들은 화를 덜 내고 덜 불안해했다. 이들의 행복 지수는 박테리아를 먹지 않은 대조군과 비교했을 때에도 확실한 차이를 보였다. 이 실험은 비록 규모가 작고 기간도 짧았지만 시도해볼 가치가 있는 연구 접근법을 제시해주었다.

그렇다면 어떻게 살아 있는 박테리아가 당신을 행복하게 해줄 수 있다는 걸까? 이를 뒷받침할 수 있는 한 메커니즘에 관해 설명하겠다. 이 메커니즘에는 사람의 기분을 조절한다고 알려진 호르몬인 세로토닌serotonin이 중요할 역할을 한다. 사실 이 신경 전달 물질은 주로 장에서 분비되며 장이 원활하게 돌아가도록 조율하는 임무를 수행한다. 그러나 약 10퍼센트의 세로토닌은 뇌로 들어가 우리의 기분이나 기억까지 조절한다. 우리가 섭취한 박테리아가 장 속에 공장을 차리고 세로토닌을 마구 분출해내는 거라면 참 간단하겠지만, 당연히 이렇게 단순한 메커니즘은 아니다.

살아 있는 박테리아가 체내로 들어오면 일단 혈액 내에서 트립토판tryptophan의 수치가 높아진다. 트립토판은 아미노산의 하나인데 행복감을 결정하는 데 대단히 중요한 역할을 한다. 바로 이 트립토판이 세로토닌으로 바뀌기 때문이다. 실제로 우울증을 호소하는 환자들은 혈액 내에서 트립토판의 수치가 낮은 경향이 있다. 그리고 국민 전체의 식단에 전반적으로 트립토판이 적게 들어 있는 국가에서는 자살률이 높다. 비록 일시적이기는 하지만 인체에 유입되는 트립토판의 공급을 제한함으로써 사람을 극도의 우울한 상태로 유도하는 것이 가능하다. 트립토판이 부족하면 세로토닌이 부족해지고, 세로토닌이 부족하면 덜 행복하다는 뜻이다.

하지만 대단히 흥미롭게도 박테리아가 트립토판의 증가를 유도하는 것은 직접 트립토판을 만들어내기 때문이 아니라 면역계가 체내에 있는 트립토판을 파괴하지 못하도록 막기 때문이다. 이는 비단 미생물학자 사이에서뿐만 아니라 다른 분야에서도 인정되고 있는 매우 중요한 과학적 사실이다. 알레르기나 비만처럼 우울증 역시 면역 장애에 의해 일어난다는 사실이 더 확실해지고 있다. 이 부분에 대해서는 나중에 다시 이야기하겠다.

그전에 우선 박테리아가 인간을 행복하게 만드는 또 다른 메커니즘에 관해 이야기하고 싶다. 이번에는 미주신경이 관련되어 있다. 미주신경은 뇌에서 시작하여 다양한 내장기관으로 가지를 치며 연결되다가 결국 장까지 이어지는 큰 신경 줄기다. 신경은 전깃줄처럼 선을 따라 미세한 전기 자극을 운반하면서 메시지를 전달하거나 변화를 감지한다. 미주신경의 경우는 장이 하는 일, 즉 소화의 진행과정과 연동운동 상태 등의 정보를 뇌에 전달한다. 그런데 미주신경의 특별한 점은 우리가 소위 육감gut feeling이라고 말하는 장의 기분까지도 뇌로 전달한다는 사실이다. 예를 들어 어떤 문제가 생기면 속이 울렁거린다든지, 긴장하면 배탈이 날 것 같다든지 하는 기분은 실제로 장에서 시작된다. 뇌는 단지 미주신경이 장에서 쏘아주는 전기 자극을 통해 정보를 받을 뿐이다.

따라서 미주신경을 통해 뇌로 전달되는 전기 자극이 당신에게 행복을 느끼게 할 수 있다는 사실은 그다지 놀라운 일이 아니다. 의사들은 심지어 약물치료법이나 인지행동치료법으로는 고칠 수 없는 심각한 우울증을 이 신경 전달 시스템을 차용하여 치료하기도 한다. 미주신경 자극법VNS이라고 부르는 이 치료는 환자의 목 아랫부분에 미주신경을 감싸는 전선이 연결된 장치를 심어놓고 가슴에 삽입된 펄스 생성기를 통해 미주신경에 전기 자극을 주는 방법이다. 환자는 몇 주, 몇 달, 몇 년 동안 이 행복 조율기 덕분에 쾌활하고 즐거워질 것이다.

이렇게 미주신경에 인위적인 전기조율장치를 달아줌으로써 신경 활동과 기분을 북돋을 수 있는 전기 자극을 줄 수 있다. 그러나 일반적으로 체내에서 이런 전기 자극은 마치 가정용 배터리처럼 화학물질에 의해 발생한다. 이렇게 신경 자극에 시동을 거는 화학물질을 신경 전달 물질이라고 부른다. 세로토닌, 아드레날린, 도파민, 에피네프린, 옥시토신 등 우리는 살면서 생각보다 많은 신경 전달 물질의 이름을 들어보았을 것이다. 신경 전달 물질은 일반적으로 체내에서 생성되며 신경 말단에서 미세한 전기 스파크를 일으킨다. 그러나 신경 전달 물질은 인간 세포에서만 합성되는 것은 아니다. 미생물총 역시 똑같은 방식으로 미주신경을 자극하고 뇌와 의사소통하는 화학물질을 생산해낸다. 이러한 물질을 생산해내는 미생물들은 천연의 미주신경 조율장치로, 미주신경에 전기 자극을 보내어 기분을 북돋워준다. 도대체 왜 미생물들이 인간의 기분에 영향을 미치게 되었는지는 확실하지 않지만, 그들이 영향을 끼친다는 사실 자체에는 의심의 여지가 없다.

한 가지 생각할 수 있는 것은 미생물총이 인간의 기분에 영향을 주어 인간의 행동을 자신들에게 유리한 방향으로 조종할 수 있다는 것이다. 예를 들어 A라는 음식에 들어 있는 특정 화합물을 먹는 박테리아 B를 생각해보자. 숙주가 A를 먹는다면 그건 곧 박테리아 B에게 먹이를 제공하는 것과 같다. 그 대가로 박테리아 B는 자신이 생산해내는 화학물질을 통해 숙주에게 약간의 행복감을 선사한다. 물론 숙주가 행복을 느끼는 것은 박테리아 B에게도 훨씬 좋은 일이다. 박테리아 B가 체내에서 생산하는 기분 좋은 화학물질은 숙주로 하여금 A를 다시 찾아 먹게 하고, 또 어디서 찾았는지까지 기억하게 한다. 그래서 숙주는 먼 조상들에게는 특정 과실수, 현대인에게는 제과점이 될 수도 있는 그 장소로 돌아가 다시 A를 섭취함으로써 박테리아 B와, B가 만들어내는 행복 물질을 증가시키고 숙주가 또다시 A를 먹게 하는 무한 반복의 피드백을 형성한다.

뇌에 미치는 면역계의 영향으로 다시 돌아가보자. 인체가 병원체의 침입을 인지하여 비상경계 태세를 갖추고 나면 사이토카인이라는 화학 전달 물질이 체내를 돌아다니며 제 역할을 한다. 그런데 가끔은 사이토카인이 불량 총알이 되어 인체에 불필요한 손해를 입히기도 한다. 사이토카인은 면역계의 병사들을 자극하여 당장에라도 적을 공격하도록 유도한다. 그러나 만약에 싸울 만한 적이 없는 상황이라면 병사들이 발사한 총알은 고스란히 아군의 영역에 떨어지게 된다.

이러한 면역계의 호전성 때문에 발생한 신경학적 결과물은 우울증만이 아니다. 이미 이전에 언급한 많은 정신 질환 환자들 역시 면역이 과도하게 활성화되었음을 알려주는 '염증' 수치가 높게 나타난다. 주의력결핍 과잉행동 장애, 강박 장애, 조울증, 조현병, 심지어 파킨슨병이나 치매까지도 면역의 과잉반응과 연관된 것으로 보인다. 프랑스에서 행해진 연구 결과에 따르면 이로운 박테리아, 즉 유익균을 장에 주입하면 격양된 면역계를 잠재우는 효과가 나타난다. 이는 트립토판의 파괴를 막고 행복의 수준을 높일 뿐 아니라 염증을 줄일 수도 있다.

마찬가지로 자폐증 증상을 보이는 환자의 몸에서도 면역계가 바쁘게 돌아다니면서 사이토카인을 공격적인 수준까지 뿜어내고 있다. 장내 미생물의 조성이 달라지는 것이 이런 면역계의 과도한 활성에 촉매 역할을 하는 것처럼 보인다. 문제는 '어떻게'이다.

자폐 장애 아동과 건강한 아이들이 보유한 미생물총의 차이를 연구한 시드니 파인골드는 이후 문제가 될 만한 다른 종들을 찾으려고 시도했다. 그는 심지어 자폐 아동에게서 좀 더 흔하게 발견되는 박테리아 용의자 중 하나를 엘렌 볼트의 이름을 따서 클로스트리듐 볼티아이 *Clostridium bolteae*라고 명명했다. 확실히 자폐 아동의 경우 박테리아의 균형이 정상 아동과는 다르게 나타난다. 이런 불균형적인 조성 중에서도 가장 두드러진 것이 클로스트리듐속의 박테리아들이다. 그런데 이 박테리아가 도대체 어떤 일을 하기에 자폐증 증상이 심한 아이들의 뇌를 개조하는가?

뇌와의 연관성을 밝히려는 노력

뇌와 장이 만나는 이 새로운 과학 혁명의 단계에서 자신의 역할을 제대로 수행할 수 있도록 교육과 경험으로 완벽하게 준비된 한 사람이 있다. 바로 캐나다의 런던에 있는 웨스턴 온타리오 대학교의 데릭 맥파비Derrick MacFabe 박사로, 그는 신경의학과와 정신의학과에서 전공의 수련을 시작했다. 고등학교 시절 맥파비는 장애가 있는 어린이를 돌보는 봉사활동을 했는데 그중 많은 아이가 자폐증 증상을 보이거나 위장 장애를 겪고 있었다. 이후 의사가 되어 환자를 진료하던 그는 정신이상 또는 신경증으로 진단을 받아 정신 병동에 입원한 환자 중 위장 장애를 호소하는 환자들을 만났다. 맥파비는 또한 벨기에의 A양처럼 갑작스러운 정신이상 증상으로 입원한 뒤 조현병으로 진단받은 젊은 남자를 치료한 적이 있는데, 결국 이 젊은이의 소화기 증상을 토대로 제대로 된 진단을 내릴 수 있었다. 이번에도 휘플씨병이었다. 맥파비가 봉사활동을 하며 만났던 자폐 아동들처럼 온종일 집요하게 "파비 선생님, 파비 선생님"을 불러대던 이 젊은이는 항생제 치료 일주일 만에 원래 자신의 모습으로 돌아왔다. 나중에 이 젊은이는 맥파비를 보고 마치 꿈속의 주인공이 현실로 나타난 것 같다고 말했다.

이런 일련의 경험들이 맥파비의 머릿속에 장과 뇌를 단단히 연결시켰다. 그는 고작 하나의 미생물이 만들어낸 화학물질이 환자에게 광기를 유발할 수 있다는 사실에 매료되었다. 마침내 시드니 파인골드가 맥파비의 휘플씨병 환자의 경우처럼 항생제로 자폐 아동의 증상을 완화할 수 있었음을 접했을 때, 비로소 맥파비는 머릿속에서 흩어진 점들을 연결하기 시작했다. 그 당시 맥파비는 뇌졸중으로 뇌가 손상되는 과정을 연구하고 있었다. 그중에서도 프로피온산propionate이라는 화합물에 관심을 가졌다.

프로피온산은 소장까지 내려오며 소화되지 못한 음식물 찌꺼기를 장내 미생물이 분해할 때 만들어지는 중요한 화합물인 짧은사슬지방산SCFA의 일종이다. 짧은사슬지방산에는 크게 프로피온산, 아세트산acetate, 부티르산butyrate의 세 가지 화합물이 있는데 각각은 체내에서 중요한 임무를 수행하며, 인간의 건강과 행복에 매우 중요한 요소라는 공통점이 있다. 그런데 맥파비는 프로피온산이 인체에 중요한 물질이긴 하지만 빵을 만들 때 방부제로도 쓰인다는 사실을 떠올렸다. 자폐 아동들이 열망하는 바로 그 음식 말이다. 게다가 클로스트리듐속의 박테리아들은 프로피온산을 생산한다고 알려져 있다. 프로피온산은 그 자체로는 나쁜 화합물이 아니다. 그러나 맥파비는 자폐 아동의 체내에 프로피온산이 지나치게 많은 것은 아닌지 의문이 들었다.

그렇다면 자폐 장애 아동의 체내에서 일어난 미생물총의 변화가 프로피온산을 과다하게 만든 것인가? 프로피온산이 인간의 행동에 영향을 미칠 수 있는가? 맥파비는 이를 알아내기 위해 일련의 실험을 계획하였다. 그는 살아 있는 쥐의 척추에 꽂은 캐뉼라cannula(체내로 약물을 주입하거나 체액을 뽑아내기 위해 꽂는 관-옮긴이)를 통해 소량의 프로피온산을 뇌에 주입했다. 몇 분 후에 쥐는 이상하게 행동하기 시작했다. 제자리를 뱅글뱅글 돌거나 한 가지 물체에 집착하고 갑자기 주위를 향해 돌진하였다. 두 마리의 쥐를 함께 놓고 프로피온산을 주입하면 정상적인 쥐들처럼 멈춰 서서 냄새를 맡거나 소통하려고 하지 않고 서로를 무시한 채 사육장의 울타리를 따라 달리는 행동을 보였다.

이러한 반응이 자폐성 행동과 비슷하다는 사실은 매우 놀라운 일이다(인터넷 동영상을 통해 쥐들의 이런 행동을 직접 볼 수 있다). 프로피온산이 뇌에 작용하는 동안에는 다른 쥐 대신 물건에 집착하였고 반복적인 행동 패턴을 보였으며 틱이나 활동 과잉 등 자폐증의 전형적인 특징이 분명히 나타났다. 반시간 만에 프로피온산의 효과가 떨어졌고, 쥐는 정상으로 돌아왔다. 플라시보 효과를 위해 생리 식염수를 주입한 대조군의 개체들은 행동에 변화가 없었다. 심지어 프로피온산을 피부 아래에 주입하거나 복용하게 했을 때도 같은 효과가 나타났다.

쥐들의 뇌는 이 작은 분자에 의해 순식간에 장악되어 강제로 비정상적인 행동을 하게 되었다. 자폐증이 인간의 뇌에 손상을 일으킨 것처럼 프로피온산이 쥐의 뇌에 비슷한 손상을 일으킨 것일까? 맥파비는 사망한 자폐 환자를 부검하여 쥐의 뇌와 비교하였는데 놀랍게도 쥐와 자폐 환자의 뇌 모두 면역세포로 가득 차 있었다. 염증의 재등장이다. 조현증이나 주의력결핍 과잉행동 장애에서와 같이 말이다.

병원균을 잡아먹는 면역세포들에 의해 불필요한 시냅스가 처리되는 정도의 염증이라면 정상적인 과정으로 볼 수 있다. 학습은 기억과 망각이 조심스럽게 균형을 이루는 과정이다. 연관성을 찾아내고 패턴을 볼 줄 아는 것은 지능의 특징이지만, 이 두 개의 사고 과정이 도를 지나치면 사람을 아프게 만든다. 맥파비가 프로피온산을 주입한 쥐를 미로에 넣었을 때 쥐는 처음엔 문제없이 밖으로 나가는 길을 익힐 수 있었다. 그러나 그들은 배운 것을 '잊을' 수가 없었다. 미로가 바뀌어도 처음에 배운 길만을 기억하여 새로이 세워진 벽에 자꾸 부딪히는 것이었다.

일부 자폐 스펙트럼 장애 환자들의 기억력과 반복되는 일상에 대한 집착이 떠오른다. 플로 리만Flo Lyman과 케이 리만Kay Lyman은 세계에서 유일한 쌍둥이 서번트 자폐 증후군 환자로 유명하다. 그들의 이야기는 여러 텔레비전 다큐멘터리 방송에서 소개되었다. 이들은 사회적 상호교류가 힘겹고 자기 자신을 돌볼 수 없는 사람이지만 기억력만큼은 경악을 금치 못할 정도였다. 두 여성 모두 무작위적으로 어떤 특정한 날짜를 지정했을 때 그날의 날씨, 그들이 먹은 음식, 그들이 좋아하는 텔레비전 쇼 진행자가 입은 옷 등을 즉각적으로 기억해낼 수 있었다. 그들은 음악 차트를 장식한 노래를 한 곡도 빠짐없이 알고 있었는데 제목과 가수만이 아니라 출시일까지도 기억하였다. 그들에게 이런 기억들은 일단 형성이 되고 나면 그 기억의 시냅스를 버릴 수 없어 영속적으로 뇌에 고정되는 것 같았다. 반면에 요리하는 법 같은 것은 살아남지 못하고 기억 속에서 사라졌다.

레오 캐너는 자폐증을 연구하면서 비슷한 상황을 느꼈다. 그가 연구하던 아이들은 일단 한 가지를 배우면 상황에 맞게 적용할 줄 모르는 것 같았다. 가장 당황스러운 경우는 많은 자폐 아동들이 자기 자신을 '너'라고 지칭할 때다. "너, 나가서 놀래?", "너, 아침 먹을래?"와 같이 어른들이 무심코 그 아이들에게 가르친 그들의 이름은 '너'이기 때문이다. 그들의 기억은 융통성이 없다. 캐너가 연구하던 한 아이는 심지어 부모를 '나'라고 부르고 자기 자신은 '너'라고 불렀다.

데릭 맥파비는 프로피온산을 처리한 쥐, 그러니까 미로에서 처음으로 익힌 탈출 경로를 잊어버리지 못했던 쥐의 뇌에서 기억 형성에 관여하는 화합물이 증가한다는 사실을 찾아냈다. 맥파비는 이런 현상 이면에는 진화적 의도가 있다고 생각했다. 박테리아가 인간의 뇌에 기억을 각인시키는 화합물을 만들어낼 수 있다면 그건 그들의 숙주인 인간이 그 박테리아가 번식하는 데 필요한 먹이를 발견했던 장소를 기억할 수 있다는 뜻이다. 맥파비는 "자폐증 환자에게 이러한 기억 경로의 과다활성이 망각하는 법을 잊게 하고 강박적인 행동과 식탐을 불러일으키며 제한적인 기억만 남게 한 것은 아닐까"라는 의문을 가졌다. 실제로 미생물총은 정상적인 기억 형성에 반드시 필요한 것으로 보인다. 무균 쥐는 미로에 놓이면 전혀 갈피를 잡지 못한다. 길을 찾는 데 필요한 최소한의 기억력이 부족해서 미로 안에서 돌아다니며 이미 시도했던 경로인지 아닌지에 대한 정보조차 사용할 수 없기 때문이다. 만약에 맥파비가 옳다면 미생물총의 조성에 일어나는 간단한 변화조차도 체내에 프로피온산을 넘쳐나게 만들 것이다. 그리고 과다한 프로피온산은 어린아이의 뇌 발달과정에서 시냅스를 연결하고 끊는 능력에 영향을 미칠 것이다.

그렇다면 프로피온산처럼 다량으로 존재할 때 뇌의 손상을 일으키는 화합물들이 어떻게 장에서 뇌로 이동할 수 있는 걸까? 데릭 맥파비가 있는 곳에서 몇 시간 정도만 이동하면 이 문제에 공을 들이는 또 다른 과학자를 만날 수 있다. 바로 에마 알렌-베르코Emma Allen-Vercoe 박사인데 그녀는 캐나다의 구엘프 대학교에서 일하는 영국 출신 미생물학자다. 그녀는 시드니 파인골드와 점심을 먹는 자리에서 자폐증의 원인이 장에 있다는 가설을 듣게 되었다. 맥파비가 그랬던 것처럼 알렌-베르코는 아이가 가진 미생물의 특정한 조합이 뇌 기능과 면역계, 그리고 아이의 유전자까지도 어설프게 건드리고 다니는 골치 아픈 화합물을 생성하는 것은 아닌지 의문이 들었다.

알렌-베르코는 원인이 되는 개별 종을 찾는 대신 장내 미생물총을 열대우림 같은 하나의 생태계로 보고 거시적으로 접근하는 방법을 시도하였다. 열대우림에 사는 종을 원래 살던 곳에서 데려와 철장 안에 가둬두고 행동을 연구한다면 그 진정한 자연적인 본성에는 결코 접근할 수 없을 것이다. 이는 미생물에 대해서도 마찬가지다. 이들도 역시 주위에 사는 다른 미생물, 그리고 그들이 생산하는 화합물에 영향을 받는다. 따라서 알렌-베르코는 각각의 종을 개별적으로 연구하는 대신 체외에 미생물총이 살 수 있는 환경을 재창조하여 완벽하게 모든 거주자를 옮겨놓았다. 거품투성이에 냄새도 지독한 튜브와 유리병 천지인 이곳, 미생물들의 새로운 보금자리인 로보것Robogut으로 말이다.

이 로보것을 이용하여 알렌-베르코는, 박테리아를 연구할 수 있는 유일한 방법이 실험실에서 박테리아를 배양하는 것이던 시절에서 DNA 염기서열 분석이라는 혁명적인 방법을 거쳐 마침내 다시 배양으로 돌아오는 데 중심적인 역할을 했다. 알렌-베르코는 장내 미생물을 체외에서 배양하는 것이 불가능하다는 말에 동의하지 않는다. "그건 말도 안 되는 소립니다. 성능 좋은 장치, 인내심, 시력 좋은 눈이 있으면 충분히 가능하죠. 이제 우리 연구실 냉동실 안에는 '배양할 수 없다'고 알려졌던 종들을 모아놓은 박테리아 은행이 있습니다."

알렌-베르코는 자폐 아동의 장에서 변화를 일으킨 미생물총이 결장 내벽의 세포를 훼손한다고 의심했다. 그러나 문제를 일으키는 특정 박테리아를 찾는 대신 미생물총이 만들어내는 화학물질 중 문제를 일으키는 것이 무엇인지 찾아보기로 했다. 알렌-베르코는 자폐증 증상이 심한 아이의 미생물총을 대변에서 채취하여 로보것으로 옮겼다. 로보것은 우리의 소화기관을 다소 어설프게 흉내 낸 모양을 하고 있다. 로보것은 외부로부터 먹이가 투입되는 관과 유독한 가스가 외부로 방출되는 관을 장착했다. 그리고 마지막으로 미생물이 만들어내는 액체 일부를 걸러주는 관이 연결되어 있는데, 이 액체가 바로 미생물총이 생성하는 대사산물을 고스란히 간직하는 마법의 액체다.

알렌-베르코 연구팀은 이 귀한 액체가 페트리 접시 위의 장 세포에 미치는 효과를 테스트함으로써 어떤 대사산물이 자폐 아동의 뇌에 손상을 야기하고 또 어떤 일을 하는지 찾아내려고 한다. 알렌-베르코와 함께 이 연구를 수행하는 학생 중에는 에린Erin이라는 아주 열정적인 대학원생이 있다. 이 소녀는 자폐증의 퍼즐을 꼭 풀어내겠다는 대단한 열정으로 가득 차 있는데, 그녀의 가까운 사람이 자폐증으로 고통받고 있기 때문이었다. 그녀는 바로 앤드루 볼트의 누나다.

사람에서 사람으로

1998년에 엘렌 볼트는 자기 인생의 첫 논문을 발표했다. '자폐증과 클로스트리듐 테타니'라는 제목의 이 논문은 〈의학가설Medical Hypotheses〉이라는 과학 잡지에 실렸다. 이 논문에서 엘렌은, 자폐증은 장을 보호하는 정상적인 미생물이 항생제에 의해 제거된 후 클로스트리듐 테타니가 침입한 결과로 나타난 질병이라는 자신의 이론을 상세히 설명해놓았다. 엘렌의 논문은 전염병학과 미생물학을 통합하여 만들어낸 수작으로, 가설을 뒷받침하는 수십 건의 연구 사례에서 찾은 증거를 토대로 결론을 이끌어간다. 엘렌의 업적은 새로운 연구 분야를 개척해냈을 뿐 아니라, 자신이 과거에 컴퓨터 프로그래머였다는 사실 또한 증명하였다. 프로그래머라는 직업은 처음부터 끝까지 모든 생각을 논리에 맡기고 쫓아가야 한다. 엘렌은 대담하게 의학적 가능성이라는 판도라의 상자를 열어 체내 미생물의 변화가 인간의 행동을 바꾸는 결과를 낳을 수 있다는 개념을 처음으로 밝힌 공로를 인정받아야 한다. 엘렌은 이 논문을 통해 자신의 지능과 결단력을 증명했을 뿐 아니라 자식을 지키기 위해 고군분투한 어머니의 힘 또한 증명하였다.

그러나 엘렌의 예지력에 감동하여 연구를 시작한 데릭 맥파비도 지적했듯이 "가설이 아무리 근본적인 것이라고 하더라도 그것만으로는 충분하지 않다. 가설은 반드시 검증되어야 한다."

운이 좋게도 엘렌 볼트는 자신의 가설이 남긴 유산과 자신이 타고난 과학적이고 논리적인 감각을 모두 딸인 에린에게 물려주었다. 에린은 20여 년 전 남동생 앤드루의 인생을 바꾸어놓은 병에 대한 미스터리를 풀고자 하는 소명을 찾았다. 에린은 캐나다 온타리오의 구엘프 대학교에서 에마 알렌-베르코의 지도 아래 과학자로서의 인생을 시작했다. 그녀의 목적은 로보것을 이용해 엄마의 가설을 확장하여 테스트하는 것이다.

에린은 8주간의 항생제 처방 기간에 호전 상태를 보였던 앤드루와 다른 11명의 어린이의 장에서 정확히 무슨 일이 일어났는지 알아내려는 뜻을 품고 있다. 또한 자폐 장애 아동의 부모가 아이의 식단에서 특정 음식을 제한했을 때 아이의 증상이 호전되었다고 보고한 이유를 밝혀내고자 한다. 에린은 항생제, 글루텐(밀 단백질), 카제인(우유 단백질)을 혼합하여 로보것에 넣어봄으로써 자폐 아동의 장에서 어떤 변화가 일어났는지 정확히 파악할 수 있을 것이다. 항생제 처방으로 자폐증이 호전될 수 있다면 로보것에 동일한 항생제를 주입했을 때 로보것에서 더 이상 생성되지 않는 대사산물은 무엇일까? 빵을 먹었을 때 자폐증 증상이 더 악화된다면 로보것에게 글루텐을 주었을 때 더 많이 생성되는 대사산물은 무엇일까?

에린의 실험은 자폐증과 관련된 미생물총의 역할을 이해하는 데 그치는 것이 아니라, 미생물총이 다른 신경정신학적 장애에 대해 미치는 영향을 이해하기 위한 토대를 마련할 것이다. 에린의 엄마인 엘렌은 탐정 같은 예리한 논리를 이용해 극도로 복잡한 질병을 풀어나갔으며, 아무도 자신의 말을 들어주지 않는 상황에서도 아무도 걷지 않은 새로운 연구의 길을 열었다. 이제 에린이 바통을 이어받아 자신이 가진 지능과 결단력으로 미래에는 더 많은 부모가 묻게 될 질문에 대한 해답을 찾아갈 것이다. 유년기 발달의 창이 닫혀버린 지금 앤드루는 아마도 평생을 자폐 때문에 제한되는 삶을 살아야 할 것이다. 그러나 데릭 맥파비나 에마 알렌-베르코처럼 에린은 이 사악한 질병이 미국의 모든 가정과 전 세계의 다른 가정에 영향을 미치는 것을 막을 수 있다는 희망에 차 있다.

우리는 건강을 이야기할 때 자신의 건강이 유전자 또는 경험의 산물이라고 믿고 싶어 한다. 인간은 장애물을 뛰어넘고 고통의 구렁텅이를 헤쳐 나오며 역경과 싸워서 이기는 승전의 기쁨을 미덕으로 생각한다. 우리는 자신의 인격을 고정된 것으로 생각하여 "나는 위험을 감수하는 사람이 아니야" 또는 "나는 물건이 정돈된 게 좋아"라는 식으로 규정해서 말한다. 인격이란 우리 안에 내재한 무언가의 결과물이라고 보기 때문이다. 자신이 성취한 업적은 투지가 이루어낸 결실이며 우리가 맺는 인간관계는 개인의 성격에 따라 달라진다고 생각하거나 그렇게 믿고 싶어 한다.

그러나 우리가 자기 자신의 주인이 아니라면 자유의지나 성취감이 무슨 의미가 있겠는가? 인간의 본성, 그리고 자아를 자각한다는 것이 무엇을 의미하는가? 톡소플라스마 또는 그 밖에 우리 몸에 상주하는 미생물이 우리의 기분이나 결정, 행동에 영향을 미친다는 생각은 황당하게 들릴 수 있다. 하지만 그 때문에 노이로제를 일으킬 정도가 아니라면 이걸 한번 생각해보자. 미생물은 전염될 수 있다. 감기 바이러스나 박테리아성 편도선염이 사람에서 사람으로 옮겨지는 것처럼 미생물도 마찬가지다.

체내의 미생물 조성이 우리가 만나는 사람과 우리가 가는 장소에 따라 영향을 받을 수 있다는 생각은 문화적으로 마음을 확장한다는 발상에 새로운 의미를 부여한다. 아주 간단한 예를 들면, 다른 사람과 밥을 같이 먹고 화장실을 함께 쓴다는 것은 싫든 좋든 미생물 교환의 기회를 제공한다. 이를 통해 경영대 수업에서는 기업가 정신을 독려하는 미생물을, 경주 트랙에서는 모터바이크의 짜릿함을 즐기는 미생물을 데려왔을지도 모르는 일이다. 그러나 어쨌든 성격이 사람에서 사람으로 전달된다는 생각이야말로 진정한 마음의 확장 아닐까?

· 4장 ·

이기적인 미생물

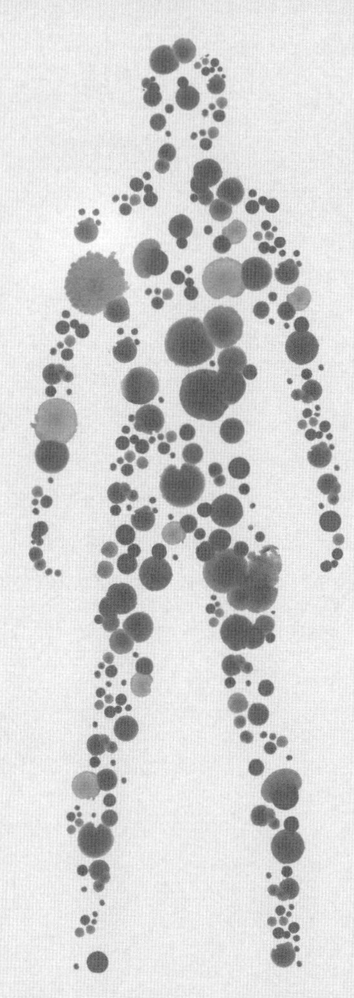

1 0 % H U M A N

면역. 현대인들은 모두 면역을 높이는 데 혈안이 되어 있다. 구글 검색창에 '면역'이라고 치면 '강화' 또는 '증진'이라는 제시어가 가장 먼저 눈에 띌 것이다. 이 완벽한 세상에서 우리는 저 멀리 안데스 산맥의 오지에서만 자란다는 열매까지 구해다 먹으며 면역을 증진하려고 애쓴다. 그런데 이렇게 귀한 슈퍼푸드들은 값이 너무 비싸서 먹고도 효과를 보지 못하면 꽤나 억울하다. 사실 대부분의 사람들이 생각하는 면역 강화란 매년 환절기면 어김없이 찾아오는 감기나 가끔 유행하는 독감에 걸리지 않고 넘어가는 수준이다. 건강하고 활동적인 면역 시스템의 열쇠는 도대체 누가 쥐고 있는 걸까?

안타깝지만 인간은 무리를 짓고 사는 습성 때문에 어느 생물보다도 쉽게 병을 옮는다. 우리는 가끔 감기 기운이 있어 하루쯤 집에서 쉬고 싶을 때가 있다. 하지만 그렇다고 자리를 펴고 앓아누울 만큼 아프진 않기 때문에 어쩔 수 없이 무거운 몸을 끌고 출근한다. 그러고는 직장에서 온종일 콧물 때문에 훌쩍거리고 재채기를 하는 등 병원균이 '지시'한 대로 충실히 임무를 수행한다. 다시 말해 병원균은 당신이 계속 사람들과 만나면서 자기들을 널리 퍼뜨려주기를 바라는 것이다. 컨디션이 별로지만 월차를 내고 집에서 쉴 정도는 아닌 몸 상태는 병원균이 병독성과 무독성 사이에서 완벽하게 균형을 이루어왔음을 단적으로 보여준다. 남에게 병원균을 옮길 수 있을 정도로 콧물과 기침이 나지만(병독성), 동시에 너무 아파서 사람을 만나지 못할 정도는 아닌(무독성) 딱 그만큼의 수준을 유지할 수 있다는 말이다.

다행인지는 모르겠으나 치사율이 90퍼센트까지 올라가는 에볼라 출혈열, 탄저균 감염 같은 무서운 악성 감염 질환은 숙주에게 극히 치명적이기 때문에 감염된 숙주가 미처 다른 사람을 전염시키기도 전에 사망하게 한다. 2014년 서아프리카에서 창궐한 에볼라 감염병의 경우에는 감염자의 치사율이 50~70퍼센트로 떨어져 상대적으로 전염력이 오래 유지되는 바람에 넓은 지역으로 퍼진 것으로 보인다. 병원균의 병독성이 감소하여 치사율이 떨어지면 그만큼 희생자가 오래 살아남아 병원균이 새로운 숙주로 갈아타고 영구히 확산할 기회가 늘어난다.

인간과 달리 야생동물은 이러한 전염성 질병에 잘 걸리지 않는다. 하지만 그 이유는 야생동물의 면역체계가 인간보다 우월하기 때문이 아니라 전염병의 특성상 병이 발생하고 퍼지기 위해서는 병을 옮길 수 있는 개체 간의 접촉이 있어야 하기 때문이다. 알프스 산맥에 사는 외로운 산양은 피레네 산맥에 사는 동족을 만날 일이 거의 없다. 그래서 감염이 드물다. 마찬가지로 표범같이 홀로 생활하는 짐승들한테는 전염성 질병이 개체군 내에 발을 디디기가 어렵다. 한 개체가 감염되더라도 개체군 전체로 퍼지기 전에 감염된 개체가 죽어서 상황이 종료되기 때문이다.

인간의 방랑벽과 사교성이 만나면 병원균에게는 가장 즐거운 상황이 연출된다. 지속적인 접촉, 그리고 무제한으로 공급되는 새로운 숙주를 통해 병원균은 끊임없이 번식할 수 있다. 인간과 함께 박쥐는 에볼라를 포함하여 세계적으로 가장 질병을 옮기기 쉬운 잠재적인 보균자다. 인간이 공동체를 이루고 모여 사는 것처럼 많은 박쥐들은 제한된 공간 안에서 수백만에 이르는 개체들이 빽빽하게 모여 거대한 군집을 이루고 생활한다. 병원균은 박쥐의 몸을 차지하고 개체군 전체에 파도처럼 퍼진 후 몇 달 또는 몇 년을 보낸다. 그러다 돌연변이가 일어나면 또다시 군집 전체에 확산되기를 반복한다. 게다가 박쥐는 날기까지 한다. 잠자리가 서로 다른 박쥐라도 먹이를 먹을 때는 한곳에 모이는데 그러면 미생물들도 역시 한자리에 모이게 된다. 이 자리에서 격리된 개체군 사이에 미생물이 상호 이동한다.

인간 역시 발달한 사회성과 이동 능력 덕분에 박쥐와 기분 나쁠 정도로 비슷한 특징을 공유한다. 인간은 도시에 발 디딜 틈 없이 모여 산다. 그리고 제트기를 타고 세계를 돌면서 병원균이건 무해한 균이건 간에 온갖 미생물을 공유하고 퍼뜨린다.

위생가설의 대두

사람들 대부분이 자신의 면역력이 약해질까 봐 걱정하는 것과 달리 인간의 면역계는 오히려 지나치게 활동적이다. 매년 꽃가루가 날릴 때면 알레르기로 고생하고 고양이를 안을 때마다 연신 재채기를 하는 것이 사람들 사이에서 일상이 되었지만 사실 이런 일상은 정상이 아니다. 선진국의 경우 알레르기가 있는 사람들이 대다수인 걸 보면 그것이 정상이라고 말할 수 있을지도 모르겠다. 그러나 한걸음 뒤로 물러서 생각해보면 진화가 무슨 이유로 인구의 10퍼센트나 되는 아이들을 숨쉬기도 힘든 천식 같은 병에 시달리게 하겠는가? 인구의 40퍼센트나 되는 어린이와 30퍼센트의 성인이 꽃가루처럼 흔하게 돌아다니는 물질에 알레르기를 일으켜서 얻는 이득이 무엇이겠는가? 알레르기를 가진 사람들은 보통 자신이 면역 장애를 갖고 있다고 생각하지 않는다. 그러나 아주 정확하게도 이 사람들은 면역 장애를 갖고 있다. 이들에게 필요한 것은 면역 강화가 아니라 실은 그 반대다. 알레르기는 면역계가 너무 적극적으로 활동하여 신체에 전혀 유해하지 않은 물질까지도 공격하는 바람에 나타난 증상이다. 실제로 알레르기 환자에게 스테로이드계 약물이나 항히스타민제를 처방하는 것은 면역계의 흥분을 가라앉히고 안정시키려는 시도라고 볼 수 있다.

물질적으로 가장 큰 발전을 이룬 대부분의 선진국에서 알레르기는 이미 깊숙이 자리를 잡았다. 1990년대 들어서 선진국에서는 알레르기의 증가 속도가 점차 느려지더니 안정기에 접어들었다. 하지만 증가 추세가 주춤해졌다고 해서 알레르기의 원인이 사라졌다고 볼 수는 없다. 그보다는 유전적으로 알레르기에 걸리기 쉬운 사람들이 거의 알레르기의 영향권에 들어온 것이라고 보는 게 맞을 것이다. 반면 산업화가 일어나지 않은 비서구권 국가의 한적한 시골이나 오지에서는 알레르기가 별다른 문제를 일으키지 않는다. 선진국, 그리고 이젠 거의 사라져 얼마 남지 않은 부족 국가를 양 극단에 두고 그 사이에 있는 다른 모든 지역에서는 알레르기가 무자비하게 증가하고 있다. 세대가 지나면서 점점 더 많은 사람들이 이 자연스럽지 못한 면역의 과잉작용에 휩쓸리고 있다. 알레르기가 증가하기 시작한 1950년대 이래로 항상 논란의 중심이 되어온 이슈가 있다. '도대체 알레르기의 근본적인 원인은 무엇인가?'

지난 세기를 지배한 이론에 따르면 알레르기는 감염성 질병으로부터 비롯한다. 하지만 1989년 영국 의사 데이비드 스트라찬David Strachan은 이 전통적인 가설에 도전장을 내밀었다. 스트라찬은 그가 쓴 짧고 직설적인 논문에서 기존 이론에 정확히 반대되는 가설을 주장했다. 알레르기는 감염이 너무 모자라서 발생한다는 것이다. 스트라찬은 1958년 3월 한 주 동안 태어난 1만 7,000명 이상의 영국 어린이를 대상으로 그들이 23세가 될 때까지 수집한 개인 정보 데이터베이스를 분석했다. 이들의 가족관계, 사회적 지위, 경제력, 거주 지역, 건강 등의 정보를 비교 분석한 결과 두 개 항목이 꽃가루 알레르기와 상관관계를 나타냈다. 첫째, 가족을 구성하는 형제자매의 수다. 외동으로 자란 아이의 경우 형제가 서넛인 아이에 비해 꽃가루 알레르기에 더 취약했다. 둘째, 가족관계에서 차지하는 서열이다. 동생이 많은 아이보다 손위 형제가 많은 아이가 알레르기에 걸릴 확률이 낮았다.

아이를 키워본 사람이면 누구나 알겠지만 유아기에 아기들은 보통 코감기를 달고 산다. 아기들은 세균과 바이러스의 온상이다. 유아의 면역계는 우리가 일상적으로 겪는 병원균의 공격에 대응해본 적이 없기 때문이다. 또 아기는 손에 잡히는 것은 무엇이든 입으로 가져가는 습관이 있어서 어딜 가든지 세균을—좋은 세균이든 나쁜 세균이든—끌고 다니며 여기저기 퍼뜨린다. 아기가 머물렀던 곳은 마치 달팽이가 지나간 자리처럼 미생물이 가득한 콧물과 침이 묻어 있다. 스트라찬의 주장에 따르면 가족 구성원이 많은 집에 사는 아이들은 특히 손위 형제들이 집안으로 끌고 들어오는 온갖 병균 덕분에 장기적으로는 오히려 유리하다. 스트라찬은 아이들이 유년기에 걸리는 이런 감염들이 성장하면서 나타나는 꽃가루 알레르기를 비롯한 알레르기성 질환으로부터 아이들을 보호해왔다고 생각했다.

어느새 위생가설*hygiene hypothesis*로 불리기 시작한 스트라찬의 주장은 알레르기가 급증한 시기와 공공 위생이 개선된 시점이 서로 맞아 떨어진다는 점에서 지지를 얻었다. 일주일에 한 번 교회에 가기 전에 미지근한 물로 탕 목욕을 하던 사람들이 이젠 매일 뜨거운 물로 샤워를 한다. 음식은 절이거나 발효해서 저장하는 대신 냉장고나 냉동고에 보관한다. 핵가족화, 도시화를 겪으면서 삶은 깨끗이 정제되어간다. 개발도상국에서 감염성 질환의 비율은 높지만 알레르기는 여전히 드물다는 사실이 위생가설로 설명될 수 있다. 유럽이나 북미 사람들은 한마디로 지나치게 깨끗하다. 그래서 딱히 할 일이 없어진 면역세포들은 싸우지 못해 안

달이 난 나머지 꽃가루처럼 무해한 물질까지도 필사적으로 공격하는 지경에 이른 것이다.

위생가설은 면역학계에서 비교적 새로운 패러다임이었음에도 과학자들 사이에서 빠르게 인정받았다. 위생가설은 직관에 호소한다. 면역세포를 무자비한 사냥꾼에 비유해보자. 이들은 오로지 병원균을 수색하고 공격하는 데 익숙하다. 그런데 과거에는 심각했던 감염병들이 예방접종으로 인하여 자취를 감추고 세력이 약한 균들마저 위생적인 환경과 청결한 생활습관 덕분에 힘을 잃다 보니 정작 사냥꾼들은 사냥감이 없어 갈팡질팡하는 꼴이 되었다. 이제 이 시나리오의 결말은 뻔하다. 만반의 태세를 갖춘 사냥꾼은 원래의 사냥감 대신 엉뚱하게 꽃가루나 먼지까지 닥치는 대로 공격한다.

위생가설은 박테리아, 바이러스성 감염에서부터 조충, 요충, 구충 같은 기생충까지 확장되었다. 선진국에서는 박테리아나 바이러스 같은 미세한 병원균과 마찬가지로 기생충에 걸릴 가능성 역시 거의 사라졌다. 과학자와 대중은 기생충의 부재로 인해 면역계가 '일할 사람은 많은데 할 일이 없어진' 상황이 된 게 아닌지 의심하게 되었다.

데이비드 스트라찬이 밝혀낸 가구 구성원의 수와 알레르기의 상관관계는 10여 개의 다른 연구에서도 동일하게 나타났다. 위생가설의 메커니즘을 간단명료하게 비유로 설명한 가설이 등장했다. 잠시 면역체계를 육군과 해군으로 나뉜 군대로 가정해보자. 군 체계를 지나치게 단순화했다면 용서하시라. 육군은 지상의 적과 맞서고 해군은 바다의 적을 물리친다. 그런데 언제부턴가 바다에서 적의 위협이 감소하는 바람에 상당수의 해병이 육군으로 편입되었다. 이제 육군은 적이 증가하지 않은 상태에서 병사가 필요 이상으로 많아져버렸다.

이런 상황을 인체에 적용해보자. 면역세포 중 T_h1(제1형 조력 T세포)은 대개 박테리아나 바이러스의 공격에 반응하고, T_h2(제2형 조력 T세포)는 기생충에 반응한다. 만약에 박테리아나 바이러스에 의한 감염성 질병이 위생 개선으로 인해 줄어든다면 T_h1은 인원을 감축할 것이다. T_h2는 T_h1에서 퇴출당한 인원을 흡수하지만 초과한 T_h2 세포들은 할 일이 없어진다. 따라서 적을 잃은 T_h2 세포들은 기생충뿐 아니라 꽃가루나 비듬 같은 무해한 입자를 표적으로 삼기 시작한다. 간단하면서도 이해하기 쉬운 설명이다. 그런데 과연 이런 일이 실제로 일어날까?

스트라찬은 자신의 가설을 뒷받침하기 위해 가족구성원의 수와 알레르기의 연관성을 넘어 감염과 알레르기를 직접 이어주는 명확한 연결고리를 찾으려고 했다. 스트라찬의 가설을 지지하는 논문 결과도 있었다. 예를 들어 A형 간염이나 홍역에 걸린 사람은 병에 걸리지 않은 사람보다 알레르기를 가질 확률이 낮았다. 하지만 당황스럽게도, 더 흔한 일반적인 감염성 질병에서는 이러한 상관관계를 찾아내기가 어려웠다. 실제로 스트라찬 자신은, 태어나자마자 한 달 안에 감염성 질병을 앓은 신생아는 그렇지 않은 아기들에 비해 알레르기를 가질 확률이 낮다는 사실을 발견했다. 하지만 이렇게 감염의 증가와 알레르기에 걸릴 확률이 연관되는 경우조차도 두 현상을 한층 더 그럴듯하게 이어주는 설명이 따로 있었다.

유감스럽지만 실제 면역계에서 T_h1과 T_h2 세포 사이의 병원균 대항 임무 역시 육군과 해군의 비유처럼 단순하게 이분될 수 있는 것이 아니다. 어떤 병원균도 전적으로 T_h1이나 T_h2 중 하나하고만 싸우지 않는다. 모든 병원균은 T_h1과 T_h2 세포를 둘 다 조금씩 자극한다. 게다가 남아도는 T_h2 세포가 진짜로 알레르기 증가의 원인이라면 소화 당뇨나 다발성 경화증 같은 질환은 증가하지 않아야 한다. 당뇨나 다발성 경화증 모두 자가면역 질환으로 인체가 자기 세포를 공격하는 병이지만 두 질환 모두 잉여의 T_h2 세포가 아닌 T_h1 세포와 연관되어 있기 때문이다.

미생물의 생존기

위생가설의 가장 큰 모순은 병원균이나 기생충이 사라지는 바람에 면역계가 공격할 대상이 없어졌다고 해도 꽃가루나 비듬을 공격하기 전에 먼저 표적으로 삼아야 하는 가장 적합한 공격 대상이 남아 있다는 사실이다. 이제 병원균은 상대적으로 서구 사람들에게는 귀한 방문객이 됐지만, 인간의 몸 안에는 가장 식탐이 강한 면역세포조차도 겁을 먹을 정도로 엄청난 규모의 세균 침입이 아주 오래전부터 일어나고 있었다. 결장을 중심으로 서식하는 수 킬로그램의 침입자 세균들, 인체의 면역계가 가장 집중된 곳에서 면역세포와 더불어 지내는 미생물총이 바로 그것이다. 그러나 미생물총은 면역세포에게 공격당하지 않고 무사히 살아남았다. 만약 면역세포들이 공격할 대상을 잃고 안절부절못하는 상황이라면 가장 먼저 이 침입자들에게 총을 겨누어야 하지 않을까?

결국 모든 것은 면역계가 어떻게 공격 대상을 인식하는가 하는 문제로 이어진다. 어쩌면 간단한 일인지도 모른다. 쉽게 말해 내 몸이 아닌 것은 뭐든지 공격하면 된다. 인간이라면 인간이 아닌 것, 고양이라면 고양이가 아닌 것, 쥐라면 쥐가 아닌 모든 것. 다시 말해 자기가 아닌 것, 즉 비자기非自己 말이다. 자기 자신이라고 인식되면 허용하고 자기 자신이 아니라고 인식되면 파괴하면 그만이다. 이러한 자기-비자기의 개념이 한 세기 이상 면역학의 틀을 설정한 주된 도그마다.

그러나 실제로 면역계가 이러한 이분법대로 작용한다면 어떤 일이 일어날지 생각해보자. 만일 면역세포가 자기가 아닌 것은 무엇이든 만나자마자 공격한다고 가정한다면 음식물은 어떤가? 꽃가루, 먼지, 타인의 타액은? 이런 물질에 일일이 반응하는 것은 쓸데없는 일일뿐더러 완벽한 에너지 낭비다. 이 물질들은 무해하기 때문이다. 단지 자기가 아니라는 이유로 체내에 들어온 모든 비자기 물질을 위험분자로 인식하고 공격할 필요는 없다. 그냥 내버려두어야 하는 경우도 많다.

이번에는 반대로 면역계가 자기인 것은 아무것도 건드리지 않는다면 어떤 일이 일어날지 생각해보자. 약간 모호하기는 해도 중요성은 떨어지지 않는다. 자기에 속하지만 없어도 그만이라고 하기엔 치명적인 것들이 있기 때문이다. 우선 엄마 뱃속에서 자라는 태아를 생각해보자. 자기라는 이유로 면역계가 그냥 놔두었다면 우리는 모두 물갈퀴가 달린 손가락과 발가락을 가지고 태어났을 것이다. 임신 9주가 되면 태아는 인간의 형태를 띠기 시작한다. 그러나 겨우 포도알 크기에 불과하다. 이 시기가 되면 손가락, 발가락 사이를 잇는 세포는 자살한다. 즉 손가락이 서로 분리될 수 있도록 프로그램된 죽음이 진행되는 것이다. 이 제거 과정에서는 면역세포의 하나인 대식세포phagocytes가 물갈퀴를 이루던 세포를 둘러싸면서 해체 작업이 진행된다. 뇌의 시냅스 또한 이와 비슷한 작용을 한다. 기억과 망각 사이에서 완벽한 균형을 얻기 위해서는 필요 없는 뉴런 사이의 연결을 끊어내는 과정이 요구된다. 그리고 이 임무는 특별한 형태의 식세포에 의해 수행된다.

똑같은 일이 암세포가 될 위험성을 가진 세포한테도 일어난다. 체내에서는 우리가 알고 싶지 않을 정도로 자주, 하루에 수십 차례 정도 DNA 복제 과정에서 오류가 생기는데 이는 세포에게 불멸로 향하는 열쇠, 즉 암세포로 이어질 가능성을 선사한다. 하지만 면역세포들이 이러한 에러를 막기 위해 늘 순찰하며 세포들을 감시한다. 그리고 거의 언제나 예방에 성공한다. 비자기 물질이지만 받아들이고 자기일지라도 공격하는 과정은 비자기 병원균을 파괴하는 것만큼이나 중요한 일이다.

미생물총은 누가 봐도 비자기다. 그들은 완전히 독립된 유기생명체로 우리와는 다른 종일 뿐 아니라 아예 다른 생물계에 속해 있다. 게다가 그들은 면역계의 골칫덩어리인 병원균(박테리아, 바이러스, 균류)과 분류학적으로 같은 놈들이다. 미생물총을 구성하는 박테리아들은 심지어 면역세포가 병원균 식별에 사용하는 것과 같은 표식을 공유한다. 그러나 미생물총은 어떤 식으로든 면역세포에게 자신들을 공격하지 말라고 부탁하는 데 성공한 것 같다.

데이비드 스트라찬이 주창한 위생가설은 훌륭한 것이었다. 하지만 이 가설은 대대적인 정비를 앞두고 있다. 스트라찬은 어린 시절에 감염에 자주 걸릴수록 알레르기를 가지게 될 확률이 낮아진다고 주장하였다. 문제는 이 가설을 뒷받침할 증거가 없고 메커니즘 역시 잘 작동하지 않는다는 점이다. 그러나 어떤 의미에서는 위생가설이 작용한다고 볼 수도 있다. 비록 병을 일으키지는 않아도 미생물총의 존재는 대규모의 감염을 의미한다. 이들 미생물은 외부에서 들어온 침입자들이다. 하지만 이들은 아주 오랜 시간에 걸쳐 서서히 침투해왔고 인간에게 큰 혜택을 가져왔기 때문에 면역계는 이들을 수용하는 법을 배운 것이다. 그렇다면 우리의 미생물 세입자들이 어떻게 면역계의 공격으로부터 면죄부를 받아 목숨을 부지하게 되었을까? 만일 미생물 세입자들 사이의 균형이 깨진다면 정밀하게 조정되고 있는 우리의 면역체계에 어떤 일이 일어날 것인가?

나 자신을 독립된 개체로 보는 대신 미생물총을 싣고 움직이는 큰 배라고 생각하게 되면, 비로소 내 몸에 살고 있는 미생물이 눈에 보이기 시작한다. 이제 나는 우리, 그러니까 나 자신과 내 미생물을 하나의 팀으로 생각한다. 그러나 어떤 관계에서나 그렇듯이 나는 내가 주는 만큼 돌려받을 거라는 사실을 알고 있다. 나는 이들의 부양자이자 보호자다. 반대로 이들은 나에게 양분을 주고 내가 생명을 유지할 수 있게 도와준다. 나는 이제 저녁거리를 고를 때도 내 미생물들이 좋아할 만한 게 뭘까 고민하게 된다. 나의 신체적, 정신적 건강은 숙주로서 내 가치를 나타내는 지표나 다름없다. 나는 나만의 식민지를 가지고 있다. 그들의 보전은 내 인간 세포의 안녕 못지않게 가치가 있는 것임을 깨닫는다.

나는 방금 인간과 미생물의 동업자 관계를 의식적으로 이해해보고

자 나의 고유한 인간적인 능력을 발휘해보았다. 하지만 이 동맹은 인간만이 유일하게 맺고 있는 고유한 상호관계는 아니다. 6장에서 설명하겠지만 우리 몸속의 미생물 식민지는 우리가 태어나던 순간 어머니에게서 받은 노아의 방주에서 시작되었다. 어머니가 주신 생애 첫 미생물은 물론 우리 할머니에게서 물려받았을 것이고 할머니의 미생물은 증조할머니에게서, 증조할머니의 미생물은 고조할머니에게서, 그렇게 우리의 선조로부터 이어져 내려왔다. 이렇게 약 8,000세대를 거슬러 올라가면 엄마가 아기에게 미생물을 선물해주는 일은 호모 사피엔스 이전의 조상에게까지 이르게 된다. 이러한 미생물의 전달 과정은 우리의 진화적 역사를 따라 과거로 돌아가 인류 이전에, 영장류 이전에, 포유류 이전에, 그리고 심지어 적어도 동물계가 형성되는 시점까지 올라간다.

수업시간에 학생들에게 양팔을 넓게 벌리고 팔을 시간의 축으로 삼아 지구의 일생을 추적하게 하는 것은 생물 선생님들이 지구와 생명의 역사를 가르칠 때 즐겨 사용하는 방법이다. 오른손 가운뎃손가락의 맨 끝은 약 46억 년 전 지구가 탄생하던 순간을 나타낸다. 반대로 왼쪽 손가락 끝은 현재다. 오른쪽 팔꿈치는 지구의 암석들이 열을 식히고 생명이 박테리아의 형태로 시작되는 시점이다. 이 생명의 시작점에서부터 왼쪽 손목에 살짝 못 미치는 부분까지 30억 년의 시간이 흐르면 대부분의 기초적 형태의 동물들이 진화를 마친 상태가 된다. 몸을 뒤덮은 털을 자랑스럽게 달고 나타난 포유류는 왼손 가운뎃손가락이 시작하는 부분에서 진화하였다. 그리고 우리 인간은 왼손 가운뎃손가락의 손톱에서도 제일 끄트머리의 마지막 털 위에 있다. 한때 이런 말이 있었다. "손톱 다

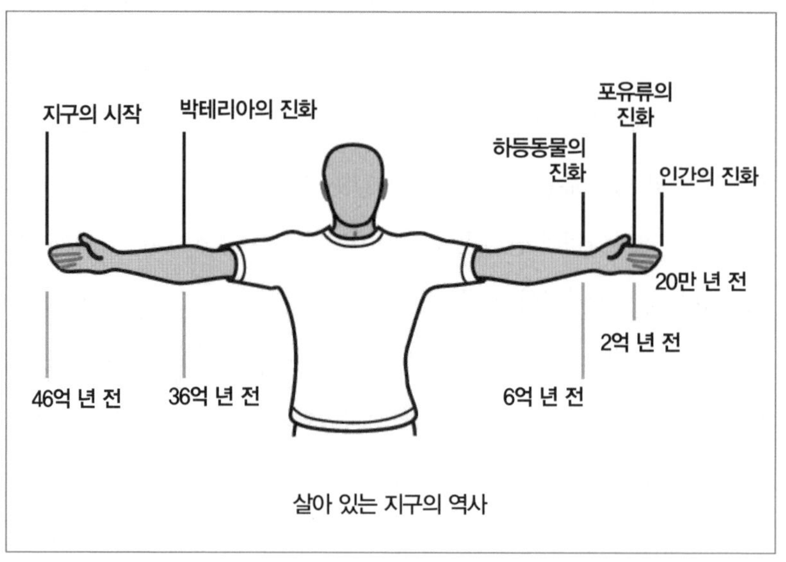

살아 있는 지구의 역사

듣는 막대로 한번 쓱싹하는 순간 인간의 존재는 흔적도 없이 모두 사라질 것이다"라는 말.

동물은 박테리아와 분리되어 살아본 적이 없다. 이들과 얼마나 질긴 인연을 맺었는지 모든 동물의 세포 안에는 박테리아의 유령이 잠입해 있을 정도다. 원래 이 유령 박테리아는 가장 단순한 형태의 박테리아였는데 처음에 커다란 세포에 잡아먹히는 바람에 그 안에 머물게 되었다. 그러다가 먹이를 에너지로 전환하는 능력을 얻으면서 숙주에게 없어서는 안 될 존재가 되었다. 이 박테리아가 바로 미토콘드리아mitochondria다. 이것은 세포 내의 화학발전소로 세포 호흡에 의해 포도당을 에너지로 전환하는 역할을 맡고 있다. 없어서는 안 되는 역할이다. 동물계가 처음 진화했을 때와 마찬가지로 지금도 다세포 생물체의 생명

줄을 쥐고 있는 이 구舊 박테리아는 유기체의 세포에 너무 뿌리 깊이 정착했기 때문에 우리는 더 이상 미토콘드리아를 독립된 미생물로 보지 않는다. 미토콘드리아는 진화의 역사상 두 유기체 사이에서 맺어진 가장 초기 연합을 상징한다. 이후로 지금까지 미세한 생물체들은 커다란 생물체와 필요에 따라 팀을 이루어왔다(미토콘드리아는 식물 세포 내에도 존재한다-옮긴이).

이러한 공생의 역사는 생물체의 진화 계통수를 통해 드러난다. 포유류의 전체 계통수를 그 포유류에서 서식하는 박테리아의 계통수와 비교해보면 이 두 그룹이 진화의 시간 속에서 함께 여행해온 과정을 엿볼 수 있다. 이 두 계통수는 서로를 반영한다. 예를 들면 한 포유류종이 두 종으로 분화하면 그 종을 숙주로 삼았던 미생물 역시 분화한 후 독립적으

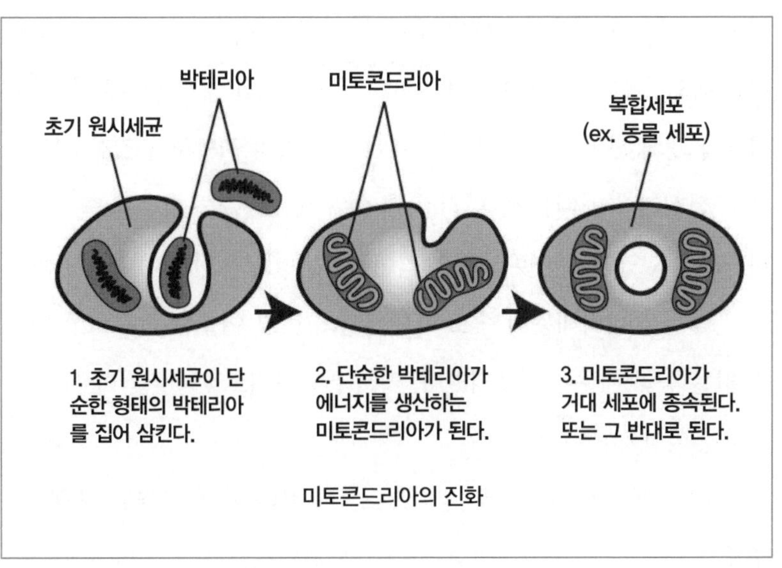

미토콘드리아의 진화

로 진화한다. 숙주와 미생물의 긴밀한 관계를 들여다보면 자연선택에 의해 이루어지는 진화 과정의 핵심에 도달하는 혁명적인 발상이 떠오른다.

미생물과 진화

다윈은 《종의 기원》에서 자연선택의 개념을 처음으로 소개했다. 하지만 이 책은 자연선택이 아닌 인간에 의한 선택적 교배로 이야기를 시작한다. 다윈은 당시 신사들의 취미로 인기를 끌었던 비둘기 교배를 예로 들었다. 나는 비둘기 대신 개를 예로 들어보겠다. 그레이트데인과 폭스테리어는 모두 늑대의 후손이다. 하지만 둘 다 자신의 조상을 닮지 않았다. 그레이트데인은 독일의 울창한 산림에서 사슴이나 멧돼지, 심지어 곰을 사냥하기 위해 교배된 종이다. 세대마다 사육자들은 몸집과 달리는 속도, 힘을 고려하여 다음 세대의 부모가 될 개체를 골랐다. 사육사들이 개체 사이에 나타나는 변이 중에서 가장 적합한 특징을 인위적으로 선택해왔기 때문에, 이러한 특징은 세대를 거듭할수록 확실하게 나타나게 되었다. 반면에 폭스테리어는 그레이트데인과는 완전히 반대되는 특징을 나타내는데 속도와 민첩성 그리고 여우굴 속으로 들어갈 수 있는 능력 때문에 선택되었다. 역시 마찬가지로 자연환경이 아닌 사육사에 의한 선택이다.

자연선택은 매우 비슷한 방식으로 작용한다. 다만 특징을 선택하는 주체가 사육사가 아닌 자연환경으로 대체된 것뿐이다. 치타는 먹이를 쫓으려면 다리 힘이 세야 한다. 사냥감보다 더 오래 뛰기 위해서는 심장과 폐가 커야 하고 무리의 가장자리에 서 있는 어린 가젤을 포착하기 위해서는 뛰어난 시력도 필요하다. 개구리는 물속에서 전진하는 추진력을 얻기 위해 큰 물갈퀴가 필요하고 뜨거운 태양 아래에서 버티기 위해 질긴 알 껍질을 지녀야 한다. 그리고 왜가리의 눈에 띄지 않도록 보호색이 필요하다. 이 모든 특징은 선택된 것이다. 날씨, 서식처, 경쟁자, 먹잇감, 그리고 천적이라는 자연환경에 의해서 말이다.

진화생물학자들은 선택된다는 것이 정확히 무엇인가를 두고 논쟁한다. 아마 분명히 힘 있는 근육이나 물갈퀴 달린 발가락을 가진 놈이 살아남아 번식할 것이다. 즉 주어진 환경 조건에서 번식할 수 있는 '개체'가 선택되는 것이다. 하지만 그렇다면 암사자는 왜 새끼를 돌보고 일벌은 왜 여왕벌을 보좌하는가? 어린 쇠물닭은 왜 부모를 돕는가? 그리고 당혹스럽게도 흡혈박쥐는 왜 혈연관계도 아닌 다른 개체가 먹이를 구하지 못했을 때 자신이 먹은 혈액을 되새김질해서 주는가? 한 개체에게 번식이 가장 중요한 삶의 목표라면 그것은 왜 다른 개체를 돕는 걸까? 이 문제를 두고 생물학자들은 개체 수준 이상에서 일어나는 선택을 논의하게 되었다. 비록 서로 혈연관계에 있지 않은 개체일지라도 개체간 협동으로 개체군 구성원 모두를 돕는다면 자연환경에 의해 선택되는 것은 개체뿐만이 아니라 개체군 전체가 될 것이다.

하지만 리처드 도킨스Richard Dawkins는 개체 선택이나 개체군 선택 모두 요점에서 벗어났다는 사실을 일깨워준다. 1976년에 출판한《이기적 유전자The Selfish Gene》에서 그는 여러 저명한 진화생물학자의 견해를 입증하면서 자연선택이 최종적으로 선택하는 것은 유전자라고 주장한다. 도킨스는 생물체의 몸이란 유전자들이 불멸의 존재가 될 수 있도록 잠시 사용되는 이동 수단에 불과하다고 말한다. 유전자는 개체처럼 변이가 있고 복제할 수 있으며 다음 세대로 물려줄 수 있다. 개체의 생식 가능성을 결정하는 것이 유전자이기 때문에 자연선택 혹은 도태의 대상이 되는 것은 개체가 아니라 유전자라는 것이다. 하지만 유전자는 홀로 작용하지 못한다. 돌연변이가 한 개체에게 줄 수 있는 생명과 가장 밀접하게 관련된 유전자, 예를 들어 아기를 만드는 유전자조차도 주변 유전자에 의해 활동이 제한된다. 이런 사실 때문에 결국 우리는 출발점, 즉 개체로 되돌아오게 된다. 그러나 이제 우리는 자연선택의 복잡성을 더욱 깊이 인지하게 되었다.

숙주와 미생물총이 짝을 지어 진화한다는 사실은 그러지 않아도 복잡한 진화의 선택 망에 또 한 층의 그물망을 첨가한다. 초식동물인 바이슨(버펄로)의 예를 들어 미생물총이 없다면 자연선택이 어떻게 작용할지 상상해보자. 바이슨은 늑대를 물리칠 수 있을 만큼 몸집이 크고 추운 겨울을 견딜 수 있을 만큼 따뜻한 털가죽이 있으며 풀이 자라는 초원을 찾아 장거리 여행을 할 수 있을 만큼 튼튼하다. 하지만 이러한 신체적 특징과 더불어 생명을 유지하고 새끼를 낳아 기르는 데 관련된 바이슨의 형질들은 제대로 된 장내 미생물 세트가 없이는 아무 소용이 없다. 결정적으로 바이슨은 혼자서는 풀을 소화할 수 없기 때문이다. 분해되지 않을 풀로 배가 가득 차봐야 풀이 가진 영양소를 흡수할 수도 없고 에너지를 만들어낼 수도 없다. 에너지가 없이는 성장할 수도 움직일 수도 번식할 수도 살아 있을 수도 없다. 무용지물일 뿐이다.

바이슨과 바이슨의 미생물총은 함께 진화했다. 그들은 세트로 선택된 것이다. 바이슨은 몸집이 커야 하고 따뜻한 털이 있어야 하며 힘이 세야 한다. 그러나 동시에 자연선택의 편애를 받으려면 소화능력을 갖추고 있어야 한다. 미생물이면 충분하다. 숙주(바이슨, 물고기, 곤충, 사람 등)와 미생물의 조합은 '전생물체holobiont'라고 불린다. 이스라엘 텔아비브 대학교의 유진 로젠버그Eugene Rosenberg와 일라나 로젠버그Ilana Rosenberg는 이 상호의존적이고 진화적으로 필연적인 관계에 있는 전생물체를 자연선택이 작용하는 새로운 수준으로 제안한다.

진화의 선상에서 생식적 가치에 따라 선택되는 것은 개체, 개체군, 유전자만이 아니다. 전생물체도 마찬가지다. 동물이 미생물총 없이 독립적으로 살 수 없는 것처럼, 그리고 미생물총이 동물 숙주 없이는 생존이 불가한 것처럼 하나가 없는 다른 하나만을 선택한다는 것은 불가능하다. 그렇다면 자연선택은 개체선택에서와 마찬가지로 두 존재에 동시에 작용하여 이동수단(숙주)과 승객(미생물)의 조합이 생존하고 번식하는 데 충분히 강하고 충분히 적절하고 충분히 적합할 때 도태가 아닌 선택의 방향으로 작용할 것이다.

도킨스가 명확히 했듯이 동물의 것이든 미생물의 것이든 궁극적으로 자연선택이 작용하는 대상은 유전자다. 따라서 로젠버그가 제안한 '전유전체 선택hologenome selection'에서는 숙주의 게놈과 미생물총의 게놈이 결합한 전체 유전체가 선택의 대상이 되는 것이다.

여기서 인간의 면역계 역시 미생물과 분리되어 진화하지 않는다는 점을 지적하고 싶다. 면역세포들은 정체 모를 적의 공격을 기다리는 살균된 노드와 튜브 세트가 아니며 방황하는 세포도 아니다. 그보다 인체의 면역 시스템은 모든 미생물, 그러니까 우리에게 병을 주는 놈, 약을 주는 놈 모두를 품에 안고 여기까지 왔다. 이렇게 100만 년이 넘게 지속한 오랜 연합 덕분에 면역세포들은 미생물총의 존재를 누구보다 잘 알고 있다. 오히려 미생물총이 제자리에 없다면 그것이야말로 균형에 금이 가는 것이다. 이것은 마치 사람이 사이드 브레이크를 올린 상태로 운전을 배운 것에 비유할 수 있다. 처음 운전대를 잡은 순간부터 사이드 브레이크가 채워져 있었기 때문에 브레이크가 걸린 상태에서 페달에 압력을 가하는 것에 익숙해진다. 그렇게 사이드 브레이크가 채워진 상태로 수십 년을 운전하다 어느 날 갑자기 브레이크가 풀리게 되면 도리어 익숙하지 않은 상황에 당황하여 거칠고 제멋대로 운전하게 될 것이다.

물론 몸이 심각하게 아픈 사람들이라도 미생물을 하나도 가지지 않는 경우는 없어서, 우리는 미생물총의 부재가 면역계에 어떤 혼란을 일으킬지 확실히 알 수 없다. 그런데 인간의 역사 속에서 단 한 사람이 평생 미생물 없는 삶을 살았다. 미생물과의 교류가 차단된 상태를 유지하기 위해 이 어린 소년은 일생을 투명 풍선처럼 생긴 미국 휴스턴 병원의 비닐 보호막 속에서 지냈다. 바로 언론을 통해 '버블보이bubble boy'라고 알려진 어린 소년 데이비드 베터David Vetter로, 그는 중증복합면역결핍증Severe Combined Immunodeficiency을 앓고 있었다. 이 병은 면역계가 제대로 작동하지 않아 데이비드가 병원균에 맞서 자신을 전혀 보호할 수 없다는 것을 의미한다. 데이비드의 부모는 유전병으로 큰아들을 잃었다. 그러나 치료법이 바로 눈앞에 있다는 의사의 말을 듣고 그들은 다시 임신을 시도하여 데이비드를 낳았다.

항생제 복용의 명암

데이비드는 1971년에 플라스틱 무균실 안에서 제왕절개술로 태어났다. 데이비드는 멸균된 분유를 먹었다. 그리고 데이비드를 만질 때는 반드시 실험용 장갑을 껴야 했다. 그래서 데이비드는 엄마의 살 냄새를 맡아본 적이 없고 아빠의 손이 어루만지는 감촉을 느껴본 적도 없었다. 친구와는 차단막을 사이에 두고 놀아야 했기 때문에 아이들과 장난감이나 웃음을 나누지 못했다. 데이비드가 풍선 밖으로 나오려면 누나로부터 골수를 이식받는 것이 유일한 희망이었다. 골수이식을 통해 데이비드의 면역계가 제대로 작동하면 풍선에서 벗어날 수 있는 것이다. 하지만 누나의 골수는 데이비드에게 적합하지 않았다. 그는 어쩔 수 없이 평생 투명 풍선 안에서 살아야 했다.

끔찍한 병을 앓는 것에 비해 데이비드는 세심한 보호 속에 비교적 건강하게 지냈고 열두 살에 세상을 떠날 때까지 아파본 적이 없었다. 흥미롭게도 데이비드는 공간 감각은 떨어졌지만 시간의 흐름에 대해서는 무척 예민하게 반응했다. 아마 그의 뇌가 공간 속에서 움직일 필요 없이 오로지 시간만 생각하면 됐기 때문일 것이다. 데이비드가 풍선 안에서 고립되어 살아가는 동안 그의 신체적, 정신적 건강에 관한 많은 연구가 진행되었다. 그러나 무균 상태로 살면서 데이비드가 체내 미생물이 없기 때문에 받지 못하는 혜택은 비타민 합성 정도라고만 알려졌을 뿐이다. 무균이라는 조건이 실제 그에게 어떤 영향을 미쳤는지는 조사되지 않았다. 적합한 이식자가 나타날 희망이 보이지 않았기 때문에 결국 데이비드는 위험을 무릅쓰고 누나의 골수를 이식받기로 했다. 그리고 수술 후 한 달 뒤 데이비드는 면역계에 발생하는 암인 림프종으로 사망했다. 림프종은 엡스타인바Epstein–Barr 바이러스에 의해 발병되는데 이 바이러스가 누나의 골수에 몰래 숨어들어 의사들도 모르는 사이에 데이비드에게로 옮겨간 것이다.

데이비드가 살아 있는 동안 주치의들은 주기적으로 그의 대변을 채취해 배양했다. 데이비드를 무균 상태로 유지하려는 엄청난 노력에도 불구하고 태어나면서부터 그의 장에는 여러 종의 박테리아들이 증식해 왔다. 그러나 이 박테리아들은 그에게 아무런 해도 끼치지 않는 것 같았다. 데이비드를 부검한 검시관은 진정한 무균 상태로 지내온 데이비드의 소화기관들이 극단적인 불균형을 이룬다는 것을 발견했다. 대장의 도입부인 맹장은 충수가 붙어 있는 기관이며 일반적으로 테니스공 크기지만 데이비드의 경우에는 럭비공 크기에 가까웠다. 소장에서는 융모의 표면적이 정상보다 훨씬 작았고 융모가 제공하는 혈관도 적었다. 하지만 데이비드의 소화 시스템은 다른 아이들과 비교했을 때 비교적 정상적인 편이었다.

데이비드의 소화기관이 지닌 형태적 특징은, 이유는 확실하지 않지만, 전형적인 무균 동물의 소화기관과 비슷했다. 내가 아는 어느 연구원이 무균 쥐를 처음으로 해부하던 순간에 관해 이야기해준 적이 있다. 그녀는 무균 쥐의 맹장이 복부를 거의 다 차지할 정도로 커진 것을 보고 깜짝 놀랐다. 나중에야 그녀는 모든 무균 쥐가 대형 맹장을 가진다는 사실을 알게 됐다. 무균 동물은 면역계 또한 정상적인 동물과는 확연하게 달라서 면역세포가 출생 후 한 번도 성숙한 적이 없는 것처럼 보인다.

인간을 포함한 포유류의 소장 내벽에는 국경의 검문소 역할을 하는 파이어판Peyer's patches이 존재한다. 각 판板은 세포들이 무리를 지어 일렬로 늘어선 검문대로, 검문관인 면역세포가 상주하여 장벽세포를 넘나드는 모든 물질을 확인한다. 그러다가 엉뚱한 비자기 입자가 소장 벽을 통과하려고 하면 끌어내어 장벽을 통과하려는 의도와 목적을 심문한다. 의심스러운 입자가 걸려들면 곧바로 수배를 내리고, 장이나 몸 전체에 흩어진 위험 분자를 찾아내기 위한 사냥이 시작된다. 반면에 무균 동물에서는 국경 검문소의 숫자가 많지 않아 서로 멀리 배치되어 있다. 또한 검문소를 지키는 검문관 역시 훈련이 제대로 되어 있지 않기 때문에 국경에서 위반사항이 접수되어도 동료에게 재빨리 위험을 알리지 못한다. 이런 면역체계로는 무균 동물이 무균실이라는 안전지대를 벗어날 경우 살아남을 가망성이 높지 않다. 실제로 무균 동물이 무균실에서 풀려나면 대개는 바로 감염에 걸려 죽는다.

미생물총은 확실히 면역체계의 발달 과정에 개입하여 질병과 싸우는 능력에 상당히 긍정적인 효과를 나타낸다. 인간에게 심한 설사를 일으키는 시겔라*Shigella* 박테리아를 기니피그에 주입하면 정상적인 기니피그는 크게 영향을 받지 않지만 무균 기니피그는 예외 없이 죽는다. 하지만 정상적인 미생물총 중 한 종만 주입해도 기니피그는 시겔라의 치명적인 영향으로부터 목숨을 부지할 수 있다. 물론 이 효과는 균이 전혀 없는 동물에게서는 나타나지 않는다. 동물에게 항생제를 주었을 때도 마찬가지로 미생물총의 정상적인 균형에 변화를 일으켜 감염에 더 잘 걸리게 된다. 예를 들어 생쥐에게 항생제를 투여한 후 독감 바이러스를 코에 주입하면 면역세포가 바이러스와 싸워서 이겨내지 못하기 때문에 병이 든다. 하지만 항생제를 주입하지 않은 쥐는 독감에 걸리지 않는다. 항생제를 투여한 생쥐의 몸에서는 감염이 폐로 번지는 것을 막을 만큼 충분한 숫자의 면역세포와 항체가 만들어지지 않기 때문이다.

이는 참 역설적이다. 항생제는 감염을 치료하기 위해 사용하는 약물이지 감염에 걸리려고 사용하는 것이 아니기 때문이다. 항생제가 한 종류의 감염을 고치는 동시에 다른 감염으로 향하는 문을 열어놓는 것인지도 모른다. 확실한 것은 제대로 된 미생물총을 갖추고 있지 않을 때 신체는 병원성 미생물의 공격에 노출된다는 점이다. 또 재미있는 것은 항생제가 체내에 존재하는 미생물총의 전체 숫자를 줄이지는 않는다는 점이다. 총 개수는 동일한 상태에서 종들의 조성만 바뀔 뿐이다. 진짜 변화는 어떤 종이 미생물총을 구성하느냐에 따라 면역계가 행동하는 방식이 달라진다는 데 있다.

장을 지키는 일차 방어막은 점액질로 이루어진 두꺼운 장벽층이다. 점액질 덕분에 장 내벽 세포 가까이에는 미생물이 살지 않는다. 하지만 그 바깥에는 미생물총을 구성하는 많은 박테리아들이 주거지를 형성한다. 여기에 항생제, 예를 들어 메트로니다졸metronidazole을 투여하면 혐기성 박테리아, 즉 산소가 없는 곳에서 사는 박테리아만 죽는다. 이렇게 미생물총의 조성에 변화가 일어나면 면역계의 행동은 크게 달라진다. 혐기성 박테리아가 줄어든 상황에서 면역계는 인간 유전자에 직접 간섭하여 뮤신 단백질을 대량 생산하는 유전자가 적게 발현되도록 조절한다. 뮤신 단백질은 점액질을 형성하는 단백질인데 이것의 생산량이 줄어들어 점액질층이 얇아지면 온갖 종류의 미생물들이 내벽에 쉽게 접근할 수 있게 된다. 박테리아나 박테리아 분비물이 장벽을 통과하여 혈관으로 들어가면 이를 제거하기 위해 면역계가 움직인다.

항생제가 면역계의 기능을 바꾸는 것이 사실이라면 "항생제를 복용하면 결과적으로 몸이 나빠지지 않을까?"라는 궁금증을 가져도 좋을 것이다. 8만 5,000명의 환자를 대상으로 한 조사에서 여드름 치료 때문에 장기적으로 항생제를 복용해온 환자는 항생제를 복용하지 않은 여드름 환자에 비해 감기나 기타 상기도 감염에 시달릴 확률이 두 배나 높다는 결과가 나왔다. 대학생을 대상으로 진행된 다른 연구 결과에 따르면 항생제 복용 중 감기에 걸릴 위험이 네 배나 높다고 한다.

그렇다면 항생제가 알레르기에 끼치는 영향은 어떤가? 2013년에 영국의 브리스틀 대학교에서 한 그룹의 과학자들이 바로 이 문제에 답하기 위해 연구 조사를 시작했다. 이들은 '90년대 아이들Children of the 90s'이라는 대단위 연구 프로젝트의 결과 자료를 분석했다. 이 프로젝트는 1990년대 초반에 임신한 여성 1만 4,000명에게서 태어난 아이들을 대상으로 방대한 분량의 정보를 수집해왔다. 데이터베이스에는 아이들이 영아였을 때의 항생제 복용 기록이 있는데 놀랍게도 두 살 이전에 항생제를 복용한 경험이 있는 아이들이 전체의 74퍼센트에 달했다. 또한 이 아이들은 여덟 살 이전에 천식이 발병할 확률이 두 배나 높았다. 항생제 처방을 많이 받을수록 천식이나 아토피, 꽃가루 알레르기에 걸릴 확률이 더 높았다.

그러나 옛말에도 있듯이 상관관계가 곧 인과관계를 의미하는 것은 아니다. 항생제 연구팀의 선임 연구원은 4년 전 아이들의 텔레비전 시청 시간이 길수록 천식 발병률이 높아진다는 사실을 발견했다. 물론 항생제 연구 결과와 비슷한 결과에도 불구하고, 실제로 텔레비전을 보는 행동이 폐에서 면역 장애를 일으킨다고 믿는 사람은 없었다. 사실 그것은 아이들이 밖에 나가서 놀아야 할 시간에 텔레비전 앞에 앉아 있는 바람에 운동량이 줄어서 나타난 결과였다. 텔레비전 시청이 운동을 대체한 것이다.

텔레비전과 천식의 상관관계가 인과관계로 이어지지는 않았지만 핵심은 여전히 유효하다. 텔레비전이 운동을 대체하는 바람에 결과적으로 천식의 가능성을 높인 것처럼 아이가 복용한 항생제가 무언가를 대체했다고도 볼 수 있지 않을까? 예를 들어 천식의 초기 증상을 두고 다른 감염으로 오진하여 항생제가 처방되었을 가능성이 있다. 그래서 이번에는 18개월 이전에 천식의 초기 증상인 천명(쌕쌕거리는 숨소리)이 시작된 아이들을 배제하고 다시 통계치를 계산했다. 그러나 항생제와 천식의 연관성은 여전히 강하게 나타났다.

물론 항생제를 복용하는 이유는 몸에서 감염을 '제거'하기 위해서다. 따라서 위생가설, 즉 위생적인 환경 덕분에 감염이 줄어들자 할 일이 없는 면역세포가 무해한 물질에 과민반응을 보여 알레르기가 일어난다는 주장은 항생제와 알레르기의 이러한 상관관계 덕분에 효력을 유지한다(위생적인 환경처럼 항생제 역시 감염의 기회를 줄이는 요인이기 때문이다-옮긴이). 그러나 여전히 역설적이다. 왜 면역계는 좀 더 위협적으로 보이는 체내 미생물을 뒤로하고 무해한 알레르기 유발 물질을 공격하는가? 그리고 알레르기의 증가가 감염이 줄어든 것과 연관이 있다면 왜 감염이 덜 된 사람들은 알레르기 증상을 보이지 않는가?

미생물과 면역계의 협업

1998년 스웨덴 예테보리 대학교의 아그네스 올드Agnes Wold 교수는 위생가설에 맞서는 대안적인 가설을 처음으로 제시했다. 그 당시는 미생물총의 중요성에 대한 연구가 뜨겁게 달아오르고, 스트라찬의 위생가설에 대한 도전이 시작되던 시기였다. 위생가설은 직관적인 호소력에도 불구하고 감염과 알레르기의 상관관계를 뒷받침하는 실질적인 증거가 부족했기 때문에 한계가 있었다. 그런데 때마침 올드는 항생제 사용과 알레르기의 상관관계를 설명할 수 있는 직접적인 연결 고리를 하나 찾아냈다.

올드의 동료 잉에게르 아들레르베르트Ingegerd Adlerberth는 스웨덴과 파키스탄의 병원에서 태어난 신생아의 미생물을 비교한 적이 있었다. 알레르기 발생률이 높은 스웨덴에서 태어난 아기들의 장에서는 파키스탄에서 태어난 아이들보다 박테리아의 다양성, 특히 엔테로박테리아 enterobacteria의 다양성이 현저하게 낮았다. 파키스탄의 위생 수준은 스웨덴보다 훨씬 열악한 편이었지만 그렇다고 파키스탄 신생아들이 아프거나 감염에 쉽게 걸리는 것은 아니었다. 파키스탄 신생아들의 장에는 그저 다양한 미생물이, 특히 성인의 장에서 발견되는 박테리아—주변에 서식하는 박테리아뿐만 아니라 엄마의 대변에서 발견되는 박테리아—가 증식하고 있을 뿐이었다. 스웨덴에서 사용되는 조산사 지침에는 출산 전에 산모의 음부를 닦아내는 과정이 명시되어 있는데 이로 인해 갓 태어난 아기의 비어 있는 장에 처음으로 자리 잡는 미생물의 종류가 완전히 바뀔 수도 있다.

올드는 알레르기 증상의 증가를 이끄는 것이 감염에의 노출 유무가 아니라 미생물 조성의 변화가 아닐까 하고 의심했다. 그녀는 스웨덴, 영국, 이탈리아에서 아기들을 대상으로 한 대단위 프로젝트를 조직하여 아기의 체내에서 시간에 따른 미생물총의 변화를 추적하였다. 예상한 대로 지나치게 위생적인 아기들의 장에서는 박테리아의 종류가 다양하지 않았고 특히 엔테로박테리아의 종류가 적었다. 엔테로박테리아가 사라진 자리를 전형적인 피부 박테리아인 포도상구균 계열의 박테리아들이 차지했다. 알레르기와 연관 지을 수 있는 특정한 미생물 종이나 그룹은 찾지 못했다. 아마도 개별 종의 역할보다도 전반적인 미생물의 다양성이 알레르기와 연관이 있는 것으로 보였다. 성장하면서 알레르기를 가지게 된 아기들은 건강한 아기들보다 장내 미생물이 훨씬 다양하지 못했다.

올드가 스트라찬의 위생가설을 재구성하여 제시한 가설은 면역학자와 미생물학자 사이에서 지지를 얻었다. 인체가 건강한 면역체계를 유지하는 메커니즘을 이해한다는 것은 매우 복잡한 일이다. 그런데 여기에 20년에 걸친 미생물총 연구가 덧붙여져 복잡성이 배가된다. 지나치게 깨끗한 환경은 감염병의 발생을 막는 것에 그치지 않고 우리가 '올드프렌드'라고 부르는 미생물총의 정상적인 증식까지 막았다. 이 오래된 친구들은 진화의 역사적인 순간마다 우리와 함께했고 그 과정에서 면역계와 깊은 대화를 나누었다. 이제 스트라찬의 위생가설은 돌연변이를 겪어 올드프렌드 가설로 진화되었다. 그럼 이제 다음 문제로 넘어가 보자. 미생물총은 숙주의 몸과 어떤 대화를 나누는 걸까? 숙주의 몸은 누가 친구이고 누가 사기꾼인지 어떻게 구별할까?

면역계는 적을 탐지, 수색, 공격하는 데 필요한 세포들로 구성된 부대를 운영한다. 각 세포들은 주어진 임무에 맞게 특화되어 있는데, 대식세포macrophage는 위협이 되는 박테리아를 먹어치우는 보병이고 기억 B세포는 특별한 표적을 사살하도록 훈련받은 저격수다. 그리고 T_h1 또는 T_h2 같은 조력 T세포는 적의 침입을 다른 부대에 전달하는 통신병의 임무를 수행한다. 이 모든 반응을 일으키는 것은 항원이다. 항원은 병원균의 표면에 있는 작은 분자로, 면역세포는 항원을 통해 적을 인식한다. 항원은 적군이 선두에 내건 붉은 깃발처럼 작용하기 때문에 면역계가 그 병원균을 만난 적이 있든 없든 깃발을 보면 자동으로 위험신호라고 해석하게 된다. 모든 병원균이 이 깃발을 가지고 있기 때문에 일단 체내로 들어오면 바로 탐지될 것이다.

자기-비자기의 개념이 면역학자들을 지배하던 때에, 학자들은 병원균이 세포의 표면에 있는 항원을 통해 자신의 존재를 알린다고 생각했다. 당시 학자들이 인지하지 못했던 것은 착한 미생물 역시 이 깃발을 달고 있기 때문에 병원균과 똑같은 메시지를 면역계에 전달한다는 사실이다. 이 깃발은 단지 그들이 미생물임을 식별하게 해줄 뿐, 누가 아군이고 적군인지는 구분해주지 않는다. 총명한 면역계가 알아서 착한 박테리아를 묵인해주기를 바라는 대신 그들은 면역계에 자신들을 머물게 해달라고 설득하는 방법을 찾아야 했다.

면역세포들은 자기들에게 위협이 되는 물질을 찾아 무조건 파괴한다고 생각할지도 모르겠다. 하지만 인체의 모든 시스템과 마찬가지로 여기에도 강약의 조절이 필요하다. 면역계라고 다를 것이 없다. 염증을 촉진하는 메시지는 염증을 저지하는 메시지와 균형을 이루어야 한다. 염증을 저지하는 쪽은 새롭게 알려진 면역세포인 조절 T세포가 맡고 있다. Tregs(티렉스)라는 이 조절 T세포는 군대의 준장准將에 해당하며 전반적인 면역반응을 조정한다. 특히 Tregs는 공격적이고 피에 굶주린 면역세포를 진정시키는 역할을 한다. 따라서 Tregs가 많아질수록 면역계의 반응성이 줄어들고 Tregs가 줄어들수록 면역계는 더 격렬하게 반응한다.

실제로 Tregs의 생성을 막는 유전자 돌연변이를 가진 아이들에게서는 IPEX 증후군이라는 중증질환이 나타난다. 면역계가 균형을 잃고 대량의 염증 촉진 세포를 방출하면서 림프샘이나 비장이 부어오른다. 이 공격적인 세포들은 신체 기관들을 치명적으로 공격하여 대개 소아기에 당뇨병, 아토피, 음식 알레르기, 염증성 장 질환, 난치성 설사를 유발한다. 이렇게 자가면역 질환, 알레르기성 장애가 동시에 일어나면서 신체

기관이 파괴되고 조기 사망으로 이어진다.

하지만 새롭게 발견된 증거에 따르면 Tregs를 지휘하는 총사령관은 놀랍게도 자신의 몸에 유리한 쪽으로만 작용하는 인간 세포가 아니라 미생물총이다. 미생물총은 Tregs를 앞잡이로 삼아 명령을 하달하여 면역 반응을 주도하고 진압에 투입되는 사병의 수를 조절함으로써 자신이 살 길을 도모한다. 면역계가 점잖게 아량을 베푼다면 미생물총은 면역계의 기습을 받거나 제거될 위험 없이 평안한 삶을 누릴 수 있을 것이다. 미생물총이 자신에게 유리하도록 인간의 면역계를 억누르는 방향으로 진화했다는 사실은 꽤나 두려운 일이다. 오래된 적들의 공격에 맞서는 인간 생존의 근본적인 방어체계가 가장 윗선에서 간섭을 받는 것이나 다름없기 때문이다. 하지만 걱정할 필요는 없다. 미생물총과 함께 지나온 진화의 역사 속에서 면역계가 인간과 미생물총 모두에게 유리하도록 정교하게 조정되었을 테니까 말이다.

다만 우리가 염려해야 할 것은 서구화된 생활 방식으로 사는 사람들의 경우 미생물총의 다양성이 감소하고 있다는 점이다. 체내에서 미생물총의 다양성이 낮아지면 Tregs는 어떻게 반응할까? 아그네스 올드를 포함한 일군의 과학자들은 그들의 오랜 실험 대상인 무균 쥐를 이용하여 이 문제에 대답하고자 하였다. 과학자들은 무균 쥐에서 나타나는 Tregs의 효능을 정상 쥐와 비교하였는데 무균 쥐에서는 공격적인 면역 반응을 잠재우는 데 필요한 상대적인 Tregs의 비율이 훨씬 높았다. 다시 말해 미생물총이 없는 상황에서 생산되는 Tregs는 정상 쥐의 Tregs보다 힘이 훨씬 약하다는 사실을 보여준다. 또 다른 실험에서는 무균 쥐에게 정상 쥐의 미생물을 주입하였더니 Tregs의 숫자가 늘어나면서 면역계의 공격성이 잦아들었다.

그렇다면 미생물총을 구성하는 박테리아들은 어떻게 이런 일을 할까? 미생물총의 세포 표면은 병원균과 똑같이 붉은 깃발을 달고 있다. 그러나 미생물총은 면역계를 자극하는 대신 평화롭게 살아간다. 면역계와 우호적인 관계를 유지하기 위해 착한 박테리아들은 면역계와 공유하는 그들만의 암호를 가지고 있는 것으로 보인다. 캘리포니아 공과대학교 교수인 사르키스 마즈마니안Sarkis Mazmanian은 박테로이데스 프라질리스*Bacteroides fragilis*라는 박테리아가 가진 암호체계를 밝혀냈다. 박테로이데스 프라질리스는 미생물총 중에서도 가장 개체 수가 많은 종으로, 사람의 출생과 동시에 장 속에서 가장 먼저 자리를 잡는다. 이들은 PSA(다당류 A)라는 물질을 생산하는데 이 PSA는 작은 캡슐 안에 담긴 채로 박테리아 표면에서 분비된다. 대장의 면역세포가 캡슐을 집어삼키면 그 안의 PSA가 방출되면서 Tregs의 활성을 유도한다. Tregs는 면역계가 이 박테리아를 공격하지 않도록 면역세포를 진정시키는 메시지를 보낸다.

PSA를 암호로 사용하여 박테로이데스 프라질리스는 면역계의 면역촉진반응을 면역억제반응으로 바꾼다. 박테로이데스 프라질리스를 비롯하여 장에 초기에 정착한 박테리아들이 분비하는 PSA 같은 암호물질은 체내에서 면역반응을 진정시키고 알레르기를 방지하는 데 중요한 역할을 한다. 각 미생물 균주에 의해 생성되는 다양한 암호 물질은 그들이 인체 내에서 VIP 회원으로 대우받을 수 있도록 진화했을 것이다. IPEX 증후군 같은 치명적인 면역 질환에서처럼 알레르기를 가진 동물들은 Tregs가 부족하다. Tregs의 진정효과 없이는 사이드 브레이크가 풀리면서 면역계가 최고 속력으로 돌진하여 무해한 물질까지도 공격하게 된다.

면역과의 거리를 좁히다

이제는 콜레라 이야기를 해보자. 콜레라는 1854년에 영국 소호에서 상수공급원의 오염 때문에 주민들이 수 리터씩 흰색 설사를 쏟아내야 했던 바로 그 병이다. 그리고 여전히 개발도상국에서는 끔찍한 재앙을 야기하는 전염성 질환이다. 콜레라는 소장에서 증식하는 비브리오 콜레라*Vibrio cholerae*라는 못된 박테리아에 의해 발병한다. 그러나 이 박테리아는 절대 숙주의 몸에 오래 머무를 생각이 없다. 대부분의 감염성 박테리아는 숙주의 몸에 침입한 후 면역계의 공격에 저항하고 감염을 유지할 수 있도록 충분히 입지를 다지기 전까지는 면역세포의 눈을 피해 다닌다. 이와 달리 비브리오 콜레라는 숙주의 몸에 입성한 순간부터 자신의 존재를 과시한다. 우선 비브리오 콜레라는 장벽에 붙어 빠른 속도로 번식한다. 그러나 이 박테리아는 체내에 퍼져 감염을 지속시키는 대신 다른 전략에 따라 움직인다. 묽은 설사에 섞여 숙주 몸 밖으로 나오는 것이다.

설사는 병원균과 면역계 모두의 전략이다. 박테리아에게는 설사가 숙주 밖으로 배출되어 새로운 숙주로 이동하는 통로가 되고, 면역계에는 장에서 병원균과 독성물질을 깨끗이 씻어내는 역할을 해준다. 설사가 일어나는 메커니즘은 다음과 같다. 장의 내벽은 장벽을 이루는 세포들이 밀집하여 층을 이루고 있다는 점에서 벽돌로 지은 돌담과 같다. 그러나 벽돌 사이에 시멘트를 발라 뗄 수 없도록 고정해놓은 돌담과 달리 장 내벽의 세포들은 사슬 모양의 단백질로 서로 연결되어 있어 유동적이다. 장벽을 통과하여 혈관으로 유입되는 물질은 대부분 온갖 심문 끝에 세포를 직접 거쳐서 통과한다. 그러나 때때로 세포 사이의 단백질 사슬이 느슨해지면 세포 안을 통과하지 않고도 세포와 세포 사이로 이동할 수 있게 된다. 필요하면 물이 장 내벽의 세포들 사이를 통과하여 혈액으로부터 흘러들어오는데 그게 바로 설사다. 이는 인체가 병원균을 씻어내기 위해서 이용하는 매우 유용한 방법이다.

비브리오 콜레라의 수중 탈출 전략에 있어 두 가지 놀라운 점이 있다. 우선 하나는 특정 미생물의 증식과 면역계의 작용이 서로 관련이 있다는 점이고, 다른 하나는 지금부터 이야기할 흥미로운 사실이다.

다음의 이야기는 비브리오 콜레라가 탈출을 감행하기 전에 서로 나누는 교신에 관한 것이다. 의인화하려는 게 아니고 이 박테리아는 정말로 서로 대화를 나눈다. 이 박테리아가 진화시킨 감염 전략은 다음과 같다. 제1단계, 소장을 감염시킨 후 토끼처럼 번식한다. 제2단계, 개체군의 크기가 일정 수준에 도달하여 숙주의 숨이 넘어갈 지경이 되면 폭풍 같은 설사를 통해 밖으로 배출된다. 그러고서 적어도 열 명 이상의 새로운 숙주를 감염시킨다. 이 전략을 실행하는 데 있어서 가장 결정적인 부분은 언제 배에 올라타서 숙주의 몸에서 빠져나가는가이다. 다시 말해 개체군의 크기가 탈출을 감행해도 될 만큼 증가했다는 것을 어떻게 판단하느냐는 것이다. 해결책은 쿼럼센싱quorum sensing, 즉 정족수감지라고 부르는 활동이다. 모든 박테리아 개체는 지속해서 화학물질을 분비한다. 비브리오 콜레라의 경우는 콜레라 CAI-1(자가유도인자 1)이라는 물질을 분비한다. 개체군 내에서 비브리오 콜레라가 많아질수록 주위의 CAI-1 농도가 높아진다. 그리고 어느 수준에 이르면 정족수에 도달하는 것이다. 정족수란 일반적으로 선거에서 투표를 하는 데 필요한 최소한의 인원수를 말한다. 비브리오 콜레라의 정족수가 채워지면 이제 떠날 때가 되었다고 판단하는 것이다.

비브리오 콜레라는 아주 교묘한 방법으로 이러한 과정을 조절한다. 다른 자가유도인자인 AI2와 함께 CAI-1 농도가 올라가면 비브리오 콜레라는 자신의 유전자 발현을 조절하여 장벽에 들러붙게 하는 유전자를 꺼버린다. 그리고 장벽이 댐의 문을 열도록 유도하는 유전자를 켠다. 이 중에는 조눌라 폐쇄띠 독소zonula occludens toxin, 또는 줄여서 조트zot라고 하는 독소를 생산하는 유전자가 있다. 이 독성 물질은 이탈리아 출신 과학자이자 보스턴 소아종합병원의 소화기내과 전문의인 알레시오 파사노Alessio Fasano에 의해 발견되었다. 조트는 장 내벽을 지지해주는 세포 간의 단백질 사슬을 느슨하게 하는 역할을 하는데 이렇게 장 내벽 세포 사이에 틈이 생기면 장 속으로 물이 쏟아져 내려온다. 비브리오 콜레라는 이 물살을 타고 장을 통과해 더 많은 숙주를 점령하기 위해 출정한다.

파사노는 생각했다. 조트가 장 내벽의 단백질 사슬에 채워진 자물쇠를 풀 수 있는 열쇠라면 그렇게 쉽게 열리는 자물쇠를 도대체 무슨 용도로 만들었단 말인가? 혹시 그 자물쇠를 여는 인간의 열쇠가 있는데 비브리오 콜레라가 몰래 복제라도 한 것인가? 그렇다. 파사노는 조트와 비슷하지만 인체에서 만들어지는 단백질을 발견하고는 조눌린zonulin이라고 이름 붙였다. 조트와 같은 방식으로 조눌린은 장벽 세포를 연결하는 사슬의 조임 정도에 관여하여 장벽의 투과성을 조절한다. 조눌린이 많이 생성되면 사슬이 느슨해지고 장벽 세포가 서로 분리되어 커다란 분자가 혈액 안팎으로 이동하게 된다.

이제 파사노의 조눌린 발견으로 미생물과 면역 사이가 조금 더 가까워졌다. 정상적이고 건강한 미생물총이 있을 때 장벽의 사슬은 잠겨 있고 장벽 세포는 단단히 붙어 있다. 크기가 큰 물질이나 위험 인자는 함부로 세포 사이를 통과해 혈관으로 들어갈 수 없다는 뜻이다. 그러나 미생물총이 불균형 상태가 되면 약한 수준의 비브리오 콜레라처럼 반응하여 면역계를 귀찮게 한다. 그 반응으로 면역계는 조눌린을 방출하여 사슬을 풀고 장벽 세포를 느슨하게 하여 장벽을 청소한다. 이때의 장벽은 포도당 같은 에너지원을 제외한 나머지 물질은 차단해버리는 난공불락의 성벽이 아니다. 장벽은 이제 틈이 생겼다. 세포 사이의 틈을 이용해 온갖 불법 이민자들이 인체의 약속된 땅으로 유입되는 것이다.

이제 우리는 논란의 영역으로 들어왔다. 장이 샌다는 개념은 대체 의학 산업이 매우 즐겨 써먹는 소재다. 하지만 이들은 자신들의 사촌격이지만 좀 더 주류인 빅파마Big Pharma만큼이나 탐욕스럽게 진실을 왜곡한다. 장 누수 증후군leaky gut syndrome이 모든 병의 근원이며 많은 사악한 것들의 원천이라는 주장은 대체 의학 산업만큼이나 오래된 것이다. 그러나 상대적으로 최근까지도 장 누수의 원인이나 메커니즘 또는 그 결과에 대한 어떤 과학적 조사도 이루어지지 않았다. 다국적 대형 제약회사를 통칭하는 빅파마 역시 많은 잘못을 저지르고 있지만 대체 의학의 경우에도 아래의 두 가지 바람직하지 못한 치료법으로 가장 잘 요약될 수 있다. 즉 '의학'이라는 정식 타이틀을 받을 수 있을 만큼 충분히 효과를 나타내지 않는 치료법, 그리고 과학적·임상적 증거가 뒷받침되지 않는 치료법이다. 아마도 세 번째 범주의 치료법이야말로 진정으로 언급할 가치가 있을 듯싶다. 바로 특허를 따거나 매매할 수도 없는 치료법이다. 바로 휴식과 좋은 식단이다.

기존의 과학계와 의학계는 장 누수 개념을 경계한다. 하지만 만성피로, 통증, 소화불량, 두통 등 원인을 찾지 못해 지친 환자들에게 장 누수는 믿을 만한 설명이 된다. 전문가적 지식과 선의를 가진 대체 건강 전문가와 시류에 편승하는 사기꾼 모두 그들의 환자에게 장 누수라는 진단을 내리고 치료방법으로 그럴듯한 생활습관을 추천해줄 수 있다. 심지어 웬만큼 관리되는 곳에서는 장이 누수 되는 정도를 측정할 수 있는 검사도 있어서 대체 건강 전문가가 문제의 진단과 측정뿐 아니라 몸이 개선되는 정도까지도 점검할 수 있다. 그러나 의사들 입장에서는 보건복지부나 의과대학의 연구나 실험을 통해 입증된 증거가 없기 때문에 장 누수의 개념에 대한 신뢰도가 낮다. 영국 국립보건원에서는 공식 웹사이트에 장 누수의 개념에 지나치게 몰입하는 사람들을 자제시키는 글을 게시하기도 했다.

'장 누수 증후군'의 주창자들은 대개 영양학자 또는 대체 의학 전문가들로 이스트나 박테리아의 과잉 증식, 부실한 식단, 항생제 남용 등을 포함하는 광범위한 요인의 결과로 장 내벽이 자극을 받아 누출된다고 믿습니다. 그들은 소화되지 않은 음식물이나 박테리아성 독소, 병원균들이 누출된 장벽을 통해 혈액으로 들어가 면역계를 자극하고 전반적으로 신체에 지속적인 감염을 야기하여 광범위한 건강 문제나 질병과 관련되어 있다고 말합니다. 그러나 이러한 이론은 모호하고 대체로 검증되지 않은 것들입니다.

장 누수를 부정하는 이러한 시각은 곧바로 구식으로 전락했다. 그러나 대체 의학과 견해를 같이한다는 것이 꺼려지고, 또 신뢰를 얻기 힘들다는 위험성 때문에 과학자들이나 의사들은 장 투과성이나 만성 염증에 관한 연구에 아직 큰 흥미를 느끼지 못하고 있다. 심지어 과학 저술가인 나도 신뢰할 만한 과학적 연구 결과를 토대로 쓰고 있는 이 책에서 과연 장 누수라는 주제를 꺼내도 될까 주저했다. 왜냐하면 가뜩이나 회의적인 독자들이 책을 덮고 안전지대로 떠나버릴까 봐 두려웠기 때문이다. 하지만 이제 장 누수 개념에 대한 연구 기반이 다져지고 메커니즘 역시 서서히 밝혀지고 있다. 돌팔이인지 진짜인지 판단을 내리기 전에 증거를 좀 더 살펴보자.

알레시오 파사노와 조눌린에서부터 다시 시작해보자. 원래 파사노의 의도는 콜레라가 급속히 퍼지게 된 전략을 찾아내는 것이었는데 결국 다른 문제에 대한 해답, 더 근원에 가까운 답을 찾았다는 것을 깨달았다. 1990년대에 파사노는 미국에 갓 도착한 소아 소화기내과 의사였는데 그의 환자들 중에는 셀리악병coeliac disease이라는 만성 소화 질환을 앓는 어린이들이 있었다. 셀리악병은 그 당시까지만 해도 상대적으로 흔하지 않은 병이라 1994년에 발표된 800페이지짜리 소화기 관련 질병 보고서에 그 이름조차 언급되지 않을 정도였다. 파사노가 치료하던 아이는 아주 소량의 글루텐만 섭취해도 금세 심한 증상이 나타났다. 글루텐은 밀이나 보리, 귀리 같은 곡물에서 발견되는 단백질로 빵 반죽에 탄성을 주고, 또 이스트에 의해 생성되는 기포를 유지하여 빵이 부풀게 하는 역할을 한다. 그런데 셀리악 환자의 몸에서는 글루텐 단백질이 자가면역 반응을 일으킨다. 면역세포는 이 단백질을 침입자로 인식해서 글루텐에 대한 항체를 생성한다. 이 항체는 다시 장벽 세포를 공격하여 통증과 설사, 점막의 손상을 입힌다.

셀리악병은 유발 물질이 정확히 알려진 흔치 않은 자가면역 질환이다. 면역학자들은 만족했다. 병의 원인이 무엇인지 알았기 때문이다. 유전학자들 역시 만족했다. 셀리악병에 걸리기 쉬운 유전자들의 위치를 확보했기 때문이다. 그들은 질 나쁜 유전자가 환경적인 유발물질과 결합하여 셀리악병이 발병한 것으로 생각했다. 그러나 소화기를 연구하는 사람으로서 파사노는 만족하지 않았다. 글루텐이 병을 일으키기 위해서는 면역세포와 접촉을 해야 하는데 그러기 위해서는 장 내벽을 통과해야 하기 때문이다. 당뇨 환자들이 인슐린을 알약으로 복용하는 대신 주사로 혈관에 직접 투여해야 하는 것과 정확히 같은 이유로 글루텐은 장벽을 통과할 수 없었다. 장벽을 혼자 힘으로 통과하기엔 글루텐 분자의 크기가 너무 크기 때문이다.

그러나 파사노가 발견한 비브리오 콜레라의 조트 독소, 그리고 조트의 인간 버전인 조눌린이 그가 필요한 단서를 제공해주었다. 셀리악병을 가진 사람은 그가 여덟 살이건 여든 살이건 상관없이 부실한 유전자와 글루텐만으로는 충분히 그 병을 설명할 수 없다. 무언가가 글루텐을 혈관 속으로 들여보내주는 역할을 해야 한다. 파사노는 셀리악병을 앓는 환자의 장벽이 샌다는 것을 알고 있었다. 그는 이것이 조눌린과 관련이 있을지도 모른다는 예감이 들었다. 파사노는 셀리악병을 앓고 있는 어린이와 건강한 어린이의 장 조직을 테스트하였다. 그가 의심한 대로 셀리악 환자들의 장 내벽은 열려 있었고 글루텐 단백질이 혈액으로 들어가 자가면역 반응을 유발했다. 현재 세계 인구의 1퍼센트가 셀리악병을 앓고 있다.

장 누수와 높은 수치의 조눌린이 검출되는 질환은 셀리악병만이 아니다. 제1형 당뇨병 역시 장의 투과성이 특히 높게 나온다. 파사노는 조눌린이 제1형 당뇨병 뒤에서도 작용하고 있다는 것을 알아냈다. 당뇨연구에 사용된 쥐들을 교배했을 때 당뇨병 발병 몇 주 전에 장 누수가 앞서서 나타났는데, 이것이 곧 면역 질환을 야기하는 데 필수적인 단계였던 것이다. 쥐에게 조눌린 작용을 억제하는 약을 처방하면 그들 중 3분의 2에서 당뇨 발병을 막을 수 있었다. 그렇다면 다른 21세기형 질병들은 어떠한가?

면역계를 훈련시키는 방법

비만으로부터 시작해보자. 나는 2장에서 체중 증가는 혈액 내의 LPS라고 불리는 지질다당류의 수치가 높아지는 것과 관련이 있다고 말했다. LPS는 박테리아의 피부세포나 다름없는데 박테리아의 내부 물질은 안으로, 외부에서의 위협은 밖으로 유지하는 역할을 한다. 그들은 또한 피부세포처럼 지속해서 벗겨지고 새로 만들어진다. LPS 분자는 특히 그람음성균Gram-negative의 표면을 코팅한다. 박테리아를 그람 염색에 따라 분류하는 방법은 지금까지 언급해온 종, 속, 문 같은 통상적인 분류 체계보다도 훨씬 미생물의 식별 및 기능과 관계가 있다. 그람음성균과 그람양성균Gram-positive 모두 장에 살며 둘 다 내재적으로는 유익균도 유해균도 아니다. 그러나 비만한 사람들의 혈액에서 높은 수치로 나타나는 그람음성균의 LPS 분자는 유해하다. 그렇다면 도대체 LPS는 어떻게 혈액으로 들어간 걸까?

LPS는 상대적으로 크기가 큰 분자다. 정상적인 상황이라면 장 내벽을 통과해서 들어갈 수 없는 크기다. 그러나 장의 투과력이 높아지면 다시 말해 장벽이 새게 되면 세포 사이로 비집고 나와 혈관으로 들어간다. 그 과정에서 LPS는 수용체, 즉 장벽에 위반사항이 없는지 확인하는 경호장치를 작동시킨다. LPS를 인지한 수용체는 면역계에 경고를 보내고 사이토카인이라는 화학 전달 물질을 분비하는데 이놈들이 체내를 돌아다니며 경보를 울리고 군대를 일으킨다.

이 과정에서 몸 전체에 염증이 일어난다. 대식세포가 지방세포의 내부에 넘쳐나고 세포를 분열하여 수를 늘리는 대신 크기가 커지게 한다. 비만한 사람의 경우 지방세포의 최대 50퍼센트가 지방이 아닌 대식세포인 경우가 있다. 과체중 또는 비만한 사람들의 몸은 낮은 수준이기는 하나 만성적인 염증 상태에 있다. 혈액 내의 LPS는 체중 증가를 유도할 뿐 아니라 인슐린 같은 호르몬의 작용에 지장을 주면서 제2형 당뇨병과 심장병을 일으킨다.

혈액 내의 과다한 LPS는 정신 질환과도 연관이 있다. 우울증 환자, 자폐성 장애 아동, 조현병 환자는 보통 장 누수 및 만성적인 염증을 가지고 있다. 놀랍게도 어릴 적 엄마와 떨어진다거나 사랑하는 사람을 잃는 등의 정신적 트라우마가 장 누수를 일으킬 수 있다. 이것이 스트레스와 우울증 사이의 잃어버린 생물학적 연결 고리인지는 확실하지 않지만, 장-미생물총-뇌가 이루는 커다란 축을 설명하려는 연구와 더불어 관련성을 입증하는 증거는 점점 늘고 있다. 보통 우울증에 동반되는 비만이나 과민성 장 증후군, 여드름 같은 질병들은 대개 우울증 자체가 이 병들을 유발한 것으로 여겨진다. 장 누수가 만성 염증을 비롯한 신체적, 정신적 장애를 동시에 유발한다는 것은 의학적인 측면에서 무척 흥미로운 사실이다.

누군가는 정치적, 사회적 질병까지 모두 장 누수의 탓으로 돌리고 싶겠지만 그건 둘째 치고라도 분명히 장 누수는 모든 병의 근원은 아니다. 그러나 장 누수라는 개념은 현재 나타나는 회의적인 견해에 맞서 다시 고려되고 쇄신되어야 한다. 여러 질환의 기원이 되는 장 누수의 중요성을 밝히는 양질의 과학적 연구가 필요하지만 현실은 훼손된 과거에 의해 가려져 지체되고 있는 상황이다. 비만, 알레르기, 자가면역 질환, 정신 장애 모두 심각한 수준의 장 투과성과 이에 따른 만성적인 염증을 보인다. 이 염증은 글루텐이나 락토스 같은 음식 분자부터 LPS 같은 박테리아 부산물까지 장벽의 경계를 뚫고 몸속으로 들어오는 불법 침입자들에 대한 면역계의 반응으로 나타난다. 균형 잡히고 건강한 미생물총은 장벽의 경계선에서 침입자를 걸러내는 게이트키핑의 힘으로 작용하여 장의 온전한 상태를 유지하고 몸의 신성함을 지켜준다.

면역계의 표적이 되는 것은 알레르겐(알레르기를 일으키는 물질)이나 인체 내의 세포만이 아니다. 문명사회에서 가장 흔하게 나타나는 질병인 여드름처럼 일부 미생물총 역시 면역계의 공격으로부터 타격을 받는다. 과학 연구를 한다는 명목 아래 나는 런던의 차고 습한 대도시에서 벗어나 지구 상에서 가장 오지라고 불리는 지역에서 완전히 다른 환경과 문화를 경험했다. 저녁거리로 주머니쥐나 사슴을 사냥하는 정글, 가장 빠른 이동수단이라고 해봐야 낙타밖에 없는 사막, 마을 전체가 물 위에 뗏목을 띄우고 생활하는 수상 마을 등, 이들 지역에서의 일상생활은 내가 살던 고향에서의 생활과는 완전히 달랐다.

그날 먹을 음식은 그 자리에서 구하고 그날로 먹어치웠다. 슈퍼마켓도 없고 음식재료를 포장할 필요도 없다. 해가 지고 어둠이 찾아와도 불빛이라고는 작은 오일 램프나 모닥불이 전부다. 병에 걸린다는 것은 곧 죽음을 의미한다. 자고 있던 아이가 닭에게 눈을 쪼여 실명하기도 하고 어른도 꿀을 따다가 나무에서 떨어지기도 한다. 비가 오지 않으면 저녁을 걸러야 한다. 모두가 매 끼니 본인이 직접 기르거나 잡은 것을 먹고, 치료나 건강을 위해 할 수 있는 유일한 의료 행위는 약초를 사용하거나 신에게 기도를 바치는 것뿐이다.

가장 가까운 자동차 도로에서 수십 킬로미터나 떨어진 곳에 자리 잡은 파푸아뉴기니의 산악지대나 인도네시아 술라웨시Sulawesi의 바닷가 집시 마을에서 당신이 찾아볼 수 '없는' 것은 바로 얼굴에 여드름이 난 사람이다. 심지어 사춘기 아이들조차 여드름이 없다. 그러나 오스트레일리아, 유럽, 아메리카, 일본에 사는 사람들은 거의 모두 여드름이 난다. '모든' 사람이라는 표현을 쓴 것처럼, 가장 근접한 추정치로도 이것은 사실이다. 산업화한 사회에 사는 사람 중 90퍼센트 이상이 살면서 한 번쯤은 뾰루지 때문에 신경을 쓴 적이 있을 것이다. 특히 사춘기 아이들의 경우는 최악이다.

그러나 최근 몇십 년 동안 여드름은 사춘기 아이들뿐 아니라 성인에게까지 번졌다. 특히 여성들은 20대나 30대 혹은 그 이후에도 여드름이 난다. 25~40세 사이의 여성 40퍼센트가 여드름이 나는데 이 중 일부는 사춘기 때는 아예 여드름이 나지 않았던 사람들이다. 많은 사람이 어떤 문제보다도 여드름 때문에 피부과를 찾는다. 우리는 꽃가루 알레르기처럼 여드름을 그냥 우리 삶에서 자연스럽게 일어나는 증상이라고 생각하는 경향이 있다. 사춘기 아이들의 경우는 특히 그렇다. 하지만 그렇다면 왜 세계에서 산업화하지 않은 지역 사람들에게는 여드름이 나지 않는 걸까?

조금만 생각해보면 이렇게 많은 사람에게 여드름이 난다는 것은 말도 안 되는 일이다. 더욱 터무니없는 것은 여드름이 계속 증가하고 있고 특히 사춘기의 고통에서 오래전에 벗어난 성인들 사이에서도 여드름이 증가하는 추세인데도 정작 여드름이 생기는 이유를 밝히려는 연구가 거의 없다는 사실이다. 우리는 반세기가 넘도록 오래된 구닥다리 설명에 집착하고 있다. 여드름은 과도한 남성호르몬과 지나친 피지, 프로피오니박테륨 아크네*Propionibacterium acnes*(여드름 유발균)의 광분, 그리고 홍조와 부기, 백혈구의 험악한 면역 반응으로 인해 생긴다는 것이다. 그러나 자세히 조사해보면 이것은 앞뒤가 맞지 않는 이야기다. 안드로겐은 여드름을 일으킨다고 알려진 남성 호르몬인데 안드로겐의 수치가 높은 여성은 실제로 여드름이 심하지 않다. 그리고 이보다도 훨씬 높은 수치의 안드로겐을 가진 남성들 역시 여성보다 여드름으로 더 고생하지는 않는다.

그렇다면 무슨 일이 일어난 것인가? 최신 연구 결과를 보면 우리가 그동안 잘못된 곳을 보고 있었음을 알 수 있다. 프로피오니박테륨 아크네가 여드름을 유발한다는 주장은 이미 수십 년 전에 나온 가설이다. 그리고 이 가설은 출처가 분명하다. 뾰루지의 원인이 무엇인지 알고 싶은가? 그렇다면 뾰루지 안을 잘 들여다보고 어떤 미생물이 버티고 있는지 살펴보라. 그런데 똑같은 박테리아가 여드름 환자의 여드름이 나지 않는 피부에서도, 여드름이 아예 나지 않는 사람의 피부에도 서식한다고? 그냥 무시하라. 어떤 뾰루지에는 아예 프로피오니박테륨 아크네가 없다고? 그냥 상관하지 말라. 프로피오니박테륨 아크네의 밀도는 여드름이 심한 정도와는 연관성이 없다. 피지의 양이나 남성호르몬의 여부로도 여드름의 유무를 예측할 수는 없는 것 같다.

항생제를 직접 얼굴에 바르거나 약으로 복용하면 종종 여드름이 호전되는 경우가 있기 때문에 프로피오니박테륨 아크네 가설에 힘이 실리고 항생제 치료가 지속된다. 항생제는 뾰루지에 가장 많이 처방되는 약물이다. 그리고 많은 사람들이 수개월, 수년씩 그 항생제에 절어 산다. 그러나 항생제는 피부에 사는 박테리아에만 영향을 미치는 것이 아니다. 장에 사는 박테리아에도 역시 영향을 미친다. 우리는 앞 장에서 항생제가 면역계의 행동을 바꾼다는 것을 보았다. 이것이 여드름 문제에서 면역계의 작용에 대한 진짜 이유가 될 수 있을까?

확실한 것은 프로피오니박테륨 아크네가 여드름 발생에 중요하지 않다는 사실이다. 이 피부 박테리아의 역할이 정확히 무엇인지에 관해서는 아직도 논쟁 중이지만 면역계가 이 현대인의 피부질환에 미치는 영향에 관해서는 이를 설명하는 새로운 주장들이 나오고 있다. 여드름 환자의 피부에는 면역세포가 과도하게 나타나는데 그건 여드름이 나지 않는 곳에도 마찬가지다. 여드름 역시 만성 염증의 또 다른 증상인 것 같다. 어떤 사람들은 심지어 면역계가 프로피오니박테륨 아크네 또는 다른 피부 미생물에 과민반응을 보여 이들을 아군이 아닌 적군으로 여기게 되었다고 주장한다.

크론병이나 궤양성 대장염 같은 염증성 장 질환도 마찬가지다. 미생물총 조성이 변경되는 바람에 장의 면역세포가 그곳에 살고 있는 거주자들을 제대로 대접하지 않고 있는 것 같다. 어쩌면 면역계를 진정시키는 역할을 담당하는 Tregs 세포가 면역계 부대의 공격적인 병사를 더 이상 통제하지 않기 때문인지도 모른다. 그래서 착한 박테리아들을 허용하거나 독려하는 대신 공격을 감행하는 것이다. 이것은 자기 자신에 대한 직접적인 공격인 '자가'면역이라기보다는 '공동'면역, 즉 우리의 몸과 상호보완적인 관계를 이루며 정상적으로 공생하는 미생물을 공격하는 것이라고 볼 수 있다.

염증성 장 질환을 앓는 사람들이 건강한 사람들보다 대장암에 걸릴 확률이 높다는 사실은 미생물총의 불균형과 건강 사이에 깊은 연관성이 있음을 알려준다. 어떤 감염병은 오래전부터 암을 유발한다고 알려져 있다. 예를 들어 인체유두종바이러스HPV는 자궁경부암을 일으킨다. 그리고 헬리코박터균은 위궤양을 유발하지만 위암도 일으킬 수 있다. 염증성 장 질환과 장내 미생물 불균형이 함께 나타나면 위험도가 한층 높아 진다. 불균형으로 인한 염증이 어떤 식으로든 장벽 세포의 DNA를 훼손해 종양으로 변하게 하는 것이다.

암을 일으키는 데 있어서 미생물총의 역할은 소화기계 암에만 국한되지 않는다. 미생물 불균형은 장 누수와 염증을 촉진하기 때문에 건강하지 못한 미생물총은 다른 기관에서도 암을 일으킬 수 있다. 간암을 예로 들어보자. 비만과 고지방 식단이 암과 어떤 관련이 있는지 알아보기 위해 비만 쥐와 마른 쥐를 발암물질에 노출했다. 마른 쥐는 대부분 암에 저항하였으나, 비만 쥐의 경우 3분의 1에서 간암이 발생했다. 고지방 식단이 어떻게 장이 아닌 곳에서 암을 발생시키는지는 확실하지 않다. 하지만 이 두 집단의 혈액 구성을 비교해보았을 때 비만 쥐는 DNA를 손상시킨다고 알려진 DCA(데옥시콜산)이라는 유해물질의 수치가 더 높았다.

DCA는 담즙산에서 온다. 담즙은 음식에 있는 지방 분해를 돕는 물질이다. 그러나 클로스트리디아clostridia에 속하는 특정 박테리아가 존재하는 경우에 담즙산은 유해한 DCA로 전환된다. 전환된 DCA는 간에서 분해되어야 한다. 비만 쥐는 마른 쥐보다 장내에 클로스트리디아 박테리아 수치가 훨씬 높아서 특별히 간암이 발생할 가능성이 커지는 것이다. 비만 쥐에게 클로스트리아 박테리아를 타깃으로 하는 항생제를 투여했더니 암 발병률이 줄어들었다.

우리는 모두 술과 담배가 암을 유발할 수 있다는 사실을 잘 알고 있다. 하지만 과체중일 경우 암에 걸릴 확률이 훨씬 높다는 사실은 잘 알려져 있지 않았다. 남성의 경우 암 사망자 14퍼센트가 과체중과 관련이 있었고 여성에서는 비율이 훨씬 높아서 20퍼센트에 달했다. 유방암, 자궁암, 직장암, 신장암 모두 살이 지나치게 찌는 것과 연관되어 있다고 여겨진다. 그리고 적어도 '비만' 미생물총이 부분적으로는 이유가 된다.

21세기의 건강을 이야기할 때 아이러니가 하나 있다. 바로 미생물에 의한 감염병의 시대가 끝난 지금 현대인의 건강에 핵심이 되는 것이 몸속에 미생물을 얼마나 많이—'적게'가 아니고—가지고 있느냐는 점이라는 사실이다. 이제 위생가설에서 올드프렌드 가설로 넘어가야 할 때가 왔다. 우리에게 부족한 것은 감염이 아니라 면역계를 진정시키고 훈련시키는 착한 미생물이다.

1장에서 나는 겉으로 보기에 연관성이 없어 보이는 비만과 알레르기, 자가면역 질환과 정신질환 같은 21세기형 질병을 연결하는 것이 무엇인가 하는 질문을 던졌다. 답은 바로 이 모든 것의 이면에 흐르는 것, 바로 염증이다. 우리의 면역계는 감염 질환의 시대가 끝난 지금 안식년을 즐기는 대신 이전보다 훨씬 더 활발하게 움직이고 있다. 면역계는 휴전 없는 전쟁을 마주하고 있다. 적의 위협이 많아졌기 때문이 아니다. 우리가 경비대를 줄이고 적군에게 국경을 열어주었기 때문이고(장 누수), 또 미생물들이 훈련한 평화유지군(Tregs)을 잃어버렸기 때문이다.

그래서 당신이 정말로 면역계를 강화하고 싶다면 비싼 딸기류나 특별한 주스를 포기하고, 대신 당신의 미생물총을 최우선 순위에 올려놓으라고 말하고 싶다. 그러면 나머지는 자연스럽게 따라올 것이다.

• 5장 •

세균과의 전쟁

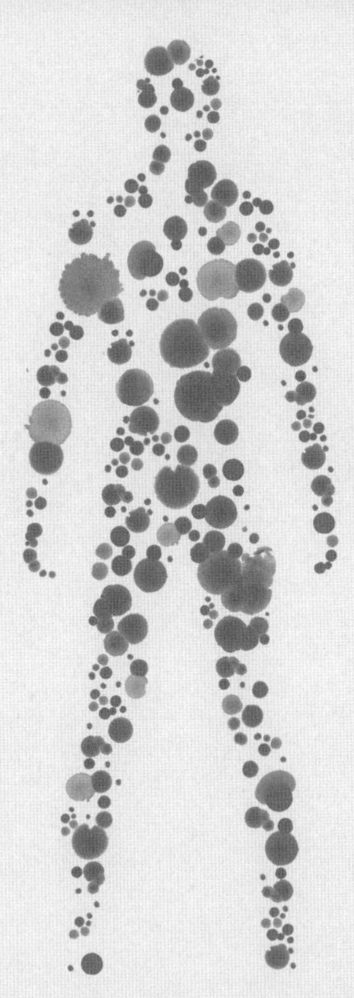

1 0 % H U M A N

2005년에 임페리얼 칼리지 런던의 생화학과 교수인 제러미 니콜슨Jeremy Nicholson은 논란이 될 만한 가설을 내놓았다. 전 세계적으로 확산하는 비만 현상 뒤에는 항생제가 있다는 것이다. 2장에서 다루었듯이 프레드리크 벡헤드는 인간이 음식물에서 에너지를 추출하고 저장하는 과정에 미생물총이 결정적인 역할을 한다는 것을 보여주었다. 벡헤드의 초기 실험은 체중의 증가 역시 미생물에 의해 조절될 수 있다는 사실을 처음으로 제시하였다. 장내 미생물이 실험용 쥐를 살찌우게 한다면 항생제로 인한 장내 미생물 조성의 변화가 인간의 비만에도 중요한 역할을 하지 않을까?

과체중과 비만증이 이렇게 많은 사람들에게 퍼진 것은 1980년대 이후지만 오늘날의 비만 확산이 첫 조짐을 보인 것은 1950년대였다. 그런데 항생제는 비만이 확산하기 겨우 몇 년 전인 1944년부터 대중에게 보급되기 시작했다. 니콜슨은 이것이 단지 우연의 일치는 아니라고 생각했다. 하지만 단지 발생 시기가 비슷하다는 이유만으로 의심을 하게 된 것은 아니었다. 니콜슨은 축산업자들이 시장에 내놓을 가축을 살찌우기 위해 이미 수십 년 전부터 항생제를 사용해왔다는 사실을 알고 있었다.

1940년대 후반에 우연히 미국 과학자들은 닭에게 항생제를 주입하면 성장률이 50퍼센트나 높아진다는 사실을 발견했다. 1940년대는 누구에게나 살기 힘든 시대였다. 특히 도시민들은 갈수록 치솟는 물가를 따라잡을 수가 없었다. 사람들은 고기를 먹어본 적이 언제였는지 기억조차 나지 않았다. 값싼 육류는 사람들의 전후戰後 위시리스트에서 늘 상위를 차지했다. 이런 상황에서 닭에게 나타난 항생제의 효과는 기적이나 다름없었다. 소, 돼지, 양, 칠면조 모두 닭과 마찬가지로 항생제를 소량만 투여해도 엄청나게 성장했기 때문에 축산업자들은 박수를 치며 좋아했다.

이 약물이 어떻게 가축의 생장을 촉진하는지, 또 항생제 사용이 어떤 결과로 이어질지는 아무도 알지 못했다. 하지만 먹을거리는 턱없이 부족하고 물가는 감당하기 어려운 수준인 상황에서 닭이 먹는 모이 양에 비해 생산량은 엄청나게 증가했기 때문에 축산업자들은 너도나도 가축에게 항생제를 주입하였다. 측정하기는 모호하지만 아마도 미국에서 사용되는 항생제의 최대 70퍼센트가 가축에게 사용되었을 것이다. 항생제를 사용하면 가축의 생장이 촉진될 뿐만 아니라 가축 전염병의 발생 확률까지 낮아졌다. 따라서 농장주들은 지속적으로 항생제를 사용하여 감염의 걱정 없이 비좁은 공간에 동물을 터질 듯이 채워 넣고 키웠다. 이러한 성장촉진제가 없었다면 같은 무게의 고기를 생산하기 위해 매해 미국에서만 4억 5,200만 마리의 닭, 2,300만 마리의 소, 1,200만 마리의 돼지를 추가로 키워야 했을 것이다.

니콜슨이 염려하는 것은 바로 이것이었다. 항생제가 가축을 이렇게 살찌울 수 있다면, 그것이 인간에게도 똑같이 작용하지 않을 거라고 누가 장담하겠는가? 인간의 소화계는 돼지의 소화계와 크게 다르지 않다. 돼지와 사람 모두 잡식성이고 위의 주머니는 간단하게 하나로 이루어져 있다. 대부분의 소화 과정은 소장에서 일어난다. 그리고 결장에는 소화되고 남은 찌꺼기를 이용하는 미생물이 가득하다. 항생제는 새끼 돼지의 성장률을 매일 약 10퍼센트씩 높인다. 축산업자들에게 이런 성장률은 도살 날짜를 2~3일이나 앞당길 수 있다는 것을 의미한다. 엄청난 이득이다. 그렇다면 가축처럼 인간 역시 게걸스럽게 항생제를 소비한 결과 살이 찐 걸까?

항생제의 쓸모

체중과 씨름하는 많은 이들에게 날씬해진다는 것은 가장 큰 소망이지만 아무리 절실히 바라도 뜻대로 되기는 쉽지 않다. 체중 감량에 성공한 고도비만 환자들에게 설문조사를 했더니, 이들은 뚱뚱했던 시절로 돌아가느니 차라리 다리 하나를 잃든지 눈이 멀고 귀가 먹게 되는 편을 택하겠다고 응답했다고 한다. 또한 47명 중 한 명의 비만 환자들은 뚱뚱한 백만장자가 되느니 차라리 날씬하게 살겠다고 대답했다는 조사 결과도 있다.

사람들이 이렇게나 절실하게 날씬해지길 원하는데 왜 살은 쉽게 찌고 빼기는 그리도 어려운 걸까? 가장 긍정적으로 추산해도 과체중인 사람 중에서 체중 감량에 성공하고 또 1년 이상 유지한 사람은 고작 20퍼센트에 불과하다. 살을 빼는 데 성공한 사람들은 실제로 신장 대비 체중에 따른 권장 열량보다도 몇 칼로리 정도 적게 먹어야 날씬한 몸무게를 유지하는 것이 가능하다고 말한다. 살을 빼는 것은 너무 어려운 일이라 어느 정부 주관의 국민건강 캠페인은 사람들의 몸무게를 줄이려는 목표를 과감하게 포기하고 차선책으로 현재 체중을 유지하는 쪽으로 방향을 바꾸었다. 미국에서 일어난 '지금 그대로, 더 찌지만 말자Maintain, Don't Gain' 캠페인은 이런 의도를 반영한다. 많은 직장에서는 명절이나 크리스마스를 앞두고 휴일 동안 직원들이 과식하여 살찌는 것을 방지하기 위해 교육이나 카운슬링을 제공하기도 한다.

체중 감량에 대한 이러한 의혹은 마침내 비만을 질병으로 받아들이게 된 사람들의 진보한 생각과 맞아 떨어진다. 2장에서 니킬 두란다는 비만이 단지 섭취열량과 소비열량의 문제가 아니라 여러 가지 원인을 가진 복합적인 질병에 가깝다고 주장하였다. 그의 생각이 맞는다면 항생제가 이 확산에 중요한 요인이 될지도 모른다. 일부 선진국 인구의 65퍼센트가 과체중 또는 비만하다는 사실을 두고, 인간의 행동에 대해 도저히 이해할 수 없는 해석이 나온다. 인간이 그렇게 게으르고 탐욕스럽고 무지하고 무기력한 존재인가? 그래서 날씬한 몸을 유지하는 사람보다 살찌는 사람이 더 많아지는 것일까? 그게 아니라면 우리가 지금까지 알고 있는 사실 말고도 이 지나친 체중 증가를 설명할 수 있는 다른 이유가 있는 걸까?

비만의 확산이 항생제에 의해 유도되거나 부추겨진 것이라면 우리 자신은 적어도 늘어난 몸무게에 대해서 부분적으로는 책임을 면제받을 수 있을 뿐 아니라 효과 없는 다이어트에 매달리지 않고서도 살찌는 것을 억제할 방법을 찾게 될지도 모른다.

1999년에 뉴욕 출신의 전직 간호사 앤 밀러Anne Miller는 아흔 살의 나이에 사망했다. 원래 그녀의 수명은 서른세 살이었으니 57년이나 더 오래 산 셈이다. 1942년 앤 밀러는 나이 서른세 살에 유산을 한 적이 있는데 코네티컷의 병원에 입원해 있는 동안 연쇄상구균에 감염되어 죽음을 눈앞에 두고 있었다. 체온이 42도까지 올라가는 상황에서 밀러의 주치의는 그녀의 생명을 구하기 위해 극단적인 조처를 하고자 가족들에게 동의를 구했다.

밀러의 주치의는 뉴저지의 제약회사에서 개발 중인 신약을 시도하려고 하였다. 그것은 아직 아무에게도 처방된 적이 없는 약, 바로 페니실린이었다. 3월 14일 오후 3시 30분, 한 달이나 고열에 시달려 의식마저 혼미한 밀러에게 전 세계가 가진 전체 양의 절반인 한 티스푼의 페니실린이 주입되었다. 네 시간 뒤인 오후 7시 30분, 열이 떨어지더니 상태가 안정되기 시작했다. 며칠 뒤 그녀는 완전히 회복했다. 앤 밀러는 항생제로 목숨을 구한 첫 번째 사람이 되었다.

그 이후로 항생제는 1944년 제2차 세계대전 때 노르망디 상륙작전의 부상병들을 시작으로 셀 수 없이 많은 사람들의 목숨을 구했다. 기적적인 회생 스토리들이 대중에게 퍼지자 페니실린 수요가 빠르게 증가하였다. 1945년 3월에는 페니실린의 생산이 수요를 따라잡았고 미국에서는 원하는 사람이면 누구나 동네 약국에서 페니실린을 구매할 수 있게 되었다. 1949년에 페니실린 가격은 10만 유닛당 20달러에서 10센트로 내려갔다. 그 이후로 65년 동안 각각 다른 방식으로 박테리아를 공략하는 20가지 이상의 항생제가 개발되었다. 1954년과 2005년 사이 미국에서 항생제 생산은 매해 900톤에서 2만 3,000톤으로 급증하였다. 이 놀라운 약은 사람이 죽고 사는 모습을 바꾸어놓았다. 항생제의 발명으로 인류는 가장 오래된 원수이자 가장 무서운 적으로 인한 고통과 죽음에서 벗어나게 되었다.

예전에 항생제는 말 그대로 목숨을 살리는 약으로써 생사의 갈림길에 놓인 대단히 위험한 상황에서만 사용되었다. 하지만 이제 항생제는 전 세계적으로 사용되고 있다. 선진국에 사는 사람 중에 일생에 한 번도 항생제 처방을 받아본 적이 없는 사람을 찾기란 불가능하다. 영국에서 평균 여성은 평생 총 70차례 항생제 처방을 받는다. 1년에 한 번꼴이다. 남성의 경우는 병원에 가기 싫어하는 본성 때문인지 아니면 남녀의 면역계 차이 때문인지 몰라도 평생 평균 50차례 항생제 처방을 받는다. 유럽 인구의 40퍼센트가 지난 12개월 안에 항생제를 복용한 적이 있다. 이 수치는 이탈리아에서 57퍼센트로 가장 높고 스웨덴에서는 22퍼센트에 이른다. 미국인들은 이탈리아인들과 비슷하여 지금 이 순간 인구의 2.5퍼센트가 항생제를 복용 중이다.

만 2세 이하 유아에서조차 항생제 복용을 한 적이 없는 사람을 찾기는 힘들다. 아이들의 3분의 1 정도가 생후 6개월 이전에 처음으로 항생제를 처방을 받는다. 한 살이 되면 비율은 거의 50퍼센트 정도로 올라간다. 만 두 살이면 비율은 4분의 3이 된다. 선진국에 사는 아이라면 열여덟 살이 될 무렵 이미 평균적으로 10~20차례 항생제를 복용했다는 말이다. 의사가 처방하는 항생제의 3분의 1이 아이들에게 투여된다. 매년 미국의 소아 청소년들은 1,000명당 900번의 항생제 치료를 거친다. 스페인 아이들은 매년 1,000명당 무려 1,600번의 처방을 받는다. 다시 말해서 평균적으로 어린 시절에 매년 1.6회의 항생제 처방을 받는다는 말이다.

이 아이들에게 처방된 항생제의 절반이 중이염 치료에 이용된다. 중이염은 특히 어린아이들이 걸리기 쉬운 질병이다. 사람의 귀와 목 사이에는 이관耳管이라는 작은 관이 연결되어 있는데 높은 곳에 올라가면 귀가 먹먹해지는 이유가 바로 이 이관 때문이다. 이관은 구조적으로 경사를 이루기 때문에 물이 귀에서 코 쪽으로 자연스럽게 빠져나가게 한다. 그런데 아이들의 귀에서는 이관이 거의 편평하다. 따라서 물이 코 쪽으로 제대로 흘러나가지 못하고 막히면서 염증이 생기는 경우가 많다. 또한 중이염은 요즘 아기들의 필수품인 공갈 젖꼭지를 무는 아이들에게 두 배나 더 흔하게 나타난다. 의사들은 두 가지 이유로 중이염을 심각하게 생각한다. 첫째, 반복적으로 중이염을 앓는 아이들은 때로 청력에 문제가 생긴다. 특히 말을 배우는 시기에 있는 아이들에게는 언어능력에도 영향을 미칠 수 있다. 둘째, 감염이 심해져서 귀 뒤의 관자뼈까지 퍼지면 꼭지돌기염mastoiditis을 일으킬 가능성이 있다. 이 박테리아성 감염에 걸리면 영구적인 청력 상실이나 사망에 이를 수도 있다. 두 가지 경우 모두 일어날 확률이 높지 않고 위험성이 극도로 적지만 만일의 가능성에 대비하여 의사들은 안전한 방향을 선택한다.

짐작했겠지만, 이 모든 항생제의 복용이 절대적으로 필요한 것은 아니다. 미국의 질병통제예방센터는 미국에서 처방되는 항생제의 반은 불필요하거나 적합하지 않다고 판단하였다. 특히 많은 경우 항생제는 감기나 독감 환자에게 처방되었다. 이는 병원에 왔으니 아무 약이라도 달라고 필사적으로 졸라대는 환자들에게 의사들이 지친 나머지 처방해준 것으로 보인다. 감기나 독감 모두 박테리아가 아닌 바이러스 때문에 걸리는 질병이라 항생제를 처방해봐야 아무 소용이 없다(바이러스는 건드리지도 못한다). 또한 대부분 감기는 목숨을 걸지 않아도 며칠 혹은 몇 주 뒤에 스스로 낫는다.

항생제 내성이 심각한 문제로 대두하면서 의사들에게 처방을 신중하게 내려달라는 압력이 가해지고 있다. 개선의 여지는 많다. 1998년에 미국에서 일차진료 기관의 의사들이 처방한 전체 항생제의 4분의 3이 중이염, 인두염, 부비동염(축농증), 기관지염, 상기도 감염의 다섯 개 호흡기 감염을 치료하기 위해 사용되었다. 상기도 감염으로 병원에 간 2,500만 명 중 30퍼센트가 항생제 처방을 받았다. 생각보다 많지 않다고 생각할지도 모르지만 아마 상기도 감염의 5퍼센트만이 실제로 항생제가 필요한 박테리아성 감염이라는 사실은 몰랐을 것이다. 인두염에 대해서도 마찬가지다. 1,400만 명이 그해에 인두염으로 진단을 받았는데 그중 62퍼센트가 항생제 처방을 받았고 실제로는 10퍼센트만이 박테리아 감염이었다. 전체적으로 그해에 처방된 항생제의 약 55퍼센트가 불필요한 것이었다는 말이다.

의약품 사용에 대한 게이트키퍼gatekeeper(여기서는 유통되는 수많은 의약품을 환자의 안녕을 위해 제대로 걸러내는 역할을 하는 사람을 의미한다-옮긴이)로서 항생제 남용에 대한 책임은 전적으로 의사에게 있다고 본다. 그러나 환자의 무지가 의사들에게는 적지 않은 압박으로 작용하는 것도 사실이다. 2009년에 유럽에서 약 2,000명을 대상으로 설문조사를 했더니 응답자 중 53퍼센트는 항생제가 바이러스를 죽인다는 잘못된 믿음을 가지고 있었다. 그리고 응답자의 47퍼센트는 항생제가 바이러스에 의해 야기되는 감기나 독감에 효과가 있다고 생각했다.

의사들은 아픈 환자를 빈손으로 돌려보낸다는 두려움, 다시 말해 환자가 박테리아성 감염으로 심각한 합병증을 안고 돌아오면 어쩌나 하는 염려 때문에 항생제를 처방하게 된다. 특히 경험이 없는 의사들에게 어린아이는 두려움의 대상이다. 아기가 악을 쓰며 우는 이유는 안아달라고 보채는 것일 수도 있지만 정말 심각하게 아프기 때문일 수도 있다. 역시 마찬가지로 아기가 조용하고 무기력해 보이는 것은 다량의 진정제 때문일 수도 있지만 정말 심각하게 아프기 때문일 수도 있는 것이다. 젊은 의사들은 차라리 지금 안전하게 가는 것이 나중에 용서를 구해야 하는 상황에 직면하는 것보다 낫다고 생각한다. 그러나 정말 그럴 가치가 있는가?

물론 그럴 만한 가치가 있는 경우도 있다. 흉부 감염의 예를 들어보

자. 특히 고령자에게 흉부 감염은 폐렴으로 드러나는 경우가 종종 있다. 흉부 감염의 증상을 나타내는 노인 40명 중 한 사람이 실제로 폐렴이라고 가정하자. 그렇다면 그 한 사람의 폐렴을 예방하기 위해 나머지 39명의 흉부 감염자가 자신에게 별 이득이 없는 항생제 처방을 받는다는 계산이 나온다. 다른 질병의 경우 한 사람의 심각한 합병증을 예방하기 위해 훨씬 더 많은 사람들에게 쓸데없이 항생제가 낭비되고 있다. 예를 들어 4,000명 이상의 인두염 환자와 상기도감염 환자가 그들 중 한 명에게 일어날지도 모르는 만일의 합병증 때문에 불필요한 항생제를 처방받는다. 중이염의 경우는 더 심각하다. 단 한 건의 꼭지돌기염을 위해 약 5만 명의 아이들이 항생제 처방을 받는다. 설사 꼭지돌기염에 걸린다 하더라도 대부분의 아이들은 무탈하게 회복한다. 그리고 꼭지돌기염으로 인한 사망률은 1,000만 명당 한 명꼴이다. 중이염 증상을 보이는 모든 아이들에게 항생제를 처방한 결과로 나타나는 항생제 내성은 의심할 여지없이 감염 그 자체보다 공공 보건에 훨씬 더 위험하다.

선진국에 사는 사람들이 복용하는 다량의 항생제 대부분은 확실히 불필요하다. 이는 개발도상국에서 여전히 만연하는 감염성 질병이나 목숨이 달린 경우에 항생제를 처방하는 상황과는 대비된다. 가정의학과 의사이자 웨일스 카디프 대학교의 일차진료학 교수인 크리스 버틀러Chris Butler는 BBC라디오 채널4와 나눈 인터뷰에서 다음과 같이 말했다.

> 저는 영국으로 오기 전 남아프리카 공화국의 어느 지방 종합병원에서 근무했습니다. 그곳에서는 감염성 질병이 믿을 수 없을 정도로 많이 일어

났습니다. 원래는 튼튼하고 건강했던 사람이 폐렴이나 수막염으로 찾아오는 경우가 비일비재했습니다. 그 사람들은 죽음의 문턱까지 갔지만 우리가 늦지 않게 적절한 항생제를 처방한 경우 며칠 안에 일어나서 병원을 걸어 나갔습니다. 항생제라는 기적의 약으로 죽은 거나 다름없는 사람을 일어나 걷게 한 것이죠. 이후에 저는 영국으로 와서 일반진료소에서 근무하게 되었습니다. 그런데 남아프리카 공화국에서 그렇게 많은 사람의 목숨을 살리기 위해 사용했던 바로 그 항생제가 영국의 일반병원에서는 고작 콧물 흘리는 아이들에게 처방되더란 말입니다.

왜 혹시 모를 만약을 대비하여 항생제를 복용하는가? 항생제가 어떤 해를 끼칠 수 있는지 알고 있는가? 목숨을 살리는 데 쓰이는 약을 가벼운 병을 앓는 환자를 달래기 위해 남용하는 것은 결과적으로 항생제 내성을 일으키는 주된 원인이 된다.

버틀러는 많은 과학자와 의사들이 예측하는 것처럼 우리가 곧 항생제가 발명되기 이전 시대와 비슷한 양상을 보이는 포스트 항생제 시대를 맞이하게 될 것이라고 말한다. 항생제 이전 시대란 수술 시 감염에 의한 사망 위험률이 높고 작은 상처에도 목숨을 잃던 시대를 말한다. 이 가능성은 실제로 항생제 자체만큼이나 오래전에 예측되었다. 페니실린 발견 이후 알렉산더 플레밍은 항생제를 너무 적게 처방하거나 너무 단기간 처방하는 것, 확실한 이유 없이 처방하는 것 모두 항생제 내성을 가져올 것이라고 여러 번 경고했다(항생제를 너무 소량으로 처방하거나 단기간 처방하게 되면 균을 완전히 박멸하지 못해서 살아남은 균이 내성을 가질 가능성이 있다-옮긴이).

항생제 남용의 참혹성

플레밍은 옳았다. 시간이 흐르면서 박테리아는 진화하여 항생제에 대한 내성을 가지게 되었다. 처음으로 페니실린에 저항성을 보인 박테리아는 페니실린이 도입된 지 겨우 몇 년 만에 발견되었다. 내성이 일어나는 과정은 간단하다. 페니실린에 수용성이 있는 박테리아는 대부분 죽지만 번식 과정에서 우연히 돌연변이로 페니실린 내성이 있는 박테리아를 한 놈이라도 남기게 되면 저항성을 가진 그 박테리아가 번식을 시작하고 전체 군집이 항생제에 내성을 갖게 된다. 1950년대에 흔하게 나타나던 황색포도상구균은 페니실린 저항성을 가지게 되었다. 일부 개체가 페니실린 분해 효소를 진화시킨 것이다. 페니실린 분해 효소가 페니실린을 분해하는 바람에 이 효소를 가지지 않은 박테리아는 모두 죽었다. 하지만 분해 효소를 가진 박테리아는 살아남아 군집의 다수를 차지하게 되었다.

1959년에 영국에서 페니실린에 저항성을 보이는 황색포도상구균 감염을 치료하기 위해 메티실린methicillin이라는 새로운 항생제가 도입되었다. 그러나 겨우 3개월 만에 캐터링Kattering이라는 도시에서 이 박테리아의 새로운 돌연변이체가 나타났다. 이 돌연변이 균주는 페니실린뿐 아니라 메티실린에도 저항성을 보였다. 이것은 바로 현재까지도 공포의 MRSA라고 알려진 '메티실린 저항성 황색포도상구균methicillin resistent staphylococcus aureus'이다. MRSA는 매해 수십만 명의 목숨을 빼앗아간다. 문제는 MRSA가 유일한 항생제 저항성 박테리아가 아니라는 점이다.

항생제 내성이 불러온 결과는 사회 전반에 걸쳐 영향을 미칠 뿐 아니라 개인에게도 영향을 미친다. "한 사람이 항생제 내성이 있는 감염에 걸리는 가장 큰 요인은 바로 최근 항생제를 복용했는가 여부입니다"라고 크리스 버틀러가 말했듯이 말이다.

> 최근에 여러분이 항생제를 복용했다면 다음번에 감염되었을 때는 항생제에 내성을 가질 확률이 더 커집니다. 요로 감염 같은 흔한 감염을 일으키는 박테리아가 내성을 가진다면 증상이 심해져서 추가로 항생제를 복용해야 하며 치료 과정이 연장됩니다. 또한 의료보험은 더 큰 비용을 지급해야 합니다. 즉 단지 박테리아의 항생제 민감성을 둔하게 만들 뿐 아니라 불필요한 항생제를 복용했던 개인에게도 크게 불리하게 되는 것입니다.

그러나 항생제 남용이 불러오는 부정적인 결과는 항생제 내성뿐만이 아니다. 크리스 버틀러는 또 다른 문제를 제기했다. 바로 부작용이다. 버틀러와 그의 연구팀은 대단위 임상 시험을 통해 급성 기침을 하는 사람에게 미치는 항생제의 이점을 테스트했다.

> 우리는 증상이 악화될지도 모르는 한 사람을 위해서 30명에게 불필요한

항생제를 주어야 한다는 계산 결과를 얻었습니다. 그런데 항생제 처방을 받은 환자 21명마다 한 명씩 부작용으로 인해 손해를 입었습니다. 따라서 한 사람의 혜택을 위해서 함께 항생제를 처방받아야 하는 사람의 수(30명)는, 항생제 처방 때문에 손해를 입는 한 사람이 나오기 위한 사람의 수(21명)와 대략 비슷하게 균형을 이룬다는 결론이 나옵니다.

그 손해는 가장 흔하게는 피부 발진과 설사의 형태로 나타난다. 페니실린이 도입된 후 70년 동안 페니실린 외에도 각기 다른 방식으로 박테리아를 공격하는 20가지 항생제가 더 개발되었다. 항생제는 지금까지도 가장 흔하게 처방되는 약물이다. 또한 시시각각 진화하는 박테리아의 위협에 맞서기 위해 더 많은 항생물질을 찾으려는 노력이 계속되고 있다. 그러나 우리의 가장 큰 자연계의 적인 박테리아에 대한 승리는, 그 승리를 끌어내는 과정에서 항생제가 야기한 이차적인 피해에 대해서는 무지한 상태로 일어났다. 이 잠재적인 약물은 병을 일으키는 박테리아를 파괴할 뿐 아니라 우리의 건강을 유지하는 데 필요한 박테리아까지 파괴한다.

항생제는 특정 박테리아만 타깃으로 작용하지 않는다. 대부분 광역 스펙트럼, 즉 광범위한 종들을 타깃으로 삼는다. 이런 특징은 의사들에게 매우 유용하다. 그 이유는 환자가 정확히 어떤 박테리아에 감염되었는지 알지 못하더라도 광범위 항생제를 사용해 치료할 수 있기 때문이다. 정확한 감염원을 찾으려면 배양을 해야 하는데 시간도 오래 걸리고 비용도 만만치 않을 뿐더러 때로는 불가능하다. 심지어 타깃이 분명한 좁은 범위의 항생제조차도 특정 박테리아 종류만 선택적으로 파괴하지는 못한다. 적어도 같은 과에 속하는 박테리아 역시 같은 운명에 처할 것이다. 이렇게 대량으로 박테리아 살균제를 발포한 결과는 알렉산더 플레밍을 포함하여 누구도 예상하지 못한 심각한 것이었다.

내성, 그리고 이차적인 피해라는 항생제의 단점이 하나로 합쳐지면 끔찍한 상황을 초래한다. 바로 클로스트리듐 디피실리 감염증CDI이다. 클로스트리듐 디피실리는 시디프*C. diff* 라는 이름으로 더 잘 알려진 박테리아로 1999년에 영국에서 심각한 문제를 일으켜 500명을 사망하게 했다. 희생자 다수가 시디프 항생제 처방을 받았지만 소용이 없었다. 2007년에는 같은 이유로 거의 4,000명이 목숨을 잃었다.

이런 식으로 세상을 떠난다는 것은 너무나 안타까운 일이다. 시디프는 장에 붙어 있으면서 독소를 분비하여 환자에게 극심한 복통과 함께 냄새가 지독한 묽은 설사를 일으킨다. 설사가 끝없이 나오기 때문에 탈수 증상이 일어나고 체중은 빠르게 감소한다. 시디프의 희생자는 신부전을 용케 피한다고 해도 독성 거대결장megacolon에서 살아남아야 한다. 거대결장이란 문자 그대로 장에서 과도하게 발생하는 가스 때문에 결장이 부풀어서 정상적인 크기보다 지나치게 커진 상태를 말한다. 충수염도 그렇지만 결장이 부풀어 오르다 못해 터지게 되면 그 결과는 충수염보다 훨씬 참혹하다. 결장이 터지면서 내부의 온갖 박테리아와 배설물이 무균 상태의 복강에 침투하게 될 경우 생존 가능성은 극도로 낮아지기 때문이다.

클로스트리듐 디피실리 감염증의 발병률과 사망자 수가 증가하는 이유 중 하나는 이 박테리아가 항생제 내성을 가지고 있기 때문이다. 1990년대에 시디프는 새롭고 위험한 균주로 진화하면서 특히 병원에서 흔하게 나타나기 시작했다. 진화를 통해 새롭게 무장한 박테리아는 내성과 독성이 훨씬 강했다. 항생제 내성 외에도 시디프 감염이 증가하는 보다 근본적인 요인이 있는데 아마도 이것이 항생제 남용에 일침을 가할 것이다.

원래 시디프는 사람의 장에서 별로 유익하지도 않고 그렇다고 크게 문제를 일으키지도 않는 박테리아다. 하지만 이것은 늘 틈을 엿보며 돌아다니다가 한 번의 기회라도 잡으면 위험한 존재로 돌변한다. 그런데 그 기회를 주는 것이 바로 항생제다. 건강한 장내 미생물총은 시디프를 감시하면서 증식을 막고 아무런 해도 끼칠 수 없는 지역에 가둬놓고 꼼짝 못하게 만든다. 그러나 항생제, 특히 광범위 항생제 때문에 정상적인 미생물총의 균형이 흐트러지게 되면 감시가 소홀해지고 때마침 시디프는 이때다 하고 활동을 시작하는 것이다.

시디프의 증식이 항생제 때문이라면 항생제를 복용함으로써 미생물총의 조성이 바뀐다고 말할 수 있는 것인가? 그것이 사실이라면 그 효과는 얼마나 오래 지속될까? 많은 사람들이 항생제를 복용하는 동안 복부팽만과 설사를 경험한 적이 있을 것이다. 복부팽만과 설사는 항생제 치료의 가장 흔한 부작용이며 미생물총이 파괴되어 나타난 불균형의 결과다. 대개 이런 부작용은 항생제를 끊으면 며칠 안에 사라진다. 그러나 남겨진 미생물은 어떨까? 그들은 정상적이고 건강한 균형을 되찾을 수 있을까?

2007년에 스웨덴의 한 연구팀은 바로 이 질문을 던졌다. 그들은 특히 의간균에 관심을 보였는데 그 이유는 이 박테리아가 특별히 식물성 탄수화물 분해 능력이 있고, 2장에서 보았듯이 인간 신진대사에 큰 영향을 미치기 때문이다. 스웨덴 연구팀은 건강한 지원자를 두 그룹으로 나누어 한쪽에는 7일 동안 항생제 클린다마이신clindamycin을 주고 다른 한쪽은 아무 처치도 하지 않았다. 클린다마이신을 복용한 사람들의 장내 미생물은 약을 먹자마자 바로 영향을 받았다. 특히 의간균의 다양성이 급격하게 감소하였다. 이후 이들의 미생물총은 몇 달에 한 번씩 점검되었다. 하지만 연구가 끝날 무렵에도 클린다마이신 복용자의 의간균은 여전히 원래 조성으로 돌아오지 않았다. 항생제 치료는 무려 2년 전 일이었는데도 말이다.

요로감염이나 부비동염 치료에 사용되는 광범위 항생제 시프로플록사신ciprofloxacin의 경우도 겨우 5일 처방한 후에 클린다마이신과 마찬가지 결과를 보였다. 시프로플록사신은 효과가 빨리 나타나 단 3일 만에 장내 미생물총 조성을 바꿀 수 있다. 이 경우 박테리아의 종 다양성이 낮아진다. 그런데 3분의 1의 사람들에게서는 다양성뿐만 아니라 전체 박테리아 수에도 변화가 나타났다. 이 변화는 여러 주 동안 지속되는데 어떤 종들은 끝내 회복하지 못했다. 아기들에게 항생제가 미치는 영향은 훨씬 극단적이다. 아기들의 성장 과정 중에 일어나는 미생물총의 변화를 관찰한 어떤 연구에서는 단 한 번의 치료 후에 아기의 장내에서 박테리아가 거의 모두 사라져 DNA조차 전혀 감지되지 않은 경우가 기록되었다.

외면받은 경고장

장내 미생물총에 미치는 항생제의 장기적인 영향이 적어도 5~6개의 가장 일반적으로 사용되는 항생제에서 관찰되었다. 각 항생제는 미생물총의 조성을 각기 다른 모습으로 바꾸어놓았다. 항생제를 가장 단기간에 최소량으로 처방한 경우에도 원래의 질병보다 훨씬 더 오래도록 영향을 미쳤다. 하지만 그리 나쁘게만 볼 일은 아닐지도 모른다. 어차피 변화라는 게 나쁜 쪽으로만 일어나는 것은 아니기 때문이다. 하지만 21세기형 질병의 증가를 떠올려보자. 제1형 당뇨병과 다발성 경화증은 1950년대에 일어났고, 알레르기와 자폐증은 1940년대 후반에 일어났다. 사람들은 비만이 확산된 이유가 스스로 진열대의 상품을 골라 계산하면서 익명의 소비를 죄책감 없이 즐기게 해준 대형마트 때문이라고 생각했다. 그러나 언제 비만이 급증했는가? 1940~1950년대다. 이 시점은 또 다른 중요한 사건과 시기적으로 일치한다. 그러니까 앤 밀러가 마지막 순간에 죽음의 신을 물리치고 살아난 사건, 더 정확하게 말하면 1944년 노르망디 상륙작전을 통해 항생제의 대량생산이 가능해진 사건 말이다.

이 역사적인 날 이후 항생제는 대중에게 빠르게 배포되었다. 성인 인구의 15퍼센트가 평생 한 번은 걸린다는 매독이 첫 번째 타깃이었다. 싼 값에 항생제를 구할 수 있게 되면서 항생제는 빈번하게 처방되었다. 페니실린이 여전히 가장 흔하게 쓰였지만 페니실린 이후 10년 동안 각기 다른 방식으로 박테리아의 약점을 공략하는 다섯 개의 항생제가 도입되었다.

항생제가 대중에게 보급되기 시작한 1944년과 21세기형 질병이 급증하기 시작한 시점 사이의 공백기 때문에 항생제와 질병의 연관성을 부인할지도 모르겠다. 하지만 이러한 보류 기간은 이미 예상 가능한 것이다. 어차피 항생제가 사람들의 일상에 자리 잡고 아이들이 자라 항생제의 장기적 영향이 신체에 드러나기까지, 또 페니실린 외의 다른 항생제가 개발되고 만성 질환이 사악한 방식으로 모습을 드러내기까지는 시간이 필요할 테니까 말이다. 또한 항생제의 효과가 지역, 국가, 대륙에 걸쳐 명확하게 나타나려면 어느 정도 시간이 걸린다. 1944년에 도입된 항생제가 현대인의 건강에 어떤 식으로든 책임이 있다면 1950년대는 정확하게 그 영향이 표면에 드러나기 시작하는 시기와 맞아 떨어지는 것이다.

그러나 섣불리 결론을 내리지는 말자. 과학자라면 누구나 재빨리 지적하겠지만, 상관관계가 곧 인과관계를 뜻하는 것은 아니기 때문이다. 1940년대에 데뷔한 셀프 서빙 대형마트의 경우처럼 때마침 도입된 항생제를 만성 질환의 급증과 연결시키는 것은 터무니없는 발상이라고 생각할 수 있다. 연관성을 토대로 인과관계를 추적할 수는 있겠지만 연관성이 인과관계를 직접 설명할 수 있는 것은 아니다. 여기, 말도 안 되는 연관성을 주제로 한 웹사이트가 있다. 이 웹사이트에서는 미국에서 1인당 치즈 소비량과 잠자다가 침대보에 엉켜서 죽은 사람의 수 사이에 결정적인 상관관계가 있다고 주장한다. 치즈 때문에 악몽을 꾸었을 가능성은 둘째 치고 치즈를 먹으면 침대보에 감겨서 죽는다거나, 반대로 침대보에 둘둘 말려 죽은 사람은 치즈를 많이 먹는 사람일 것이라는 논리가 정말 비현실적이다.

진정한 인과관계를 찾으려면 다음의 두 가지가 필요하다. 첫째, 연관성이 사실이라는 증거가 필요하다. 항생제 복용이 정말로 21세기형 질병을 발생하게 하는 위험을 수반하는가? 둘째, 인과관계를 설명할 수 있는 메커니즘이 있어야 한다. 항생제 복용이 어떤 과정을 거쳐 알레르기나 자가면역 질환, 비만증을 야기하는가? 항생제가 미생물총을 변화시켜 신진대사(비만), 두뇌발달(자폐증), 면역활동(알레르기와 자가면역 질환)에 영향을 미친다는 생각에는 이 증상들이 동시다발적으로 일어난다는 사실 외에 다른 뒷받침이 필요하다.

가축의 생장을 촉진시키는 것과는 별도로 1950년대부터 이미 항생제가 사람에게서 체중 증가를 일으킬 수 있다는 사실이 알려져 있었다. 당시는 비만이 심각하게 확산되기 전이라 실제로 인간의 성장을 촉진하려는 목적을 가지고 의도적으로 항생제를 사용한 경우가 많이 있었다. 일부 개척 정신이 투철한 의사들은 항생제가 가축의 생장에 효과를 나타낸다는 사실을 알고는 미숙아나 영양실조인 아이들에게 항생제를 처방하였다. 신생아들에게 나타난 항생제의 효력은 감탄할 수준이었다. 그들은 항생제 덕분에 체중이 증가하여 죽음의 손길에서 벗어날 수 있었다. 그러나 오늘날에 만연한 과체중을 생각하면 이러한 시도는 일종의 경고나 다름없다.

항생제로 인한 체중의 증가는 어린아이들에게만 제한되지 않았다. 1953년 미 해군에서는 질병 예방 차원에서 오레오마이신aureomycin 투여로 연쇄상구균 감염의 발병률을 감소시킬 수 있는지 테스트하기 위해 신병들에게 해당 항생제를 투여하였다. 전형적인 군대의 철저한 기록 방식 덕분에 이후에 이 젊은이들의 신장과 몸무게 변화를 추적할 수 있었다. 여기서 놀라운 사실이 발견되었다. 항생제를 복용한 신병은 항생제와 똑같이 생긴 플라시보 알약(위약)을 먹은 신병에 비해 현저하게 몸무게가 증가한 것이다. 미숙아의 경우처럼 항생제 복용의 예상치 않았던 결과는 다가올 시대에 대한 경고로 받아들여지는 대신 항생제의 영양학적 가능성으로 여겨졌다.

비만 확산이 정점에 달하고 인간의 장에서 미생물들이 벌이는 만찬에 대해 새롭게 이해하기 시작한 지금, 이러한 초기의 실험들은 항생제가 체중 증가에 미치는 영향을 전혀 다른 관점으로 보게 한다. 동물에게, 그리고 심지어 사람에게 미치는 항생제의 효과가 이렇게 직접 드러났는데도 지금까지 비만 확산에 미치는 항생제의 영향이 연구 과제로서는 철저하게 무시되어왔다는 사실이 충격적일 따름이다. 우리는 항생제가 체중 증가를 야기한다는 사실을 분명히 알고 있었다. 왜냐하면 항생제를 이용해 가축의 생장 촉진을 유도하고 영양실조인 사람들에게 체중 증가를 시도해왔기 때문이다. 그런데도 우리는 이 세계적인 대재앙 속에서 항생제의 부작용이 어떤 역할을 했는지에 대해서는 외면해왔다.

나도 모르게 먹은 항생제

2장에서 다룬 백헤드와 턴보, 그리고 다른 과학자들의 발견은 니콜슨의 예측과 합쳐져 이 오래된 연결고리에 대한 신선한 시각을 불러일으켰다. 미생물총은 확실히 체중 증가에 한몫을 차지한다. 그러나 정말 항생제가 마른 집단을 비만 집단으로 바꾸어놓은 것인가?

대답하기 어려운 질문이다. 항생제가 건강한 사람들에게서 체중 증가를 유도하는지 확인하려고 의도적으로 항생제를 투여하고 실험한다는 것은 비윤리적이기 때문이다. 따라서 과학자들은 쥐를 대상으로 실험하거나 또는 항생제 투여가 자연스럽게 이루어지는 상황을 찾아야 한다. 프랑스의 마르세유에서 연구자들은 심장 판막에 심각한 감염이 일어난 성인들을 대상으로 제러미 니콜슨의 이론을 테스트할 수 있는 기회를 찾았다. 이 환자들은 감염을 치료하기 위해서 어쩔 수 없이 대량의 항생제를 투여해야 했는데, 이것은 연구자들에게 항생제와 체중 증가의 연관성을 확인해볼 수 있는 흔치 않은 기회가 되었다. 연구자들은 항생제를 복용한 환자들과 항생제를 처방받지 않은 건강한 사람들의 체질량지수를 1년에 걸쳐 비교하였다. 결과적으로 환자들은 건강한 사람들보다 체중이 훨씬 많이 증가하였다. 그런데 유독 하나의 특정한 항생제 조합에서 체중 증가가 두드러지게 나타났다. 바로 반코마이신과 겐타마이신gentamycin의 조합이다. 다른 항생제의 경우에는 건강한 사람들보다 몸무게가 많이 증가하지 않았다.

연구자들은 또한 장내 미생물을 비교하여 특정한 박테리아가 환자들의 체중 증가에 책임이 있는지 확인하였다. 그들은 락토바실러스 루테리*Lactobacillus reuteri*라는 한 종이 유독 반코마이신 복용 환자의 장에 많이 서식한다는 것을 발견했다. 후벽균에 속하는 이 박테리아는 반코마이신에 내성이 있어서 다른 종들이 약물 때문에 쓰러져갈 때 혼자서 잡초처럼 퍼져나간다. 세균들의 전쟁에서 항생제가 적에게 불공정하게 어드밴티지를 준 것이다. 그것도 모자라 락토바실러스 루테리는 고유한 항균물질을 생산한다. 박테리오신bacteriocin이라고 불리는 이 화학물질은 다른 박테리아의 재성장을 막아 락토바실러스 루테리가 장에서 확실하게 우점을 유지할 수 있게 도와준다. 락토바실러스 루테리 같은 락토바실러스종들이 수십 년간 가축에게 주어졌는데 이들 역시 동물들을 살찌게 했다.

덴마크의 국가 출생코호트Birth Cohort가 제공하는 정보를 이용한 또 다른 연구가 있다. 출생코호트란 비슷한 시기에 태어난 사람들의 집단을 일컫는 말인데 연구자들은 거의 3만 쌍에 이르는 엄마와 아이의 건강 데이터를 분석하여 항생제가 엄마의 몸무게에 따라 다른 효과를 나타낸다는 것을 발견하였다. 엄마가 날씬한 아이들은 항생제 복용 이후 과체중이 되는 경향이 있지만 과체중 혹은 비만한 엄마를 둔 아이들은 항생제 복용에 대해 오히려 반대 효과를 나타냈다. 과체중이 될 위험도가 줄어든 것이다. 왜 항생제가 반대 효과를 나타냈는지는 정확히 알 수는 없지만, 여기서 우리는 한쪽에서는 살찌는 미생물총을 교정하고 다른 쪽에서는 날씬한 미생물총을 파괴하였을지도 모른다는 재미있는 추측을 할 수 있다. 또 다른 연구에서는 과체중 아동의 40퍼센트가 생후 6

개월 안에 항생제를 복용했다고 조사되었다. 생후 6개월 안에 항생제를 복용한 아동 중 정상범주의 체중을 가진 아동은 겨우 13퍼센트에 그쳤다.

이러한 연구 조사들은 설득력이 있기는 하지만 항생제가 체중 증가를 일으킨다든지, 또는 항생제로 인해 미생물총이 개조된 결과로 체중이 증가했다는 사실을 입증하지는 못한다. 뉴욕 대학교 인간 미생물군 유전체 프로젝트의 디렉터이자 감염내과 의사인 마틴 블레이저Martin Blaser는 항생제가 구체적으로 미생물총과 인간 신진대사에 어떤 영향을 끼치는지 알아보기 위해 연구팀을 조직했다. 2012년에 그들은 어린 쥐에게 소량의 항생제를 주입했더니 미생물의 조성이 변하고 대사 호르몬이 바뀌면서 지방의 무게가 증가한다는 사실을 관찰했다. 그러나 전반적인 이런 결과가 체중 증가로 이어지지는 않았다. 연구팀은 타이밍의 중요성을 깨닫고, 항생제 주입 시기를 앞당기면 좀 더 본질적인 영향을 줄지도 모른다고 판단했다. 전염병학 연구에 의하면 생후 6개월 이내에 항생제를 투여한 아기들은 돌이 지날 때까지 항생제 노출 없이 자란 아이들에 비해 과체중이 될 확률이 높다. 가축에게도 마찬가지다. 생장 촉진 효과를 최대치로 끌어올리기 위해서는 항생제를 되도록 어릴 때 주는 것이 중요하다.

두 번째 실험에서 블레이저 연구팀은 임신한 쥐에게 출산 직전에 소량의 페니실린을 주입하였다. 그리고 젖을 먹이는 동안에도 계속해서 투약하였다. 충분히 예상할 수 있듯이 페니실린이 주입된 수컷은 대조군보다 훨씬 빨리 자랐다. 성체가 되었을 때 암수 모두 체중이 늘었고 투약하지 않은 쥐에 비해 지방량이 훨씬 높았다.

연구팀은 저용량의 페니실린에 고지방 식단이 추가된다면 어떻게 될지 테스트했다. 정상적인 식사를 한 암컷들은 페니실린 투약과 상관없이 연령이 30주가 되었을 때 몸속에서 3그램의 지방을 만들어냈다. 고지방 식사를 한 암컷들은 지방량이 5그램 늘었지만 체중은 증가하지 않았고 제지방lean mass이 줄어든 대신 체지방fat mass의 비율이 높아졌다. 고지방 식단에 페니실린을 함께 처방한 암컷은 지방량이 5그램이 아닌 10그램으로 증가했다.

수컷 쥐의 경우 건강하지 못한 식단이 훨씬 큰 영향을 미쳤다. 정상적인 식단을 섭취했을 때는 페니실린 투여에 상관없이 지방이 5그램 늘어났지만 고지방 식단의 경우 13그램 늘었다. 저용량의 페니실린을 함께 주었을 때는 지방량이 무려 17그램까지 증가했다. 고지방 식사는 확실히 그 자체로 비만을 일으켰다. 그렇지만 항생제는 상황을 더욱 악화시켰다.

저용량 항생제를 투여했을 때 변화된 미생물총을 무균 쥐에게 이식하면 몸무게와 지방량에서 같은 결과가 나온다. 이 결과는 쥐에서 체중 증가를 일으킨 것이 항생제 약물 자체가 아니라 미생물의 조성 때문이라는 것을 보여준다. 우리가 우려해야 할 것은 항생제를 끊으면 미생물은 다시 회복되지만 항생제로 인해 발생한 신진대사의 효과는 훨씬 오래 지속된다는 사실이다. 페니실린은 아이들에게 가장 흔하게 처방되는 항생제다. 쥐에서 나타난 효과로 미루어보면 어릴 때 투여한 항생제가 그들의 신진대사에 영구적인 변화를 일으킬 수 있는 것이다.

항생제가 비만을 야기한다고 확신하거나 특정 항생제에 비만의 책임을 돌리는 것은 너무 성급한 일인지도 모른다. 하지만 광범위하게 증가하는 비만 확산의 규모를 보았을 때 식탐과 게으름보다 더 결정적인 원인이 있다고 제안함으로써 우리의 소중하고도 복합적인 약물을 과용하는 것에 대한 경각심을 일으킬 필요는 있다. 마틴 블레이저는 30~50퍼센트의 미국 여성이 임신이나 출산 중에 일상적으로 항생제, 특히 블레이저의 쥐에게 투여했던 페니실린계 항생제를 복용한다고 경고한다. 그러면서 많은 항생제가 안정성을 보장받았다고는 하지만 점차 새로운 증거가 나타나고 있기 때문에 그 비용과 이점을 재평가해야 한다고 말한다.

가축의 경우 항생제 내성이 가축에서 인간에게로 옮겨간다는 증거가 나온 이후로 적어도 유럽에서는 더 이상 성장촉진제로 항생제를 사용하지 않고 있다. 2006년 이후로 EU 축산업자들은 병을 치료할 목적이 아닌 가축의 무게를 늘릴 목적으로 항생제를 사용하는 것을 금지하고 있다. 하지만 미국을 비롯한 다른 나라에서 생장촉진용 항생제는 꾸준히 가축에게 사용되고 있다.

이쯤 되면 당신은 궁금할 것이다. '내가 용케 항생제를 복용하지 않았더라도 스테이크를 먹거나 시리얼에 우유를 부어 마실 때 그 속에 남아 있던 약물이 나도 모르게 내 몸속으로 들어오는 것은 아닐까?' 많은 항생제가 혈액을 통해 동물의 근육이나 젖으로 흡수되고, 그중 일부는 조리과정에서 파괴되지 않고 남아 있다가 사람이 그 부위를 섭취하는 동시에 장까지 도달할 가능성이 있기 때문이다. 다행히도 선진국에서는 항생제를 투여받은 동물은 일정 기간 내에 도살하거나 우유를 짜지 못하도록 하는 엄격한 규정이 있다. 반면에 규정이 허술한 나라에서는 임의 추출 조사나 불시 점검을 해보면 항생제 잔류량이 안전 기준을 넘어선 경우가 종종 있다. 우리가 어디에 사느냐 어디로 여행하느냐에 따라 음식을 통해 항생제를 흡수할 가능성이 충분히 있는 것이다.

엄격한 채식주의자라면 지금쯤 자신들은 운이 좋다고 생각할지도 모른다. 그러나 육식을 금하는 미덕에도 불구하고 채식주의자 역시 항생제 잔류 물질의 영향에서 완전히 배제되지 않는다. 채소에 직접 항생제를 뿌리는 일은 없지만 채소는 보통 동물의 배설물로 만든 비료나 거름을 뿌린 땅에서 자라기 때문이다. 동물에게 처방된 항생제의 75퍼센트가 몸을 통과해 나간다. 따라서 거름은 풍부한 영양분만이 아니라 항생제 성분까지 함유한다. 채소를 깨끗하고 친환경적으로 기르기 위해 천연 비료를 사용하는 것인데 참 아이러니한 상황이다. 어떤 항생제의 경우 거름 1리터당 1회 처방 분이 들어 있을 때도 있다. 이는 농지 10제곱미터당 한두 캡슐 분량의 항생제를 뿌린 것과 같은 결과를 낳는다.

어떤 항생제는 흙 속에서도 약효가 유지되어 여전히 살균 효과를 지닌다. 더구나 거름을 뿌릴 때마다 축적되어 농도가 짙어진다. 항생제가 흙 속에만 남아 있다면 큰 문제가 아니겠지만 실상은 그렇지가 않다는 것이 문제다. 셀러리에서 미나리, 옥수수에 이르기까지 채소와 약초들은 항생제 잔류 성분을 포함하고 있다. 각각의 채소 줄기나 잎에 포함된 항생제량은 많지 않지만 몇 주, 몇 해가 지나면서 축적되는 양은 무시할 수 없다. 고기류가 도살되어 식탁에 오르기까지는 가축에 처방하는 항생제에 대한 규정이 있어 관리가 되지만 농지에 사용되는 거름 속의 약물 성분에 대해서는 어떤 규제도 없다. 식탁 위에 놓인 고기반찬과 채소반찬 중에서 항생제가 들어 있는 것은 고기가 아닌 채소일지도 모른다는 말이다.

식품에 잔류하는 항생제 성분이 실제로 비만 확산의 기저에 깔려 있는지는 과학적으로 논의되어야 할 문제지만 그 연관성은 확실히 주목할 만하다. 우리의 허리둘레는 항생제가 대중에게 보급되기 시작한 직후인 1950년대 이후에 늘어나기 시작했다. 그러나 인구에서 과체중 비율이 급격히 증가한 것은 1980년대였다. 이는 대규모 집약적인 농업이 시작된 것과 시기를 같이한다. 지금 이 순간에 지구 상에 살아 있는 닭들이 190억 마리나 된다. 한 사람당 세 마리씩이다! 닭들은 여러 층으로 나누어진 좁은 우리 안에 몸을 구겨 넣은 채로 사육된다. 이런 조건에서 대개는 닭들이 병에 걸리지 않도록 항생제를 다량 처방한다. 공중보건 전문의 리 라일리Lee Riley 박사는 이처럼 항생제에 의존하는 대규모 양계장이 1980~1990년대에 미국의 동남부 주들에서 매우 증가하였다는 사실을 지적하였다. 이 지역들은 바로 비만 확산의 진원지이며 미국에서 가장 뚱뚱한 지역이라는 점을 주목하자.

항생제를 둘러싼 의심스러운 사실

만약에 항생제가 인간을 살찌게 한다면 항생제가 원인이 되는 다른 피해는 어떠한가? 나는 3장에서 미생물총의 불균형과 연관되어 나타나는 알레르기, 자가면역 질환, 기타 정신건강 장애 등에 대해 언급했다. 항생제가 미생물총을 파괴하여 불균형을 일으킬 수 있다면 이 병들은 이론적으로 항생제 치료로 인해 야기된 것으로 볼 수 있을지도 모른다.

3장에서 자폐증 환자인 아들 앤드루를 위해 직접 연구에 뛰어들었던 엘렌 볼트를 기억하는가? 볼트는 중이염이라고 진단받은 증상 때문에 지속해서 복용한 항생제가 어린아이에게 갑작스러운 퇴행을 불러왔다고 생각했다. 자폐증은 예전에는 매우 드물게 나타나던 질환이다. 그러나 1950년대부터 증가하기 시작하여 현재는 68명 중 한 명이 자폐성 장애 범주에 속한다. 남자아이의 경우는 최악의 상황으로 8세 이하 남자아이 중 2퍼센트가 자폐 범주에 해당한다고 추산된다. 그 원인은 여러 가지로 추정되고 있는데 그중 가장 논란이 되는 것이 MMR(홍역, 볼거리, 풍진) 예방접종이다. 하지만 이 접종과 자폐증의 연결고리는 아직 밝혀진 바 없다. 연구의 관심은 미생물총에 쏠리고 있다.

자폐증을 앓고 있는 어린이들은 체내의 미생물이 불균형을 이루고 있는 것으로 보인다. 이 생물학적 불균형은 유아기의 뇌 발달에 영향을 미쳐 아이가 신경질적이고 소심하며 같은 행동을 반복하게 한다. 엘렌 볼트가 앤드루의 자폐증을 일으킨 원인에 대해 내린 결론이 옳았던 것일까? 항생제는 미생물총을 파괴한다. 그러나 정말로 앤드루가 복용한 항생제가 원인인 걸까? 앤드루가 앓았던 만성적인 중이염을 실마리로 삼아 이야기를 이어나가보자. 자폐성 장애 아동의 93퍼센트가 두 살 이전에 중이염을 앓은 적이 있다. 자폐증 증상을 가지지 않은 아이들의 경우는 57퍼센트로 대비된다. 아까도 언급했듯이 어떤 의사도 아이들이 귀에 염증이 있는 상태로 지내도록 내버려 두지 않는다. 아이들이 말을 배우는 과정에 문제가 생기거나 류머티즘열 같은 악질 합병증으로 고생할 수 있기 때문에 의사는 차라리 항생제를 선택한다. 안전을 우선으로 한 선택이다.

중이염을 자주 앓을수록 항생제를 더 많이 사용하게 된다는 사실에는 변함이 없다. 어느 역학조사에서는 자폐성 장애 아동이 정상인 아이에 비해 항생제를 세 배나 더 많이 복용했다는 결과가 나왔다. 특히 18개월 이전에 항생제를 맞는 것이 가장 위험도가 높은 것으로 보인다. 게다가 이 연관성은 진짜다. 우리는 이 문제에 대해 심기증(건강염려증)에 걸린 부모가 자기 아이가 아프다고 확신한 나머지 항생제 처방을 요구하거나 자폐증 진단을 요청한 것이라고 이야기하며 그 부모를 탓할 수 없다. 또한 이 아이들이 원래 자폐증뿐만 아니라 다른 여러 질병에 걸리기 쉬운 허약체질이었다고 말할 수도 없다. 우리는 이들이 이 중 어느 것에도 해당되지 않음을 알고 있다. 왜냐하면 이 조사의 대상이 되었던 아이들은 자폐증이라는 진단을 받기 전에 병원에 다닌 것도 아니고, 정상적으로 발달하는 보통 아이들에 비해 항생제 외에 특별히 더 복용한 약이 있는 것도 아니었기 때문이다.

항생제와 자폐증의 상관관계를 명확히 하기 위해서는 좀 더 많은 아이들을 대상으로 연구가 진행되어야 한다. 그리고 결론을 내리기 전에 어떻게 항생제가 자폐증을 야기하는지 설명할 수 있는 메커니즘을 찾아야 한다. 우리는 이미 항생제 남용에 주의를 기울이고 있다. 항생제가 자폐증의 위험도를 증가시킬 수 있다는 가능성은 항생제 남용에 대한 확실한 경고가 된다.

항생제와 알레르기의 관련성은 훨씬 분명하고 직관적으로 설명될 수 있다. 나는 4장에서 두 살 이전에 항생제를 복용한 경험이 있는 아이들은 천식이나 아토피, 꽃가루 알레르기를 가질 확률이 두 배가 높다고 말했다. 항생제를 많이 복용할수록 알레르기성 장애에 걸릴 확률이 높아진다. 즉 항생제 치료를 네 번 이상 받으면 알레르기를 가질 가능성이 세 배 높아진다는 것을 의미한다.

자가면역 질환을 생각하면 연관성은 더 강해진다. 자가면역 질환의 발병률은 항생제 사용과 나란히 증가했지만 최근까지도 이 질환의 원인은 감염으로 알려져 있었다. 제1형 당뇨병이 대표적인 예다. 몇십 년 동안 의사들이 관찰해온 전형적인 제1형 당뇨병의 패턴은 다음과 같다. 청소년 환자가 감기나 독감 때문에 병원에 온다. 그리고 몇 주 후 다시 병원을 찾는데 이번에는 감기 때문이 아니라 심한 갈증과 참을 수 없이 피곤한 증상 때문이다. 이 환자의 췌장에 있는 베타 세포는 인슐린 분비를 거부하며 임무를 중단해버렸다. 그런데 단당류인 포도당을 다당류인 글리코겐 형태로 전환하고 저장하는 호르몬인 인슐린이 분비되지 않는 상황에서 포도당은 혈관 속에 축적된다. 혈액 내에 포도당 농도가 높아지면 신장에서는 물을 흡수하려고 하기 때문에 불쌍한 이 환자는 자꾸 목이 타게 되는 것이다. 며칠 또는 몇 주 안에 상태가 더 심각해져서 빨리 치료를 받지 않으면 혼수상태에 빠지거나 사망에 이른다. 그런데 흥미로운 것은 감기나 독감을 당뇨병에 연관 지었다는 사실이다. 바이러스성 감염은 종종 당뇨병뿐 아니라 다른 많은 자가면역 질환을 유발한다고 여겨진다.

그러나 정작 통계를 보면 예상과는 다른 결과를 나타낸다. 실제로 제1형 당뇨병을 가질 위험도는 감염에 걸린 아이라고 해서 더 높지 않기 때문이다. 게다가 제1형 당뇨병은 미국에서 1년에 5퍼센트씩 증가하고 있지만 감염 질환의 비율은 오히려 감소하고 있다. 그렇다면 어떤 점에서 감염과 당뇨병이 관련되었다는 말인가? 왜 의사들의 눈에는 청소년들이 감염에 걸린 이후에 당뇨가 발병하는 사례가 꾸준히 관찰되는 걸까?

여기서부터 과학은 끝나고 호기심이 발동한다. 우리는 의사들이 항생제를 과잉 처방해왔다는 것을 알고 있다. 심지어 박테리아성이 아닌 바이러스성 질병에 대해서도 말이다. 당뇨병은 감염이 아니라 감염에 대한 치료 때문에, 즉 항생제 사용의 결과로 나타난 것이 아닐까? 의사와 환자 가족에게는 감기나 독감, 또는 위염이 곧 당뇨의 시작으로 보일지도 모른다. 그들에게 항생제는 죄 없는 구경꾼이다. 하지만 진짜로 당뇨를 유발하는 것은 항생제 그 자체, 또는 몇 개 항생제의 조합일 수도 있는 것이다.

그러나 유감스럽게도 현재로써는 답이 확실하지 않다. 어린아이들의 항생제 복용에 관한 덴마크 연구에 따르면 유년기의 항생제 복용과 이후에 당뇨를 일으킬 위험도 사이에는 전혀 연관성이 드러나지 않았다. 그러나 3,000명의 아이들을 대상으로 한 또 다른 연구에서는 항생제 사용이 당뇨와 관련되어 있다고 나타났다. 당뇨 말고 다른 자가면역 질환들은 항생제와 좀 더 명확한 연관성을 보인다. 미노사이클린minocycline

은 여드름 방지용 항생제다. 미노사이클린을 수개월에서 수년간 장기 복용한 청소년과 성인에게 루푸스가 발병할 위험도는 이 약물치료를 받지 않은 사람들에 비해 2.5배가 더 높았다. 루푸스는 면역세포가 자신의 몸을 공격하는 자가면역 질환인데 주로 여성에게서 나타난다. 그런데 이 수치는 일반적으로 루푸스에 잘 걸리지 않는 남성을 포함한 통계치이기 때문에 남성을 제외하고 보면 여성이 (다른 테트라사이클린 계열 항생제 말고) 미노사이클린을 복용한 후에 루푸스에 걸릴 위험은 항생제를 복용하지 않은 사람에 비해 5배 이상 높아진다는 결론이 나온다. 신경 손상을 일으키는 다발성 경화증도 마찬가지인데, 이 병은 최근에 항생제를 복용한 경험이 있는 사람을 타깃으로 하는 경향을 보인다. 현재로써는 항생제와 감염 또는 이 둘의 조합이 다발성 경화증의 기저에 있는지 알기 어렵다.

항생제 내성과 미생물총에 대한 부수적 피해가 매우 심각한 것이긴 하지만 항생제는 결코 부정적인 측면만 가지는 약물이 아니다. 기본적으로 항생제는 사람을 살리는 약이다. 지금까지 항생제가 구한 수많은 생명과 항생제로 인해 사라진 고통을 잊어서는 안 될 것이다. 다만 항생제가 주는 혜택뿐 아니라 손실도 있다는 것을 인지함으로써 항생제의 가치를 더욱 꼼꼼하게 따져볼 필요가 있다. 인체와 인체가 형성하는 생태계를 지키기 위해서 불필요한 항생제의 사용을 줄이는 것은 의사와 환자를 포함한 우리 모두가 노력해야 할 일이다.

항균으로 얻는 것

감염이 알레르기로부터 우리를 보호한다는 위생가설은 사실이 아니라고 판명 났지만 위생가설에서 살려야 하는 요소가 있다. 우리는 위생에 집착하는 사회에 살고 있다. 그리고 위생적인 생활습관이 체내의 유익균에게 끼치는 악영향 때문에 도리어 우리 자신이 해를 입고 있다. 선진국에 사는 우리 대부분은 적어도 하루에 한 번 샤워하면서 몸 전체를 비누와 뜨거운 물로 닦아낸다. 사람들은 일반적으로 우리 몸에서 병원균을 상대하는 일차적인 방어막은 바로 피부라고 생각하지만 사실은 그렇지 않다. 콧속의 프로피오니박테륨 무리이든 겨드랑이의 코리네박테륨이든 피부에 서식하는 미생물총이 피부 표면에 눈에 보이지 않는 보호막을 치고 있다. 장내에서 미생물이 층을 이루어 내벽을 보호하는 것처럼 피부에서도 이렇게 유익한 미생물이 무리를 지어 살면서 병원균을 몰아내고 침입자를 상대하는 면역계의 반응을 조절한다.

항생제는 장내 미생물총의 조성을 바꾼다. 그렇다면 비누는 어떨까? 비누가 피부 세균에 미치는 영향은 어떤 것인가? 요새는 마트의 선반에 진열된 제품 중에 '항균'이라고 쓰여 있지 않은 물비누나 세정제를 찾기가 어렵다. 악마의 뿔을 달고 있는 킬러 세균들이 집안 곳곳에 도사리고 있는 모습을 보여주며 99.9퍼센트의 살균 성분이 있는 자기 회사 제품을 사용하여 가족의 안전을 지키라는 광고가 사방에 널려 있다. 하지만 이 광고가 우리에게 말해주지 않는 것이 있다. 바로 일반적인 비누 역시 똑같이 훌륭한 역할을 한다는 사실이다. 그리고 그 과정에서 일반적인 비누는 우리의 몸이나 환경에 해를 끼치지 않을 것이라는 사실 역시 광고에는 나오지 않는다.

따뜻한 물과 비항균성 비누로 손을 씻는다면 해로운 미생물을 씻어내되 죽이지는 않는다. 그저 물리적으로 손에서 제거할 뿐이다. 따뜻한 물과 비누는 그들을 직접 죽이는 대신 육즙, 지방, 먼지, 피부의 각질 등 미생물이 들러붙기 쉬운 물질을 없앨 뿐이다. 주방 세정제도 마찬가지다. 부엌 싱크대를 깨끗이 한다는 것은 해로운 박테리아가 들러붙지 않도록 남은 음식찌꺼기 등을 제거하는 것으로 충분하다. 굳이 미생물을 죽일 필요는 없는 것이다. '항균'을 덧붙여봐야 실제로는 더 해주는 게 없다는 말이다.

대부분의 항균 제품들이 99.9퍼센트의 살균력을 주장하지만 제품의 살균력은 실제 제품이 사용되는 사람의 손이나 주방에서 테스트한 것이 아니라 용기 안에서 테스트한 것이다. 검사자는 다량의 박테리아를 직접 액체 비누 안에 넣고 일정 시간, 그러니까 비누가 실제 소비자의 손에 닿는 시간보다 몇 배는 더 긴 시간이 지난 후 그들이 얼마나 살아남았는지를 측정한다. 100퍼센트 살균한다고 주장할 수는 없는 이유는 이 작은 샘플에서 단 한 마리도 살아남지 않았다고 증명할 수는 없기 때문이다. 흔한 말로 증거가 없는 것이, 없다는 증거가 될 수는 없다. 정확히 이 세제가 어떤 박테리아를 제거하는지는 대부분 말해주지 않는다. 99.9퍼센트라 함은 살균되는 박테리아 개체의 비율을 말하는 것이지 전 세계의 박테리아종 99.9퍼센트를 제거할 수 있다는 뜻은 아니다. 많은 병원성 박테리아들은 포자를 형성하기 때문에 유독한 화학물질에 노출되어도 위험이 사라질 때까지 효과적으로 동면할 수 있다는 사실을 염두에 두어야 한다.

항균제품은 과학에 근거를 둔 가정과 광고의 승리작이다. 일상에서 사용되는 많은 화학물질과는 달리 항균제품에 들어가는 화학약품은 면밀한 조사의 대상이 되지 않는다. 의약품의 경우는 안정성과 효능이 증명되어야만 출시될 수 있다. 하지만 항균성 화학약품의 경우는 사용 금지 처분을 받으려면 우선 대중에게 유포된 후 규제기관이 위험성 입증 여부를 결정하여 이루어진다. 서구에서 사용된 5만 개 이상의 화학약품 중 겨우 300개만이 실제로 안정성 테스트를 받았다. 그리고 그중 다섯 개의 사용이 제한되었다. 이는 테스트된 것 중 1.7퍼센트에 해당한다. 테스트하지 않은 나머지 5만 개 화학약품 중 1퍼센트만 유해하다고 가정해도 우리 집에 들이지 말아야 하는 화학약품은 500개 이상이 된다는 말이다.

이 화학약품들이 진짜로 위험한 물질이라면 그걸 사용한 사람들이 정말 병이 드는지 두고 보면 되지 않겠느냐며 무심하게 말할 수도 있다. 그러나 화학약품은 서서히 축적되면서 감지하기 어려울 정도로 천천히 효과를 나타내기 때문에 그 유해성을 알아채기가 쉽지 않다. 그리고 사실 우리는 사람들이 아프다는 것을 이미 보아서 알고 있다. 하지만 우리의 기억력은 짧고 잠재적인 요인들이 복잡하게 얽혀 있어서 위험한 물질과 안전한 물질을 구분하기가 정말 어렵다. 석면石綿을 예로 들어보자. 이 천연 화학물질은 폐암을 일으킨다는 이유로 금지되기 전까지 전 세계에서 건축자재로 사용되었다. 수십만 명의 사람들이 한때 도처에 사용되었던 이 물질에 노출되어 목숨을 잃었고, 아직도 많은 사람이 고통받고 있다.

나는 항균제품이 석면처럼 극단적으로 위험하다고 말하는 것은 아니다. 하지만 항균 성분이 세제에서 도마, 수건에서 옷가지, 플라스틱 그릇에서 바디워시까지 수천 가지 제품에 두루 사용된다고 해서 그들이 안전하다고 말할 수는 없다. 예를 들어 일상적으로 사용되는 항균물질인 트라이클로산triclosan은 최근 들어서 그 문제성이 조사되고 있다. 트라이클로산의 부정적인 효과를 염려한 미국의 미네소타 주지사는 2017년부터 소비재에 트라이클로산 사용을 금지하는 법안에 서명하였다. 이 책을 읽는 당신의 집에도 트라이클로산이 포함된 제품이 분명히 한 가지는 있을 것이다. 그러나 당신은 트라이클로산 없이도 충분히 잘 살 수 있다.

우선 트라이클로산은 가정에서 박테리아의 오염을 줄이는 데 있어서 비항균 비누에 비해 결코 효과가 뛰어나지 않다는 것이 입증되었다. 그런데도 사람들이 트라이클로산 항균제품의 사용을 줄이지 않는 바람에 트라이클로산 자체가 상수원의 오염물질이 되어 박테리아를 죽이고 민물 생태계의 균형을 파괴하고 있다. 또한 그동안은 미처 크게 우려된 적이 없었지만 사실 우리 몸은 트라이클로산을 흡수한다. 트라이클로산은 인간의 지방세포나 신생아의 탯줄, 모유, 그리고 인구 중 75퍼센트의 소변에서도 상당량이 검출된다.

이것이 얼마나 우려할 일인지는 여전히 과학자들 사이에서 면밀히 논의되고 있다. 지금까지 알려진 바로는 사람의 소변에서 발견되는 트라이클로산과 알레르기 수준 사이에 명백한 상관관계가 있다. 체내에 축적된 트라이클로산의 양이 많을수록 꽃가루 알레르기나 기타 알레르기를 가질 확률이 높아진다. 트라이클로산의 독성에 의해 미생물총이 직접 해를 입는 것인지 아니면 트라이클로산이 유익균을 제거하는 바람에 유익균에 노출되는 시간이 줄어들기 때문인지는 모른다. 하지만 어느 쪽이 옳든 이제 우리는 엄마가 아기에게 음식을 주기 전에 아기의 밥상을 항균 물티슈로 '깨끗이' 닦는 광고를 예전과는 다른 눈으로 보게 될 것이다.

심지어 트라이클로산이 실제로 감염률을 높인다는 사실을 보여주는 증거도 있다. 우리는 문자 그대로 트라이클로산을 뚝뚝 흘리면서 다니는데 그 이유는 트라이클로산이 성인의 콧물에서도 검출되기 때문이다. 그러나 아무리 콧속을 항균제로 도배한다고 해도 인체가 감염과 싸우는 것을 돕지는 못한다. 오히려 콧물 속에 트라이클로산의 농도가 높을수록 황색포도상구균 같은 기회주의적 병원균이 더 많이 번식하는 것이 관찰되었다. 트라이클로산을 사용함으로써, 실제로 체내 미생물들이 병원균에 저항하는 능력을 감소시키고, 매년 수만 명을 사망하게 하는 이 박테리아가 (MRSA 형태로) 더 쉽게 달라붙도록 만드는 것이다.

부정적인 효과가 이게 전부는 아니다. 트라이클로산은 갑상선 호르몬에도 영향을 미친다. 또 페트리 접시에서 배양하는 인간 세포에 트라이클로산을 첨가했더니 에스트로겐과 테스토스테론의 작용을 방해한다는 연구 결과도 있다. 현재 미국 식품의약안전청FDA에서는 트라이클로산의 안정성을 입증하지 않으면 판매금지 조치를 내리겠다고 제조사에 압력을 넣고 있다. 앞에서 언급했듯이 미네소타 주지사는 한 발 앞서서 2017년부터 소비재에 트라이클로산 사용을 금지했다. 그러나 이런 조치를 내린 이유는 방금 언급한 내용 때문이 아니라 주지사와 미생물학자들이 박테리아가 트라이클로산에 노출되었을 경우 내성이 생길 가능성을 염려했기 때문이다. 항균제품에 취약한 인체의 유익균은 제거되고, 해롭고 내성이 있는 유해균만 남는 상황을 좋아할 사람은 아무도 없기 때문에 관심의 초점은 항생제 내성으로 향한다. 만약에 어떤 사람이 내성을 유도하는 트라이클로산이 범벅된 콧물을 흘리고 있다고 하자. 이 사람의 코에 황색포도상구균을 조금 넣고 며칠이 지나면 어떤 일이 벌어질까? 바로 효과적인 배포 시스템을 완벽하게 갖춘 이동식 MRSA 제조기가 탄생한다.

한 가지 더 있다. 트라이클로산이 염소 처리된 수돗물과 만나면 발암물질로 전환되어 범죄소설에서 사람을 기절시킬 때 사용되는 클로로포름chloroform이 만들어진다. 따라서 원한다면 트라이클로산이 법적으로 금지될 때까지 기다려도 좋다. 그게 아니라면 항상 제품의 분석표를 꼼꼼히 읽고 구매하자.

손 씻는 행위와 정신 질환의 관계

비누와 따뜻한 물로 15초 이상 손을 씻는 것은 공중위생의 핵심이며 전염성 있는 감염, 특히 소화기 감염을 예방하는 데 효과적이다. 그러나 주위 환경에서 묻어오는 뜨내기 미생물을 닦아내려고 손을 씻다 보면 원래 손에 살고 있던 피부 미생물총까지 함께 씻겨 내려가 해를 입는다. 흥미롭게도 미생물은 종에 따라 손을 씻을 때 해를 입는 정도나 그 후에 회복되는 속도가 다르다. 예를 들어 포도상구균이나 연쇄상구균은 손을 씻은 직후에 곧바로 빠르게 증식하여 제일 먼저 군집을 형성하지만 시간이 지나면 점차 우점도가 떨어진다.

이런 사실에 구미가 당기는 이유는 강박 충동 장애가 연상되기 때문이다. 강박증 같은 불안 장애의 한 가지 특징은 환자 자신이 균에 오염됐다고 느낀다는 점이다. 강박증 환자는 청결에 '집착'하며 손을 씻어야 한다는 '충동'을 느낀다. 삶을 제한하는 이런 기이한 행동의 원인을 제시한 다양한 이론이 있지만 딱 꼬집어 이거라고 말하기는 어렵다. 이들 중 한 가지는 미생물에 원인을 둔 가설이다.

제1차 세계대전이 끝날 무렵 정체를 알 수 없는 병이 유럽에서 퍼지기 시작했다. 1918년 무렵에는 미국에 상륙했고 다음에는 캐나다를 공격했다. 이듬해 병은 전 세계를 휩쓸면서 인도, 러시아, 호주, 남미로 확산했다. 이 세계적인 유행병은 꼬박 10년을 지속했다. 기면성 뇌염encephalitis lethargica으로 알려진 이 병의 증상은 극도의 무력감과 두통, 그리고 파킨슨병에서처럼 불수의운동을 동반한다. 때로 이 병은 정신 질환으로 이어져 많은 환자가 정신병 환자가 되거나 우울증에 시달리고 또는 성에 집착하게 되었다. 환자 중 20~40퍼센트가 사망했다.

운 좋게 살아남은 사람들도 완전히 회복하지는 못했다. 수천 명이 강박 장애에 시달렸다. 갑자기 감염이라도 걸린 것처럼 희귀한 행동 장애가 나타났다. 그 당시 의사들은 이 질환이 프로이트의 정신분석학적 인 문제에 기인하는지 아니면 신체 기관의 문제인지를 놓고 격렬하게 토론하였다. 그러나 그 진짜 원인이 밝혀지기까지는 70년이 걸렸다.

2000년에 영국의 두 정신분석학자가 기면성 뇌염의 원인에 관심을 보였다. 앤드루 처치Andrew Church 박사와 러셀 데일Russell Dale 박사는 기면성 뇌염의 증상을 보이는 환자 몇 명을 치료하였다. 이 사실이 의학계에 알려지자 동료들이 비슷한 증상을 보이는 환자를 데일에게 더 소개하였다. 마침내 그는 몇십 년 전에 사라진 줄 알았던 이 병을 앓고 있는 환자 20명을 치료하게 되었다. 치료와 동시에 데일은 환자들 사이에 나타나는 유사점을 찾아보았는데 운이 좋게도 그는 환자들 사이에서 공통으로 나타나는 패턴을 발견했다. 많은 환자가 병의 급성기acute phase에 인두염을 겪은 적이 있는 것이다.

미국에서는 흔히 'strep throat'라고 부르는 인두염은 연쇄상구균속의 박테리아에 의해 일어난다. 처치와 데일은 기면성 뇌염이 이 박테리아와 관련 있을지도 모른다는 생각에 환자를 테스트했는데 확실히 20명 모두 연쇄상구균에 감염되어 있었다. 연쇄상구균은 이후에 기저핵basal ganglia이라는 뇌세포 덩어리를 공격하는 자가면역 반응을 일으킨다. 결과적으로 호흡기 감염으로 알려진 일반적인 질병이 신경정신과적 질환으로 바뀌게 된 것이다.

기저핵은 행동선택에 관련되어 있다. 뇌의 한 부분인 기저핵은 인간이 주어진 상황에서 취할 수 있는 여러 행동 중에서 실제로 어떤 행동을 수행할지 선택하는 역할을 한다. 기저핵은 특정 행동이 우리에게 어떤 보상을 가져올지를 무의식적으로 판단하고 선택한다. 예를 들면 고스톱에서 고를 할 것인지 스톱을 할 것인지, 브레이크를 밟을지 액셀을 밟을지, 커피잔을 들어야 할지 머리부터 긁어야 할지 등을 결정하는 것이다. 경험이 많을수록 기저핵은 더 많은 정보를 축적하여 의식 속을 흐르는 수많은 가능성 중에서 본능적으로 적합한 선택을 하게 된다. 고스톱을 칠 때 고인지 스톱인지를 결정하려면 내 손에 있는 패와 상대가 손에 쥔 패, 그리고 다음에 나올 패까지 계산해야 한다. 이때 연습을 많이 할수록 기저핵은 더 정확하게 조정된다. 설사 우리의 의식은 그렇지 않더라도 말이다.

그러나 기저핵의 뇌세포들이 공격을 받으면 행동 선택에 차질이 생긴다. 고 아니면 스톱? 스톱 아니면 고? 아니면 고? 아니면 스톱? 또는 결정을 내리지 못한 채 그냥 스톱을 부르게 될 수도 있다. 뇌의 지시를 자동으로 따르는 근육은 동시다발적인 명령을 받게 되고 유연하게 결정을 내리는 대신 파킨슨병과 같은 경련을 일으킨다. 집에 들어오면 등을 켜고 현관문을 잠근 뒤 손을 씻는 일상의 습관 또한 뒤죽박죽된다. 강박적으로 손을 씻는 강박 장애 환자의 행동을 설명할 수 있는 재미있는 가설이 있다. 조금 전에 나는 어떤 박테리아들은 손을 씻은 직후에 더 빠르게 증식한다고 말했다. 바로 연쇄상구균 박테리아다. 이는 아마 다수의 경쟁자가 없는 상태에서 빠르게 번식할 기회를 얻기 때문일지도 모른다. 결코 확실한 것은 아니지만, 어쩌면 이 기회주의적인 병원균은 숙주가 손을 씻은 직후에 가장 힘을 얻을 수 있기 때문에 기저핵으로 하여금 습관을 강요하게 하여 계속해서 손을 씻도록 숙주를 설득하는 것인지도 모른다.

많은 정신건강 질환, 더 적절히 말하면 신경정신학적 장애가 기저핵 기능 장애나 연쇄상구균과 연관이 있다는 것은 놀라운 일이 아니다. 투렛 증후군의 음성틱, 운동틱 증상을 생각해보면 그것은 의식 속에 흐르는 장난기를 억누르지 말라는 기저핵의 결정이 실패로 돌아간 결과인지도 모른다. 연쇄상구균 감염은 여기서 중요한 역할을 한다. 과거에 악질 연쇄상구균에 여러 차례 감염된 아이들은 투렛 증후군이 발병할 가능성이 14배나 높기 때문이다. 파킨슨병, 주의력결핍 과잉행동 장애, 불안 장애 역시 연쇄상구균과 기저핵 손상에 관련이 있다.

하지만 나는 연쇄상구균이 번식하지 못하도록 손을 씻지 말아야 한다고 주장하는 것은 아니다. 손을 씻지 않으면 연쇄상구균보다 더 흔하게 나타나는 다른 미생물에게 감염될 것이기 때문이다. 미생물을 그들이 속한 장소(예를 들어 대변)에서 그들이 있어서는 안 되는 장소(예를 들어 입이나 눈)로 옮겨서 말이다. 항균비누가 손에서 연쇄상구균이 한시적으로 우점하는 것을 촉진하는지는 알려지지 않았다. 그러나 강력한 기회주의자가 다른 미생물의 방어 공격에 익숙해지면 피부에 서식하는 유익균보다 항균제품에 대한 내성을 확실히 더 빨리 진화시킬 수 있을 것이다. 대신 화학약품을 이용하여 박테리아를 죽일 수 있는 더욱 효과적인 한 가지 방법이 있다. 바로 알코올로 소독하는 것이다. 알코올은 미생물을 철저하게 파괴하여 그들이 애초에 내성을 진화시키지 못하게 근본적으로 차단한다. 게다가 알코올은 MRSA 같은 항생제 내성균에도 효과적이며 병원에서 의료진뿐 아니라 출입하는 모든 사람들의 손을 쉽고 빠르게 소독할 수 있다.

안 씻어도 깨끗한 사람들

누구나 한 번쯤은 샴푸나 비누 같은 세정제 용기에 적힌 성분표를 읽으면서 기분 좋은 냄새, 상쾌한 기분을 주기 위해 들어보지도 못한 화학약품들이 얼마나 많이 사용되었는지 생각해본 적이 있을 것이다. 물론 우리의 피부는 샤워젤이나 보습제, 데오드란트 없이도 알아서 건강하게 유지될 것이다. 열대 우림지역에서 지내다 보면 지독한 냄새를 풍기는 것은 하루에 한 번 이상 씻고 발한억제제로 범벅된 외지인들이지 지역 원주민이 아니라는 걸 알 수 있다. 가장 단순한 방식으로 살아가는 부족민들은 몸을 자주 닦지 않고 비누 한 번 쓰지 않지만 데오드란트 없이도 나쁜 체취를 풍기지 않는다.

서파푸아와 동아프리카의 오지를 연구하는 인류학자이자 동물학자인 기타 카스탈라Gita Kasthala는 부족민을 개인의 위생 정도에 따라 세 그룹으로 나누었다. 첫 번째 그룹은 서구문화와 거의 접촉이 없는 사람들이다. 카스탈라는 "이 사람들은 일부러 시간을 내어 씻는 일이 없다. 그저 기회가 될 때, 예를 들어 낚시하러 물가에 가면 그 김에 몸을 씻는다. 그리고 비누를 사용하지 않는다. 또 그들이 몸을 가리기 위해 사용하는 천들은 대부분 천연재료로 만든 것이다"라고 말한다.

두 번째 그룹은 외진 곳에 살지만 선교활동을 통해 어느 정도 서구

문화에 노출된 사람들이다. 그들은 대체로 1980년대에 만들어진 재활용 합성섬유로 만들어진 옷을 입는다. 카스탈라는 "이 그룹의 사람들은 놀라울 정도로 자극적인 냄새를 풍긴다. 그들은 비누를 사용해 제대로 몸을 씻는다. 하지만 왜 몸을 씻고 옷을 빨아야 하는지는 이해하지 못한 채 그저 그래야 하나 보다 하고 씻을 뿐으로, 매주, 매달, 아니면 좀 더 드물게 씻는다"라고 묘사한다.

마지막 그룹은 석유 기지나 벌목회사에서 일하면서 완전히 서구 문화에 물든 사람들이다. 그들은 비누와 물비누 등으로 매일 씻는다. 카스탈라는 "이 그룹 사람들은 심하게 땀을 흘린 경우가 아니면 몸에서 냄새가 나지 않는다. 그런데 비누조차 사용하지 않는 첫 번째 그룹의 사람들은 땀을 흘려도 냄새가 나지 않는다"라고 설명한다.

왜 안 그러겠는가? 근대화된 사회에 사는 사람들은 대부분 하루나 이틀만 씻지 않아도 사회가 허용할 수 없을 정도로 냄새가 나고 기름기가 돈다. 그런데 비누도 뜨거운 물도 없는 열대 지방의 오지에 사는 사람들은 어떻게 청결을 유지하는 걸까?

AO바이옴AOBiome이라는 새로 창립된 생명공학회사에 따르면 이것은 모두 매우 민감한 미생물 그룹과 관련된 현상이다. 창립자 데이비드 휘틀록David Whitlock은 토양 미생물을 전공한 화학 엔지니어다. 2001년 마구간에서 토양 샘플을 채집하던 그는 진흙에서 몸을 구르는 말을 보고 말들이 진흙 목욕을 즐기는 이유를 궁금해하다가 이 문제에 대해 생각하게 되었다. 휘틀록은 토양과 수질원에는 암모니아 산화균이 많이 들어있다는 것을 알았다. 그는 또한 땀에 암모니아가 들어 있다는 것도 알았다. 그는 말이나 다른 동물들이 피부에 암모니아를 축적하기 위해 토양의 암모니아 산화균을 이용하는 것은 아닐까 하는 의문이 들었다.

체취의 대부분은 에크린샘eccrine gland이 분비하는 암모니아 섞인 땀이 아니라 아포크린샘apocrine gland(냄새선)에서 유래된다. 아포크린샘은 겨드랑이나 사타구니에 주로 분포하는데 모두 성과 관련된 것이다. 이 땀샘은 사춘기 전까지는 크게 작용하지 않다가 사춘기 이후 냄새가 나는 땀을 배출한다. 땀에서 나는 냄새는 일종의 성페로몬으로 작용하여 상대에게 자신의 건강이나 생식 능력에 대한 정보를 알린다. 원래 아포크린샘이 방출하는 땀은 냄새가 없다. 우리의 피부 미생물이 땀과 섞이면서 그것을 냄새나는 방향 물질로 전환해야만 냄새를 갖게 된다. 따라서 정확히 어떤 냄새가 나는지는 우리가 어떤 미생물을 가지고 있느냐에 따라 달라지는 것이다.

씻고 데오드란트를 바르는 것은 냄새를 유발하는 박테리아를 제거하거나 냄새 자체를 다른 향으로 덮어버리는 일이다. 그런데 이 과정에서 우리는 피부의 미생물총을 개조하게 된다. 특별히 민감한 박테리아인 암모니아 산화균은 천천히 자라기 때문에 매일 그들을 치는 화학물질의 폭격에 가장 심하게 영향을 받는다. 휘틀록에 의하면 암모니아 산화균은 우리가 땀을 통해 분비하는 암모니아를 아질산염이나 일산화질소로 산화시키는 데 반드시 요구되는 박테리아다. 이들은 인간 세포를 조절하고 피부 미생물을 관리하는 데 꼭 필요하다. 산화질소가 없으면 우리의 땀을 먹고 사는 코리네박테륨이나 연쇄상구균이 거칠게 돌변할 수 있다. 특히 코리네박테륨의 수가 증가하면 우리가 모두 거부하는 지독한 체취가 발생한다.

역설적인 것은 우리가 좋은 향기를 풍기기 위해 화학물질로 몸을 씻고 데오드란트를 사용하는 것이 도리어 악순환을 일으킨다는 것이다. 비누와 데오드란트는 우리의 암모니아 산화균을 죽인다. 암모니아 산화균이 없으면 피부에 사는 다른 박테리아가 해를 입는다. 그래서 변화된 박테리아의 조성 때문에 우리의 땀이 불쾌한 냄새를 가지게 된다. 그러면 또 우리는 비누로 땀을 닦아내고 데오드란트로 불쾌한 냄새를 없앤다. AO바이옴은 암모니아 산화균을 키우는 것이 이 끝없는 악순환의 고리를 끊는 방법이라고 제시한다.

물론 우리는 진흙에 구르거나, 오염되거나 화학물질이 처리되지 않은 물—찾을 수 있다면—에서 매일 수영하여 암모니아 산화균을 얻을 수 있다. 그러나 AO바이옴 연구진과 휘틀록은 그들이 개발한 AO+ 미스트 스프레이를 사용하여 해결할 수 있다고 제안한다. 이 스프레이는 맛이나 냄새 모두 그냥 물 같지만 토양에서 배양한 살아 있는 니트로소모나스 유트로파*Nitrosomonas eutropha*가 들어 있다. 현재 AO+는 화장품으로 분류되었기 때문에 효과를 입증하지 않아도 판매할 수 있지만 과학적으로 효과를 입증하는 것이 이들의 다음 목표다. 첫 임상 시험에서 지원자들의 피부 상태가 플라시보를 사용한 사람들에 비해 더 나아졌다.

잘 씻지 않는 사람들의 몸에서는 원래 사람들이 자연적인 살 내음이라고 기대하는 것처럼 향긋한 꽃냄새나 비누 냄새가 나지 않는 반면에 AO+를 시도한 지원자들은 그들의 자연적인 살 냄새에 만족하고 남에게도 좋은 향을 풍긴다는 것을 알았다. 이 회사의 창립자인 데이비드

휘틀록은 12년 전부터 한 번도 씻은 적이 없다. 물론 우리는 그에게서 안 좋은 냄새가 풍기지는 않을 것이라고 짐작한다. 이 회사의 직원들은 목욕할 때 비누나 데오드란트를 최소한으로 사용하려고 애쓴다. 그나마도 일주일에 몇 번 또는 1년에 겨우 몇 번 닦는다.

비누로 씻지 않는다는 발상 자체가 대부분 사람들에게는 비위가 상하는 일이다. 실제로 비누로 몸을 닦는 것은 우리의 문화에 너무 뿌리 깊이 박혀서 매일 비누를 사용하지 않는다고 말하는 것조차 금기시된다. 그런데 이런 점이 오히려 나에게는 비현실적으로 느껴진다. 인간의 25만 년의 역사 내내 비누의 존재를 모르고 지내다가 어느덧 우리는 비누 없는 삶은 상상할 수 없을 정도로 매일 비누로 샤워하는 것에 의존하게 되었다.

항생제처럼 항균제품들도 적절한 자리가 있다. 그러나 당신의 몸은 그 자리가 아니다. 우리는 이미 면역계라고 불리는 충분한 미생물적 방어 시스템을 구축하고 있다. 아마도 우리는 면역계를 이용하여 충분히 잘해나갈 것이다.

• 6장 •

먹는 대로 간다

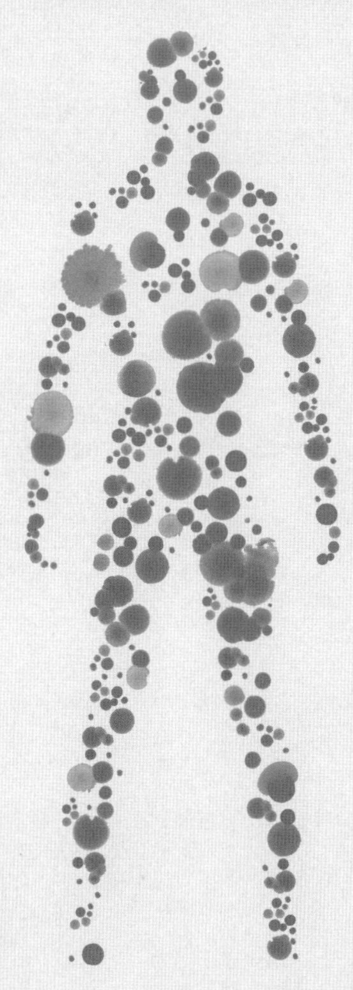

어느 날 나는 하버드 대학교 교정에 앉아 레이철 카모디Rachel Carmody 박사와 커피를 마셨다. 카모디는 자신이 지금까지 인간의 영양 대사 과정을 완전히 틀린 시각으로 보고 있었다는 사실을 처음으로 깨달은 순간에 관해 이야기했다. 카모디 박사가 석사학위를 마칠 무렵의 일이었다. 카모디는 음식의 조리과정이 식품의 영양 가치에 미치는 효과에 대한 석사 논문을 막 끝내고 구술시험을 보고 있었다. 그녀의 발표가 끝날 무렵 제일 끝에 앉아 있던 심사위원이 일어나더니 논문 한 뭉치를 테이블 위로 밀어 보냈다. 그녀의 눈앞에 펼쳐진 논문 중에서 카모디의 시선을 사로잡은 것은 '미생물군 유전체', '장내 미생물총'이라는 단어였다. 그 심사위원은 "이 논문들을 읽고 학생의 연구 결과를 다시 한 번 생각해보세요"라고 말했다고 한다.

카모디는 "생물학이란 결국 생물체가 먹이를 구하고 거기에서 에너지를 추출하는 과정에 관한 학문입니다. 한 생물체의 형태나 행동은 그 생물이 먹이를 얻고 이용하는 방식을 반영합니다. 문제는, 인간의 소화 과정을 연구하는 인류진화생물학자로서 제가 이 과정의 반쪽만 보고 있었다는 사실입니다"라고 했다. 카모디는 소장에서 진행되는 소화과정에 관심을 가지고 연구 중이었다. 그러나 〈네이처〉나 〈사이언스〉 같은 유명 과학 저널에서 장내 미생물총이 영양과 신진대사에 미치는 영향에 관해 특집 이슈를 출간하는 것을 보면서 그녀는 자신의 연구를 비롯한 다른 인간 영양학 연구가 완벽한 해답을 이끌어내지는 못할 것이라는 사실을 깨달았다. 카모디는 나에게 "지금까지 우리는 식품과 영양을 완벽하게 불완전한 관점에서 접근해왔습니다"라고 말했다.

영양학으로는 알 수 없는 것들

소화와 영양에 대한 관점이 전반적으로 달라졌다. 최근까지는 소화과정 중 소장에서 일어나는 일이 소화의 전부라고 여겨졌다. 부수고 섞는 믹서기 역할을 하는 위를 지나면 가늘고 긴 튜브가 나타나는데 바로 이곳에서 인간의 소화라고 알려진 모든 일이 일어난다. 위와 췌장 그리고 소장에서 뿜어내는 효소가 커다란 음식 분자를 잘게 쪼갠 뒤 장 내벽의 세포를 통과해 혈액으로 운반된다. 음식물에 들어 있는 영양소 중에 단백질은 꼬이고 엉클어진 진주목걸이 같은 구조를 가졌는데, 소화과정에서 각각의 진주알에 해당하는 아미노산이라는 짧은 사슬로 쪼개어진다. 복잡한 구조를 가진 탄수화물은 다루기 쉬운 포도당과 과당이라는 단당류로 잘게 잘린다. 지방은 글리세롤과 지방산으로 분해된다. 이렇게 단백질, 탄수화물, 지방이 분해되어 생성된 단위체들은 체내에서 에너지를 생성하고 몸을 구성하며 필요에 따라 적합한 화합물로 변환된다.

인체 영양학은, 적어도 기존 학설에 따르면, 7미터짜리 소장의 끝부분에서 실질적으로 끝이 난다. 여기서 소장은 짧고 굵은 대장으로 이어지는데, 소화기관 중에서도 상대적으로 더럽고 지저분한 이 기관은 마치 특대형 오물 배관인 것처럼 취급되어왔다. 아마도 우리들 대부분은 학교 생물학 시간에 소장은 음식물을 분해하고 영양분을 흡수하는 역할을 하는 기관인 반면에, 대장은 물을 흡수하거나 소화되고 남은 찌꺼기를 모아서 배출할 수 있도록 마무리하는 곳으로 배웠을 것이다. 없어도 그만인 충수처럼 대장의 중요성은 간과되었다. 19세기 말에 면역세포를 발견한 위대한 업적으로 노벨상을 받은 러시아 과학자 엘리 메치니코프Elie Metchnikoff도 인간은 대장 없이도 아무 문제없이 잘 살 수 있다고 생각했다. 그는 "인체에 대한 아주 많은 연구 결과를 종합해보면 대장에는 소화할 수 있는 능력이 없다는 확실한 결론을 내릴 수 있다"고 말했다.

다행히 현대 과학은 메치니코프의 시대 이후 크게 진보해왔다. 적어도 수십 년 전에는 대장에서 미생물 군집에 의해 합성된 중요 비타민을 흡수한다는 사실을 알게 되었다. 미생물이 없으면, 우리의 건강은 악화될 것이다. 1970년대에 평생을 무균 상태로 격리되어 살아온 데이비드 베터의 경우 미생물이 없기 때문에 여러 비타민을 식품보조제로 복용해야 했다. 미생물총의 영양학적 기여도는 비타민 수준을 훨씬 넘어선다. 어떤 생물은 소화기능을 미생물에게 일임하기 때문에 미생물이 없다면 먹는다는 것이 전혀 소용없는 일이 되는 경우도 있다.

동물의 피를 먹고 사는 거머리나 흡혈박쥐는 전적으로 미생물에게 영양 공급을 의뢰한다. 피는 생명의 원천이지만 식품영양학적 측면에서는 의외로 영양소가 풍부한 음식이 아니다. 물론 혈액은 쇠 맛이 날 정도로 철분 함량이 높고 단백질도 풍부하다. 하지만 상대적으로 탄수화물이나 지방, 비타민, 미네랄이 부족하다. 이 부족한 영양소를 합성해내는 장내 미생물이 없다면 거머리나 흡혈박쥐 같은 흡혈종의 삶은 매우 고단해질 것이다.

대왕판다는 미생물에 영양을 의존하는 또 다른 전형적인 예다. 대왕판다는 분류학적으로 대문자 C로 시작하는 식육목Carnivore에 속한 포유류다. 북극곰이나 회색곰과 같은 곰과科 동물이고 사자나 늑대 같은 흉포한 동물과도 생물 계통수에 나란히 위치한다. 하지만 소문자 c로 시작하는 육식동물carnivore, 즉 동물의 고기를 먹고 사는 진정한 의미의 육식동물은 아니다. 대나무 잎을 즐기게 되면서 육식을 포기해버린 대왕판다는 진화의 과거에서 오래전에 등을 돌렸다. 대왕판다의 단순한 소화계는 원래 육식을 위해 맞춤된 것이기 때문에 전문적인 초식동물인 소나 양처럼 길이가 길지 않다. 그만큼 대장에 서식하는 미생물이 해야 할 일이 많다는 뜻이다.

게다가 판다는 육식동물의 게놈을 가지고 있다. 따라서 고기의 주요 영양소인 단백질을 분해하는 효소의 유전자는 잔뜩 가지고 있지만,

질긴 대나무 잎의 탄수화물 다당류를 분해하는 효소는 만들어내지 못한다. 판다는 매일 12킬로그램의 섬유질 풍부한 마른 대나무 잎을 먹는다. 그러나 이 중 2킬로그램만이 소화될 뿐이다. 미생물이 없다면 아마 이마저도 소화되지 못할 것이다. 대왕판다의 장내 미생물총이 보유하는 미생물군 유전체 중에는 일반적으로 소나 왈라비, 흰개미 같은 초식동물의 미생물군 유전체에서 발견되는 셀룰로스 분해 유전자가 포함되어 있다. 소화에 반드시 필요한 유전자를 가진 미생물을 자기편으로 끌어들임으로써 대왕판다는 육식을 하던 과거의 제약에서 벗어날 수 있었다.

이렇듯 미생물은 영양 측면에서 결코 무시할 수 없는 존재다. 어떤 의미에서는 인간 역시 거머리나 박쥐, 판다와 다를 바가 없다. 우리가 먹는 음식 일부는 몸에서 만들어내는 효소에 의해 소화되고 소장에서 흡수된다. 그러나 소장에서 분해하기 어려운 음식물은 대장으로 넘어가 열광적인 미생물 군중을 만나 그들의 소화효소로 철저하게 분해된다. 그러고는 우리가 학교에서 배운 대로 수분과 함께 혈액으로 흡수된다. 곧 설명하겠지만 이 미생물들은 생각보다 훨씬 중요한 역할을 한다.

결국 카모디는 박사학위를 마칠 무렵이 되어서야 지금까지 자신이 문제의 절반밖에 풀지 못했다는 사실을 깨달았다. 그래서 카모디는 나머지 답을 찾기 위해 자신이 공부하던 건물에서 나와 그곳에서 가까운 곳에 있는 인간 진화 생물학과의 시스템 생물학 센터로 향했다. 그리고 그녀는 노련한 미생물 사냥꾼인 피터 턴보의 지도로 새로운 연구를 시작했다.

현대 식습관의 변화

미안하지만 이제 내가 앞에서 주었던 비만 탈출 마스터키를 잠시 돌려받아야겠다. 직접 복용했든 음식을 통해 간접적으로 잔류성분을 섭취했든 항생제의 이차적인 피해는 특히 어린아이의 경우 더 심하게 나타난다. 그러나 여기서 끝이 아니다. 마틴 블레이저가 쥐에게 실험한 저용량 페니실린과 고지방 식단 테스트에서 보여주었듯이 항생제가 체중 증가의 유일한 원인은 아니다. 다른 21세기형 질병에서도 마찬가지다. 항생제뿐만 아니라 식습관 역시 중요한 역할을 한다. 하지만 일반적으로 생각하는 그런 식의 역할은 아니다.

사람의 식생활이 달라졌다. 대형마트의 진열대 사이를 걷다 보면 이 수많은 식품이 다 무엇으로 만들어졌는지 궁금할 때가 있다. 분명 동식물 중 하나일 텐데 원재료의 형태를 그대로 유지하고 있는 제품은 별로 없다. 기본적으로 진열대의 제품 중 반 이상은 종이박스나 비닐 포장, 병에 담겨 있어서 내용물을 알 수가 없다. 박스 안에 뭐가 들어 있을까? 브로콜리? 닭고기? 사과? 물론 음식재료가 포장된 경우도 있지만 내가 말하는 것은 비스킷이나 과자, 청량음료, 즉석식품, 시리얼 같은 가공식품이다. 미국의 어떤 대형마트는 식품을 파는 곳이 아니라 큰 물류창고처럼 보일 정도다. 일렬로 진열된 박스 위에 프린트된 낯선 상표와 제품명들을 보면 아무리 들여다보아도 그 박스 안에 뭐가 들었는지 감도 오지 않는다. 꼭 일본어로 된 메뉴판을 보고 스시를 주문하는 기분이다. 진정한 의미의 식품이라면 눈으로 봤을 때 바로 구분할 수 있어야 한다. 사과는 사과, 닭고기는 닭고기다. 만약에 1920년대로 돌아가 대형마트를 연다면 아마 오늘날 마트 진열대의 반도 필요 없을 것이다.

슈퍼마켓 바깥에서도 변화는 계속된다. 요리할 시간이 없는 바쁜 현대인을 위해 패스트푸드와 즉석식품이 개발되었다. 사람들은 물 대신 청량음료나 주스를 마신다. 불타는 금요일 밤에는 배달음식을 시키고 바쁠 때는 사무실에서 샌드위치로 끼니를 때운다. 현대인은 먹는 것에 대한 통제력을 잃었다. 예전보다 직접 요리하는 시간이 줄었고 더구나 스스로 키워서 먹는 일은 없다. 거의 모든 농·축·수산물이 제한된 공간에서 집약적으로 생산되고 화학적인 방식으로 품질 향상이 이루어진다. 현대인의 식단이 건강하다고 생각하는 사람은 아마 그 비교 대상과 기준이 매우 낮기 때문일 것이다.

그렇다면 건강한 식습관이란 무엇인가? 사람들의 입에 오르내리는 이상적인 식습관의 정의는 유행하는 구두만큼이나 자주 바뀐다. 그러나 한 가지만큼은 분명하다. 현대인의 식습관에 문제가 있다는 점이다. 과체중과 비만 인구의 수가 지역적인 수준을 넘어서 전 세계적으로 증가하고 있다. 비만이 아니더라도 나쁜 식습관은 관절염과 당뇨병을 비롯한 온갖 질병을 악화시킨다. 또한 선진국에서 심장병이나 뇌졸중, 당뇨병, 암 같은 주요 사망 원인의 환경적 요인이 되고 있다. 짐작했겠지만, 나쁜 식습관으로 인해 발병하거나 악화하는 과민성 장 증후군, 셀리악병, 과체중 같은 질병은 대개 21세기형 질병이다.

문제는 사회적으로 이상적인 식습관에 대한 합의가 이루어지지 않았다는 점이다. 세간에 유명한 다이어트 식이요법을 비교해보면 어떤 음식은 '좋고', 어떤 음식은 '나쁘다'라는 기준이 천차만별이다. 그런데도 각 식이요법의 지지자들은 자신들이 선택한 전략의 이점을 종교 전도사처럼 강하게 옹호한다. 이들은 체중 감량과 건강 회복을 책임지겠다고 장담할 뿐 아니라 나름대로 진화에 바탕을 둔 논리적인 기반을 갖추고 있다. 사실 저탄수화물, 저지방, 저혈당지수GI 중 어느 것을 택하든지 자신의 식단을 통제할 수 있다는 것만으로도 개선의 여지는 충분하다.

오늘날 가장 유명한 식이요법들의 가설에는 한 가지 공통적인 전제가 있다. 인간은 원래 그렇게 먹도록 진화한 존재라는 것이다. 인간이 먹어야 하는 제대로 된 식사를 알아보기 위해 우리의 선조가 살던 시대로 돌아가보자. 농경시대 이전의 조상, 수렵 채집인, 동굴인, 날고기를 뜯어먹던 선행 인류, 유인원을 닮은 인류의 사촌들까지, 인류의 조상들이 무엇을 먹고 살았는지 살펴보면 된다. 그러나 사실 그렇게 멀리까지 갈 필요도 없다. 고작 100년 전 우리 증조할아버지 시대만 해도 현대인의 재앙은 일어나지 않았기 때문이다. 마트에 파는 포장된 가공식품이나 드라이브스루drive-thru 음식들과 비교하면 우리 증조할아버지들의 식생활은 현대인의 식생활과는 크게 다르다.

인간이 원래 무엇을 먹고 살아야 하는지 알 수 있는 한 가지 좋은 방법은 집약적 농업, 수입 식품, 즉석식품, 배달 음식 같은 현대인의 식생활에 물들지 않은 지역을 들여다보는 것이다. 부르키나파소Burkina Faso의 불폰Boulpon 지방을 예로 들어보자. 이탈리아 과학자들은 이 아프리카 시골 마을에 사는 어린이들과 이탈리아 피렌체에 사는 어린이들을 대상으로 비교 연구를 하였다. 연구 목적은 이 두 집단에서 어린이들의 식습관이 장내 미생물총에 미치는 영향을 알아보기 위한 것이었다. 불폰의 주민들은 신석기 혁명 직후인 약 1만 년 전에 살았던 자급자족 농민들과 크게 다르지 않은 모습으로 살고 있었다.

신석기 혁명은 인류 진화에 결정적인 시기였다. 인류는 두 가지 혁명적인 변화를 끌어냈다. 농경과 목축이다. 안정적인 식량 공급이 주는 이점은 차치하고서라도 농경과 목축을 통해 신석기 인류는 유목민의 생활방식을 버리고 한 곳에 정착하게 되었다. 인간이 영구적인 건축물을 짓게 되면서 큰 공동체를 이루고 살게 되자 불행히도 그 안에서 전염병이 꾸준히 발생하게 되었다. 이것이 우리의 현대 문화와 식습관의 시작이었다.

우리 조상들은 농사를 짓고 가축을 길러 곡물과 콩, 채소, 계란이나 우유, 그리고 가끔씩 고기를 먹고 살았다. 불폰의 마을에서 그 지역 사람들이 먹는 음식은 아프리카 시골 마을의 전형적인 식습관을 따른다. 이 사람들은 수수나 조를 갈아서 가루로 만든 뒤 짭짤한 죽을 끓여 밭에서 기른 채소를 찍어 먹었다. 닭을 잡아먹기도 하고 특히 우기에는 흰개미를 간식으로 먹었다. 이런 음식은 서구에서 잘 팔리는 스타일인 '우리는 무엇을 먹고 살아야 하는가' 부류에 어울리는 식단은 아니지만, 고기를 즐기는 전형적인 수렵 채집인 스타일의 식습관에 비하면 우리 증조할아버지가 드셨던 식사에 훨씬 가깝다. 반면에 이탈리아 아이들은 피자, 파스타, 고기류, 치즈, 아이스크림, 청량음료, 시리얼, 칩 등 현대 서구식 식사에서 흔하게 나오는 음식들을 주로 먹는다.

이 두 집단의 아이들이 장 속에 완전히 다른 미생물총을 가지고 있다는 사실은 별로 놀랍지 않다. 이탈리아 아이들은 주로 후벽균에 속한 미생물을 가진 반면 부르키나파소 아이들의 장에는 의간균 계열의 미생물이 우세하였다. 불폰 아이들의 장에 있는 미생물의 절반 이상이 프레보텔라*Prevotella*라는 한 속으로 분류되었고, 나머지 중 20퍼센트 이상은 자일라니박터*Xylanibacter*속의 박테리아로 구성되었다. 아프리카 아이들에게는 두말할 것 없이 중요해 보이는 이 두 속의 박테리아가 이탈리아 아이들의 장 속에는 전혀 존재하지 않았다.

이탈리아와 아프리카 아이들의 식단을 보면서 무엇이 떠오르는가? 아마도 이탈리아 아이들이 아프리카 아이들에 비해 지방과 설탕을 많이 섭취한다고 생각할 것이다. 우리는 스스로 이런 종류의 음식을 너무 많이 먹는다고 생각하며, 무엇보다도 지방과 설탕은 비만 확산과 비만 관련 질병에 책임이 있다고 믿는다. 확실히 실험용 쥐를 살찌우는 가장 빠른 방법은 고지방, 고단당류 먹이를 주는 것이다. 이것이 미생물군 유전체 과학자들이 말하는 소위 서구식 식단이다. 서구식으로 먹은 지 겨우 하루 만에 쥐의 장내 미생물은 조성을 바꾸었고 예전과는 다른 종류의 유전자를 발현시켰다. 결국 서구식 식단으로 바꾼 지 2주 만에 쥐들은 살이 쪘다.

지방과 설탕이 살을 찌운다면, 그 반대 역시 사실일까? 저지방, 저탄수화물 식단이 장 속의 미생물총 조성을 바꾸어 체중 감소를 이끌어낼 수 있을까? 비만한 사람의 후벽균은 의간균에 비해 그 비율이 높다는 사실을 처음으로 밝혀낸 루스 레이는 이제 과체중인 사람이 식단 조절을 통해 장내 미생물을 마른 사람의 박테리아 조성으로 되돌릴 수 있는지 알고 싶었다. 그래서 레이는 식단 조절 실험에 등록한 비만 지원자의 체중과 대변 샘플에서 얻은 정보를 이용하여 이 문제에 접근하였다.

지원자들은 저탄수화물, 또는 저지방 식단 중 하나를 배정받고 6개월 동안 주어진 식단으로 식사했다. 주기적으로 지원자들의 체중이 측정되고 대변 속의 장내 미생물총이 채취되었다. 두 집단 모두 6개월 동안 체중이 줄었다. 장 속의 후벽균과 의간균의 비율은 감량한 체중에 따라 변화했다. 흥미롭게도 지원자들이 체중을 일정량 이상으로 감량했을 때에만 미생물총의 조성에 변화가 드러났다. 저지방 식단의 경우 최소 6퍼센트의 체중을 감량해야만 그때부터 의간균이 상대적으로 우세하기 시작했다. 환산하면 키가 168센티미터이고 체중이 91킬로그램인 비만 여성의 경우 최소 5.5킬로그램을 감량해야 한다는 것을 의미한다. 저탄수화물 식단의 경우는 체중이 2퍼센트만 감소해도 미생물총 조성이 변하기 시작했다. 방금 말한 비만 여성의 경우로 보면 1.8킬로그램에 해당하는 체중이다.

이렇게 저탄수화물과 저지방 식단에서 미생물을 마른 사람의 조성으로 변화시키는 데 필요한 최소한의 체중 감소량이 차이가 있긴 했지만, 실험 대상자가 겨우 12명이었기 때문에 과연 이 차이가 의미가 있는지는 좀 더 두고 봐야 한다. 흥미롭게도 저탄수화물 식단이 더 빨리 미생물총 조성에 효과를 나타냈지만, 총 체중 감량에서는 긴 실험 기간 때문에 저지방 식단이 저탄수화물 식단을 따라잡거나 때로 앞서는 경우도 있었다.

그런데 레이의 실험에서는 지원자에게 제공된 두 식단의 전체 칼로리 역시 상대적으로 낮은 편이었다. 여성에게는 하루에 1,200~1,500칼로리, 남성에게는 1,500~1,800칼로리가 제공되었다. 사실 저지방이든 저탄수화물이든 장기간 충분히 낮은 열량의 식사를 하게 되면 체중 감량은 자연스럽게 따라 온다. 그래서 우리는 주말에만 폭식하고 평소에는 신석기 혁명의 결과물인 곡물이나 유제품을 피하는 방식으로 살을 빼려고 한다.

심지어 모든 영양소가 골고루 균형을 이루는 식단조차도 전체적인 열량을 낮게 유지한다면 지방이나 탄수화물 함량을 줄이지 않더라도 체중 감소로 이어진다. 레이와 사람들은 이제 후벽균과 의간균의 비율은 단지 한 사람의 비만 정도를 상징할 뿐 아니라 그 사람의 식습관을 반영한다는 것을 알게 되었다. 저칼로리 식단이 체중 감소를 유도할 수 있다면 살을 빼기 위해서 굳이 지방이나 탄수화물 섭취를 제한할 필요가 있을까?

우리의 식탁에서 늘어난 것

지방이나 탄수화물을 싸잡아 나쁘다고 말하는 사람은 이들 영양소가 가진 복잡성에 대해 잘 모르고 있는 것이다. 이는 자동차가 교통사고로 사람을 죽이기 때문에 나쁘다고 주장하는 것과 똑같다. 이 말이 자동차가 삶을 편리하게 해준다는 사실을 무시한 발언인 것처럼, 지방은 무조건 피하는 게 좋다고 하는 것은 지방이 생존에 절대적으로 필요한 물질이라는 사실을 간과한 것이다. 나는 포화지방, 단가불포화지방, 다가불포화지방, 트랜스지방이 어떤 비율일 때 가장 균형을 이룬다고 자신 있게 말할 수는 없다. 사실 최신 유행 식습관을 논할 때 어떤 것은 건강을 해치고 어떤 것은 안전하다고 하는 의견은 전문가들 사이에서도 의견이 나뉘었다.

지방이나 당분에 대한 미생물의 반응은 실험적인 환경에서조차 제대로 평가하기 어렵다. 실험용 쥐를 이용하여 고지방 식단이 장내 미생물에게 미치는 영향을 테스트한다고 하자. 그러나 고지방 식단을 섭취한 쥐는 지방뿐만 아니라 동시에 고열량 식단을 섭취하는 셈이라 쥐에서 일어난 변화가 지방이 증가한 탓인지, 열량이 증가한 탓인지 구분할 수 없다. 그렇다면 이번에는 일정한 열량을 섭취한 상태에서 지방 섭취만 증가시키기 위해 식단에서 탄수화물의 양을 낮춘다. 하지만 역시 쥐에서 나타난 변화가 지방이 증가했기 때문인지, 탄수화물이 감소했기 때문인지 알 수가 없다. 결국 영양학에서는 아무것도 분리되어 연구될 수 없다.

좀전에도 말했듯이 쥐에게 고지방-저탄수화물 식단을 주면 미생물총의 조성을 바꾸고 체중을 늘릴 수 있다. 이러한 변화는 장벽의 투과성, 혈액 내 LPS 농도, 염증 치수의 증가와 함께 나타난다. 이는 비만과 연관되어 있을 뿐 아니라 제2형 당뇨병, 자가면역 질환, 정신건강 장애 등과도 관련이 있다. 과당 같은 단순당이 많이 포함된 고탄수화물 식단의 경우 적어도 쥐에서는 광범위한 변화를 일으킨다.

따라서 지나친 지방과 설탕이 몸에 해로운 것은 맞는 것 같다. 또 지방과 당분 섭취의 증가는 세계 여러 국가에서 비만의 증가를 동반하였다. 그러나 여기에 패러독스가 있다. 밀크셰이크와 햄버거를 들고 있는 뚱뚱한 남자로 대표되는 유명한 매체 이미지와는 반대로 영국, 일부 스칸디나비아 국가, 호주에서는 제2차 세계대전 이후 지방과 당분 소비가 줄어들었기 때문이다. 특히 영국은 정부 주도하에 전국 식품소비조사를 시행하여 1940년부터 2000년까지 영국 가정에서 일어난 식생활의 변화를 추적하였다. 이 조사를 기반으로 한 통계치를 보면 그동안 우리에게 일어난 식습관의 변화라고 가정한 사실들이 모두 반대로 나타났다. 예를 들어 1945년에 한 사람당 매일 평균 지방 섭취량은 92그램이었고, 과체중 인구가 흔하지 않던 1960년에는 115그램이었다. 그런데 2000년에는 74그램으로 오히려 줄어들었다. 심지어 지방을 포화 지방산과 불포화 지방산으로 나누어 통계를 내도 마찬가지 결과가 나타났다. 전통적으로 우리 몸에 더 좋다고 알려진 불포화 지방산의 섭취량은 점차 늘어났다. 버터, 우유, 돼지기름의 소비는 줄어들고 저지방 우유, 기름, 생선 섭취는 늘었다. 그런데도 영국인들의 체중은 여전히 늘고 있다.

전체 에너지 섭취량에 대한 비율로는 지방 섭취량과 체질량지수 사이에서도 상관관계를 찾아볼 수 없었다. 유럽 18개국의 남성을 대상으로 조사한 평균 지방 섭취량과 평균 체질량지수 역시 전혀 연관성을 나타내지 않았다. 남성이 섭취하는 지방의 양이 몸무게와 전혀 상관이 없다는 뜻이다. 여성의 경우 지방 섭취량과 체질량지수는 우리가 예상하는 것과는 완전히 반대로 나타났다. 평균 지방 섭취량이 높은 나라—최대 46퍼센트—가 오히려 평균 체질량지수는 낮았다. 그리고 저지방 식사를 하는 나라—최소 27퍼센트—의 평균 체질량지수는 높았다. 지방을 더 먹는다고 살이 더 찌는 것은 아니라는 말이다.

이 전국 식품소비조사에서 조사된 항목은 식품의 종류이지 당분 함량이 아니기 때문에 이 데이터로는 당 소비량을 제대로 측정하기가 어렵다. 그러나 가루 설탕, 잼, 케이크, 페이스트리의 섭취 역시 전반적으로 감소한 것은 사실이다. 설탕의 경우 1950년대 후반에 한 사람당 일주일에 평균 500그램이라는 엄청난 양을 먹었지만, 2000년에는 100그램으로 떨어졌다. 대신 영국인은 과일 주스를 마시고 이전보다 훨씬 많은 설탕이 들어간 시리얼을 먹는다. 통계에 의하면 1980년대 이후로 영국인은 전체적으로 당분 소비량이 약 5그램 줄었는데 이는 하루에 한 티스푼 정도의 양이다. 특히 제2차 세계대전 전시배급 기간이 포함된다는 점을 고려하면 1940년대 이후로 감소의 폭은 훨씬 더 클 것으로 예측된다. 호주인들 역시 1980년대 이후 당 섭취를 줄여왔다. 1980년대에는 하루에 30티스푼을 먹던 것이 2003년에는 25티스푼으로 줄었다. 하지만 같은 기간 동안 호주의 비만 인구는 세 배로 늘었다.

전반적인 열량 섭취의 증가 역시 비만의 증가를 설명할 수는 없는 것으로 보인다. 영국 식품소비조사에 의하면 1950년대에 한 사람당 매일 평균 에너지 섭취량이 어른과 아이 모두 합쳐서 2,660칼로리였다. 그러나 2000년에는 하루에 한 사람당 1,750칼로리로 감소했다. 미국에서도 비만이 크게 확산한 시기에 도리어 열량 섭취는 감소했다는 연구 조사가 있다. 미국 농무부는 전국 식품소비조사를 통해 1977년에서 1987

년 사이 한 사람당 하루 에너지 섭취량이 1,854칼로리에서 1,785칼로리로 떨어졌다고 발표했다. 동시에 지방 섭취량은 식단의 41퍼센트에서 37퍼센트로 떨어졌다. 반면에 과체중 인구 비율은 4분의 1에서 3분의 1로 늘어났다. 섭취열량에서 소비열량을 뺀 나머지 잉여열량이 언제 어디에선가 비만에 기여한 것은 분명하다. 하지만 많은 과학자들은 이것만으로는 미국이나 다른 지역에서 나타나는 대규모 비만 확산을 설명할 수는 없다고 지적한다.

지방과 당분을 많이 섭취해도 괜찮다는 말을 하려는 것이 아니다. 분명히 괜찮지 않을 것이다. 지방과 당분의 섭취가 세계적으로 증가하지 않았다는 말도 아니다. 분명히 증가했을 것이다. 그러나 쥐의 식단을 가지고 한 실험에서 나타난 것처럼 한 영양소의 섭취는 다른 영양소의 섭취에 영향을 미친다. 특히 전체 섭취열량이 일정한 상태에서는 말이다. 최근 몇 년간 비만 확산을 일으키는 것이 과연 지방이냐 당이냐 하는 논쟁이 지속되고 있다. 그런데 만일 둘 다 아니라면 어떤가?

지방, 당, 열량 섭취의 변화가 비만의 증가를 완벽하게 설명할 수 없다면 도대체 무엇으로 설명할 수 있는가? 사람들은 묻는다. 지금까지 이렇게 많은 사람이 뚱뚱해졌는데 도대체 뭘 먹었기에 이렇게 된 것이냐고? 답은 확실하다. 지방과 당이다. 많은 지역에서 지방과 당의 섭취가 늘어날 때 비만도 함께 증가했다.

지방의 과다섭취가 체중 증가에 선행한다는 것은 직관적인 호소력을 가지긴 하지만 그렇다고 간단히 결론을 내릴 수 있는 문제는 아니다. 우리는 우리 몸의 배 둘레 살을 보면서 등심 스테이크에 붙은 지방 덩어리나 삼겹살에 세 줄로 나란히 이어지는 하얀색 지방을 떠올린다. 하지만 이는 과학적이지 못한 생각이다. 체내의 지방은 필요하다면 단백질, 탄수화물, 지방 등 어떤 음식에서도 만들어질 수 있기 때문이다.

우리의 식탁에서 사라진 것

부르키나파소 아이들과 이탈리아 아이들의 식단에서 지방이 차지하는 비율은—왠지 큰 차이가 있어야 할 것 같지만—사실 별로 차이가 없었다. 불폰의 아이들은 한 끼 식사의 14퍼센트를 지방으로 섭취했지만, 피렌체 아이들은 17퍼센트가 지방이었다. 그동안 우리는 비만의 원인을 찾아 헤매면서 예전 밥상보다 오늘날의 밥상에 더 많이 올라오는 음식을 중심으로 생각해왔다. 하지만 우리가 더 먹게 된 음식에서 살이 찌는 원인을 찾으려는 것은 너무 단순한 발상이었는지도 모른다. 그렇다면 식단에서 늘어난 품목을 찾는 대신 식단에서 사라진 것을 찾아보면 어떨까?

하나의 감소가 다른 하나의 증가로 이어지는 역상관관계는 그다지 직관적이지는 않지만 여전히 타당하다. 부르키나파소 아이들과 이탈리아 아이들의 식단을 다시 한 번 살펴보면 우리는 그들의 영양 섭취에서 확실한 차이점을 발견할 수 있다. 바로 섬유질이다. 불폰의 식사에는 채소와 곡물, 콩 등 섬유질이 높은 음식들이 큰 부분을 차지한다. 전반적으로 피렌체의 2~6세 아이들이 먹는 식사의 경우에는 2퍼센트가 섬유질이다. 반대로 불폰의 아이들은 6.5퍼센트로 세 배나 많은 섬유질을 섭취한다.

지난 수십 년간 선진국에서 조사된 식품 섭취 추이를 다시 한 번 살펴보면 비슷한 차이를 발견할 수 있다. 1940년에 영국 성인은 하루에 70그램의 섬유질을 먹었지만 현재 영국인은 하루에 평균 20그램의 섬유질을 먹는다. 우리는 예전보다 채소를 훨씬 적게 먹고 있다. 1942년에 사람들은 지금보다 거의 두 배에 가까운 채소를 먹었다. 심지어 그때는 식료품 공급이 제한적이던 전시상태였다. 하지만 그 이후로 브로콜리나 시금치 같은 신선한 녹황색 채소의 섭취량은 급속도로 줄어들었다. 1940년대에 신선한 채소의 하루 섭취량은 약 70그램이었지만 지난 10년간 27그램으로 줄었다. 빵을 포함하여 섬유질이 많은 곡류, 콩, 감자 섭취 역시 1940년대 이후로 줄어들었다. 쉽게 말해 우리는 이전에 비해 식물성 음식을 훨씬 덜 먹는다는 말이다.

부르키나파소 아이들이 가진 미생물총의 유전자를 보면 왜 그렇게 프레보텔라와 자이라니박터의 비율이 높은지 쉽게 이해할 수 있다. 전체의 75퍼센트를 차지하는 두 박테리아 모두 자일란xylan과 셀룰로스를 분해하는 효소의 유전자를 가지고 있다. 식물 세포벽을 형성하는 자일란과 셀룰로스는 체내에서는 소화하기 어려운 화합물이다. 하지만 장에 프레보텔라나 자일라니박터가 많이 서식하는 불톤의 아이들은 주된 먹을거리인 곡물, 콩, 채소에서 훨씬 많은 영양분을 뽑아낼 수 있다.

반면에 이탈리아 아이들의 장에는 프레보텔라나 자일라니박터가 전혀 없다. 이 박테리아들이 살아남는 데 필요한 식물성 먹이가 부족하기 때문이다. 대신 피렌체 아이들의 미생물총은 후벽균이 우세하다. 후벽균은 바로 미국에서 이루어진 여러 연구에서 비만과 연관이 있다고 알려진 바로 그 박테리아다. 실제로 비만과 관련 있는 후벽균과 마른 것과 관련 있는 의간균의 비율은 이탈리아 아이들의 경우 3 대 1이지만 부르키나파소 아이들은 1 대 2로 나타났다.

식물성 식단은 홀쭉이 미생물을 위한 것처럼 보인다. 그렇다면 만약에 한 그룹의 미국인에게는 동물성 식단인 고기나 달걀, 치즈를, 다른 그룹에는 식물성 식단인 곡물과 콩, 과일, 채소를 준다면 어떻게 될까? 당연히 장내 미생물의 조성에 변화가 찾아온다. 식물성 식사를 한 사람은 식물 세포벽을 분해하는 박테리아 그룹이 빠르게 증가하였다. 반면에 고기를 먹은 사람들은 식물 분해 박테리아를 잃는 대신 단백질을 분해하고 비타민을 합성하며 탄 고기에서 생성되는 발암물질을 해독하는 박테리아 종류가 늘어났다. 식물성 음식을 먹은 사람들의 미생물군 유전체는 초식동물과 비슷하지만, 동물성 식사를 한 사람들의 미생물군 유전체는 육식동물과 비슷하다. 연구에 참여한 지원자 중에는 평생 채식주의자였지만 동물성 식단 그룹에 배정되면서 육식을 시작한 사람이 있었다. 그의 장에서 우점하던 프레보텔라 박테리아들은 고기를 먹기 시작한 직후부터 숫자가 줄기 시작하더니 겨우 4일 만에 동물 단백질을 좋아하는 미생물에 의해 추월당했다.

이 같은 미생물총의 빠른 적응력으로 미루어보면, 인간이 제한된 여건에서 먹이를 구해야 할 때 미생물과 함께 팀을 이룬다는 것이 얼마나 유용할지 짐작할 수 있다. 뛰어난 적응력을 가진 미생물을 최대로 이용하여 우리 조상들은 추수철에는 섬유질을 즐기고, 돼지를 잡은 날에는 고기를 씹으며 지냈다. 이런 팀워크는 특히 흔하지 않은 음식재료로 만든 음식을 먹을 때 유용하다. 예를 들어 일본 사람들은 김에 있는 탄수화물을 소화하기 위해 탄수화물 분해 효소를 만드는 박테리아를 장속에 길러왔다. 김은 일본인들의 초밥 위주의 식단에서 큰 부분을 차지하기 때문에 그것을 소화하는 능력은 중요하다. 그래서 일본인 미생물총의 전형적인 구성원인 박테로이데스 플레베이우스*Bacteroides plebeius*는 김에 사는 박테리아종인 조벨리아 갈락타니보란스*Zobellia galactanivorans*에서 김을 소화할 수 있는 포르피라나아제porphyranase 유전자를 훔쳐왔다. 우리가 다양한 음식재료를 먹고 소화할 수 있도록 도와주는 박테리아와 그 유전자는 아마도 원래 그 음식재료에 살고 있던 박테리아에서 기인했을 것이다. 혹자는 인간이 소와 맺은 동맹은 그들이 주는 고기와 우유 때문만이 아니라 소가 자신의 위장에 서식하는 섬유질 분해 박테리아를 우리에게 옮겨준 덕분이라고 주장하기도 한다.

섬유질 섭취량의 저하가 비만 확산에 중요한 역할을 맡았다고 해서 지방이나 당분의 역할을 배제하는 것은 아니다. 보통 고지방, 고당분 식단에서 복합탄수화물 같은 영양소는 부족하다. 대부분의 섬유질은 셀룰로스나 펙틴 같은 비전분 다당류의 형태를 지니거나, 덜 익은 바나나, 통곡물, 씨앗, 찬밥, 익혔다가 차게 식힌 콩에 들어 있는 저항성 전분의 형태로 존재한다. 따라서 식단에서 상대적인 지방과 당분의 양이 증가하면 섬유질의 양이 줄어든다. 그렇다면 우리가 살찌는 이유는 우리의 밥상에서 지방이나 당분의 양이 늘어서가 아니라, 섬유질의 양이 줄어들었기 때문이라고 말할 수 있을까?

체중 감량을 돕는 두 가지

2장에서 언급했던 파트리스 카니를 떠올려보자. 그는 벨기에의 루뱅 가톨릭대학교의 영양 대사학 교수로 마른 사람들은 과체중인 사람들보다 장 속에 아커만시아 뮤시니필라 박테리아가 훨씬 많이 있다는 사실을 발견한 사람이다. 카니는 아커만시아 뮤시니필라가 장 내벽을 자극하여 점액질 분비를 촉진함으로써 점액질층을 두껍게 만들기 때문에 장벽을 튼튼하게 유지할 수 있다고 주장했다. 박테리아성 물질인 LPS는 지방세포의 염증을 일으키고 결과적으로 건강하지 못한 방식으로 체중이 늘게 한다. 그런데 장벽이 견고하면 LPS가 장벽의 세포 사이를 통과해서 혈액으로 들어가는 것을 막아 주기 때문에 LPS로 인한 피해를 예방할 수 있다.

아커만시아가 체중 감량을 도와준다는 사실, 아니면 적어도 살이 찌는 것을 막을 수 있다는 가능성에 흥분하여 카니는 쥐에게 아커만시아 박테리아를 보조제로 먹여보았다. 그리고 성공했다. 이 박테리아를 복용한 후 쥐의 혈액에서 LPS 농도가 낮아졌을 뿐 아니라 체중도 감소한 것이다. 그러나 아커만시아를 첨가하는 것은 임시방편일 뿐 장기적인 해결책이 될 수는 없다. 계속해서 박테리아를 보충해주지 않는다면 체내의 아커만시아 개체 수는 줄어들 것이기 때문이다. 그렇다면 아커만시아의 숫자를 높게 유지할 방법은 없을까? 좀 더 현실적으로 말해 우리가 이미 가지고 있을지도 모르는 아커만시아를 증폭시킬 방법은 없는 걸까?

카니는 다른 박테리아 그룹인 비피도박테리아bifidobacteria의 수를 늘리려고 시도하던 중 해답을 찾았다. 그는 쥐에게 고지방 식단을 먹이면 비피도박테리아의 수가 감소한다는 사실을 알게 되었다. 인간도 마찬가지로 체질량지수가 높은 사람일수록 비피도박테리아 수가 적게 나타난다. 카니는 비피도박테리아가 섬유질을 아주 좋아한다는 사실을 알고 있었다. 그래서 그는 고지방 식단에 섬유질을 보충해주면 비피도박테리아의 수를 늘리고 몸무게가 증가하는 것도 막을 수 있지 않을까 생각했다. 카니는 쥐에게 고지방 식단과 함께, 바나나, 양파, 아스파라거스에서 발견되는 프락토올리고당이라는 섬유질을 보충제로 주었다. 그러자 큰 차이가 발생했다. 비피도박테리아의 수가 증가한 것이다.

프락토올리고당이 비피도박테리아의 수를 증가시킨 것은 사실이지만, 실제로 엄청나게 증폭한 것은 아커만시아였다. 프락토올리고당을 먹은 지 5주 만에 유전적으로 비만한 선천적 비만 쥐들은 그것을 먹지 않은 쥐들보다 아커만시아의 수가 무려 80배나 높아졌다. 선천적 비만 쥐는 섬유질을 첨가함으로써 체중 증가 속도를 늦출 수 있었다. 그리고 정상으로 태어났으나 고지방 식단 때문에 비만이 된 후천적 비만 쥐는 섬유질을 섭취한 이후로 체중이 감소했다.

카니는 이번에 아라비노자일란arabinoxylan이라는 섬유질을 후천적 비만 쥐에게 먹였다. 아라비노자일란은 밀이나 호밀 같은 통곡물에서 큰 부분을 차지하는 섬유질이다. 고지방 식단에 호밀을 같이 먹은 쥐들은 프락토올리고당을 섭취했을 때와 비슷한 결과를 보였다. 이 경우 비피도박테리아 수가 늘어났을 뿐 아니라 의간균과 프레보텔라 군집 역시 날씬한 쥐에서 보이는 수준으로까지 복원되었다. 고지방 식단이라도 섬유질을 함께 주었더니 장벽이 튼튼해지고 지방세포는 크기가 커지는 대신 수가 늘어났으며 콜레스테롤 수치와 체중 증가의 속도가 느려졌다.

카니는 "고지방 식단과 동시에 고섬유질 식단을 함께 먹는다면 적어도 과식으로 살이 찌는 불행은 피할 수 있습니다"라고 말한다. 반대로 지방을 많이 섭취하면서 섬유질을 함께 먹어주지 않으면 장벽의 보호막에 치명적인 영향을 미칠 것이다. 우리의 조상들은 소화가 잘 되지 않는 탄수화물을 많이 먹은 것으로 알려졌다. 이들은 하루에 약 100그램의 섬유질을 먹었는데 이는 현대인이 먹는 양의 10배에 달한다.

원래 살이 찐다는 것은 인류의 역사 속에서 굉장히 이로운 형질이었다. 먹을거리가 풍부한 시기에 몸에 충분한 에너지를 저장해두면 먹을거리가 부족한 시기를 버티고 살아남을 수 있기 때문이다. 그렇게 보면 오늘날 비만이 심장병이나 당뇨병처럼 해악으로 여겨지게 된 것이 신기할 따름이다. 학자들은 인간의 몸무게가 정상적인 범위를 훨씬 초과해서 증가하는 바람에 체중과 관련된 건강 장애로 이어지는 선을 넘었다고 말한다. 카니의 연구는 인류의 역사 전반에 걸쳐 그토록 바람직했던 과정이 왜 지금은 인류가 직면한 가장 큰 문제가 되었는지에 대한 추가적인 단서를 준다. 장 내벽을 보호할 수 있도록 충분한 섬유질과 함께 먹는다면 지방을 섭취하는 게 그렇게 나쁜 일은 아니다. 섬유질이 미생물총을 강화해 장 내벽의 수비를 견고하게 유지하게 한다면 LPS는 혈관으로 들어가지 못하고 면역계는 크게 동요하지 않을 것이다. 또한 지방세포는 꾸역꾸역 지방을 채우는 대신 분열하여 숫자를 늘리게 될 것이다.

사실 더 중요한 것은 미생물 자체보다도 그들이 섬유질을 분해할 때 생기는 화합물이다. 예를 들어 3장에서 언급한 짧은사슬지방산이다. 주요 짧은사슬지방산에는 아세트산(초산), 프로피온산, 부티르산이 있는데 식물성 음식을 먹으면 대장에서 이 물질들이 대량으로 생산된다. 미생물이 섬유질을 소화해 나온 산물인 이 짧은사슬지방산들은 수많은 자물쇠에 걸맞은 열쇠로 작용하는데 그 중요성이 몇십 년 동안 과소평가 되었다.

이런 자물쇠 중 하나가 GPR43(G 단백질 수용체 43)이라는 면역세포다. GPR43 자물쇠를 푸는 열쇠는 짧은사슬지방산이다. 그렇다면 GPR43이라는 자물쇠가 잠그고 있는 것은 무엇일까? 특정 단백질이나 유전자가 하는 역할을 확인하기 위해 생물학에서 자주 사용하는 접근법 중에 녹아웃knockout이라는 방법이 있다. 특정 유전자를 망가뜨려놓고 이후에 어떤 일이 일어나는지 보는 것이다. 이 경우에 GPR43 녹아웃(유전자결손) 쥐는 GPR43 자물쇠를 만들지 못하도록 유전적으로 조작되었다. 이 수용체가 없는 녹아웃 쥐는 심한 염증을 앓았고, 쉽게 결장염, 관절염, 천식에 걸리는 특징을 나타내었다. 녹아웃 쥐와는 반대로 자물쇠는 있지만 열쇠가 없는 경우에도 비슷한 결과가 나타났다. 무균쥐는 짧은사슬지방산 열쇠를 만들 수 없다. 섬유질을 분해할 미생물이 체내에 없기 때문이다. 따라서 그들의 GPR43 자물쇠는 잠긴 채로 남아

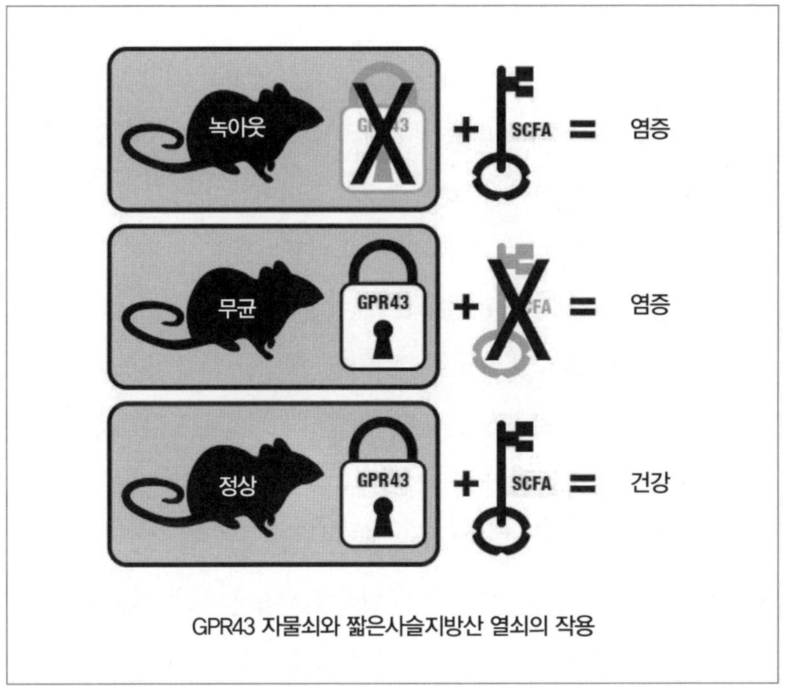

GPR43 자물쇠와 짧은사슬지방산 열쇠의 작용

있고, 쥐는 염증성 질환에 쉽게 걸리게 된다.

이 놀라운 결과는 GPR43이 미생물과 면역계 사이에서 의사전달 통로 역할을 한다고 제시한다. 섬유질을 사랑하는 우리의 미생물은 섬유질을 분해하여 짧은사슬지방산이라는 형태로 열쇠를 만들고 면역세포의 자물쇠를 열어 자기들을 공격하지 말라고 요청한다. GPR43은 면역세포만이 아니라 지방세포에서도 발견된다. 지방세포의 GPR43이 짧은사슬지방산과 결합하면 지방세포는 크기가 커지는 대신 분열하게 되고 결과적으로 에너지를 건강한 방식으로 저장하게 된다. 게다가 짧은사슬지방산이 GPR43과 결합하면 포식 호르몬인 렙틴을 방출한다. 이런 방식으로 섬유질을 먹으면 우리는 배가 부르다고 느끼게 되는 것이다.

세 가지 주요 짧은사슬지방산이 모두 각자 중요한 역할을 담당하지만 지금은 그중 특별히 부티르산에 대해 이야기하겠다. 부티르산이 특별한 이유는 이 지방산이 바로 장 누수의 잃어버린 퍼즐 조각으로 보이기 때문이다. 그동안 나는 건강하지 못한 미생물총은 장 내벽 세포를 이어주는 사슬을 느슨하게 한다고 여러 차례 말했다. 일단 세포 사이가 느슨해지면 장벽은 틈이 생기고 들어가서는 안 되는 온갖 화합물들이 혈액으로 유입된다. 그러는 와중에 이 물질들이 면역계를 자극하면서 많은 21세기형 질병의 근간이 되는 염증을 유발하는 것이다. 그런데 이 틈이 생기지 않도록 하는 것이 부티르산의 임무다.

장벽 세포를 단단히 연결해주는 단백질 사슬은 우리 몸에서 묵묵히 일하는 다른 단백질처럼 유전자에 의해 생산된다. 그런데 인체는 이들 유전자에 대한 통솔권 일부를 체내 미생물에게 넘겼다. 장벽 세포를 이어주는 단백질 사슬의 유전자를 조절해서 사슬의 강도를 결정하는 것이 바로 미생물이다. 그리고 부티르산은 이들의 통신병 역할을 한다. 미생물이 부티르산을 많이 생성하면 장벽에서는 단백질 사슬을 대량으로 찍어내고 장벽은 더 단단하게 유지된다. 이 과정에는 두 가지 요소가 필요하다. 우선 적합한 미생물이 있어야 한다. 예를 들면 섬유질을 잘게 분해하는 비피도박테리아, 그리고 이 섬유질 분해 산물을 부티르산으로 변환시키는 피칼리박테륨 프라우스니치*Faecalibacterium prausnitzii*, 로제부리아 인테스티날리스*Roseburia intestinalis*, 유박테륨 렉탈*Eubacterium rectale*이 있다. 적합한 미생물이 갖춰졌으면 이제는 그들을 먹이기 위한 섬유질이 풍부한

'버블보이' 데이비드 베터. 데이비드는 중증복합면역결핍증이라는 유전병을 가지고 태어나, 1971년 출생한 순간부터 1984년 사망할 때까지 평생을 격리된 무균실에서 살았다. 데이비드는 역사상 가장 무균에 가까운 환경에서 생활한 인간이다.

페니실린 광고. 제2차 세계대전이 끝날 무렵 대중에게 보급된 항생제 페니실린 덕분에 예전에는 불치병이라고 알려진 임질 같은 질병들을 고칠 수 있게 되었다.

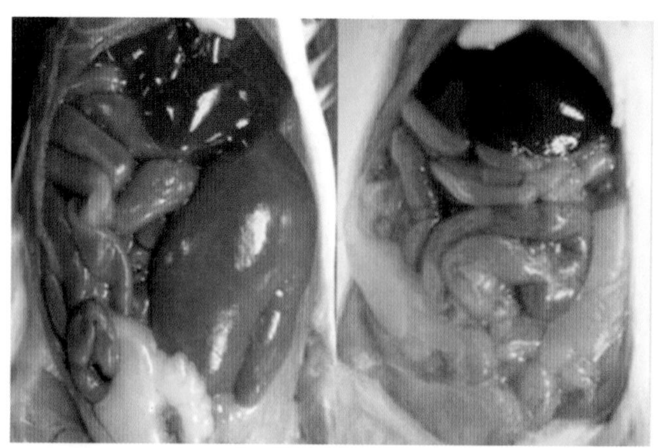

정상 쥐와 무균 쥐의 맹장. 대장 중에서 서식하는 미생물의 밀도가 가장 높은 부분인 맹장의 크기를 비교했다. 무균 쥐(왼쪽)의 맹장은 정상 쥐(오른쪽)에 비해 엄청나게 비대하다. 이러한 극단적인 크기의 차이가 어디서 기인하는지는 확실하게 밝혀지지 않았다.

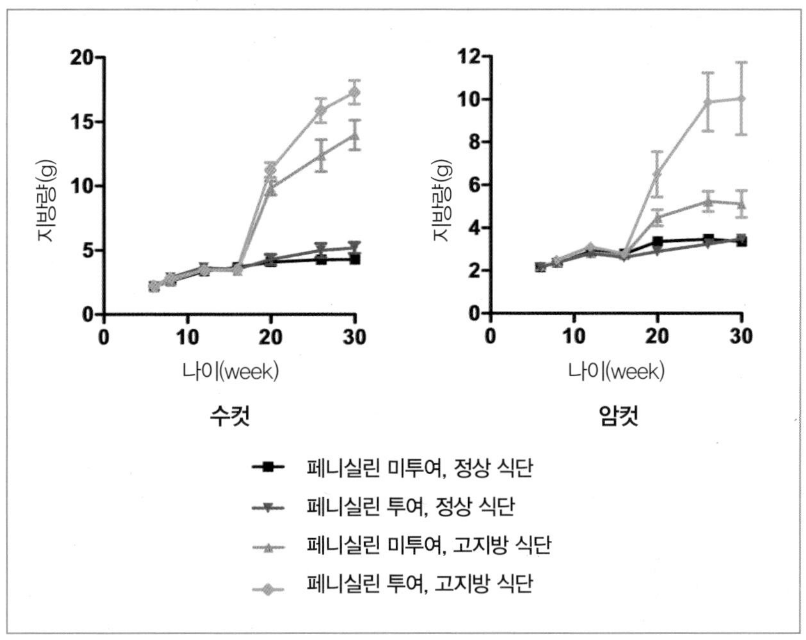

쥐의 체지방 그래프. 고지방 식단을 섭취한 쥐는 정상적인 식단이 주어진 쥐에 비해 지방량이 훨씬 높다. 태어나면서부터 저용량의 페니실린을 투여한 경우는 고지방 식단의 효과가 극대화되어 쥐가 더 많은 지방 세포를 축적하게 된다.

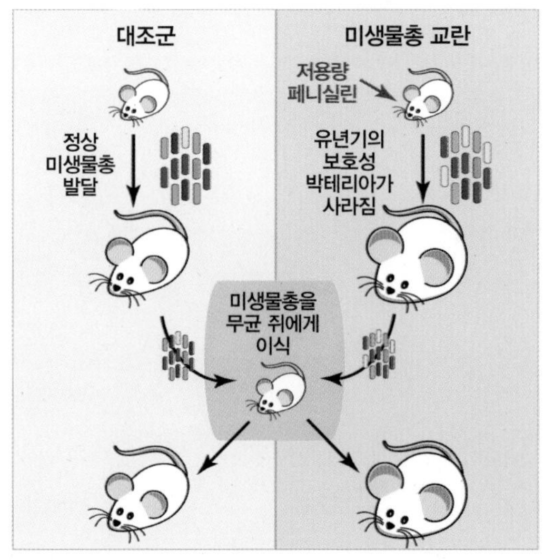

무균 쥐에게 미생물총을 이식하는 과정을 나타낸 도식. 태어나면서부터 저용량 페니실린에 노출된 쥐의 장내 미생물을 마른 무균 쥐에 이식하면 미생물을 공여한 쥐 수준으로 체중이 크게 증가한다. 페니실린을 투입하지 않은 정상 대조군의 장내 미생물을 무균 쥐에 이식한 경우에는 이러한 체중 증가가 관찰되지 않는다.

1942년 앤 밀러가 완치된 후 알렉산더 플레밍(오른쪽)과 함께 찍은 사진. 앤 밀러는 유산을 한 이후 치명적인 박테리아에 감염이 되어 사경을 헤매다가 페니실린 처방을 받고 회복했다. 앤 밀러는 페니실린으로 목숨을 구한 첫 번째 사람이 되었다.

슈퍼마켓 통행로. 현대의 슈퍼마켓은 동물성인지 식물성인지조차 구분할 수 없도록 가공되고 방부처리되어 상자 안에 담긴 식품들로 가득 차 있다. 이러한 가공식품들은 원재료에 비해 섬유질의 함량이 현저히 낮다.

'팹'을 먹는 코알라 새끼. 코알라 새끼는 유칼립투스 잎을 소화하기 위해 필요한 유전자가 없다. 하지만 어미의 대변으로 만든 팹을 먹음으로써, 코알라 새끼는 어미로부터 섬유질이 많은 식물성 먹이를 분해할 수 있는 미생물들을 물려받아 체내에 소화 시스템을 갖추게 된다.

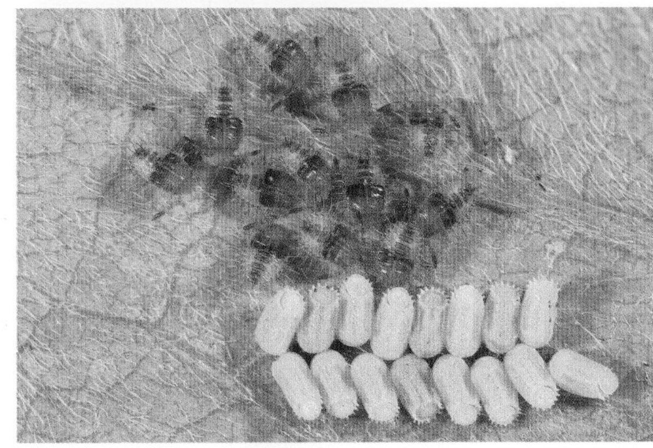

부화하는 춰벌레. 춰벌레는 부화한 직후에 어미가 알 옆에 놓고 간 박테리아 주머니를 먹어치운다. 주머니를 발견하지 못하면 주위를 돌아다니며 주머니를 찾을 때까지 헤맨다.

서핑 중인 페기 칸 헤이. 페기 칸 헤이는 교통사고로 다리 수술을 받은 후 장에 항생제 내성균인 클로스트리듐 디피실리에 감염되어 생명의 위협을 받았지만, 남편에게 대변 미생물을 이식받은 후 회복하였다.

HEALTHY VOLUNTEERS – GET PAID FOR YOUR POO!!

$600 for 30 donations

We are looking for healthy people, 18-65 years old, to be "Stool Donors" for a clinical trial assessing "Faecal Transplantation" in patients with inflammatory bowel disease

Donors will need to drop off donations before 9:30am to Five Dock, Monday-Friday each day for 6 weeks

Please contact Dept of Research at the Centre for Digestive Diseases, Level 1, 229 Great North Road, Five Dock, NSW 2046 on (02) 9713 4011 (prompt 2) for more information

This study has been approved by St Vincent's HREC, reference HREC/13/SVH/69

대변 기증자를 모집하는 광고. 호주 시드니의 소화 질환 센터 소화기내과 톰 보로디 교수는 염증성 장 질환 환자들을 대상으로 시행한 대변 미생물 이식 임상 실험에 사용할 대변 공여자를 모집했다.

size of poop | # of people treated

50g
100g
150g
200g
250g
300g
350g
400g
450g

THE MOST IMPORTANT THING YOU'LL DO ALL DAY!

오픈바이옴의 슬로건 '당신의 하루 중 가장 중요한 일.' 매사추세츠에 위치한 대변 은행인 오픈바이옴에 대변을 제공한 공여자들은 대변을 제공할 때마다 누군가의 생명을 구하는 고귀한 일을 하면서 수입도 얻을 수 있다.

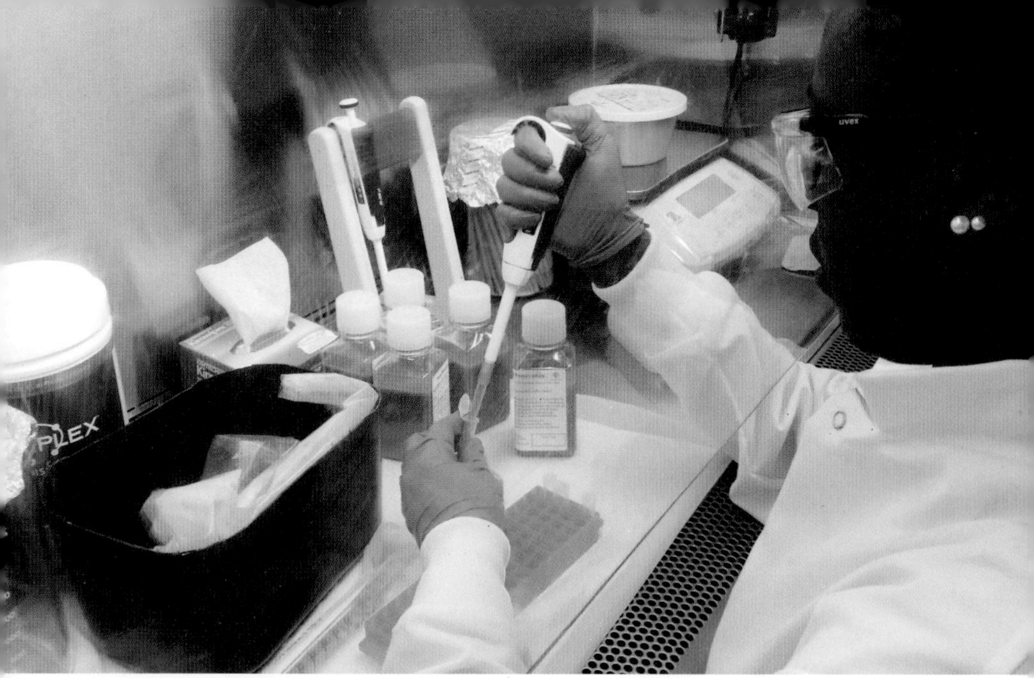

오픈바이옴 연구원인 메리 젠가. 미국 전역의 병원에서 시디프 환자를 치료하기 위해 행해지는 대변 미생물 이식에 사용될 공여 대변 샘플을 준비하고 있다.

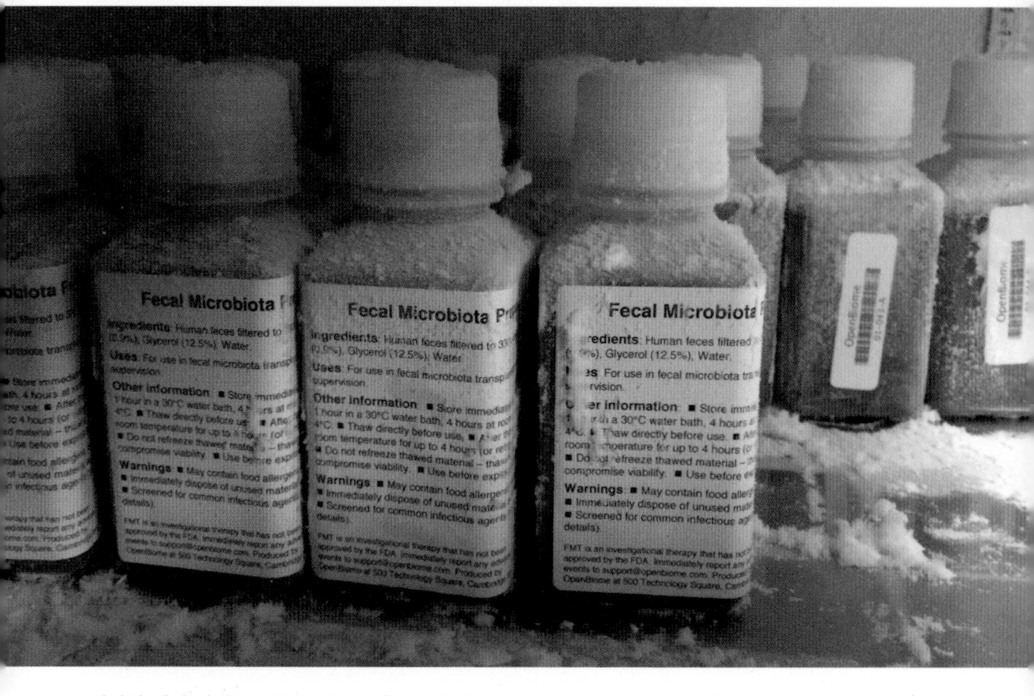

저장된 대변 미생물 샘플. 오픈바이옴에 대변을 공여하고자 하는 희망자들은 비만도, 알레르기, 자가면역 질환, 정신건강 등을 비롯한 미생물 관련 건강 사항에 대한 선별과정을 거친다. 전체 신청자 중 소수만이 선별과정을 통과하여 대변 미생물 이식에 필요한 대변을 제공할 수 있다.

하와이짧은꼬리오징어. 이 오징어는 배 밑면에 살고 있는 단 한 종의 발광박테리아 덕분에 바다의 수면으로부터 몸을 감출 수 있는 빛을 발하여 생존의 확률을 높인다. 인간의 체내에 살고 있는 더 복잡한 미생물 집단 역시 이로운 방식으로 작용하여 우리의 건강과 삶의 질을 증진시킨다.

식단이 필요하다. 이 두 가지면 충분하다. 나머지는 그들이 알아서 할 것이다.

착한 식단으로 돌아가기

파트리스 카니와 다른 과학자들의 발견은 식단이 체중에 미치는 영향을 이해하는 새로운 시각을 제시한다. 기존의 섭취열량과 소비열량의 덧뺄셈 공식이 아닌 식단(특히 섬유질), 미생물, 짧은사슬지방산, 장 투과성, 만성 염증 사이의 연관성을 나열해보면 비만은 단지 많이 먹기 때문에 나타나는 현상이 아니라 에너지 조절에 관한 질병으로 보이게 될 것이다. 카니는 나쁜 식습관이란 살이 찌는 한 가지 루트에 불과하며 항생제를 비롯하여 미생물총을 파괴하는 것이면 무엇이든지, 또 그로 인해 LPS가 혈액으로 들어가게 될 경우에는 똑같은 결과를 낳게 될 것이라고 믿었다.

그렇다면 콩 한 접시를 곁들인다면 케이크를 마음대로 먹어도 된다는 말인가? 어쩌면 그럴지도 모르겠다. 수많은 연구 결과들이 비만은 섬유질 부족과 관련 있다고 말한다. 미국의 청년들을 대상으로 10년간 진행된 한 연구 결과에 따르면 섬유질을 많이 섭취하면 지방 섭취와 상관없이 체질량지수를 낮출 수 있다. 7만 5,000명의 여성 간호사를 대상으로 12년간 진행된 연구 조사에 따르면 통곡물 형태로 섬유질을 많이 섭취한 사람은 섬유질이 낮은 정제된 곡물을 선호하는 사람들에 비해 체질량지수가 지속적으로 낮게 나타났다. 다른 연구는 저열량 식단에 섬유질을 보충하면 체중이 줄어든다는 사실을 보여주었는데 과체중인 사람이 6개월 동안 매일 1,200칼로리씩 섭취하면서 플라시보 보충제를 먹은 경우에는 5.8킬로그램을 감량했지만, 섬유질과 함께 먹은 경우는 8킬로그램의 체중을 줄일 수 있었다.

섬유질 섭취량을 늘리면 체중 감소에 긍정적 영향을 미치는 것으로 보인다. 20개월간 총 250명의 미국 여성을 대상으로 섬유질 섭취와 체중을 추적한 결과 100칼로리 당 섬유질 섭취가 1그램 증가할 때마다 0.25킬로그램씩 살이 빠졌다. 얼마 안 되는 양인 것 같지만 보통 하루에 2,000칼로리를 먹는다고 할 때 섬유질 섭취를 1,000칼로리당 8그램씩 증가시키면 총 2킬로그램을 감량할 수 있다는 뜻이다. 하루 식사에 밀겨 반 컵과 익힌 콩 반 컵이면 충분하다.

탄수화물은 여기서 특별히 따로 언급할 가치가 있다. 지방과 섬유질도 그렇듯이 탄수화물이라고 다 똑같은 탄수화물이 아니다. 저탄수화물 다이어트를 주장하는 사람들은 탄수화물은 전부 다 나쁘다고 말한다. 그러나 이 점을 염두에 두어야 한다. 설탕은 탄수화물이다. 그리고 렌틸콩 역시 탄수화물이다. 예를 들어 케이크는 60퍼센트가 탄수화물인데 정제된 밀가루와 설탕 때문에 모두 소장에서 빠르게 흡수된다. 그러나 브로콜리는 케이크와 비슷하게 대략 70퍼센트가 탄수화물이지만 절반이 섬유질로 되어 있어 대장에서 미생물에 의해 분해된다. 탄수화물을 제한해야 한다고 주장하는 사람들은 넓은 범주의 음식들을 한꺼번에 뭉뚱그려서 말하는데 거기에는 설탕이나 흰 식빵같이 정제된 탄수화물만이 아니라 대부분 소장에서 소화되기 어려운 섬유질로 구성된 현미 같은 비정제 탄수화물까지 포함된다. 따라서 잼 한 스푼과 방울양배추가 똑같이 나쁘다는 인상을 주기 때문에 저탄수화물 식단에는 섬유질이 극도로 부족한 경우가 많다.

탄수화물이 체내에서 하는 일은 그 탄수화물을 구성하는 분자의 종류에 따라 크게 달라진다. 특정 탄수화물이 어떤 분자를 포함하느냐에 따라 우리가 체내로 흡수하는 칼로리의 양이 결정된다. 뿐만 아니라 이는 장내에 어떤 미생물을 번성하게 하는지(각 탄수화물을 먹이원으로 삼는 미생물이 각기 다르기 때문에), 그리고 그로 인해 식욕이 어떤 식으로 조절되는지, 얼마나 많은 에너지를 지방으로 저장하며 저장된 에너지를 얼마나 빨리 사용하는지에 영향을 미친다. 또한 장의 투과성과 세포의 염증 수준을 결정하는 데 큰 역할을 한다. 레이철 카모디는 다음과 같이 지적했다. "탄수화물 섭취에 있어 정말 중요한 것은 우리가 먹은 탄수화물이 흡수되는 장소입니다. 즉 소장에서 흡수되는지, 아니면 짧은사슬지방산으로 전환된 후에 결장(대장)에서 흡수되는지 말입니다. 하지만 이런 것은 영양성분표에는 적혀 있지 않습니다."

분말 형태를 띠거나 즙을 짜서 만든 식품 또한 그 식품에 포함된 섬유질의 양에 영향을 미친다. 100그램의 완전한 통밀 곡물은 12.2그램의 섬유소를 포함하지만, 그것을 통밀가루로 만들면 섬유소가 10.7그램으로 약간 감소하고, 백밀가루로 정제하면 겨우 3그램만이 남는다. 250밀리리터의 과일 스무디는 2~3그램의 섬유질만을 포함하지만 스무디 재료인 과일을 그대로 먹는다면 6~7그램의 섬유질을 섭취할 수 있다.

200밀리리터의 오렌지주스는 1.5그램의 섬유질을 포함하지만 거기 들어간 네 개의 오렌지에는 8배나 많은 12그램의 섬유질이 들어 있다.

미생물총에 영향을 미칠 수 있는 또 다른 유행 다이어트는 생식 다이어트다. 레이철 카모디의 박사과정 지도교수인 하버드 대학교 인류진화생물학자인 리처드 랭엄Richard Wrangham이 비판하는 이 학설은 인간이 불을 이용해 음식을 익혀서 먹게 되면서 몸집이 커지고 뇌가 더 큰 종으로 옮겨가게 되었다고 주장한다. 카모디가 박사과정 중에 발견했듯이 동식물성 음식 모두 조리를 하게 되면 화학 구조가 바뀌고 또 날 것이었을 때는 흡수할 수 없던 영양분을 신체가 이용할 수 있는 구조로 바꿔준다. 식품의 조리가 미생물총이 이용할 수 있는 영양분에 미치는 영향도 똑같다. 그뿐 아니라 열을 가하면 장에서 유익균에게 해가 될지도 모르는 식물의 방어 물질을 파괴한다.

생식이 사람들이 살을 빼는 데 도움이 된다는 것은 사실이다. 조리되지 않은 음식에는 흡수될 수 있는 열량이 더 적기 때문이다. 카모디는 "실제로 장기적인 관점에서 생식의 효과는 너무 극단적이라 순수한 생식 다이어트로는 건강한 몸무게를 유지하기가 불가능할 정도입니다. 생식하는 기간이 길어지면 체내에 에너지가 심각하게 부족해져서 가임기 여성의 경우 배란이 멈추기도 합니다"라고 지적한다. 진화적인 관점에서 생식은 확실히 좋은 전략은 아니다. 식품을 조리해 먹는 것은 음식의 맛을 좋게 하기 위한 문화적 발명일 뿐 아니라 인간이 지금까지 생리학적으로 적응해왔으며 앞으로도 계속 유지해야 할 식생활 방식이다. 카모디는 음식을 조리하는 것이 우리의 장내 미생물총에게 어떤 영향을 미치는지 밝히려고 연구 중이다.

섬유질이 그렇게 좋다면 왜 그렇게 많은 사람들이 밀과 글루텐에 거부반응을 보이느냐고 물을지도 모르겠다. 밀과 다른 통곡물은 섬유질로 싸여 있고 우리의 건강에 이롭다고 검증된 여러 특성이 있다. 예를 들면 심장병이나 천식의 위험을 줄이고 혈압을 개선하며 뇌졸중을 예방한다. 그러나 특정 영양소를 제한하는 유행 식이요법들은, 기본적으로 밀이나 귀리, 보리 등의 곡물에 숨어 있는 글루텐이 우리 몸에 나쁘다는 전제를 깔고 있다.

글루텐은 빵에 들어 있는 단백질로 스펀지 같은 부드러움과 쫄깃함을 주는 성분이다. 빵을 반죽할 때 생기는 글루텐의 성분이 이스트에 의해 발생하는 이산화탄소를 붙잡아 빵이 부풀어 오른다. 글루텐은 분자의 크기가 큰 편으로 진주목걸이 같은 사슬을 이루는데 일부는 소장에서 분해되고 나머지는 짧은사슬의 형태로 대장까지 향한다.

얼마 전까지만 해도 락토스(젖당), 카제인, 글루텐 무첨가 식품은 식당이나 슈퍼마켓에서 찾아보기 어려웠다. 그러다 10년 전부터 '무첨가' 시장이 꽃을 피우기 시작했다. 비정상적인 알레르기나 희귀한 불내증intolerance을 가진 사람들을 위해 마련된 의료 목적의 식단 조절은 사라졌다. 대신 수백만 명이 실행 중인 살 빼는 목적의 다이어트는 유명 연예인 덕에 더욱 인기를 누리게 된 일종의 라이프스타일이 되었다. 무첨가 식품의 열풍은 최근에 문제를 음식의 탓으로 돌리는 사회 분위기를 반영한다. 어떤 사람은 인간은 원래 밀을 먹도록 진화한 동물이 아니며 우유를 마시는 것은 자연적이지 못하다고 설득한다. 심지어 어떤 웹사이트에서는, 인간은 다른 동물의 젖을 먹는 유일한 동물이라면서 좋을 턱이 없다고 주장한다. 인터넷에 떠도는 과학적 근거가 없는 설은 신경 쓰지 않는 게 좋다.

밀과 유제품, 그리고 그 안에 들어 있는 글루텐이나 카제인, 락토스 같은 화합물은 약 1만 년 전 신석기 혁명 이후에 일부 인류 집단에 의해 소비되기 시작했다. 그것은 최근까지 이렇게 골칫거리가 된 적이 없다. 보스턴 매사추세츠 소아 종합병원 소화기내과 전문의 알레시오 파사노에게로 다시 돌아가보자. 그는 콜레라 백신을 만드는 시도를 하던 중 예상치 못하게 조눌린이라는 단백질을 발견하게 되었다. 조눌린은 장 내벽의 사슬을 느슨하게 하여 장에 틈을 만드는 물질이다. 그는 자가면역 질환인 셀리악병 뒤에는 조눌린이 있다는 사실을 알게 되었다. 글루텐은 조눌린 때문에 느슨해진 셀리악병 환자의 장벽 세포 틈으로 스며들어 환자의 장세포를 공격하는 자가면역 반응을 유도한다.

셀리악병은 지난 몇십 년간 극적으로 증가하였는데 유일한 치료법은 글루텐을 일절 섭취하지 않는 것이다. 그러나 글루텐을 피해야 하는 것은 셀리악병만이 아니다. 수백만 명이 스스로 글루텐 불내증이 있다고 생각한다. 이는 무척가 식품 제조사에게는 희소식이며 의사들에게는 당황스러운 뉴스다. 무無 글루텐 다이어트의 지지자들은 밥상에서 글루텐을 치우면 복부팽만이 줄고 장의 기능을 개선할 뿐 아니라 피부가 빛이 나고 에너지가 충만하여 집중력이 강화된다고 주장한다. 과민성 장 증후군으로 고생하던 사람들이 특히 이 다이어트에 열광한다. 우유를 먹으면 배가 아픈 유당 소화 장애증 또한 흔해져서 이제 슈퍼마켓에는 락토스-프리(유당제거) 제품들이 기본으로 갖춰져 있다.

하지만 밀이나 유제품이 그렇게 문제를 일으킨다면 우리 조상들은 왜 애초에 밀과 우유를 먹기 시작했을까? 락토스는 우유에서 나오는 젖당인데 실제로 많은 인류 집단이 '락타아제 지속성lactase persistence'을 진화시켰다. 아기였을 때 우리 모두는 락토스를 분해할 수 있었다. 락토스는 바로 엄마의 젖에 들어 있는 성분이기 때문이다. 우리는 락타아제라는 락토스 분해 효소를 암호화하는 유전자를 가지고 있다. 신석기 혁명 이전에는 아기가 유아기를 지나 락타아제가 더는 필요하지 않은 시기가 되면 락타아제 유전자 스위치를 꺼버리고 생산을 중단했다. 그러나 신석기 혁명 과정에서 어떤 인류 집단은 동물을 길들이면서 그 젖을 먹기 시작했다. 오늘날 염소나 양, 소 등의 조상이다. 동시에 이 집단은 락타아제 유전자를 영구히 지속할 수 있도록 진화하였다. 엄마 젖을 떼는 시기가 지나도 스위치가 꺼지지 않고 성인이 될 때까지 유지하는 것이다.

자연선택을 거쳐 락타아제 지속성이 개체군 내에 자리를 잡은 과정은 진화적 관점에서 봤을 때 굉장히 빠르게 일어난 편인데 이것이 의미하는 바는 한 가지다. 성인이 되어서도 락토스를 소화하는 능력을 지니는 것이 생존과 번식에 크게 유리하게 작용했다는 뜻이다. 극동 지방에서 시작하여 겨우 몇천 년 만에 인간들은 유럽 전역에 락토스 내성을 퍼뜨렸다. 이제 북·서유럽 인구의 95퍼센트는 어른이 되어도 우유를 먹을 수 있다. 염소를 기른 이집트의 베두인족이나 소를 기른 르완다의 투트시족처럼 다른 지역에서 목축한 인류 집단은 유럽인들과는 다른 돌연변이를 통해 독립적으로 락타아제 지속성을 진화시켰다.

우리 중 많은 사람이 글루텐과 락토스를 소화할 수 없다는 사실이 우리가 원래 이 음식들을 먹도록 진화하지 않았다는 증거가 되지는 못한다. 우리 중 많은 사람의 조상이, 특히 유럽 계통의 사람들이 몇천 년 동안 글루텐과 락토스를 소화해왔다. 지난 60년 동안의 라이프스타일의 변화가 1만 년에 걸친 인간 영양 체계의 진화를 한순간에 되돌려놓은 것 같다. 나는 소화와 관련하여 나타나는 특정 음식물에 대한 불내증을 부정하는 것이 아니다. 다만 이러한 질환의 근원을 우리 자신의 게놈이 아니라 파괴되어버린 우리 몸속의 미생물군 유전체에서 찾아야 한다는 것이다. 인간은 밀을 먹도록 진화해왔다. 그리고 많은 사람들, 특히 유럽의 혈통을 이어받은 사람들은 어른이 되어서도 락토스 내성을 유지하도록 진화했다. 그러나 이들 음식에 대한 과민반응을 이끈 것은 우리 자신인지도 모른다.

문제를 일으키는 것은 음식 자체가 아니다. 음식이 체내에 들어왔을 때 우리 몸에서 일어나는 일이 문제가 된다. 그러나 셀리악병과는 달리 글루텐에 민감한 사람들도 장 내벽은 완벽하다. 대신에 미생물총 불균형 때문에 면역계는 글루텐의 존재에 필요 이상으로 예민하게 구는 것 같다. 가볍고 폭신한 빵을 만들기 위해 밀이 포함하는 글루텐 함량을 늘리는 것은 가뜩이나 민감한 면역계를 자극하기 때문에 별로 도움이 되지 않을 것이다. 나는 글루텐이나 락토스를 완전히 피하는 것보다는 우리가 미생물총 균형을 복원하는 동시에, 인간이 글루텐, 락토스와 맺었던 포스트 신석기 시대의 관계를 회복해가도록 노력해야 한다고 생각한다.

미생물을 의식한 식단

미국의 음식 평론가 마이클 폴란Michael Pollan의 명언이 있다. "소식하고 채식하라." 폴란은 미생물총에 대한 우리의 이해에 혁명이 일어나기 전에 이 말을 했지만, 우리는 그 어느 때보다도 이 말이 진리임을 안다. 첫째, 장기보관을 위해 화학 방부제로 '신선함'을 유지하는 포장 식품을 피함으로써, 둘째, 췌장, 지방세포, 식욕이 따라잡을 수 있는 수준 이상으로 꾸역꾸역 먹지 않음으로써, 셋째, 채식은 인간과 착한 미생물 모두의 식사가 될 수 있다는 것을 기억함으로써, 우리는 건강과 행복의 근간이 되는 미생물의 균형을 보살필 수 있다.

나는 이 장에서 섬유질을 다루었다. 그러나 한 끼 식사를 구성하는 어떤 영양소도 홀로 설 수는 없다는 것을 강조하고 싶다. 지방에는 다양한 형태가 있고 탄수화물 역시 다양한 크기로 존재한다. 어떤 형태의 식품이든지 복합적인 장단점이 있기 때문에 한 끼 식사라는 큰 틀 안에서 잘 어우러지도록 균형을 맞춰야 한다. 지방은 나쁘고 섬유질은 좋다고 말하는 것은 적절하지 못하다. 중용을 강조하는 오래된 미덕처럼 최신 유행 다이어트가 무엇을 주장하든지 간에 결국엔 뭐든지 적당히 먹는 것이 진리이기 때문이다. 섬유질은 인간이 초식동물로 시작하여 현재의 잡식성으로 바뀌기까지 몸속에 지니고 다닌 특별한 미생물들에게 가치가 있다. 인간의 소화기관이 가지는 해부학적 특징, 다시 말해 식물을 사랑하는 미생물의 집인 대장, 안전지대와 저장창고 구실을 하는 긴 충수를 보면 인간은 순수한 육식동물이 아니며 우리의 주된 먹을거리는 식물이어야 한다는 사실을 상기하게 된다. 우리가 잃어버린 영양분은 섬유질이다. 그리고 우리가 잊어버린 것은 채식이다.

나는 가끔 인간에게 매일 밥을 먹어야 하는 생리적 의무가 있는 것이 얼마나 좋은지 모르겠다. 먹는다는 것은 인생의 가장 큰 즐거움이자 본질적인 것이다. 인간의 활동 중에서 이렇게 즐거우면서도 생존에 필수적인 것은 없다. 그러나 먹는다는 것의 두 가지 측면, 즉 쾌락과 생명 유지 간에는 균형이 이루어져야 한다. 역설적인 것은 선진국에 사는 사람들은 지구에서 가장 풍부하고 신선하며 다양하고 영양가 있는 음식을 계절에 상관없이 먹을 수 있다. 그러나 많은 사람이 영양실조나 영양 부족이 아닌, 밥상머리에서 생겨난 병, 먹을거리와 관련된 병에 걸려 죽게 생겼다. 그렇다. 우리는 음식에 설탕, 소금, 지방, 첨가물을 쏟아 부어 제품을 만드는 다국적 식품업체에게 상당한 책임을 물을 수 있다. 우리는 당연히 집약적이고 화학적으로 처리된 경작법의 결과물에 대해 알 권리가 있다. 완벽한 영양소의 균형에 대해서는 의사나 과학자도 정답을 알지 못한다. 그러나 최종적으로 우리 각자는 우리 자신이 또 우리 아이들이 먹는 음식에 책임을 지며 우리가 먹는 것에 대해 통제를 할 권리와 자유가 있다.

사람은 먹는 대로 간다. 한 사람이 먹는 것이 그 사람을 만들고, 더 나아가 그 사람의 미생물이 먹는 것이 그 사람을 만든다. 우리가 만드는 끼니마다 한 번쯤 자신의 미생물을 생각해보자. 그들이 원하는 오늘의 메뉴는 뭘까?

• 7장 •

엄마가 주는 선물

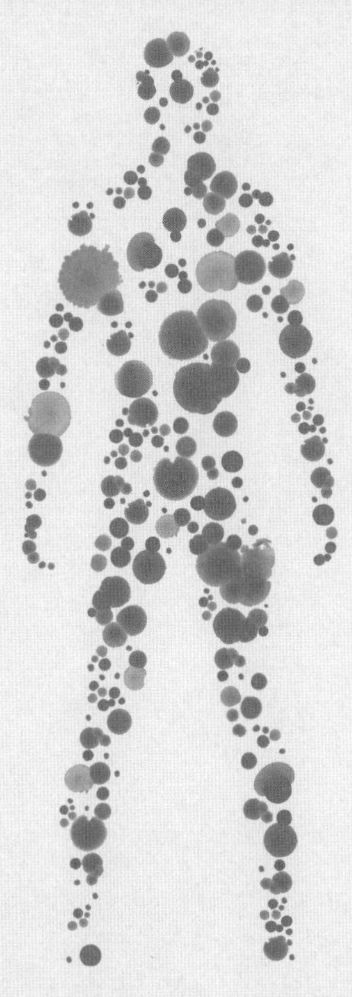

1 0 % H U M A N

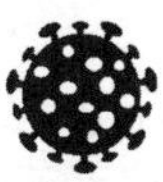

생후 6개월이 지나면 코알라 새끼는 어미 주머니에서 고개를 내밀기 시작한다. 어미의 젖만 먹고 살던 코알라 새끼가 어미가 먹는 유칼립투스 잎으로 갈아타야 할 시기가 찾아온 것이다. 대부분의 초식동물에게 유칼립투스 잎은 그다지 구미가 당기는 먹이는 아니다. 질기고 독성이 있는 데다 영양분이 풍부한 것도 아니기 때문이다. 심지어 포유류의 게놈은 유칼립투스에서 영양가 있는 물질을 뽑아낼 만한 효소의 유전자조차 갖추고 있지 않다. 그러나 코알라는 해결책을 찾았다. 소나 양처럼 코알라는 몸속의 미생물을 이용해 섬유질이 많은 식물성 먹이에서도 에너지와 영양분을 잔뜩 뽑아낼 수 있게 되었다.

문제는 코알라 새끼다. 새끼 코알라의 몸속에는 아직 유칼립투스 잎을 분해할 수 있는 미생물이 없기 때문이다. 새끼의 장에 미생물의 씨를 뿌리는 것은 어미의 몫이다. 때가 되면 어미 코알라는 똥처럼 생긴

부드러운 반죽에 반쯤 소화된 유칼립투스와 박테리아를 섞어 새끼에게 먹인다. 팹pap이라고 부르는 이 어미의 배설물이 바로 새끼 코알라의 첫 미생물총이 된다. 팹에 함께 들어 있는 유칼립투스는 미생물총이 새끼 코알라의 장에서 건강하게 자리 잡을 수 있도록 지원해주는 충분한 먹이가 된다. 일단 미생물이 장에 정착하면 새끼 코알라의 소화력에 변화가 생긴다. 새끼 코알라는 이제 유칼립투스를 마음껏 먹어도 된다. 유칼립투스를 대신 분해해주는 작은 일꾼이 생겼기 때문이다. 이렇게 어미로부터 미생물을 물려받는 것은 포유류뿐이 아니다.

바퀴벌레의 어미는 세균세포bacteriocyte라고 부르는 특화된 세포에 미생물을 보관한다. 어미가 알을 낳을 무렵이 되면 이 세포는 미생물을 방출하여 뱃속의 알 옆에 뿌린다. 그러면 알은 몸 밖으로 나오기 전에 이 박테리아들을 집어삼킨다. 바퀴벌레와는 다르게 노린재 어미는 코알라와 좀 더 비슷한 방법으로 새끼에게 유용한 미생물을 전달한다. 노린재 어미는 알을 낳으면 박테리아가 잔뜩 들은 배설물을 알 표면에 마구 발라놓는다. 알에서 깨어난 유충은 어미가 발라놓은 박테리아를 먹어치운다. 또 다른 종인 칡벌레kudzu bug는 알을 깨고 나온 뒤 어미가 알 옆에 놓고 간 박테리아 주머니를 먹는다. 만약 주머니가 안 보이면 정신없이 찾아 헤매다 다른 알의 주머니라도 훔쳐 먹는다. 이 밖에 조류, 어류, 파충류 또한 어미가 알 속에, 또는 알이 부화하면 직접 미생물을 전해준다고 알려져 있다.

종마다 방식은 다르지만, 어미가 갓 태어난 새끼에게 건강한 미생물 세트를 선물하는 것은 거의 보편적으로 행해지는 의식이다. 이런 행동이 생물체 사이에서 흔하게 나타나는 것을 보면 미생물과 어울려 산다는 것이 진화적으로 이로운 생활방식임을 알 수 있다. 어미가 알껍데기에 박테리아를 발라놓는 행동이나 새끼가 박테리아를 집어삼키는 행동이 모두 일반적인 행동이라면 그들은 그렇게 하도록 진화해온 것이다. 미생물은 자신을 소유하는 개체의 생존과 생식능력을 향상시키는 것이 틀림없다. 그렇다면 인간은 어떨까? 미생물총은 분명히 인간에게 보탬이 되는 존재다. 그렇다면 인간은 어떤 방식으로 미생물총을 자식에게 물려줄까?

아기가 제일 처음 엄마에게 얻는 것

생명이 잉태한 처음 얼마 동안 인간은 적어도 세포 수에서는 미생물이나 다름없다. 태반 안에서 따뜻한 양수 주머니 속을 떠다니며 아기는 외부 세계의 미생물로부터 보호받는다. 물론 엄마의 미생물까지도 포함해서 말이다. 그러나 일단 양수가 터지면 바로 미생물의 증식이 시작된다. 이제 아기가 엄마의 질을 통과하여 바깥세상으로 나오는 여정은 미생물로부터 태형gauntlet(두 줄로 선 사람들 사이를 지나가게 하여 양쪽에서 매질하는 형벌-옮긴이)을 당하는 시간이다. 태형이라는 단어는 자칫 잘못된 인상을 줄 수 있다. 왜냐하면 아기가 맞이하는 미생물은 적이 아니라 친구이기 때문이다. 그럼 미생물식 통과의례라는 말이 더 어울리겠다. 이 의식을 거치며 조금 전만 해도 무균 상태였던 아기는 질 속의 미생물을 온몸에 바르고 세상으로 나선다.

하지만 아기는 엄마의 몸 밖으로 나오면서 질에서와는 별도로 다른 미생물의 세례를 받는다. 불결하다고 생각할지도 모르지만, 아기 때 똥을 삼키는 것은 코알라만의 고유한 행동은 아니다. 출산 시 자궁의 수축을 유도하는 호르몬과 아기가 아래로 밀려 내려오면서 가해지는 압력 때문에 대부분 산모는 대변을 지린다. 출산의 마지막 단계에서 아기는 일단 머리가 먼저 나오는데 몸을 엎드린 형태로 얼굴을 아래쪽으로 향하게 되어 정확히 말하면 엄마의 항문을 마주 보는 자세가 된다. 그리고 그 상태로 마지막 수축이 시작될 때까지 잠시 기다린다. 이때 아기의 머리와 입은 최적의 자세를 취하게 되며 엄마가 지린 대변 속의 미생물을 흡입하기에 충분한 시간이 주어진다. 여기까지 읽으며 본능적으로 혐오감을 느꼈겠지만, 이는 앞으로 아기가 순탄하게 살아가기 위해 꼭 필요한 과정이다. 출산의 과정에서 엄마가 변과 질을 통해 아기에게 선물로 주는 미생물 세례는 신생아가 처음으로 입는 간편하면서도 안전한 최고의 배냇저고리다.

눈살을 찌푸리게 하는 이 상황은 아마도 진화를 통해 적응을 거친 탄생의 과정일 것이다. 질이 항문에 그렇게 가깝게 붙어 있는 것도, 자궁을 수축시키는 호르몬이 직장과 항문에도 똑같이 작용하는 것도, 모두 이 과정이 결코 아기에게 해가 되는 일은 아니라고 안심시켜주는 진화의 산물이다. 자연선택이 이런 과정을 선택한 것은 이것이 아기에게 이롭기 때문에, 아니면 적어도 해를 끼치지는 않기 때문일 것이다. 엄마의 게놈과 환상의 짝꿍이 되어 일해온 미생물과 그 유전자를 선물로 받는다는 것만큼 좋은 출발은 없기 때문이다.

아기의 장내 미생물을 엄마의 질, 대변, 피부, 그리고 아빠의 피부에서 채취한 미생물과 비교해보면 신생아의 장에서 증식하는 미생물과 가장 비슷한 것은 엄마의 질에서 발견되는 박테리아들이다. 일반적으로 락토바실러스속과 프레보텔라속 박테리아들이 가장 흔하게 나타난다. 이 질 미생물들은 특별히 엄선된 소수 정예의 박테리아팀으로 엄마의 장에서 발견되는 종에 비해 다양성은 훨씬 떨어지지만 신생아의 소화관 발달에 특별한 소임을 맡고 파견된다. 락토바실러스가 가는 곳에는 병원균이 없다. 클로스트리듐 디피실리도, 슈도모나스*Pseudomonas*도, 연쇄상구균도 없다. 이들 나쁜 병원균들은 락토바실리lactobacilli(락토바실러스종 집단)가 인해전술을 사용하여 밀어붙이기 때문에 발 디딜 틈이 없다. 락토바실리는 유산균이라는 이름으로 더 잘 알려진 젖산균의 일종으로 우유를 요거트로 발효시키는 종을 포함한다. 요거트의 시큼한 맛을 내는 정체인 젖산은 다른 박테리아에 적대적 환경을 만든다. 뿐만 아니라 락토바실리는 자체적으로 박테리오신이라는 항생물질을 생산해낸다. 락토바실리는 신생아의 비어 있는 장에서 주요한 자리를 차지하려고 경쟁하는 병원균들을 제거하기 위해 이 화학물질을 생산해낸다.

그런데 한 가지 궁금한 점이 있다. 왜 아기들의 장에서 증식하는 미생물 중에는 엄마의 장에 사는 놈들보다 출산길(질)에 사는 놈들이 더 많을까? 장내 미생물이 소화를 돕는다면, 아기의 장에도 엄마의 장내 미생물과 같은 놈들이 있는 게 더 어울리지 않을까? 많은 의사와 여성들은 락토바실리가 질에서 번식한다는 것을 잘 알기 때문에, 오랫동안 여성의 질에서 일어나는 이스트 감염을 완화하기 위한 민간요법으로 생요거트를 사용했다. 이들 젖산균은 감염으로부터 질을 보호한다고 알려졌다. 하지만 그것이 젖산균이 존재하는 가장 중요한 이유는 아니다.

질의 젖산균은 젖을 먹고 산다. 젖산균은 젖에 들어 있는 당분인 락토스(젖당)를 먹고 젖산으로 분해하는데 이 과정에서 에너지를 생산한다. 젖산균뿐만 아니라 아기들도 젖을 먹는다. 아기는 락토스를 단당류인 포도당과 갈락토스galactose로 분해한 뒤 소장에서 흡수하여 혈액으로 보내고 이후에 에너지로 전환해 사용한다. 소장에서 소화되지 않고 통과한 락토스 역시 버려지지 않고 곧바로 대장에서 기다리고 있는 젖산균에게 간다. 그렇다면 아기가 출산의 통로에서 얻는 락토바실리는 엄마의 질을 보호하려고 거기 있었다기보다 태어날 아기의 장에 자리 잡기 위해 그 오랜 시간을 기다린 것이라고 생각할 수 있다. 젖산균이 이런 목적으로 여성의 질에 번식한다는 가설이 과장되게 들릴지도 모르겠지만 여성이 출산하는 바로 그 순간 아기에게 옮겨가기 위해 질에 존재한 것이다. 오늘날 선진국 여성에 비해 과거에는 여성의 출산이 훨씬 잦았다는 사실을 고려하면 충분히 설득력 있는 이야기다. 여성의 질은 아기가 삶을 시작하는 출발문으로서 인생이라는 경주를 시작하는 아기에게 최고의 환경을 줄 수 있도록 진화해왔다.

아기들이 생의 초기에 젖산균의 덕을 보긴 하지만 그건 한시적일 뿐이고, 사실은 젖을 분해하는 것 이상의 일을 할 장내 미생물총이 필요하다. 엄마의 장내 미생물이 필요한 것이다. 출산 시 엄마의 대변을 통해 첫인사를 나누긴 했지만 아기는 실제로 엄마의 질에서도 미생물총의 일부를 얻는다. 임신한 여성의 질에 사는 박테리아는 비임신 여성의 질에 사는 박테리아들과는 조성이 크게 다르다. 질에서 장 박테리아가 많이 발견되는 것이다.

락토바실러스 존스니*Lactobacillus johnsonii*를 예로 들어보자. 이 박테리아는 대개 소장에 서식하며 담즙을 분해하는 효소를 생산한다. 그런데 임신 기간에 이 박테리아는 질에서 갑자기 증가한다. 락토바실러스 존스니는 매우 공격적인 종으로 박테리오신을 대량으로 생산하여 다른 박테리아들을 제거하고 질에서 영역을 넓혀 태어날 아기의 장에 충분한 양이 들어갈 수 있도록 준비한다.

임신 기간에 질내 미생물총은 다양성이 낮아진다. 이는 아기에게 처음으로 뿌려지는 미생물 씨앗을 꼭 필요한 종으로 채우기 위해서 군집을 걸러내기 때문이다. 하지만 일단 아기의 장에 개척자들이 자리를 잡게 되면 엄마의 대변에 들어 있던 장 박테리아와 질 박테리아를 포함하여 장내 미생물의 전반적인 다양성이 증가한다. 그러나 이런 초기의 다양성은 빠르게 줄어들어 젖을 분해할 수 있는 일부 박테리아들만 남게 된다. 내 추측에는 아기가 엄마의 대변으로부터 얻은 다양한 미생물들은 나중을 위해 충수에 보관되는 게 아닌가 싶다.

아기의 장에 정착하는 초기 미생물 군집은 이후 몇 달 동안 증식하면서 향후 몇 년간의 궤도를 그릴 중요한 시발점을 형성한다. 거시적인 관점에서 지구 생태계를 보자. 처음에는 표면이 드러난 바위 위에 이끼가 끼어 불모지를 개척한다. 이끼가 쌓여 충분한 토양을 만들고 나면 초본이 자라고 관목이 자라다가 마침내 커다란 교목이 숲을 이룬다. 아무

것도 자라지 않던 한 뼘의 땅이 어느 날 미국에서는 너도밤나무 숲이 되고 말레이시아에서는 열대우림이 된다. 똑같은 과정이 신생아의 장 속에서도 시작된다. 처음엔 젖산균으로 시작해 미생물총이 점점 더 복잡하고 다양해진다. 장내에서 일어나는 생태학적 천이 과정에서 각 단계는 다음 무대를 장식할 생물들을 위한 서식지와 양분을 마련한다.

아기의 장과 피부에서는 미시적인 천이 과정이 일어난다. 아기의 장에 처음으로 자리 잡은 초기 정착자들은 다음에 올 종에게 중요한 밑거름이 된다. 마치 참나무가 도토리를, 열대우림이 과일을 주는 것처럼 미생물총은 자라나는 아기를 위해 서로 다른 자원을 제공한다. 미생물 생태계의 천이 과정은 아기의 신진대사를 원활하게 하고 면역계를 훈련하는 데 중요한 역할을 한다. 자기밖에 모르지만 그래도 마음씨 좋은 미생물총의 지시 아래 아기의 면역세포, 조직, 혈관은 충실히 자라고 발달해나간다. 질내 미생물의 건강한 구성 덕분에 아기와 미생물의 동업자 관계가 순조롭게 시작되는 것이다.

제왕절개술 대중화의 함정

지금까지는 문제가 없다. 수백만 명의 아기들이 엄마의 질 근처에도 가보지 못하고 태어난다는 사실을 제외하면 말이다. 어떤 지역에서는 제왕절개술에 의한 출산이 질식 분만(자연 분만)보다 훨씬 흔하다. 브라질과 중국에 사는 여성의 절반이 제왕절개술을 통해 출산한다. 이

나라에서 병원 접근이 어려운 시골에 사는 여성의 수를 고려하면 도시에서 평균 제왕절개 분만의 비율은 훨씬 높을 것이다. 실제로 리우데자네이루의 어떤 병원에서는 제왕절개 분만율이 95퍼센트를 넘는다. 2014년 아델리어 카르멘 레모스 드 고라는 여성의 충격적인 사건을 보면 브라질 사회에서 제왕절개가 얼마나 깊이 자리 잡았는지 알 수 있다. 아델리어는 이미 두 번의 제왕절개술을 받은 경험이 있지만 세 번째는 자연 분만을 원했다. 그러나 자연 분만은 불가능하다는 의사의 말을 들은 후 집에서 아기를 낳으려고 퇴원해 집으로 돌아갔다. 그러나 얼마지 않아 무장한 경찰이 그녀를 병원으로 데려가 억지로 제왕절개 분만을 하게 했다. 많은 브라질 의료기관에서 자연 분만은 단지 시간을 많이 잡아먹고 예측과 통제가 어려운 과정으로 여겨지는 것 같다.

여성의 선택이 존중받는 나라에서도 제왕절개 분만은 놀라울 정도로 흔하다. 대부분의 여성이 한 번 제왕절개술을 받으면 다음번에도 제왕절개를 해야 한다고 알고 있다. 왜냐하면 이전 수술에서 남은 흉터가 자궁수축의 압박 때문에 터질 수 있기 때문이다. 그러나 이것은 사실이 아니다. 최신 의료 관련 연구 결과가 의료계에서 공식적으로 인정된 후 일선에서 일하는 의료진들에게 전달되기까지는 시간이 걸린다. 그러나 이제는 최대 네 번의 제왕절개 후에도 심각한 추가 위험 부담 없이 자연 분만을 할 수 있다는 것이 밝혀졌다. 미국의 어떤 병원에서는 70퍼센트 이상의 출산이 제왕절개술로 이루어진다. 나라 전체로는 평균 32퍼센트다. 선진국에서는 대체로 전체 출산의 4분의 1에서 3분의 1 사이가 제왕절개로 이루어진다. 개발도상국에서도 크게 뒤처지지 않는다. 사실

도미니카 공화국, 이란, 아르헨티나, 멕시코, 쿠바에서는 30~40퍼센트 선으로 비율이 늘고 있다.

말할 필요도 없지만 예전에는 이렇지 않았다. 제왕절개술은 몇백 년간 아주 드물게 일어났다. 대개 죽음을 목전에 둔 산모의 뱃속에서 아기를 구하기 위해 행해졌다. 그러나 지난 세기에는 마취제와 개선된 수술 기법 덕분에 아기뿐만 아니라 산모도 구할 기회가 생겼다. 난산 중에 태아가 산소 부족으로 위험에 처하거나 산모가 출혈이 심할 경우 제왕절개술은 안전한 대안책이 되었다. 1940년대 후반부터 항생제가 산모에게서 감염이라는 가장 큰 위험을 몰아내었기 때문에 제왕절개술은 점점 더 흔하게 이루어졌다. 그리고 1970년대 이후 제왕절개술의 비율은 급상승곡선을 그리며 조금도 수그러들지 않고 지속해서 증가하였다. 제왕절개술은 이제 가장 흔하게 행해지는 복강 수술이다.

많은 대중지에서 틈만 나면 '엄마 되기 전쟁'에 기름을 끼얹으며, 제왕절개율이 증가하는 이유는 점점 더 많은 여성이 '너무 귀하신 몸이라 힘을 줄 수 없어서' 몇 시간씩 진통을 겪는 대신에 빠르고 편리하며 통증도 없고 동시에 여성의 질을 아낄 수 있는 대안을 선택하기 때문이라는 식으로 여론을 몰고 갔다. 처음부터 제왕절개 분만을 계획하여 진행되는 비율이 높아지고 있긴 하지만 실질적으로는 조산사나 의사의 권고로 진통이 진행되는 중간에 응급 제왕절개를 시도하는 경우 때문에 제왕절개 분만율이 증가한다. 미국인들은 진통이나 출산이 힘들게 진행되는 경우에 소송을 피하려고 의료진이 위험 회피적인 조치를 취하는 것을 두고 민영의료기관을 비난하는 경향이 있다. 그러나 영국 국립보건원 같은 공공의료기관에서도 일이 어렵게 진행된다 싶으면 의사들은 바로 제왕절개로 돌아선다. 진통이 빨리 진행되지 않거나 태아의 크기가 커서 산도를 빠져나오지 못할 가능성이 있는 경우, 또는 다리나 엉덩이가 먼저 나오며 돌릴 수 없는 둔위 임신의 경우를 말한다.

진통 중에 의사가 제왕절개술을 권고하면 많은 여성은 죄책감에서 벗어나 안도의 한숨을 쉰다. 질식 분만의 고통과 공포에서 벗어날 기회이기 때문이다. 언제든지 자연 분만을 대신할 수 있는 안전하고 편리한 대안이 있다는 생각은 여성들로 하여금 진통을 겪고 자신의 힘으로 아기를 세상 밖으로 밀어내는 과정을 위험하고 어려운 일로 받아들여 무기력해지게 만든다. 하지만 현실은 반대다. 실제로 산모들에게는 제왕절개 분만이 질식 분만보다 평균적으로 위험도가 더 높다. 예를 들어 프랑스에서 건강한 여성 10만 명 중 네 명이 질식 분만 과정에서 사망했지만 제왕절개술 후에는 13명이 사망했다. 치명적이지 않은 상황에서도 제왕절개술은 감염, 출혈, 마취 등 일반적인 복강 수술 과정에서 나타나는 위험을 안고 있다.

제왕절개술은 의학적으로 꼭 필요한 상황에서 질식 분만을 대체할 수 있는 매우 훌륭한 대안이다. 어떤 산모들은 선택의 여지없이 제왕절개 분만을 해야 한다. 세계보건기구에서는 제왕절개 분만의 비율은 10~15퍼센트 선에서 유지되는 것이 가장 적절하다고 제시했다. 이 수준이 산모와 아기가 출산의 위험으로부터 안전하면서도 제왕절개술로 인한 불필요한 위험에 노출되지 않는 적절한 선이라고 본 것이다. 의사들은 자신이 주도한 분만 중 어떤 경우를 10~15퍼센트에 포함할지 결정하는 어려움을 겪을 것이다. 처음부터 제왕절개 분만을 계획한 산모 중에는 결정을 내리기에 앞서 제왕절개술이 산모와 아기에게 미치는 위험성에 대해 제대로 설명을 듣지 못한 경우가 많다. 심지어는 보호자도 위험성을 인지하지 못하는 경우가 있다.

오늘날 제왕절개술이 신생아에게 미치는 위험은 태어나서 며칠, 길게는 몇 주의 단기적인 것으로만 인식되고 있다. 제왕절개 분만의 위험성에 대한 영국 국립보건원의 말을 인용해보자.

> 자궁을 절개하면서 아기의 피부가 메스에 베이는 경우가 있는데 이는 제왕절개술로 분만하는 아기 100명당 두 건 정도로 일어난다. 대개는 심각한 문제를 일으키지 않고 상처도 잘 아문다. 제왕절개술로 태어나는 아기에게 생기는 가장 흔한 위험은 호흡 장애다. 하지만 대체로 미숙아의 경우에 문제가 된다. 제왕절개술로 태어나는 신생아 중 39주 이후에 태어난 아기들은 호흡 장애의 위험이 크게 줄어들어 질식 분만과 비슷한 수준을 유지한다. 분만 직후 그리고 처음 며칠 동안 아기가 비정상적으로 빠르게 호흡할 수 있지만 대부분은 2~3일 안에 완전히 회복한다.

여기에는 제왕절개 분만이 아기에게 미치는 장기적인 영향에 대한 언급이 없다. 한때는 질식 분만에 대한 안전한 대안으로 여겨지던 제왕절개술이 점차 산모와 아기 모두에게 위험하다는 인식이 늘고 있다. 예를 들어 제왕절개로 태어난 아기들은 감염에 노출되기 쉽다. 신생아에게 발생하는 MRSA 감염 사례 중 최대 80퍼센트가 제왕절개술로 태어난 아기들에게서 일어난다. 걸음마 하는 시기의 아기들의 경우 제왕절개술로 태어난 아기가 알레르기 장애를 가질 확률이 더 높다. 특히 알레르기에 걸리기 쉬운 엄마에게서 제왕절개술로 태어난다면 아기가 알레르기에 걸릴 확률이 일곱 배나 높아진다.

또한 제왕절개술로 태어난 아기들은 자폐증으로 진단받을 확률이 더 높다. 미국 질병관리통제센터에서 추정한 결과에 따르면, 만약에 제왕절개술로 태어나는 아기가 없다면 100명의 자폐성 장애 아동 중 여덟 명은 자폐증의 위험에서 벗어난다. 강박 장애를 가진 사람 역시 제왕절개로 태어났을 확률이 두 배나 높다. 일부 자가면역 질환 또한 제왕절개 분만과 연관이 있다. 제1형 당뇨병과 셀리악병도 제왕절개술로 태어난 경우에 발병 확률이 더 높았다. 심지어 비만까지도 제왕절개 분만과 연관이 있다. 브라질의 청년을 대상으로 한 연구결과를 보면 제왕절개로 태어난 사람의 15퍼센트가 비만이 되는데 이는 질식 분만으로 태어난 사람의 10퍼센트가 비만이 되는 것과 대비된다.

누군가는 아마도 여기서 공통점을 눈치 챘을 것이다. 이것들은 모두 21세기형 질병들이다. 각각은 광범위한 환경적 위험 요인과 유전적 소인에서 기인하는 여러 병인을 가지고 있다. 하지만 제왕절개 분만과 증가하는 21세기형 질병의 위험도가 서로 중복되는 수준은 가히 충격적이다. 아기의 장내 미생물을 채취해보면 몇 달이 지난 후라도 그 아기가 제왕절개 분만으로 태어났는지 질식 분만으로 태어났는지 바로 알 수 있다. 산도를 통해 나올 때 아기의 몸 안팎으로 묻어나와 증식하는 질 미생물총은 선루프 밖으로 태어난 아기의 몸에서는 발견될 수 없기 때문이다.

대신에 제왕절개술을 통해 태어난 아기가 제일 먼저 만나는 것은 주변 환경에 서식하는 미생물이다. 아기는 수술 장갑을 낀 손으로 자궁에서 꺼내지면서 엄마의 배를 스치고 나온다. 곧 안절부절못하는 엄마 아빠에게 얼굴을 보여준 뒤 수술실을 가로질러가서 수건으로 몸을 감싸고 검진을 받는다. 무균으로 진행되는 수술이라고는 하지만 이 과정에서 아기는 엄마, 아빠, 의료진의 피부 미생물뿐 아니라 연쇄상구균, 슈도모나스, 클로스트리듐 디피실리 같은 강력하고 위험한 병원균에 노출될 수 있다. 제왕절개 분만으로 태어난 아기의 장내 미생물총은 근본적으로 피부 미생물로부터 시작하게 되는 것이다.

자연 분만을 한 경우에는 엄마의 질 미생물과 아기의 장 미생물이 서로 비슷하다. 반면에 제왕절개술로 태어난 아기와 엄마는 미생물을 비교해서는 서로 짝짓기가 어렵다. 질식 분만으로 태어난 아기들은 락토바실러스나 프레보텔라 같은 젖당 분해 박테리아를 얻지만, 제왕절개로 태어난 아기들은 포도상구균, 코리네박테리아, 프로피오니박테륨 같은 피부 터줏대감들이 장 속에 자리를 잡게 된다. 이 박테리아들은 젖당을 소화하는 박테리아가 아니고 피지나 점액질을 좋아하는 종들이다. 참나무 숲이 되어야 하는 땅에 침엽수가 자라는 것이다.

이러한 장내 미생물총의 차이가 정확히 어떻게 제왕절개 분만으로 인한 건강 상태로 귀결되는지 보여주는 연구 결과가 꾸준히 발표되고 있다. 이 메커니즘을 잘 이해하게 되면 어떤 결과에 대한 심각한 우려로부터 미생물의 연관성을 끌어낼 수 있을 것이다. 그러나 그 메커니즘이 무엇이든 상관없이, 미생물군 유전체 과학자 롭 나이트는 제왕절개 분만이 아기의 장내 미생물총 발달에 미치게 될 영향을 우려한 나머지, 그의 아내가 2012년 응급 제왕절개술로 딸을 출산할 때 특별한 행동을 취하고 말았다. 볼더에 있는 콜로라도 주립대학에서 신생아 장내 미생물총의 발달에 관한 여러 프로젝트에 참여했던 나이트는 자신의 딸이 질식 분만의 과정을 거치지 못한 채 태어났기 때문에 받아야 하는 불이익을 최소화하기 위해 한 가지 방법을 강구했다. 롭은 의료진이 분만실을 떠나길 기다렸다가 그의 아내의 질에서 채취한 질 미생물을 솜에 묻혀 갓 태어난 딸의 몸에 발라주었다.

이런 파격적인 행동이 출산 병동에 있는 대부분의 의료진들 사이에서는 지지를 얻지 못했겠지만, 분명히 큰 잠재력을 지닌다. 롭 나이트와 뉴욕 대학교 의과대학 교수인 마리아 글로리아 도밍게스-벨로Maria Gloria Dominguez-Bello는 산모의 질 미생물을 신생아에게 인위적으로 옮겨줌으로써 제왕절개 분만의 단기적이고 장기적인 영향을 개선할 수 있는 방법을 모색하기 위해 대규모 임상 시험을 진행 중이다. 실험적 기법은 간단하다. 제왕절개 수술 약 한 시간 전에 작은 거즈 조각을 산모의 질 안에 넣어두는 것이다. 절개를 시작하기 직전에 거즈를 꺼내어 멸균 용기에 보관한다. 몇 분 뒤 아기가 나오면 그 거즈로 아기의 입부터 시작하여 얼굴 전체, 그리고 몸의 나머지 부분을 문지른다.

이것은 간단하지만 매우 효과적인 대안이다. 푸에르토리코 병원에서 태어난 17명의 신생아를 대상으로 한 예비 결과에서는 거즈를 통해 엄마의 질 미생물을 접종받은 아기들은 똑같이 제왕절개술로 태어났지만 아무 처리도 하지 않은 아기들에 비해 장내 미생물총이 엄마의 질이나 항문 미생물총과 유사하게 나타났다. 비록 아기들의 미생물총이 질식 분만의 경우와 완전히 비슷하게 정상화되지는 못했지만 질식 분만으로 태어난 아기들에게서 일반적으로 보이는 많은 종을 증가시키는 효과를 나타냈다.

질식 분만과 제왕절개 분만에서 나타난 미생물 구성의 차이를 보면 흥미로운 궁금증이 생긴다. 예를 들어 수중 분만은 아기의 첫 미생물 접종에 어떤 영향을 줄까? 아기가 태어나는 욕조의 따뜻한 물속에 욕조를 청소하면서 사용한 항균 세정제의 잔류 물질이 남아 있다면 그것이 엄마의 질 미생물총이 아기의 피부와 입으로 전달되는 데 어떤 영향을 미칠 것인가? 신생아가 망막을 둘러싸고 태어나기 때문에 엄마의 질 미생물과 접촉이 차단되는 대망막 분만은 어떠한가? 그리고 미생물의 견지에서 가정 분만이 병원의 '청결한' 환경에서 이루어지는 출산과 어떻게 비교될 수 있을까?

심지어 질식 분만도 서구 세계에서는 상대적으로 무균 상태로 이루어진다. 아프리카, 아시아, 남아메리카의 많은 지역에서 흔히 집에서 행해지는 출산에 비해, 유럽이나 북미, 호주에서 분만은 상당히 의료화되고 멸균된 환경에서 일어나는 과정이다. 침대, 손, 도구 모두 항균제품으로 닦거나 살균한다. 그리고 산모나 아기와 접촉하기 전에는 반드시 알코올로 손을 문지른다. 미국 여성 절반이 B군 연쇄상구균 같은 해로운 박테리아를 아기에게 전염시키지 않도록 예방 차원에서 항생제 처방을 받는다. 그리고 매우 드물지만 혹시 산모가 신생아에게 눈 감염을 일으키는 임질균을 가지고 있을 경우를 대비하여 모든 미국 아기들이 태어나자마자 항생제를 복용한다. 제멜바이스는 그의 소독 처치법이 이렇게 철저하고 효과적으로 실제 임상치료에 투입된 것을 보면 매우 기뻐할 것이다. 수많은 산모와 아기들이 이런 위생적인 환경 덕분에 건강하게 살아 있다는 것에는 의심의 여지가 없다. 그러나 이는 인간 게놈과 미생물 게놈이 기대하던 바와는 크게 다르다. 이러한 차이와 그로 인한 결과를 바탕으로 산모와 아기를 위한 의료 개선의 다음 단계가 이어져야 할 것이다.

근본적으로 이것은 임신부 혼자서 씨름하거나 죄책감을 느껴야 할 문제가 아니다. 바뀌어야 할 것은 스스로 제왕절개 분만을 선택한 일부 여성이 아니다. 출산을 의학의 분야로 끌고 들어간 문화 전체가 바뀌어야 한다. 세계적으로 제왕절개 분만의 비율을 낮추기 위한 많은 계획이 이미 시행 중이다. 대부분은 제왕절개술로 인해 산모가 처하게 될 위험성과 불필요한 수술 때문에 귀한 자원을 낭비하게 되는 것에 초점을 맞춘다. 여기에 제왕절개 분만이 단기적이고 장기적인 관점에서 신생아의 건강에 미치는 위험이나 영향력에 대한 깊은 이해가 덧붙여져야 할 것이다.

세상에 태어난 지 몇 분 만에 함께 살아가기 시작한 미생물. 아기의 장에 뿌려진 미생물총의 씨앗이 성숙하기까지는 갈 길이 멀다. 그들의 장에서 무엇이 자랄지는 앞으로 다가올 수일, 수주, 수개월의 시간 동안 이 씨앗들을 어떻게 보살피느냐에 따라 달려 있다.

모유 속 미생물의 역할

1983년에 제니 브랜드-밀러Jennie Brand-Miller 교수는 엄마가 되었다. 그리고 며칠 뒤 그녀는 영아 산통infantile colic에 특별한 관심을 두게 되었다. 브랜드-밀러의 아들은 겉으로 보기엔 아무 문제가 없었지만 이상하게도 가끔 숨이 넘어갈 듯 울어댔다. 브랜드-밀러와 그녀의 남편은 락토스 불내성, 즉 락타아제가 없어서 우유의 유당인 락토스(젖당)를 분해할 수 없는 특성에 대한 연구에 참여한 적이 있었다. 이 둘은 락토스 불내성이 바로 영아 산통의 원인일지도 모른다는 생각을 하게 됐다. 브랜드-밀러의 남편은 박사과정 연구 과제로 이 문제의 답을 찾기 위해 영아 산통을 겪는 아기들을 위해 락타아제 효소를 처방하는 실험을 했다. 유감스럽게도 락타아제를 먹은 아이들과 플라시보를 먹은 대조군 아이들은 우는 시간에서는 별 차이가 없었다. 그러나 놀랍게도 영아 산통이 있는 아기들과 정상적인 아기들이 날숨으로 내뱉는 수소의 양에서 차이가 나타났다.

그는 수소가 발생했다는 것은 장에서 박테리아가 음식물을 분해하기 때문이라고 해석했다. 그런데 젖당은 인체가 가진 효소를 통해 대부분이 소장에서 분해되어 두 개의 단순당인 포도당과 갈락토스로 전환된다. 따라서 박테리아가 수소를 생성하려면 어디선가 상당량의 먹이를 받아야만 한다. 또한 이는 소장에서 분해되지 않은 어떤 다른 화합물이 대장으로 이동한다는 것을 뜻하기도 한다. 브랜드-밀러는 모유에는 올리고당이라는 화합물이 상당 부분을 차지한다는 사실을 알고 있었다.

그러나 인체에는 이 화합물을 분해할 효소가 없기 때문에 쓸모없는 물질로 여겨졌다. 브랜드-밀러와 남편의 머리에 한 가지 생각이 스치고 지나갔다. 어쩌면 올리고당은 아기가 아닌 장내 박테리아를 위한 먹이가 아닐까?

올리고당은 단순당이 고리로 길게 이어진 탄수화물이다. 사람의 모유에는 총 130종류에 이르는 엄청나게 다양한 올리고당이 들어 있다. 이는 다른 포유류의 젖보다도 훨씬 높은 수치다. 우유에 들어 있는 올리고당은 모유에 비하면 다양성이 크게 떨어진다. 성인은 보통 올리고당이 들어 있는 음식을 먹지 않는다. 그런데도 올리고당은 임신한 여성과 모유 수유 중인 여성의 유방 조직에서 생산된다. 기능이 없다면 왜 굳이 만드는가? 그건 올리고당에게 중요한 임무가 있기 때문일 것이다.

이 가설을 테스트하기 위해 브랜드-밀러와 그녀의 남편은 한 가지 실험을 했다. 그들은 아기들에게 물에 포도당을 타서 준 경우와 정제된 올리고당을 타서 준 경우에 아기들의 날숨에 포함된 수소 양의 차이를 측정하였다. 포도당을 먹은 아기들에서는 수소가 증가하지 않았다. 이것은 포도당이 소장에서만 흡수되고 장내 미생물에 의해서는 분해되지 않았다는 사실을 알려준다. 그러나 올리고당을 준 아기들은 수소 수치가 치솟았다. 올리고당은 소장을 그대로 통과하여 대장으로 향한 뒤 아기가 아닌 미생물들을 수유한 것이다.

올리고당은 막 자리 잡기 시작하는 아기의 장내 미생물총이 건강한 미생물종을 키우는 데 결정적인 역할을 한다고 알려졌다. 모유를 먹는 아기들의 장에는 락토바실리와 비피도박테리아가 우점한다. 인간과 다르게 비피도박테리아는 올리고당을 먹이로 사용할 수 있는 효소를 생산한다. 그리고 부산물로 짧은사슬지방산인 부티르산, 아세트산, 프로피온산을 만들어낸다. 여기에 특히 아기에게 중요한 네 번째 짧은사슬지방산이 만들어지는데 바로 젖산이라고 알려진 젖산염lactate이다. 젖산염은 대장 세포의 먹이가 됨과 동시에 아기의 면역체계 발달에 매우 중요한 역할을 한다. 간단히 말해서 성인에게 채소의 섬유질이 필요하듯 아기들은 모유에 들은 올리고당이 필요한 것이다.

모유가 함유한 올리고당의 기능은 박테리아의 먹이원으로 작용하는 것에 그치지 않는다. 태어나 처음 몇 주 동안 아기의 장 미생물 군집은 단순하면서도 매우 불안정하다. 각양각색의 박테리아 균주들이 증식했다가 사라지기를 반복한다. 따라서 불안정한 장의 상태는 특히 재난에 취약하다. 폐렴연쇄상구균 같은 병원균이 단 한 종만 침입해도 착한 박테리아들을 대량 살상하며 장 전체를 초토화할 수 있다. 그런데 올리고당은 병원균을 소탕하는 서비스까지 해준다. 병원균이 숙주의 몸에서 제대로 활동하려면 일단 장벽에 붙어서 자리를 잡아야 한다. 병원균은 세포 표면에 특별한 부착점이 있어서 그 지점이 장벽에 맞물려 붙게 된다. 그런데 올리고당의 화학 구조상 병원균의 부착점과 마치 자물쇠와 열쇠처럼 들어맞기 때문에 올리고당이 엉겨 붙은 병원균은 아기의 장벽에 발을 붙이지 못하는 것이다. 올리고당에 포함된 약 130종의 화합물 중 10여 개가 이렇게 특정 병원균과 구조적으로 일치한다.

모유는 아기가 성장하면서 그때마다 필요에 따라 조성이 변한다. 아기를 낳자마자 처음으로 나오는 초유colostrum는 걸쭉한 액체로 온갖 면역세포와 항체로 가득 차 있고, 1리터마다 네 티스푼 정도의 올리고당이 들어 있다. 시간이 지나면서 아기의 미생물총이 안정을 찾으면 모유 속에 들어 있는 올리고당의 양이 줄어든다. 아기가 태어난 지 4개월이 지나면 올리고당의 양은 리터당 세 티스푼으로 줄어들고 아기가 돌이 될 무렵에는 한 티스푼 이하로 떨어진다.

여기서 다시 한 번 코알라를 비롯한 유대류를 살펴보자. 이번에는 올리고당의 중요성에 관한 것이다. 유대류는 대부분 주머니 안에 두 개의 젖꼭지가 있다. 그리고 젖을 먹는 기간에 새끼는 둘 중 하나만 사용한다. 만약에 어미가 연속해서 새끼를 낳게 되면 두 마리 새끼는 각각 자기 젖꼭지가 따로 있게 된다. 그런데 놀랍게도 두 개의 젖꼭지에서는 각각 새끼의 나이에 맞게 조정된 젖을 분비한다. 갓 태어난 새끼가 사용하는 젖꼭지에서는 올리고당이 많고 젖당이 적은 젖이 나오고, 나이가 든 새끼가 사용하는 젖꼭지에서는 올리고당이 적은 대신 젖당이 풍부한 젖이 나온다. 그리고 일단 새끼가 주머니를 떠나면 젖 속의 올리고당 함유량은 훨씬 더 떨어진다.

이렇게 맞춤형으로 제작되는 코알라의 젖을 보면 시간이 지나면서 젖에 포함된 올리고당의 양이 줄어드는 이유가 단지 어미가 생산량을 따라잡지 못하기 때문은 아니라는 것을 알 수 있다. 대신에 유대류는 새끼의 성장 과정에서 변화하는 미생물 집단에 적합한 먹이를 주도록 적응되어온 것이다. 자연은 아기뿐만 아니라 미생물에게도 유리한 젖을 선택해왔다고 볼 수 있는데 이는 건강한 미생물을 가진 포유류가 생존에 유리하기 때문일 것이다.

모유에 들은 성분 중 놀라운 기능을 하는 것은 올리고당만이 아니다. 몇십 년간 따뜻한 마음을 지닌 엄마들은 자신의 젖을 병원의 모유 은행에 기부해왔다. 아기가 미숙아로 태어나거나 아픈 몸으로 태어나는 바람에 바로 모유 수유를 시작하지 못하면 젖이 말라버려 시간이 지나도 엄마가 젖을 물릴 수 없게 되는 경우가 있다. 모유 은행의 모유는 이런 아기들에게 생명의 동아줄을 던져준다. 그런데 이 모유 은행에는 해결하기 어려운 지속적인 문제가 있다. 기부 받은 모유가 박테리아에 오염이 되는 것이다. 미생물이 산모의 유두나 유방의 피부에서 옮긴 것으로 생각되어 젖을 짜기 전에 피부를 아무리 깨끗이 닦아내도 모유 속의 미생물은 없어지지 않았다.

점점 더 정교해지는 모유 집유법과 DNA 염기서열 분석 기술이 결합하여 소위 모유 오염의 진정한 원인을 밝혀내었다. 이들은 원래 모유 내에 사는 박테리아였던 것이다. 이 박테리아는 아기의 입이나 젖꼭지에서 들어온 히치하이커가 아니고 처음부터 유방 조직이 아기에게 주려고 젖 안에 잘 넣어준 것이었다. 그런데 어디서 이 박테리아들이 온 것일까? 이 미생물들은 가슴의 피부에 살다가 유선 안으로 슬쩍 기어들어온 피부 미생물이 아니다. 이들은 정상적으로 질이나 장에서 발견되는 젖산균이다. 실제로 산모의 변을 분석하면 장과 모유의 균주가 서로 일치함을 확인할 수 있다. 어떻게든 이 미생물들은 대장에서 가슴으로 이동한 것이다.

혈액 성분을 확인하면 이 박테리아 이민자들의 이동 경로를 추적할 수 있다. 이 박테리아들은 수상돌기 세포dendritic cells라는 면역세포에 탑승하여 여행길을 떠난다. 수상돌기 세포들은 박테리아의 밀항에 기꺼이 참가한다. 장을 둘러싸고 있는 밀집된 면역 조직에 자리 잡은 수상돌기 세포들은 팔(수상돌기)을 길게 뻗어 장내에 어떤 미생물들이 있는지 확인한다. 그러다가 병원균을 발견하면 균을 집어삼키듯 감싸고는 면역계의 처리반이 나타나 병원균을 파괴할 때까지 기다린다. 그런데 놀랍게도 수상돌기 세포는 미생물 군집 속에서 전혀 문제를 일으키지 않는 유익균을 집어내어 병원균과 마찬가지로 집어삼키고는 혈관을 타고 유방 조직까지 운반해준다.

쥐에서도 이런 시스템이 작동하는 것을 확인할 수 있다. 임신하지 않은 쥐의 경우 겨우 10퍼센트만이 림프절에 박테리아가 있는 반면, 임신한 암컷 쥐의 70퍼센트가 림프절에 박테리아를 지니고 있다. 새끼를 낳으면 림프절의 박테리아 수는 급격히 떨어지지만 동시에 유방 조직에 박테리아를 가진 쥐들의 비율은 80퍼센트로 껑충 뛰어오른다. 면역 시스템은 나쁜 놈을 처리하는 역할만 하는 것이 아니라 착한 박테리아가 갓 태어난 아기에게 전달될 수 있도록 배달하는 택배 업무도 맡는 것이다. 이것은 참 좋은 전략이다. 박테리아 입장에서는 경쟁자가 많지 않은 새로운 땅에 입성하는 것이고 아기는 태어나면서 받은 미생물들을 보충할 수 있는 유용한 박테리아를 얻게 되기 때문이다.

아기가 성장하면서 모유에서 올리고당의 함유량이 변하는 것처럼 모유 안에 들어 있는 미생물의 종류 또한 달라진다. 갓 태어난 아기에게 필요한 박테리아는 두 달, 여섯 달 후에 아기에게 필요한 박테리아와는 다르다. 아기가 태어나고 첫 며칠간 나오는 초유에는 수백 종의 박테리아가 들어 있다. 1밀리리터의 모유당 락토바실러스, 연쇄상구균, 엔테로코커스, 포도상구균 같은 박테리아가 최대 1,000마리 정도 들어 있다. 결국 아기는 모유만으로 하루에 80만 마리의 박테리아를 섭취하는 셈이다. 시간이 지나면서 모유 속의 미생물 수가 줄고 구성하는 종도 달라진다. 출산 후 수개월이 지나면 모유 속에 어른의 입에서 주로 발견되는 미생물이 증가한다. 이유식을 준비할 타이밍인 것이다.

분유가 질병의 확률을 높인다

신기하게도 아기를 분만하는 방법에 따라 모유에서 발견되는 미생물이 달라진다. 사전에 계획하여 제왕절개 분만을 한 여성의 초유에서 나오는 미생물 종류는 질식 분만을 한 여성에서 나오는 여성의 초유와는 완전히 다르다. 그리고 이 차이는 적어도 6개월 동안 지속된다. 그러나 진통 끝에 응급 제왕절개술을 한 여성의 모유는 질식 분만을 한 경우와 훨씬 유사하다. 진통을 겪는 과정 중에 생성되는 어떤 물질이 경적을 울려서 면역계에 아기가 세상 밖으로 나갈 때가 되었다고 알려주는 것 같다. 그러면 산모의 몸은 아기가 태반이 아닌 모유를 통해 영양분을 공급받을 수 있게 준비하는 것이다. 이 경적은 진통 중에 분비되는 강력한 호르몬의 형태로 전달된다. 분비된 호르몬은 태어나는 아기를 위해 장에서 유방으로 이송되는 미생물의 종류를 변경시킨다. 그러므로 제왕절개술은 두 가지 면에서 자연 분만과 결정적인 차이가 있다. 첫째, 아기가 세상으로 나오는 과정에서 처음으로 접종되는 미생물의 종류가 다르다. 둘째, 모유를 통해 받는 미생물의 종류가 다르다.

모유에서 발견되는 올리고당과 생박테리아, 그리고 그 밖의 화합물들이 아기와 미생물총 모두를 위한 이상적인 먹이를 제공한다. 모유는 유익균들이 장 속에 제대로 정착할 수 있도록 인도하고, 장내 미생물이 어른의 장과 비슷한 형태로 군집을 이루도록 격려한다. 모유는 유해균의 증식을 방해함과 동시에 아무것도 모르는 순진한 면역계에 어떤 놈은 골칫거리이고 어떤 놈은 선량한 시민인지 가르쳐준다.

그렇다면 젖병 수유, 즉 분유 수유는 어떨까? 분유는 성장하는 아기의 미생물들에게 어떤 영향을 미칠까? 역사적으로 아기를 수유하는 방법은 여성의 치마 길이만큼이나 변덕스럽게 유행을 따라왔다. 심지어 현대의 분유 수유가 엄마들에게 모유냐 분유냐의 실질적인 선택 옵션을 주기 전부터도 모유 수유에 대한 대안이 있었다. 20세기 이전에는 유모가 젖을 주는 것이 흔했다. 지난 세기에 분유가 그랬던 것과 비슷한 방식으로 사회 계층 간에 변화하는 유행이 있었다. 어떤 시기에는 귀족이 자기 아이에게 직접 젖을 물리는 것은 꼴사납다고 여겨졌지만, 세상이 달라지자 산업혁명 시기의 여성 노동자는 유모를 고용한 반면, 사회 상류층은 엄마가 아기에게 젖을 물리는 방식으로 되돌아왔다.

19세기 말과 20세기 초에 유모는 분유 수유라는 편리한 대안이 정착하면서 직장을 잃었다. 멸균하기 쉬운 유리병, 물에 씻어서 쓸 수 있는 고무젖꼭지, 우유를 가공한 분유 덕분에 분유 수유는 피치 못할 경우에 사용된 필요의 대안에서 모유와 맞먹는 선택의 대안이 되었다. 모유 수유의 비율은 곤두박질쳤다. 1913년에는 모유 수유를 하는 여성이 전체의 70퍼센트에 달했지만 이 숫자는 1928년에는 50퍼센트로 그리고 제2차 세계대전이 끝날 무렵에는 25퍼센트로 감소하였다. 1972년에는 22퍼센트로 최저치를 기록했다. 젖을 물린다는 포유류만의 고유한 행동이 1,000만 년의 역사 끝에 단 한 세기 만에 멈춰버린 것이다.

만약에 모유 속의 올리고당과 생生박테리아가 아기의 장에서 미생물의 씨앗을 키우고 아기의 성장에 발맞춰 달라진 성분을 제공한다면 분유는 미생물들에게 어떤 변화를 일으킬까? 분유도 젖이다. 그러나 인간이 아닌 소의 젖이다. 소젖은 과거 1만 년 동안 인간의 갖은 간섭 속에서도 꾸준히 진화하여 송아지와 송아지의 미생물에게 이상적인 영양 공급원이 되었다. 그러나 송아지의 장내 미생물은 아기의 미생물과는 다르다. 송아지의 미생물은 여러 번 씹은 풀을 먹고 자라지 소장에서 반쯤 소화된 고기와 채소 찌꺼기를 먹고 살지 않는다. 우유 자체는 신생아가 먹을 음식으로는 많이 부족하다. 우유를 먹은 아이들은 비타민이나 미네랄이 부족하여 괴혈병, 구루병, 빈혈을 일으킨다. 요즘 나오는 분유는 필수 영양소가 따로 첨가되어 나오지만 여전히 면역세포나 항체, 올리고당, 살아 있는 박테리아는 들어 있지 않다.

분유를 먹은 아기들의 장내 미생물이 가장 확연하게 다른 점은 박테리아 종과 균주가 나타내는 다양성이다. 모유를 전혀 먹지 않는 아기들의 장에는 약 50퍼센트 더 많은 종이 서식한다. 분유만 먹는 아기들의 장에는 클로스트리듐 디피실리, 줄여서 시디프라는 독한 병원균이 속해 있는 펩토스트렙토코커스Peptostreptococcaceae 집단의 종들이 훨씬 많이 산다. 시디프가 아기의 장을 접수하면 난치성 설사병을 일으킬 뿐 아니라 놀라울 정도로 많은 아기들에게 치명적인 해를 끼친다. 모유만 먹는 아기의 5분의 1이 시디프를 가지고 있는 반면에 태어나면서부터 분유만 먹은 아이들의 5분의 4가 장에 시디프를 보유한다. 아마도 많은 경우 분만실에서 시디프를 옮겨온 것으로 보인다. 병원에 머무는 시간이 길어질수록 신생아가 이 병원균을 옮을 가능성이 커진다.

성인에게는 미생물의 다양성이 높은 것이 건강하다는 지표이지만 아기는 반대다. 삶의 출발점에 선 아기의 경우에는 엄마의 질에서 받은 젖산균과 모유의 올리고당의 도움을 받아 선별된 소수의 박테리아종을 바탕으로 시작하는 것이 감염을 막고 미숙한 면역 시스템을 길들이는 데 중요한 것으로 보인다. 모유를 분유와 섞어 먹이는 혼합 수유의 경우에도 시디프 같이 원치 않는 미생물을 포함하는 다양성은 중간 수준으로 유지된다.

그러나 아기가 몸속에 좀 더 다양한 박테리아를 가진다는 게 문제가 될까? 다른 박테리아들이 자라도록 놔둔 것이 그렇게 큰 해가 될까? 흔히 "모유 수유가 최고입니다"라고 말하지만 사람들은 실제로 모유가 얼마큼 아기의 건강에 필수적인지 제대로 인식하지 못하고 있는 것 같다. '모유 수유가 최고'라는 말에는 분유로도 충분하고, 모유는 보너스라는 뜻이 담겨 있다. 그러나 데이터를 보면 모유를 먹은 아기들과 분유를 먹은 아기들의 건강은 큰 차이가 있다.

우선 분유를 먹는 아기들은 감염의 확률이 더 높다. 모유만 먹는 아기들과 비교했을 때 분유만 먹는 아기들은 중이염이 걸릴 확률이 두 배가 높고 호흡기 감염성 질환으로 병원에 입원까지 하게 될 확률은 네 배, 소화기 감염병이 걸릴 확률은 세 배, 장의 조직이 죽는 괴사성 장염에 걸릴 확률은 2.5배가 높다. 또한 영아돌연사 증후군으로 사망할 가능성은 두 배가 높다. 미국에서 유아가 돌이 되기 전에 사망할 확률은 모유를 먹지 않은 아기들의 경우 30퍼센트가 더 높다. 이 통계수치는 임신 중 흡연이나 경제적 빈곤, 교육 수준 같은 요인을 고려하였고 병 때문에 모유 수유를 할 수 없는 아기들은 배제한 결과다. 선진국에서 유아 사망률은 이미 충분히 낮은 수준이기 때문에 이 점을 고려하면 모유를 먹은 아기 1,000명당 2.1명, 분유만 먹은 아기 1,000명당 2.7명의 사망률로 해석할 수 있다. 이 수치는 한 명의 아기나 아기의 부모에게는 큰 문제가 되지 않을 수 있지만 미국에서 한 해 태어나는 아이들이 400만 명이라고 했을 때 세상을 떠나지 않을 수 있었던 귀한 생명이 최대 720명이나 된다는 뜻이다.

분유를 먹는 아기들은 아토피나 천식에 걸릴 확률이 거의 두 배 가까이 된다. 면역계에 생기는 암인 소아 백혈병에 걸릴 위험도 더 크다. 제1형 당뇨병을 앓을 확률도 높다. 이들은 또한 충수염, 편도선염, 다발성 경화증, 류머티스증성 관절염에 걸릴 가능성도 크다. 이런 여러 위험 요인은 부모들이 크게 걱정할 수준은 아니다. 하지만 위에서 보인 것처럼 분유 수유가 유아 사망률에 미치는 영향력을 고려하면 매년 태어나는 수백만 명의 신생아에게 미치는 영향은 우리가 해결책을 찾아야 할 정도로 심각한 수준이 된다.

아마도 가장 현실로 와 닿는 문제는 분유를 먹는 아기들이 살찔 확률이 두 배 정도 크다는 사실일 것이다. 어떤 효과를 유발한 잠재적 요인이 우연인지 아니면 진짜 원인인지 확인하고 싶을 때, 과학자들은 용량 변화에 따른 반응을 측정한다. 예를 들어 섭취한 알코올의 양이 실제로 사람의 몸이 반응하는 속도를 느리게 만든다면 우리는 어느 수준까지는 섭취한 알코올의 양이 많아질수록 반응 속도는 더 느려지는 곡선이 그려질 거라고 예측할 수 있다. 용량이 커질수록 반응도 커지는 것이다.

이와 비슷한 관계가 모유 수유와 비만 위험도에서 나타난다. 모유 수유와 비만 위험도를 측정한 연구에서 모유 수유 기간이 한 달씩 길어질 때마다 최대 9개월까지 아이들이 과체중이 될 위험도가 평균 4퍼센트씩 떨어졌다. 두 달간 완전히 모유만 먹일 경우에는 위험도를 8퍼센트까지 떨어뜨린다. 3개월은 12퍼센트, 9개월이 지나면 30퍼센트까지, 모유 수유를 한 아기는 태어나면서부터 분유를 먹은 아기에 비해 과체중이 될 확률이 줄어들었다. 분유로 보충하지 않고 순수하게 모유만 먹은 경우는 훨씬 더 큰 효과를 보여, 한 달씩 길어질 때마다 과체중이 될 위험도가 6퍼센트씩 더 떨어졌다. 젖병 수유가 과체중이나 비만에 미치는 영향은 어린 시절의 체중에만 국한되는 것은 아니다. 나이가 들면서 아이들과 성인은 그들이 어렸을 때 부모가 어떻게 수유했는지에 따라 체중이 다르게 유지된다. 비만은 종종 제2형 당뇨병을 동반하는데 분유를 먹은 아이들은 예외가 없다. 분유만 먹은 아이들은 어른이 되었을 때 당뇨병을 가질 확률이 60퍼센트 더 높은 것이다. 제왕절개술처럼 모유 수유를 하지 않는 데서 오는 위험은 21세기형 질병과 관련이 있다.

젖병 수유가 일반적이었던 시대에 태어난 베이비붐 세대들에게 이러한 사실과 수치들은 모두 분명히 실재하는 것들이다. 1970년대 중반에 모유 수유가 또다시 붐을 일으켰는데 이때는 특히 중산층이나 교육받은 사람들 사이에서 유행하였다. 1970년대 후반에 모유 수유의 부활을 이끈 것은 분유회사들이 개발도상국에서 벌인 공격적인 마케팅에 따른 우연한 결과 때문이었다. 어떤 나라에서는 분유를 먹은 아기들의 사망률이 25배나 높았는데 대개는 젖병 소독이 제대로 이루어지지 않았거나 상수원이 병원균으로 오염되었기 때문이었다. 북미와 유럽의 여성들이 목소리를 높여 분유회사를 비난하게 되면서 모유 수유의 비율이 급증하였다. 10년 만에 거의 세 배나 되는 여성들이 아기에게 젖을 물렸다.

그러나 X세대와 밀레니엄 세대 역시 젖병 수유로 인한 위험에서 면제되지 않는다. 지난 20년간 선진국에서 모유 수유의 비율이 점차 높아져 1995년에는 65퍼센트까지 올라갔고 지난 몇 년간은 80퍼센트로 높아졌지만, 모유 수유는 여전히 공식적인 권고 수준을 훨씬 밑돌고 있다. 태어나서 모유를 한 모금도 먹지 못한 20~25퍼센트의 아기들과 생후 8주 이내에 분유로 바꾼 25퍼센트의 아기들에게는 모유 수유가 증가했다는 통계 수치가 그다지 도움이 되지 못할 것이다. 태어나면서부터 모유를 먹은 아이들조차도 그중 절반은 생후 첫 주에 분유를 혼합해서 수유하였다. 미국에서 겨우 13퍼센트의 엄마들이 세계보건기구의 권고를 따라 6개월간 완전히 모유 수유만 하고 그 후 2년간 혹은 그 이후까지 음식으로 적절히 보충하며 젖을 먹인다. 영국에서 아기가 6개월이 될 때까지 모유 수유만 한 여성은 1퍼센트도 안 된다.

물론 모유 수유는 어렵다. 특히 처음 며칠과 그리고 몇 주 동안은 고통스러울 것이다. 아기가 아파서 젖을 물릴 수 없는 상황이거나 엄마의 젖이 잘 나오지 않는 경우에는 선택의 여지없이 모유 수유를 포기해야 한다. 또 어떤 여성들은 경제적 압박이나 주위의 도움 부족으로 여건상 어쩔 수 없이 분유를 먹인다. 그러나 개인이 아닌 하나의 사회로서 우리는 아기를 수유하는 '정상적인' 방법을 판단하는 눈을 잃어버렸다. 아직 산업화가 되지 않은 전통적인 사회에서는 서구 사회보다 더 오랜 시간 아기에게 젖을 물린다. 두 살에서 서너 살까지는 기본이고 어떨 때는 다음 아기가 태어날 때까지도 먹인다.

'모유 수유가 최고'라는 말에는 분유로도 충분하다는 암시가 들어 있다. 이 말과 더불어, 서구의 편향된 시각은 과학적 연구 접근법에도 반영되어 있다. 수유 관련 연구의 주제들을 훑어보면 "모유 수유의 장점이 무엇인가?"라고 묻지, "젖병 수유의 위험이 무엇인가?"라고 묻지 않는다. 결과적으로는 모유 수유와 젖병 수유의 비교를 주제로 한다. 그러나 노스캐롤라이나 대학교 의과대학의 모체태아의학과 조교수 앨리슨 스튜비Alison Stuebe가 지적한 것처럼, 첫 번째 방식의 질문은 충분히 건강한 식단에 복합 비타민을 보충해주듯 모유 수유는 분유 수유의 보충제로 아기에게 줄 수 있는 보너스 식품이라는 전제를 깔고 있다. 하지만 두 번째 질문은 젖병 수유가 정상과는 거리가 먼 위험한 비즈니스라고 전제한다. 모유 수유는 금본위제Gold Standard가 아니다. 모유 수유는 그냥 본위제Standard, 그 자체로 가장 기본적이며 절대적인 수유법이다. 수유 방법을 결정하지 못해 갈등하는 여성에게 이런 미묘한 어감의 차이는 이 여성의 선택에 결정적인 차이를 줄 것이다.

이러한 표현의 작은 차이가 모유 대 분유 논쟁에서 사람들의 해석에 큰 영향을 끼쳤다. 2003년에 미국에서 행해진 한 설문 조사에서 응답자 중 4분의 3이 "분유는 모유만큼이나 좋다"라는 표현에 동의하지 않았다. 그러나 4분의 1의 사람들만이 "모유 대신 분유를 먹이면 아기가 병에 걸릴 확률이 높아진다"라는 말에 동의했다. 따라서 사람들이 모유의 장점에 대해서 알고 있는 사실과 모유 수유를 하지 않는 데서 오는 결과를 이해하는 수준에는 분명한 괴리가 있는 것 같다. 모유 수유에 대해 양가감정을 가지고 있는 여성들을 대상으로 한 캠페인에서, '모유의 장점'에 관한 조언을 들은 여성들은, 같은 정보를 '모유 수유를 하지 않을 때 발생할 위험'의 관점에서 설명을 들은 여성에 비해 결과적으로 모유 수유를 선택할 확률이 낮았다.

여성은 자기 아이를 어떻게 키울지 스스로 결정할 자유가 있다. 그러나 어떤 엄마도 각 선택이 가져올 결과와 영향에 대해 정직하게 사실대로 표현한 정보가 주어지지 않은 상태에서 결정을 내려서는 안 된다. 산모들에게는 모유 수유에 대한 지원을 해주어야 하고, 산모와 병원 관계자들에게는 명확하고 올바른 정보를 제공해야 한다. 또한 분유 수유하는 아기들을 위해서는 분유의 질이 꾸준히 개선되어야 한다. 현재 올리고당이나 살아 있는 박테리아를 함유하는 분유는 없다. 모유에 있는 130가지 올리고당을 완벽한 비율로 섞고 또한 가장 유익한 균주를 넣어서 분유를 만든다는 것이 불가능하기 때문이다.

생후 첫 3년 동안 아기의 장내 미생물총의 세계는 마치 춘추전국시대의 대륙처럼 매우 불안정하다. 영역을 차지하기 위한 치열한 싸움이 벌어지는 전쟁터에서 패권을 잡은 세력은 끊임없이 바뀐다. 새로운 균주들이 침입하면 다른 균주들은 퇴각한다. 생후 1년 동안 비피도박테리아속의 종들은 느리지만 꾸준히 감소한다. 가장 큰 변화는 9~18개월 사이에 일어난다. 이 시기는 이유식을 시작하면서 새로운 음식물이 유입되는 때와 일치한다. 아기의 이유식과 관련된 어느 실험에서 아기에게 콩과 채소를 처음으로 주었더니 액티노박테리아*Actinobacteria*와 프로테오박테리아가 우점하던 미생물총이 후벽균과 의간균의 구성으로 전환되었다. 이러한 미생물총 구성의 극적인 변화는 아기 성장 단계의 이정표가 된다.

18개월에서 3세 사이 장내 미생물은 훨씬 어른의 것을 닮아가면서 안정을 찾고 또 다양해진다. 아이의 만 세 살 생일을 축하할 무렵이 되면, 모유냐 분유냐에 따라 다른 길을 걸었던 미생물총의 차이는 새로 만나는 사람과 물건에서 옮아온 새로운 균주들로 인해 완전히 묻혀버릴 것이다. 미생물들이 새로운 음식과 환경에 적응하면서 한때는 풍부했던 젖산균은 점차 사라진다.

아기가 성장하면서 장내 미생물은 질내의 미생물 조성과는 거리가 멀어지고 점차 엄마의 장내 미생물과 비슷해진다. 모전여전 또는 모전자전이라는 말이 그대로 적용된다. 엄마가 참나무숲을 가졌다면 아이의 장에도 참나무숲이 자랄 것이다. 이런 미생물의 공유는 부분적으로 그들이 같은 집에 살면서 같은 미생물로 둘러싸여 있고 같은 음식을 먹기 때문에 일어난다. 그러나 이는 또한 그들이 유전자를 공유하기 때문이기도 하다. 놀랍게도 인간의 게놈은 체내에 어떤 미생물종을 머무르게 할지 선택하는 데 약간의 통제력을 가지고 있다. 면역계를 프로그램하는 데 관여하는 유전자 역시 체내에 서식하도록 허용할 박테리아종을 결정하는 데 영향력을 발휘한다. 엄마와 아기는 절반의 유전자를 공유하기 때문에 아기는 이와 일치하는 미생물을 보유하는 것이 이로울 것이다. 아기의 면역계는 태어나자마자 처음 몇 분간 엄마의 질에서 유입된 대량의 박테리아 침입을 처리해야 한다. 다시는 겪을 일 없는 이와 같은 엄청난 감염 속에서도 문제없이 살아남은 것을 보면, 이러한 생의 첫 미생물과의 조우가 유전적으로나 면역학적으로 사전에 알려진 것이라고 짐작할 수 있다. 누가 적이고 누가 아군인지 미리 프로그램된 지능을 가짐으로써, 머리가 먼저 미생물 세계로 미끄러져 들어가면서 겪게 된 엄마의 질 박테리아의 침투에 어렵지 않게 대처할 수 있게 된다.

미생물과 평생 함께 가라

미생물군 유전체가 가진 최고의 장점은 인간의 게놈이 절대 가질 수 없는 그것, 바로 적응력이다. 인간이 평생에 걸쳐 호르몬의 성쇠를 겪고 새로운 음식을 시도하거나 새로운 곳을 방문할 때마다 미생물은 우리에게 주어진 상황을 최대로 이용한다. 영양부족? 문제없다. 미생물은 부족한 비타민을 합성할 것이다. 숯불구이? 걱정할 것 없다. 미생물은 불에 탄 고기의 독성을 해독할 것이다. 호르몬의 변화? 괜찮다. 어쨌거나 미생물은 금세 적응할 것이다.

성인이 되면 어릴 때와는 다른 양의 비타민과 미네랄이 필요하다. 예를 들어 아기에게는 엽산이 많이 필요하지만 엽산이 들은 음식을 아기가 직접 먹을 수는 없다. 하지만 아기의 미생물군 유전체는 모유로부터 엽산을 합성할 수 있는 유전자로 가득 차 있다. 성인에게는 엽산이 그다지 많이 필요하지 않는 데다 이미 음식에서 충분한 양을 얻는다. 그래서 어른의 미생물은 엽산을 합성하는 유전자 대신 분해하는 유전자를 포함한다.

비타민 B12는 반대의 경우다. 나이가 들면서 인체는 비타민 B12를 더 많이 필요로 한다. 그래서 미생물군 유전체는 그에 맞춰 음식에서 비타민 B12를 합성하는 유전자의 수를 늘린다. 이는 미생물이 아주 친절해서 우리를 위해 봉사하는 게 아니고 미생물 역시 이 비타민과 그 전구체가 필요하기 때문이다. 음식물을 분해하고 영양소를 합성하는 다른 유전자들도 나이가 들면서 변한다. 이는 우리가 먹는 음식을 최대로 이용하고 신체에 일어나는 변화에 대처하기 위함이다.

우리가 누구와 사는가 하는 것도 우리가 보유하는 미생물에 큰 영향을 끼친다. 사람이 집에서 시간을 보내면서 존재의 흔적을 지문이나 발자국, 또는 피부나 머리카락에서 떨어진 DNA 등으로 남기는 것처럼, 사람은 미생물의 흔적도 남긴다. 미국의 어느 일곱 가구를 대상으로 각 가구의 구성원과 미생물을 조사한 연구에 의하면 재미있게도 그 집에 살고 있는 사람의 손이나 발, 코에 있는 미생물과 각 집의 바닥이나 표면, 문고리 등에 있는 미생물을 비교하여 누가 어떤 집에 살고 있는지 알아낼 수 있었다. 놀라울 것 없이 부엌이나 침실의 바닥에 있는 미생물은 그 집에 사는 사람의 발에 있는 미생물과 일치하고 주방 표면이나 손잡이에 있는 미생물은 손에 있는 미생물과 일치했다.

연구가 진행되는 기간 중간에 세 가족이 이사했다. 며칠 만에 그들의 새로운 집에는 새로 이사 온 사람들의 박테리아가 증식하면서 예전에 살던 사람들의 미생물을 순식간에 대체해버렸다. 집에 사는 미생물에 대한 가족 구성원의 기여도가 워낙 극적이라 사람들이 며칠만 집을 비워도 집에 남겨진 미생물의 흔적은 금세 차갑게 식어버렸다. 한 사람이 남긴 미생물의 발자취와 시간에 따라 감소하는 미생물의 흔적을 이용하면 범죄 수사에서 사건의 타임라인을 설정하는 데 믿을 만한 정보로 사용할 수 있을지도 모른다. DNA 염기서열 분석 기술이 범죄현장의 조사 과정을 근본적으로 바꾸어놓았다. 그러나 개인의 미생물군 유전체는 게놈보다도 고유하다. 그들이 어떤 사건에 숨겨진 비밀을 밝혀낼지 상상해보라.

가족의 구성원은 서로 매우 비슷한 미생물을 가지는 경향이 있다. 특히 대부분의 부모는 아이들과 거의 같은 박테리아를 공유한다. 친구나 타인과 동거하면서 사람들은 시리얼에 부어 먹는 우유 이상의 것을 공유하게 된다. 조사 대상이 된 한 가정은 구성원이 서로 혈연관계에 있는 가족이 아니라 유전적으로 연관성이 없는 남이었다. 하지만 그들이 공유하는 환경은 서로의 미생물총을 병합하기에 충분했다. 세 명은 모두 많은 미생물을 공통으로 가지고 있었고 특히 손에 서식하는 미생물을 많이 공유했다. 세 사람 중 둘은 서로 사귀는 사이였는데 그들은 나머지 한 사람에 비해 둘 사이에 더 많은 미생물을 공유했다.

여성의 경우 매달 주기적으로 일어나는 호르몬의 성쇠 과정이 몸을 구성하는 미생물에 엄청난 영향을 미친다. 많은 여성에게 월경 주기는 질에 사는 미생물종의 증식 패턴과 연관성을 나타낸다. 어떤 미생물 군집은 호르몬의 주기와 완전히 일치하는 증감 패턴을 보인다. 그러나 어떤 박테리아의 경우에는 질내에서 종 조성의 변화가 완전히 무작위적으로 일어나기 때문에 주기와 전혀 연관성이 없는 것 같다. 반면에 또 다른 박테리아는 월경이나 배란에 전혀 영향을 받지 않고 늘 안정적으로 군집을 유지한다. 흥미롭게도 여성의 몸에서 군집의 크기가 증감하는 패턴에 따라 균주나 종이 작용하는 수준도 달라진다. 우점하던 락토바실러스 젖산 생성균이 갑자기 사라지게 되면 또 다른 젖산 생성균, 아마도 착한 연쇄상구균 균주가 그 자리를 대신할 것이다. 그래서 종은 바뀌더라도 그들이 하는 일은 지장을 받지 않게 된다.

나는 좀전에 임신 중 여성의 질 미생물총은 임신 전과는 조성이 달라진다고 언급했다. 같은 일이 임신 중인 여성의 장내 미생물에서도 일어난다. 임신 기간에 여성은 11~16킬로그램 정도 체중이 증가하는데 대략 계산해보면 아기의 무게가 약 3킬로그램, 태반과 양수 및 혈액이 약 4킬로그램이다. 그리고 나머지 4~9킬로그램이 지방이다. 임신 제3삼분기(27~40주) 여성의 신진대사 지표를 보면 비만으로 인한 건강 장애를 겪는 사람과 매우 비슷하다. 잉여 체지방, 높은 콜레스테롤, 혈액 내 당 수치 증가, 인슐린 내성과 염증 수치 증가 등이 비만과 임신에서 모두 함께 나타난다.

비만한 사람들의 경우 이런 증상들은 모두 건강하지 못하다는 징표지만, 임신 중에는 다르게 해석될 수 있다. 신진대사의 변화, 즉 여성이 에너지를 추출하고 저장하는 능력에 일어나는 변화는 특히 임신 중에는 매우 결정적이다. 실제로 2인분이 필요한 것은 아니지만 지방 조직을 한 겹 덧붙임으로써 자라는 태아에게 안전 그물망을 제공하고 엄마가 아기의 성장을 지탱할 수 있는 충분한 에너지를 확보하게 하려는 것이다. 또한 잉여 지방은 아기가 태어났을 때 모유를 생산하기에 충분한 에너지를 가진다는 것을 의미하기도 한다.

코넬 대학교의 루스 레이는 마른 사람과 살찐 사람 간 미생물총의 차이를 밝혀냈다. 레이는 비만 뒤에 숨겨진 미생물총의 변화가 임신 중에 신진대사의 변화와도 관련이 있는지 시험했다. 레이의 연구팀은 임신 중인 여성 91명을 대상으로 장내 미생물을 조사하였다. 임신 제3삼분기가 되었을 때 여성의 미생물은 임신 초기와는 근본적으로 다른 조성으로 바뀌어 있었다. 다양성이 크게 떨어지고 프로테오박테리아와 액티노박테리아가 많이 자라고 있었다. 이런 변화는 설치류와 인간에게서 염증과 연관 지어 나타났던 증상을 떠올리게 했다.

2장에서 말했듯이 살찐 사람의 미생물을 무균 쥐에게 이식시키면 마른 사람의 미생물을 이식시켰을 때에 비해 체지방을 빠르게 증가시켰다. 이런 미생물 이식은 미생물이 체중 증가의 결과가 아닌 원인이라는 것을 명료하게 보여주었다. 루스 레이는 같은 접근 방식을 이용하여 임신한 여성의 제3삼분기 미생물을 시험하였다. 임신한 여성에게서 나타나는 비만과 유사한 신진대사의 변화가 미생물의 조성이 변했기 때문에 일어난 것인가 아니면 신진대사의 변화가 미생물의 조성을 변화시킨 것인가? 인간의 제3삼분기 미생물을 이식받은 무균 쥐들은 제1삼분기 미생물을 받은 쥐들에 비해 좀 더 체중이 늘고 혈당 수치가 올라갔으며 염증이 더 심하게 나타났다. 이러한 변화는 자라나는 아기가 자원을 얻고 필요에 맞게 전환하는 것을 도와준다.

일단 아기가 태어나면 여성의 장내 미생물은 어느 정도의 시간이 흐른 후 정상으로 돌아온다. 현재로써는 임신 기간에 증식한 미생물들이 얼마나 오래 머무는지, 또 어떻게 그들을 원래대로 되돌리는지 확실히 알려지지 않았다. 하지만 모유 수유나 진통 중 분비되는 호르몬이 이와 관련 있지 않을까 짐작한다. 모유 수유가 산모의 몸무게를 변화시킨다는 것은 잘 알려져 있다. 이는 분명히 임신 중 저장했던 열량을 사용하는 것이다. 모유 수유가 임신 중에 생긴 비만 미생물의 변화까지 되돌릴 수 있는지는 아직 알려지지 않았다. 그러나 우리는 모유 수유가 이후에 산모의 제2형 당뇨병이나 고콜레스테롤, 고혈압, 심장병의 위험을 낮춘다는 것은 알고 있다.

장내 미생물총은 비록 식단이나 호르몬, 해외여행이나 항생제에 영향을 받기는 하지만 일단 성인이 된 이후로는 상당히 안정적으로 유지된다. 하지만 노년기가 되면 전반적인 건강의 변화와 더불어 체내 미생물 집단에 변화가 일어난다. 체내의 인간 세포들이 집합적인 나이를 나타낸다면 미생물 승객들도 마찬가지다. 물론 개인의 일생 동안 내내 지속하는 인간 세포는 거의 없다. 그리고 대부분의 미생물들은 체내에서 겨우 몇 시간 또는 며칠을 머물 뿐이다. 그러나 슈퍼유기체로써 인간의 미생물은 나이가 들면서 효율이 떨어지고 비틀거리기 시작한다. 대개는 몇십 년간이나 항체를 비축해둔 면역 시스템에 책임이 있다. 나이 든 신체에 돌아다니는 면역촉진 전달 물질이 내는 지속적인 소음은 21세기형 질병에서 보이는 낮은 수준의 만성 질환의 반영이다. '염증 노화inflamm-ageing'라고 부르는 이런 만년의 의학적 특성이 건강과 밀접하게 연관되어 있다.

당연히 이것은 또한 장내 미생물총의 조성에 밀접하게 연관되어 있다. 염증 수치가 높고 건강이 나쁜 고령자는 장내 구성원의 다양성이 떨어진다. 특히 면역계를 안정시키는 종은 적어지고 면역계를 들쑤시는 종들은 늘어난다. 노화가 염증을 불러일으키고 염증이 미생물총의 변화를 가져오는지, 아니면 노화에 따른 미생물총의 변화가 염증을 야기하는지는 확실하지 않다. 그러나 노년층의 식단은 미생물 군집 형성에 큰 역할을 하기 때문에 미생물총이 노화과정의 중요한 원동력이 될 것이다. 시기상조지만 어떤 과학자들은 노인들의 장내 미생물총을 개조함으로써 인간이 좀 더 오래도록 건강하게 살 수 있고 더 나아가 인간의 수명을 연장할 수 있다는 가능성에 들떠 있다.

인간은 태어나 처음 숨 쉬던 순간부터 마지막 숨을 거둘 때까지 미생물과 함께한다. 우리의 몸이 성장하고 변하면 미생물군 유전체는 변화에 적응하여 인간 게놈의 확장체로서 인간과 미생물 자신의 필요에 맞게 고작 몇 시간 만에도 스스로 조종하고 맞춰나갈 수 있다. 제대로 작용한다면 엄마의 미생물은 아기에게 필요한 가장 최고의 선물이다. 부모의 선택은 문자 그대로 우리가 걷고 말하고 자신을 돌보는 법을 배우는 과정에서 그들이 낳은 아이들과 함께 살아간다. 성인으로서 우리 몸의 모든 세포, 즉 인간의 것이든 미생물의 것이든 이들 모두를 돌보는 책임은 우리 자신에게 있다.

엄마로서 여성은 자기의 유전자만이 아니라 박테리아의 수백 개 유전자까지 함께 아기에게 물려준다. 유전자 복권에 당첨되는 것은 확률의 문제이기도 하지만 선택의 문제이기도 하다. 우리가 자연 분만과 완벽한 모유 수유의 중요성, 그리고 그 결과에 대한 통찰력을 가질수록 우리 자신과 아이들에게 건강하고 행복한 삶에 대한 큰 기회를 줄 수 있을 것이다.

• 8장 •

제자리로 되돌리기

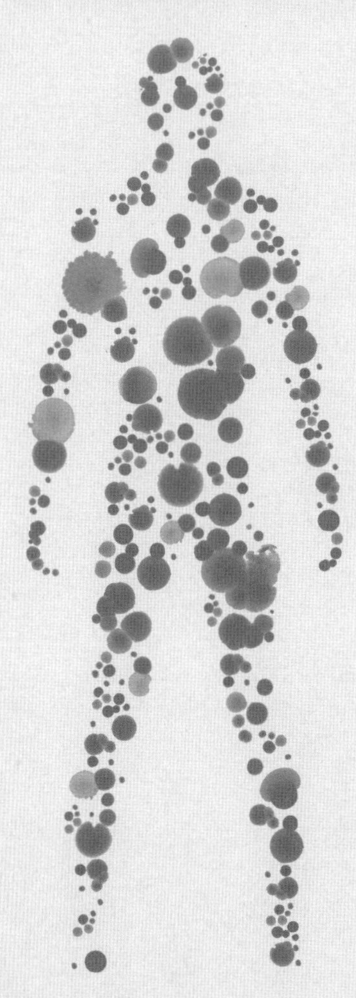

1 0 % H U M A N

2006년 11월 29일 저녁, 서른다섯 살의 상담사 페기 칸 헤이Peggy Kan Hai는 빗속을 운전해 하와이 마우이 섬에 고객을 만나러 가는 길에 시속 260킬로미터로 달려오던 오토바이에 부딪혀 사고가 났다. 페기는 부서진 차 안에 갇힌 채로 머리와 입에서 피를 흘렸으며 의식이 거의 없는 상태였다. 사고를 낸 젊은이는 부서진 오토바이 잔해 위에서 숨졌다.

2011년 머리와 다리의 부상을 치료하기 위해 여러 번 수술했지만 결국 페기의 왼쪽 발은 괴사하였다. 패혈증 때문에 생명까지 위독한 상황이라 페기는 어쩔 수 없이 발을 절단하고 발목뼈를 접합하는 수술을 했다. 그런데 수술 3일 후 페기는 구토와 설사를 심하게 하며 격한 통증을 느꼈다. 간호사가 놀라 다음 날 의사를 불렀다. 의사는 페기가 마취제, 항생제, 진통제 등 처방된 약물에 반응을 보이는 것일 뿐이라고 말했다. 그날 저녁 의사는 페기에게 몇 가지 약을 주고 퇴원시켰다.

몇 주 후 발의 통증은 여전했지만 상태가 나아지길 바라는 희망으로 페기는 진통제를 끊었다. 하지만 상황은 전혀 좋아지지 않았다. 다음날 아침을 시작으로 페기는 두 달간 하루에 최대 30차례의 설사를 쏟아냈다. 몸무게가 20퍼센트나 줄었고 머리카락도 빠졌다. 정신은 혼미했고 눈도 잘 보이지 않았다. 주치의는 전형적인 아편 금단 증상이라고 주장하면서 과민성 장 증후군이거나 위산이 역류하는 것일 뿐이라고 말했다. 페기는 병의 원인을 모르는 채 약으로 억누르기만 하는 것은 상황을 더욱 악화시킬 거라는 판단으로 설사약을 거부했다.

몇 달 후 페기는 자신의 발을 수술했던 병원에서 소화기 내과 전문의를 만났다. 결장 내시경 검사 결과 마침내 페기에게 끔찍한 설사를 일으킨 원인이 밝혀졌다. 클로스트리듐 디피실리, 즉 시디프에 감염된 것이었다.

시디프는 4장에서 언급했던 아주 지독한 박테리아로 생명을 위협하는 감염을 야기한다. 이것은 보통 병원에 숨어 있다가 사람의 건강한 장 속으로 들어간다. 시디프는 다른 미생물을 따돌리고 병원 청소 직원의 눈을 속일 수 있는 몇 가지 특징이 있다. 우선 지난 몇십 년간 새로운 균주로 진화하여 내성이 강해지고 더 위험해졌다. 아마도 그동안 시디프 치료를 위해 사용된 항생제와 박테리아 사이의 군비전쟁 과정에서 돌연변이체가 나타났을 확률이 크다. 현재로써는 시디프가 앞서가고 있다.

또 한 가지 속임수는 시디프뿐만 아니라 체내의 미생물 중 최대 3분의 1과 그 밖의 병원균들에서 공통으로 나타나는 특징인데, 바로 포자다. 위협을 느낀 아르마딜로가 몸을 바짝 웅크려 공 모양으로 만든 후

갑옷 껍데기로 무장하는 것처럼 시디프는 주변 환경이 척박해지면 자신을 두꺼운 보호막 속에 집어넣어 살아남는다. 항균 세제, 위산, 항생제, 극단적인 온도 변화 속에서도 시디프는 포자 안에서 몸을 안전하게 유지하며 위험이 지나갈 때까지 기다린다.

페기의 상황은 시디프 감염의 전형이었다. 페기는 발 수술을 받는 동안 항생제를 투여받았고 시디프의 근거지인 병원에서 여러 날을 보냈다. 항생제는 상처의 감염을 치료함과 동시에 페기의 장 미생물을 파괴해 시디프의 침투에 무기력하게 만들었다. 시디프는 초토화된 페기의 장 속에서 유익균이 다시 증식하여 보호층을 만들기도 전에 잡초처럼 자라나 장 전체를 장악했다. 소화기내과 전문의는 페기에게 고용량의 항생제를 처방했지만 시디프가 너무 깊이 뿌리 내린 상태라 오히려 증상을 더욱 악화시킬 뿐이었다.

페기는 시력과 청력이 약해지고 체중이 위험한 수준까지 떨어졌다. 페기와 페기의 남편은 시디프를 몰아내기 위해서는 과감한 선택을 할 때가 되었다는 사실을 깨달았다. 문제는 어떻게 하느냐는 것이다.

페기 칸 헤이의 딜레마는 시디프 환자들에게는 특별한 것이 아니다. 소화기 질환을 앓고 있는 사람들이나 망가진 미생물 생태계에서 기인한 질병을 앓고 있는 사람들에게 상처를 치유하고 건강한 미생물 친구들을 다시 불러올 방법을 찾는 것은 매우 중요한 문제다. 양질의 식사를 하고 불필요한 항생제 처방을 받지 않는 것은 건강한 미생물총을 유지하기 위한 근본적인 예방책임에는 틀림없다. 그러나 이미 몸 안에서 파괴가 시작되었다면 어떻게 하겠는가? 터줏대감들이 떠나고 몹쓸 기회주의자들이 그 자리를 차지했다면 어쩌겠는가? 면역 시스템이 적과 아군을 구별하는 능력을 상실했다면 어떻게 하겠는가? 한때 번성했던 미생물 집단의 잔해를 붙잡고 있는 것은 버려진 폐가의 마당에 서 있는 말라비틀어진 나무에 물을 주는 것과 별반 다를 게 없다. 이럴 때 선택할 수 있는 것은 한 가지, 다시 시작하는 길밖에는 없다. 땅을 갈고 새로운 씨앗을 뿌려야 한다.

자가중독 이론

1908년에 러시아 생물학자 엘리 메치니코프는 본인답지 않은 긍정성을 보여주는 책 제목으로 출간을 했다. 메치니코프는 두 번이나 자살을 시도한 적이 있었다. 한 번은 아편 과다복용으로, 다른 한 번은 과학계의 순교자가 되려는 열망에 차 스스로 열대지방의 희귀 열에 감염된 것이다. 그러나 그의 세 번째 책 《생명의 연장The Prolongation of Life: Optimistic Studies》에서 메치니코프는 죽음을 재촉하는 것이 아닌 죽음을 늦추려고 노력한다. 아마도 그는 생의 마지막을 앞두고 필연적인 죽음에 맞서 자신의 나이 든 영혼을 고양하기 위해 이 책을 썼을 것이다. 메치니코프는 이 책이 출판된 같은 해에 면역계에 대해 그가 이룬 업적으로 노벨상을 받았다. 그는 그의 선조인 히포크라테스와 "죽음은 장 위에 드리워진다"는 생각을 같이했다. 상대적으로 근대적이고 계몽적인 시각에서 메치니코프는 진정한 노화는 새로 발견된 장내 미생물에서 비롯된다고 생각했던 것이다.

21세기 과학의 방법론적 정점에 서서 메치니코프의 논문을 읽다 보면 염려스러우면서도 때로는 우스운 면이 없지 않아 있다. 그의 가설은 재미있기는 해도 증명할 수 있는 증거가 별로 없다. 메치니코프는, 박쥐의 몸에는 대장이 없어서 미생물이 거의 살지 않기 때문에 다른 소형 포유류보다 오래 산다고 하는 식의 엉터리 상관관계를 주장한다. 또 밀도 높은 군집을 이루고 사는 포유류에게 때이른 죽음을 가져오는 것은 다름 아닌 미생물과 미생물에게 살 곳을 마련해주는 대장이라고 생각했다. 그렇다면 대장은 왜 존재하는가? 메치니코프는 "이 질문에 대답하기 위해서 나는 이론을 하나 세웠다. 대장은 포유류가 진화하는 과정에서 길어졌다. 그 이유는 이 동물들이 배변을 위해 멈출 필요 없이 장거리를 뛸 수 있게 하기 위해서다. 대장은 단지 쓰레기나 찌꺼기를 저장하는 기능을 가진 기관일 뿐이다"라고 말했다.

장 속의 미생물이 건강을 해친다고 생각하는 사람은 메치니코프만이 아니었다. 여러 신체적이고 정신적 질병의 원인을 설명한 새로운 가설이 의사와 과학자 사이에서 빠르게 퍼져나갔다. '자가중독autointoxication'이라고 이름 붙은 이 가설의 주된 교리를 어느 프랑스 의사의 말을 빌려서 요약하면, "결장은 독성 물질의 쓰레기통이자 실험실이다." 장 속의 박테리아는 음식 찌꺼기를 썩게 하여 설사나 변비뿐 아니라 피로, 우울증, 정신이상 행동을 불러일으키는 독소를 생성한다고 간주했다. 조병躁病이나 심각한 우울증의 경우 '단락수술short-circuit procedure'이라고 알려진 방법으로 결장을 제거하는 극단적인 처방이 내려지기도 했다. 끔찍하게 높은 사망률과 삶의 질을 파괴하는 결과에도 불구하고 이 과격한 방법이 당시에는 시도할 만한 가치가 있는 것으로 여겨졌다.

노벨상 수상자가 집착한 과학적 방법에 대해 비난할 생각은 없지만 적어도 이 책에서 메치니코프가 다룬 미생물학적 사실과 주장은 반복성, 대조군과의 비교, 원인에 대한 세심한 판단 등 과학적으로 타당한 기준에 거의 들어맞지 않는다. 메치니코프의 과학적 성장은 역사적으로 의학 과학자들이 파스퇴르의 세균설에 의해 펼쳐진 연구 가능성에 대한 흥분으로 가득 차 있던 시기와 때를 같이한다. 자가중독 가설은 흥행에 성공했다. 의학 미생물학자 집단이 이 새로운 아이디어에 열광하며 꼬리를 흔들고 냄새를 맡았지만 실제로 환자 사례 연구나 실험은 이루어지지 않았고 시간과 에너지를 들여 자가중독의 증거를 축적하려는 노력 역시 없었다.

그런데도 20세기 초에 언론과 대중, 많은 사기꾼들이 자가중독 유행에 편승하였다. 끔찍한 결장 절제술이 아니더라도 해로운 박테리아를 제거할 수 있는 여러 치료법이 나타났다. 그중 하나가 관장이다. 소위 메디 스파medi-spas라는 곳에서 주로 행해진 이 방법은 현재 의학계에서는 별로 인정받고 있지 않다. 또 다른 방법은 매일 일정량의 좋은 박테리아를 먹는 것이다. 바로 우리가 현재 프로바이오틱스probiotics라고 부르는 살아 있는 박테리아다.

메치니코프의 인간 수명 연장에 대한 발상은 불가리아 학생에게 들은 소문에서 시작되었다. 불가리아 농부 중에는 100세까지 장수하는 사람들이 많은데 그들의 장수 비결은 농부들이 매일 마시는 요거트라는 시큼한 우유라는 것이다. 물론 발효된 우유의 시큼한 맛은 메치니코프가 불가리아 바실러스라고 언급한 박테리아가 우유의 젖당을 발효하면서 생성되는 젖산 때문이다. 현재 이 박테리아는 락토바실러스 델브루에키 아종 불가리쿠스*Lacobacillus delbrueckii subspecies bulgaricus*로 분류되는데 락토바실러스 불가리쿠스로 더 잘 알려져 있다. 메치니코프는 이 젖산균이 장을 살균하고 노화와 죽음으로 안내하는 유독한 미생물들을 죽인다고 믿었다.

락토바실러스 불가리쿠스, 또는 다른 균주인 락토바실러스 아시도필러스*Lactobacillus acidophilus*가 들어 있는 정제알약과 음료수가 가게에 배치되었다. 그리고 놀라운 효과를 주장하는 광고들이 의학 저널과 신문을 가득 채웠다. "놀랄 만한 경험을 기대하세요. 우울함과 무기력을 떨쳐버리고 시스템 전체에 새로운 활력을 불어넣으세요"라고 어느 요거트 회사가 주장한다. 자가중독은 곧 의사와 대중들에게 널리 받아들여졌고, 20세기의 첫 몇십 년 동안 프로바이오틱스가 대유행하였다.

그러나 프로바이오틱스 산업은 오래가지 않았다. 자가중독 이론은 과학적 사상누각이었고 그 위를 거대한 프로바이오틱스 산업이 짓누르고 있었다. 각각의 가설은 장점이 있을지 몰라도 그 가설이 모여서 형성한 구조물은 아주 미미한 과학적 증거로만 연결되어 있어서 엉성하기 짝이 없었다. 과거에 병원성 미생물과 정신 질환의 연관성을 연구하는 분위기가 조성될 무렵 프로이트의 정신분석학 이론이 유행하면서 그 싹을 잘라냈던 것처럼, 이번에도 프로이트와 그의 추종자들이 자가중독의 모래성을 날려버렸다. 하지만 아이러니하게도 그 자리는 정신분석과 오이디푸스 콤플렉스라는 더 해로운 사상누각에 의해 대체되었다.

자가중독 이론을 무너뜨린 주요 인물은 월터 앨버레즈Walter Alvarez라는 캘리포니아 의사였다. 메치니코프의 미생물 아이디어를 뒷받침하는 것보다 더 나을 것도 없는 증거들을 바탕으로 앨버레즈는 정신분석학적에 관련된 것이라면 모조리 흡수하였다. 앨버레즈는 자신의 몸에 일어난 증상을 두고 자가중독을 운운하는 환자들을 정신병자라고 매도하면서 진료를 거부하고 모조리 돌려보냈다. 또한 앨버레즈는 의학적인 관점이 아닌 환자의 성격이나 외모를 보고 진단을 내리는 경향이 있었다. 예를 들면 편두통에 걸리는 여성은 작고 날씬한 몸매에 가슴이 발달한 특징이 있다고 하면서 동료 의사들에게 그런 외모를 가진 여성을 찾아 증상을 확인해보라고 권하기까지 했다. 당시 의사들은 가장 기본적인 소화계 장애인 변비조차도 골칫거리인 미생물이 일으킨 결과로 보지 않고 항문기 고착과 결합한 만성 심기증(건강염려증)에서 비롯된 것으로 간주했다.

당시에 자가중독 과학은 철저한 증명 과정을 거치지 않았다. 아마도 그 시대의 미생물학자들은 미생물을 연구할 기술이 없었기 때문일 것이다. 그렇지만 사기꾼들 사이에서는 관장제나 의심스러운 미생물로 만들어진 요거트가 나름 좋은 사업 아이템으로 통했다. 그러다 2003년이 되어서 정신건강 장애를 예방하는 데 있어서 프로바이오틱스의 가치가 용감한 과학자 그룹에 의해 다시 논의되었다. 이번에는 프로이트적 사고의 죄책감에 얽매인 구름이 걷힌 연구 풍토에서 DNA 염기서열 분석 기술과 동료 과학자에 의한 평가 시스템으로 무장된 여건을 갖추고 있었다.

프로바이오틱스는 식품이나 정제된 형태로 슈퍼마켓의 진열대 위에서 꾸준히 버텨왔음에도 불구하고 최근까지도 과학자들의 관심에서 멀어져 있었다. 이제 또다시 프로바이오틱스 산업은 꽃을 피우고 있다. 일부 프로바이오틱스 상표는 누구나 들어서 알고 있을 정도다. 많은 요거트 제조사들은 효과를 확실히 보장한다는 말을 삼가는 대신 영리한 마케팅 전략을 이용한다. 제조사들은 만약 아침마다 락토바실러스로 강화된 요거트를 한 잔씩 들이켠다면 복부팽만이 사라지고 생기발랄한 기분을 느끼면서 똑똑하고 상큼하며 깨어 있고 행복하고 건강해질 것이라고 은연중에 광고를 한다. 각 프로바이오틱스 제조사는 자회사의 제품에 들어 있는 박테리아와 그 박테리아의 효능을 두고 경쟁한다. 프로바이오틱스 제조사는 고유한 효능을 나타내는 유전자와 균주의 특정한 조합을 제조하고 판매하는 권리를 확보하기 위해 특허출원을 한다.

예를 들어 락토바실러스 람노서스*Lactobacillus rhamnosus*와 프로피오니박테륨의 조합은 대장균O157을 몰아낸다. 또는 락토바실러스가 '다이알킬리소소르바이드dialkylisosorbide'와 합해지면 여드름과의 전쟁에서 승산이 있다. 질내 pH 불균형을 조절하기 위해 아홉 가지 락토바실러스종과 두 가지 비피도박테리아종을 섞어 만든 질좌제도 있다. 신생아의 알레르기 예방을 위해 임산부에게 적합한 락토바실러스 파라카세이 *Lactobacillus paracasei* 변종도 있다.

지금까지는 모두 좋다. 그러나 특허출원에도 불구하고 대부분의 국가에서 의약품관리법에 따르면 박테리아를 포함한 제품이 질병의 위험을 줄일 수 있다고 선전하는 것이 금지되고 있다. 프로바이오틱스는 한때는 발효식품 또는 건강보조식품 정도로 생각됐지만, 살아 있는 박테리아가 건강에 미치는 이로운 영향이 연구를 통해 밝혀지면서 점차 의약품으로 여겨지고 있다. 물론 어떤 락토바실러스종이 정말로 대장균의 감염을 막을 수 있고 여드름을 치료하고 알레르기를 예방할 수 있음이 과학적으로 입증되었다면, 요거트 제조사들은 소비자가 그 사실을 모르게 두진 않을 것이다. 그러나 의약품은 대중에게 보급되기 전에 비용이 많이 드는 수많은 임상 시험을 거쳐야한다. 적어도 원칙적으로 제약회사는 자기 회사에서 생산하는 의약품이 효과적이면서도 안전하다는 것을 확실히 보여야 한다. 요거트를 먹는 것은 분명히 안전에는 문제가 없다. 그러나 효과는 어떤가? 프로바이오틱스가 실제로 우리를 더 건강하거나 행복하게 해줄 수 있는가?

엄밀히 말하면 대답은 두말할 것 없이 '예스'다. 세계보건기구에 따르면 프로바이오틱스의 정의 자체가 '적절한 양으로 투여된다면 숙주의 건강에 이로운 역할을 하는 살아 있는 미생물'이기 때문이다. 프로바이오틱스가 정말 효과가 있느냐고 묻는 것은 유의어 반복적인 질문이다. 제대로 된 질문은 어떤, 그리고 얼마나 많은 박테리아가 질병을 예방하고 치유하고 치료할 수 있는가다.

프로바이오틱스의 이로움

나는 요거트 한 컵이나 냉동건조된 착한 박테리아가 불러온 기적 같은 회복의 스토리들을 전하고 싶다. 락토바실러스 인벤테두스*Lactobacillus inventedus*가 아이의 꽃가루알레르기를 치료할 것이라고 말하고 싶다. 비피도박테륨 판타시움*Bifidobacterium fantasium*이 뱃살을 빼줄 것이라고 말하고 싶다. 그러나 물론 그렇게 간단한 문제가 아니다.

우리의 장에는 100조 마리의 미생물이 살고 있다. 지구 상에 살고 있는 인구 수보다 1,500배 많은 박테리아가 우리 몸속에 있다. 100조 마리의 미생물은 약 2,000개의 종으로 이루어져 있다. 인간의 국적보다도 10배 많은 양이다. 그리고 이 2,000개의 종에는 셀 수 없을 만큼 많은 균주가 있고 이들은 모두 서로 다른 유전적 능력을 갖추고 있다. 그렇다. 이들은 인간의 눈으로 보면 대체로 친밀하고 우호적이다. 하지만 자기들끼리는 결코 사이좋은 이웃은 아니다. 각 개체나 개체군은 영양분을 두고 경쟁하면서 영역 싸움을 벌인다. 알짜배기 땅을 차지하기 위해 개체수가 많은 집단은 숫자로 몰아붙여 약자를 내쫓는다. 또는 화학전을 통해 침입자를 제거하여 영역을 사수하고 새로운 지역으로 공격을 감행한다.

그런데 이런 적자생존의 치열한 전쟁터에 요거트 한 그릇을 밀어 넣는다고 상상해보자. 요거트 속에 들어 있는 한 무리의 이방인들은 요거트라는 이동수단에 탑승하여 우유 속을 헤엄치며 장으로 간다. 이 이방인 무리는 새로이 정착할 곳을 찾아 헤매는 약 100억 마리 정도의 박테리아로 이루어졌다. 100억은 적은 수가 아니지만 이미 진을 치고 있는 홈그라운드 선수들에 비하면 0이 네 개나 부족한 숫자이기 때문에 이 이방인들은 대규모 전투에 투입된 오합지졸이나 다름없다. 마치 새끼 거북이가 알에서 깨어나 모래밭을 지나 대양에 발을 딛기도 전에 포식자에게 잡아먹히는 것처럼, 요거트 속 박테리아 역시 작은 플라스틱 병에서 나와 첫발을 첨벙거리는 순간 제거되기 시작할 것이다. 겨우 장까지 도착한 놈들도 정착하여 번듯하게 살 수 있게 되기까지 갖은 고초를 겪어야 한다. 이미 발 디딜 틈이 없을 뿐더러 친절한 이웃은 없기 때문이다.

이 신참들은 이미 숫자에서 밀릴 뿐만 아니라, 결국 모두 서로 엇비슷한 박테리아 균주들로서 보유하는 유전자가 비슷하기 때문에 사용하는 전략과 도구 역시 크게 다르지 않다. 우리의 장에 들어 있는 2,000개 이상의 종들과 그들이 가진 200만 개 이상의 유전자와 비교했을 때 요거트 속의 박테리아들은, 프로바이오틱스건 아니건 간에 제한된 종류의 트릭만을 사용할 수 있다. 물론 최종적으로 프로바이오틱스로서 그들이 숙주의 건강에 어떤 영향력을 행사하는가 하는 점은 그들이 장까지 도달하는 여행에서 만나는 장애물 못지않게 중요하다.

하지만 고소당하기 전에, 나는 이 이방인들이 가까스로 장에 자리를 잡고 충분히 머물러 개체 수를 늘리게 되면 인체에 어떤 효과를 줄 수 있는지 말하겠다. 나는 여기서 단지 요거트에 대해서만 말하는 것은 아니다. 의약품처럼 보이는 알약, 바, 파우더, 액체 등 박테리아를 한 종 또는 그 이상 포함하는 제품들을 말한다.

우선 우리가 프로바이오틱스에 대해 걸고 있는 가장 기본적인 기대치부터 생각해보자. 프로바이오틱스는 항생제의 가장 불쾌한 부작용을 완화시켜줄 것이다. 항생제를 사용해 병원균을 제거하려다 의도치 않게 미생물총의 대량 파괴라는 이차적인 피해가 일어나는 경우가 있다. 약 30퍼센트에 달하는 많은 환자에게 이런 미생물 살상의 결과는 설사로 나타난다. 이는 항생제 연관 설사라고 부르는데, 페기 칸 헤이가 발수술 후에 시디프에 감염된 것 같은 운 나쁜 경우를 제외하고는 대개 약을 끊으면 설사는 사라진다. 착한 박테리아가 제거되는 바람에 일어나는 설사라면 유익균을 보충해주어 설사를 멈추거나 적어도 증상을 완화시킬 수는 있다.

총 1만 2,000명을 대상으로 한 63개의 임상 시험에서, 실제로 환자들은 프로바이오틱스를 복용하여 항생제 연관 설사가 일어날 확률을 상당히 낮출 수 있었다. 일반적으로 항생제를 복용했을 때 설사를 하는 사람이 30퍼센트라면 프로바이오틱스를 함께 복용했을 때는 17퍼센트로 줄었다. 정확히 어떤 박테리아를 얼마큼 먹었을 때 효과가 나는지는 말하기 쉽지 않다. 유독 어떤 항생제가 설사를 일으키는지 알게 되면 그 항생제를 처방할 때 프로바이오틱스를 함께 처방하여 이러한 부작용을 피할 수 있을 것이다. 항생제를 복용한 미국인 800만 명 중 200만 명은 설사로 고생한다. 그런데 만약에 이들이 항생제와 함께 적합한 프로바이오틱스를 처방받는다면 이 중 100만 명은 설사로 힘들어할 필요가 없다. 그렇다면 프로바이오틱스를 사용하는 것은 그럴 만한 가치가 있다고 말할 수 있겠다.

프로바이오틱스는 또한 아주 작은 아기들에게도 제 능력을 발휘한다. 때로 아기들이 개월 수를 채우지 못하고 너무 일찍 태어난 경우 그들의 장은 죽어간다. 미숙아들에게 예방 차원에서 프로바이오틱스를 준다면 사망의 위험을 60퍼센트까지 낮출 수 있다. 또한 감염성 설사를 하는 아기와 아이들에게 락토바실러스 람노서스 GG를 처방하면 병을 앓는 기간을 줄일 수 있다.

그렇다면 좀 더 복합적인 병은 어떤가? 이미 몸속에 자리를 잡은 질환들에 대해서는 프로바이오틱스가 어떤 효과를 보일까? 제1형 당뇨병이나 다발성 경화증, 자폐증처럼 완전히 몸을 장악한 자가면역 질환이나 정신건강 장애의 경우 프로바이오틱스로 효과를 보기엔 프로바이오틱스의 힘이 미미하거나 시기적으로 너무 늦어버렸다. 췌장의 인슐린 분비 세포가 이미 공장 문을 닫았고, 신경세포는 이미 신경초가 벗겨졌으며, 발달 과정 중의 뇌세포는 이미 진로를 벗어나버린 것이다. 세포 파괴를 동반하지 않는 알레르기성 장애에서조차도 면역계는 이미 통제 불능이다. 그들을 제자리로 돌리는 것은 췌장 세포를 깨우고 신경을 재코팅하는 것만큼이나 어려울 것이다.

학계에서 검증받은 연구를 통해 다양한 상표의 프로바이오틱스에 들어 있는 박테리아 종이나 균주들이 아토피나 꽃가루 알레르기 증상을 완화하며 과민성 장 증후군의 고통을 덜어준다는 것이 밝혀지고 있다. 또한 프로바이오틱스는 우리의 기분을 호전시킬 뿐 아니라 임신 중 당뇨병을 예방하고 알레르기를 치유하며 심지어 체중 감소를 가져올 수 있다는 사실 또한 발견되었다. 이 질환들은 몇 주나 몇 달 만에 단번에 치료되지는 못하지만 프로바이오틱스를 장기적으로 복용했을 때 분명히 긍정적인 결과를 가져온다. 그러나 프로바이오틱스는 치료 목적으로보다는 예방 차원에서 사용했을 때 더 큰 효과를 나타낸다는 것이 입증되었다.

예를 들어 쥐를 가지고 실험을 해보자. 다소 특별한 이 쥐는 품종상 유전자 이상으로 인해 자라면서 제1형 당뇨병에 걸릴 수밖에 없는 운명에 처해 있다. 이 쥐에게 생후 4주부터 매일 여덟 종류, 4,500억 마리에 달하는 프로바이오틱스 VSL#3를 주입하면, 쥐의 유전적 운명을 거스를 수 있다. 플라시보를 준 대조군은 생후 32주경에 81퍼센트가 당뇨병에 걸렸지만, VSL#3를 주입한 쥐들은 겨우 21퍼센트가 발병하는 것에 그쳤다. 4분의 3의 쥐가 매일 살아 있는 박테리아를 먹음으로써 필연적인 자가면역 질환으로부터 보호를 받은 것이다.

VSL#3를 생후 4주가 아닌 10주부터 시작했을 경우에도 효과는 약했지만 복용하지 않는 것에 비해서는 나은 결과가 나타났다. 생후 32주에 대조군은 75퍼센트가 당뇨를 앓게 되었지만 VSL#3를 복용한 경우는 55퍼센트에 머물렀다. 생후 4주부터 시작한 것에 비해 인상적인 결과는 아니었지만 여전히 의미 있는 감소 경향을 나타냈다.

VSL#3 제조사는 시판하는 어떤 프로바이오틱스 제품보다도 VSL#3에 더 많은 박테리아 균주와 개체 수가 들어 있다고 선전한다. 정확한 메커니즘은 모르지만 이 살아 있는 박테리아들이 유전적으로 당뇨병에 걸릴 수밖에 없는 쥐의 체내에서 당뇨의 발병 과정을 바꾸어놓은 것이다. 정상적으로라면 이 쥐의 면역계는 췌장의 인슐린을 분비하는 세포를 공격했겠지만 박테리아들이 그것을 막아주었다. VSL#3을 복용한 쥐의 면역계는 오히려 백혈구를 모아 췌장으로 몰려가서 췌장 세포의 파괴를 막는 항염증 화학 전달 물질을 쏟아낸다. 이것은 고무적이다. 신중하게 복용 주기를 결정하여 프로바이오틱스를 처방한다면 병이 애초에 인간에게 도달하기 전에 그것을 막을 수 있을지도 모른다. 현재 이 아이디어를 테스트하는 임상 시험이 진행 중이며 결과를 기다리고 있다.

프로바이오틱스가 건강에 이로운 방향으로 작용하기 위해서는 면역계의 활동에 영향력을 미치는 것이 핵심이다. 프로바이오틱스가 그들의 진정한 가치를 보여주어야 하는 곳은 바로 인체를 괴롭히는 염증이다. 4장에서 언급한 Tregs를 기억하는가? Tregs는 면역계의 평화유지군으로 적을 잃고 피에 굶주린 병사들을 진정시키는 역할을 한다. 근본적으로 Tregs는 자신들에 대한 면역계의 공격을 저지하기 위해 평화유지군을 더 많이, 더 실력 있는 놈으로 모으려는 미생물에 의해 통제된다. 프로바이오틱스는 이런 효과를 흉내 내어 기존의 Tregs가 면역계의 반항아 무리를 진압하도록 독려한다. VSL#3은 염증의 원인이자 결과인 장 누수 효과를 감소시킴으로써 쥐에게 이로운 효과를 나타낸다.

프로바이오틱스 제품에 관해 따져봐야 할 점이 세 가지 있다. 첫째, 제품에 어떤 종과 균주가 들어있는가? 제품 설명에 정확한 균주의 정보가 나와 있지 않거나, 또는 제품 내의 박테리아를 실제로 배양하고 DNA 염기서열 분석을 해보면 내용물과 일치하지 않는 경우가 종종 있다. 균주들이 인체에 끼치는 영향에 대해서 자세히 알려진 바는 없지만 아마도 들어 있는 종의 수가 많을수록 효과도 클 것이다. 둘째, 제품에 얼마나 많은 수의 박테리아, 또는 CFU(집락형성단위)가 들어 있는가? 복용하는 박테리아의 전체 개체 수는 이 여행객들이 장까지 가는 길에서 겪어야 하는 경쟁과 싸움에 얼마나 승산이 있는지를 결정한다. CFU가 높을수록 효과를 나타낼 가능성이 더 크다. 셋째, 이 박테리아들이 어떤 식으로 포장되는가? 프로바이오틱스는 파우더, 알약, 바, 요거트, 음료수, 심지어 피부에 바르는 크림이나 목욕 세정제까지 모든 형태의 제품으로 출시된다. 어떤 경우는 복합비타민 같은 다른 건강보조제와 섞어서 나오기도 한다. 이런 가공과정이 박테리아에 어떤 영향을 미치는지는 알려져 있지 않다. 사람들이 흔히 먹는 요거트에는 프로바이오틱스와 함께 상당량의 설탕이 들어 있기 때문에 오히려 건강에 나쁜 영향을 끼칠 수도 있다.

이 중에서도 종과 균주 항목이 아마도 가장 많은 논쟁의 대상이 될 것이다. 메치니코프의 유산은 프로바이오틱스라는 이름으로 시장에 출시된 많은 균주 속에서 유지되고 있다. 락토바실러스균들은 요거트를 만들어낸다는 가치에도 불구하고 실제로 성인의 장에는 그다지 많이 들어 있지 않다. 이 균들은 자연 분만으로 태어나 모유를 먹은 아기들의 장에서 번식하지만 일단 임무가 끝나면 전체 장내 박테리아 군집의 1퍼센트 이하로 우점도가 떨어진다. 락토바실러스는 한 가지 이유로 프로바이오틱스 산업의 선두 주자로 나섰다. 즉 배양이 가능하다는 것이다. 락토바실러스는 다른 장내 미생물들과는 다르게 산소가 풍부한 환경에서도 살아남을 수 있어서 페트리 접시나 따뜻한 우유 탱크 안에서 쉽게 기를 수 있다. 이는 곧 락토바실러스가 장내 미생물에 관한 초기 연구에서 과도하게 연구 대상이 되었다는 뜻이기도 하다. 프로바이오틱스를 DNA 염기서열 분석이나 혐기성 박테리아 배양으로 제대로 연구하면 아마 락토바실러스균들은 체내 미생물 군집의 다양성을 강화하기 위해 적합한 그룹으로서 선택되지는 않을 것이다.

대변을 통한 미생물 이식

프로바이오틱스는 자기의 자리가 있다. 그러나 만약 우리가 페기 칸 헤이 같은 상황에 부닥쳐 있다면 어떻게 하겠는가? 살이 무섭게 빠지고 처방할 수 있는 항생제도 없는 상태에서 페기는 절박했다. 독성 거대결장으로 이어질 위험성 역시 페기의 마음을 무겁게 했다. 독성 거대결장이 되면 페기의 결장은 언제든지 터질 수 있다. 결장이 터지면서 내용물이 복강으로 퍼진다면 그녀가 죽을 확률은 무서울 정도로 높아지는 것이다. 과거에 미국에서만 3만 명이 시디프 감염으로 사망했다. 이 수치는 에이즈 사망률보다 높은 것이다. 페기는 그 3만 명 안에 들고 싶지 않았다.

한 가지 다른 치료방법이 남아 있었다. 페기는 병원 간호사로 일하는 친구의 동생을 통해 난치성 설사병을 가진 환자 중 세계에서 몇 군데에서만 가능한 새로운 치료법을 시도하는 사람이 있다는 이야기를 들었다. 이 치료법으로 그들은 확실히 나아졌다고 했다. 페기는 어떤 것이라도 해보고 싶었다. 해당 병원과의 몇 차례 전화 통화 끝에 페기는 하와이에서 캘리포니아로 가는 비행기를 예약했다. 페기는 남편과 동반했는데 그는 단지 아내의 마음을 안정시키기 위해 함께 떠나는 것이 아니었다. 페기의 남편은 바로 그녀가 가장 절실히 필요로 하는 것을 주기 위해 가는 것이었다. 새로운 장내 미생물 말이다. 그것이 그의 대변에서 추출한 것이라고 해도 이 둘은 단념하지 않았다. 그들에게 남아 있는 다른 선택의 여지가 없었기 때문이다.

대변 미생물 이식, 박테리오 테라피, 또는 내가 개인적으로 제일 좋아하는 용어로 트랜스푸전Transpoosion(poo는 응가라는 뜻이다. 수혈을 뜻하는 트랜스퓨전transfusion에 poo를 합성하여 변을 이식한다는 뜻으로 사용하였다-옮긴이), 즉 한 사람의 변 추출물을 다른 사람의 대장에 넣는 것이다. 혐오스럽게 들리겠지만, 인간이 처음으로 이런 발상을 내놓은 것은 아니다. 도마뱀부터 코끼리까지 동물들도 때로 똥에 탐닉한다. 토끼나 설치류에게 자신의 똥은 필수적인 식단의 일부다. 일단 한번 장을 거치면서 미생물에 의해 세포벽이 열리면 이 음식물을 다시 한 번 섭취함으로써 그 안에 들어 있는 영양분을 최대치로 뽑아내는 것이다. 이런 습성은 열량 측면에서도 적지 않은 기여를 하기 때문에 쥐에게 자신의 똥을 먹지 못하게 하면 정상적인 크기의 4분의 3 정도로밖에 자라지 못한다.

그러나 다른 종들에게 식분증은 상대적으로 흔하게 관찰되는 행동이 아니기 때문에 종종 동물학자들은 변을 먹는 행동을 '비정상적인 행동'으로 간주한다. 예를 들어 코끼리 집단의 암컷 우두머리는 질척한 똥을 싸는 모습이 관찰될 때가 있는데 이는 집단 내의 어린 코끼리들이 변을 코로 퍼 올려 먹을 수 있게 하려는 것이다. 침팬지 역시 서로의 변을 먹는다. 영국이 낳은 권위 있는 동물학자 제인 구달Jane Goodall은 탄자니아의 곰베 국립공원Gombe Stream National Park에서 침팬지와 함께 지내며 헌신적인 연구에 몸 바친 덕분에 침팬지의 행동에 대한 이해에 혁명을 불러일으킨 여성 과학자다. 구달에 따르면 일부 야생 침팬지는 설사병에 걸리면 식분증 행동을 보인다. 숲에 넘쳐나는 새로 익은 과일을 먹다 보면 침팬지의 장내 미생물들이 새로운 먹이에 적응하며 한 차례 설사를 하게 될 때가 있다. 구달이 오랜 시간 지켜보았던 팔라스라는 한 암컷 침팬지는 10년이 넘게 만성 설사병에 시달렸다. 그런데 설사병이 도질 때면 팔라스는 다른 침팬지의 똥을 먹었다. 우리가 지금까지 배워온 미생물적 지식을 적용해보면 팔라스가 건강한 침팬지의 변을 이용해 자신의 미생물 균형을 회복하려는 것이라는 그럴듯한 가설을 생각해볼 수 있다. 새로운 과일을 탐닉하다 탈이 난 침팬지들은 다른 침팬지의 똥을 먹는데 아마도 이미 그 과일에 익숙해진 침팬지의 변을 섭취하여 적합한 미생물을 얻으려는 전략일 것이다.

야생에서는 드물지 모르지만 동물원의 짐승들은 유난히 똥을 먹는 행동에 집착하기 때문에 구경 온 어린이들에게는 즐거움을, 사육사들에게는 한숨을 자아낸다. 하지만 사람들은 바위에 오르고 달리기를 하고 털고르기에 집착하는 것처럼, 제한된 공간에서 지루함을 느낀 동물들이 똥을 먹는다고 생각했다. 그러나 자폐 장애, 투렛 증후군, 강박 장애 환자를 다루는 정신과 의사라면 아마도 동물원에서 지내는 동물의 행동에서 자신의 환자와 비슷한 점을 눈치 챌지도 모르겠다. 입에 넣거나 몸에 바르는 등 변에 대한 극단적인 관심은 일부 조현병 환자나 강박 장애 환자뿐 아니라 가장 증상이 심한 자폐 장애 아동에게서 나타난다. 동물과 환자들에게서 나타나는 반복적이며 식분증적인 행동을 프로이트식으로 해석한다면 부모의 별거나 성적 좌절감이 원인일지도 모른다. 그러나 여기서는 생리학적 해석에 약간의 미생물적 견해를 덧붙여보자. 반복적인 행동을 낳는 비정상적인 미생물총을 교정하는 방법으로 자신보다 건강한 개체의 변을 먹는 것보다 더 좋은 것이 있을까? 그렇다면 식분증은 비정상적인 행동이 아니라 적응적인 행동, 즉 아픈 동물이 신체의 불균형을 고치려는 노력 아닐까?

사육하는 침팬지에게 섬유질이 풍부한 잎을 주었더니 실제로 식분증이 줄어들었다. 침팬지는 잎을 씹어 먹었다기보다 혀 밑에 넣고 빨아먹었다. 아마도 그 잎을 분해하여 먹고 사는 박테리아를 섭취하려는 행동일 것이다. 이런 식으로 침팬지는 자신의 먹이를 분해할 수 있는 박테리아 혹은 박테리아 유전자의 씨를 뿌린다. 이는 마치 6장에서 설명한 일본인의 장내 미생물이 김에 서식하는 박테리아에서 빌려온 유전자를 지니는 것과 같은 이치다. 만약 잎 속에 유익한 미생물이 있었다면 이제 침팬지는 굳이 똥을 먹지 않아도 될 것이다. 단 한 번의 식사로 충분하다.

무균 쥐에게 새로운 미생물총을 옮겨주기는 쉽다. 미생물총을 가지고 있는 쥐와 함께 살게 하면 된다. 며칠 동안 서로의 똥을 나눠 먹은 후에 무균 쥐는 친구의 세균과 일치하는 미생물을 장착하게 된다. 심지어 각기 완벽한 세트의 미생물을 가진 두 집단의 쥐를 함께 생활하게 했더니 각자가 품고 있는 미생물종에 변화가 생겼다. 2013년에 워싱턴 대학교의 제프리 고든 연구팀이 수행한 재미있는 실험에서 연구원들은 두 집단의 무균 쥐를 데려다가 한 집단에 비만한 사람들의 장 미생물을 접종시켰다. 이 실험의 반전은, 이 비만한 사람들은 모두 각각 날씬한 쌍둥이 형제가 있다는 점이었다. 그래서 이번에 나머지 한 집단의 무균 쥐에는 날씬한 쌍둥이 형제의 미생물을 주입하였다. 예상한 대로 비만 세균을 받은 쥐는 마른 세균을 받은 쥐에 비해 살이 쪘다. 재미있는 부분은 여기부터다. 접종 5일 후 각각 쌍둥이 형제의 비만 미생물총을 받은 쥐와 마른 미생물총을 받은 쥐가 짝을 지어 함께 살게 했다. 놀랍게도 비만한 쥐는 마른 쌍둥이 형제와 함께 살면서 몸무게 증가 속도가 현저히 낮아졌다. 두 쥐의 미생물총을 확인해보니 비만 미생물총은 마른 미생물총으로 변했지만, 마른 미생물총은 안정을 유지했다.

우리가 만일 침팬지였다면 마르고 건강한 몸을 유지하기 위해 대변 공유에 탐닉했을 것이다. 그러나 운이 좋게도 인간은 동료의 건강한 미생물총을 얻기 위해 식분증을 시도할 필요는 없다. 그렇다고 식분증의 대안으로 인간의 대변 미생물 이식이 구미에 맞는다고 말하는 것은 아니다. 가장 조잡한 방식으로 보면 대변 미생물 이식이란 건강한 기증자에서 나온 변에 식염수를 넣고 집에서 쓰는 믹서기로 섞은 뒤 결장 내시경이 달린 긴 플라스틱 관을 통해 환자의 대장 속에 넣는 것이다. 이런 대변 미생물 이식이 장의 세균을 아래에서 위쪽으로 넣는 방법이라면, 때로 장세균을 코를 통해 목과 위로 들어가는 비강 튜브를 통해서 위에서 아래로 배달하기도 한다.

새로운 가능성이 열리다

대변 미생물 이식의 근대적 방법의 개척자 중 한 사람인 알렉산더 코러츠Alexander Khoruts 박사는 대변 부유액을 준비하던 초기 경험을 회상했다. "나는 내시경실의 화장실에서 믹서기를 사용한 구식 방법으로 처음 열 번의 장세균 이식을 시행하였다. 처음으로 대변 미생물 이식을 시도하던 날, 나는 진료 세팅이 아무리 바쁘더라도 이식을 하기 위해서는 물리적인 차단막이 절대적으로 필요하다는 것을 느꼈다. 믹서기의 버튼을 누르는 순간 코를 자극한 강렬한 냄새는 가히 충격적이었다. 냄새 때문에 대기실이 텅 비어버릴 정도였다." 그것뿐만이 아니다. 공기 중에 퍼지는 미세한 대변 입자들은 설사 병원균이 들어 있지 않다고 하여도 부유액을 준비하는 의사에게 안전한 것은 아니다. 가장 착한 세균조차도 엉뚱한 데로 가면 해를 끼치는 존재로 변할 수 있기 때문이다. 장에서는 건강한 놈이 폐에서도 그러리라는 법은 없으니까 말이다.

아무튼 참 구역질나는 발상이다. 그런데도 아직 이 책을 붙잡고 있다면 이제 메스꺼운 속을 다스려주겠다. 이 혐오스러운 대변 미생물 이식의 개념을 받아들일 수 있는 두 가지 방법이 있다. 첫째는 좋은 말로 포장하는 것이다. 완곡하게 돌려서 말한 뒤 상대가 너무 힘들게 받아들이지 않기만을 바라는 것이다. 다른 방법은 그저 직면하는 것이다. 솔직히 진짜 역겨운 일이다. 그렇지만 똥이란 미생물, 죽은 동식물, 그리고 물일 뿐이다. 대변의 70퍼센트 정도가 박테리아다. 변이 갈색을 띠는 것은 간에서 전환되어 찌꺼기로 배출된 망가진 적혈구의 색소 때문이다.

물론 냄새도 역겹다. 그러나 이 냄새는 황화수소를 비롯하여 황을 포함한 가스다. 장내 미생물이 소화되고 남은 음식을 분해하면서 생긴 가스일 뿐이다.

혐오는 방어적인 감정이다. 혐오의 감정은 우리에게 해를 입힐 수 있는 것으로부터 거리를 두기 위해 진화했다. 토사물, 상한 음식, 이동하는 벌레의 무리, 타인이나 연인의 몸, 미끈거리거나 끈적거리거나 질척거리는 것들, 그리고 똥. 게다가 인간은 유난히 육식주의자의 대변에 혐오감을 느낀다. 개똥이나 소똥, 그리고 인간의 똥 중에 굳이 하나를 만진다면 어느 것을 만지겠는가? 전 세계 공통으로 인간은 혐오스러운 것을 보면 모두 같은 얼굴을 한다. 머리를 뒤로 빼고 코를 부여잡으며 미간을 찌푸린다. 손을 가슴에 끌어 모으고는 뒤로 물러선다. 만일 진짜 역겨운 것을 보았다면 바로 헛구역질을 한다. 이렇게 진화적으로 프로그램된 혐오 반응으로 인해 우리는 우리 몸을 병들게 할지도 모르는 병원균과의 접촉을 피할 수 있다. 토사물이거나 상한 음식일 수도 있고, 미끈거리거나 끈적거리는 물질일 수도 있고, 아니면 똥일 수도 있다.

그래서 똥에 대해서 생각하고 싶지 않고 더구나 다른 사람의 똥을 내 몸에 넣는다는 발상은 떠올리고 싶지도 않은 것은 완벽하게 자연스러운 일이다. 그렇다면 수혈은 어떤가? 아마 수혈은 그리 구역질나는 일은 아닐 것이다. 건강한 기증자들이 헌혈한 한 팩의 피는 세포나 혈장에서 밀항했을지도 모르는 병균에 대한 검사를 거쳐 기증자의 혈액형과 헌혈 날짜를 적고 병상 옆에 매달려 생명을 구한다. 의학적이며 병균 없이 깨끗한, 매우 현대적인 이미지가 떠오른다.

하지만 대변처럼 혈액 역시 HIV나 간염 바이러스 같은 병원균을 옮길 수 있다. 또한 공기 중의 박테리아에 노출되면 상한다. 반대로 대변은 혈액처럼, 생명을 구할 수 있다. 미생물총이 들어 있는 대변 부유액을 있는 그대로 생각해보자. 건강을 되찾아주는 액체로 말이다. 알렉산더 코러츠 박사는 시디프 환자에게 사용될 변을 기부하기 위해 찾아온 어느 의대생 이야기를 해주었다. 그 여학생이 친구들에게 자기가 대변을 기부한 이야기를 했더니 친구들은 헌혈했을 때처럼 잘했다고 칭찬하는 대신 그녀를 비웃고 놀려댔다. 심지어 이 친구들은 같은 의대생들이었다.

대변 안에 들어 있는 생명 치유의 성질을 처음으로 발견한 사람은 미생물총 과학이 본격적으로 시작된 21세기의 의사들이 아니다. 4세기에 게 홍Ge Hong이라는 중국 의사는 자신의 응급처치법이 적힌 노트에 식중독이나 심한 설사를 앓는 환자에게 건강한 사람의 대변으로 만들어진 음료수를 주면 기적 같은 효과를 볼 수 있다고 적었다. 비슷한 치료법이 1,200년 후에 다시 한 번 중국의 의학 서적에서 언급되는데 이번에는 황탕yellow soup이라는 말로 불린다. 누가 봐도 대변 부유액을 은유적으로 표현한 것임을 알 수 있다. 이런 식으로 이미지를 순화시키려 한 것은 대변 미생물 이식이 지금만큼이나 그 당시에도 사람들이 꺼리는 일이었음을 암시한다.

하지만 지난 3개월을 화장실에서 보낸 사람들, 그리고 체중의 5분의 1을 잃은 사람들에게 대변 미생물 이식을 설득하기란 그다지 어려운 일이 아니다. 페기 칸 헤이에게는 그녀가 아프기 전이라면 느꼈을지도 모르는 역겨운 생각이 조금도 들지 않았다. 캘리포니아의 병원에서 결장 내시경으로 남편의 대변을 걸러서 나온 미생물을 이식하고 회복하면서 겨우 몇 시간 만에 페기의 몸은 이미 훨씬 나아졌다. 몇 달 만에 처음으로 페기는 화장실을 가지 않아도 됐다. 무려 40시간 동안 페기는 화장실 근처에도 가지 않았다. 며칠이 지나자 설사는 완전히 멈췄다. 2주가 지나자 다시 머리가 자라기 시작했고, 마흔 살이 된 페기의 얼굴에 났던 여드름도 깨끗이 들어갔다. 체중도 회복하기 시작했다.

시디프 감염을 항생제로 다스리면 치료될 확률이 약 30퍼센트 정도이다. 수백만 명의 사람들이 매년 시디프에 감염되고 이들 중 수만 명이 사망한다. 그러나 단 한 번의 미생물 이식으로 시디프 완치율은 80퍼센트까지 올라간다. 페기의 경우처럼 첫 번째 이식 이후에 시디프가 다시 재발하는 경우라도 두 번째로 이식하면 치유율을 95퍼센트까지 높일 수 있다. 약물 처방 없이 겨우 몇백 달러의 비용으로 단 한 번의 비수술적 시술을 통해 목숨을 위협하는 질병을 높은 성공률로 고칠 수 있는 다른 방법은 생각할 수가 없다.

호주 시드니의 소화 질환 센터의 소화기내과 톰 보로디Tom Borody 교수는 대변 미생물 이식법으로 환자를 치료한다. 1988년 보로디에게 조시라는 환자가 있었는데 그녀는 피지에서 휴가를 보내던 중 감염이 되었다. 조시는 설사와 경련, 변비와 복부팽만에 심하게 시달렸다. 항생제 처방으로 쉽게 치료되어야 했던 병이 오래도록 낫지 않자 조시는 자살 충동을 느낄 지경이 되었다. 보로디는 조시의 상황을 보면서 괴로웠다. 하지만 조시를 피지를 가기 전의 건강한 상태로 되돌리기 위해 할 수 있는 일은 없었다. 보로디는 논문에 파고들었고 마침내 1958년에 조시와 비슷하게 항생제 처방 후에 극심한 설사와 복통에 시달린 세 명의 남성과 한 명의 여성 환자의 사례를 발견했다. 이 중 세 명은 중환자실에서 거의 죽음의 문턱에 있었고 회복할 확률이 매우 낮은 상황이었다. 당시에는 그런 상태에서 사망률이 75퍼센트 정도였다. 이 환자들의 주치의였던 벤 아이스맨Ben Eiseman은 그들에게 대변 미생물 이식을 시도하였다. 그리고 몇 시간 또는 며칠 만에 네 명의 환자 모두 걸어서 병원을 나갈 수 있었다. 그들을 몇 달간 괴롭혀온 설사가 완전히 사라진 것이다.

보로디는 치료 가능성을 발견하고는 흥분에 차서 조시에게 대변 이식에 관해 설명했다. 조시는 페기 칸 헤이처럼 이미 무슨 치료라도 받을 준비가 되어 있었다. 보로디는 이틀에 걸쳐 이식을 시행했다. 그리고 며칠 뒤 조시의 상태는 극적으로 좋아져서 바로 직장으로 돌아가 일을 할 수 있게 되었다. 하지만 보로디는 조시를 낫게 하려고 무슨 일을 했는지 아무에게도 말할 수 없었다. 당시에 그런 발상은 비난을 불러일으킬 것이 틀림없었기 때문이다. 그러나 그때부터 보로디와 그의 팀은 미생물총을 복원하는 것이 환자의 상태를 치료하는 데 도움이 될 수 있다고 판단되는 질환인 경우에 대변 미생물 이식을 시도하였다. 이듬해 그들은 설사부터 변비, 염증성 장 질환에 이르기까지 55건의 대변 미생물 이식을 시행했다. 26명은 차도가 없었고 9명은 나아졌으며 20명은 완치되었다.

이후 몇 해 동안 보로디와 그의 팀은 어떤 질환은 이식에 반응하고 어떤 질환은 소용이 없는지 알아나갔다. 현재까지 그들은 이미 5,000명

이상에게 미생물총 이식을 시행했는데 대부분이 심한 설사가 동반되는 과민성 장 증후군이나 시디프 감염의 환자였다. 보로디의 병원에서 치유율은 80퍼센트 정도이며 특히 설사를 동반하는 과민성 장 증후군 치료에 미생물총 이식은 가장 효과적인 치료법이 되었다. 하지만 변비의 경우는 치료하기가 쉽지 않아서 치유율이 30퍼센트에 불과하고 며칠에 걸쳐 이식을 반복해야 하는 경우도 있었다. 이러한 성공률과 환자들의 요청에도 불구하고 보로디와 보로디처럼 미생물총 이식으로 치료하는 의사들은 종종 주류의 의사들에게조차 사기꾼 취급을 받는다. 대변은 제조하거나 팔 수 있는 약물이 아니기 때문에 이러한 이식은 일반적인 의약법에 규제를 받지 않는다. 또한 임상 시험을 요구하지 않기 때문에 많은 의사들은 대변 미생물 이식이 정말로 효과가 있는지 의심하고 있다.

그러나 페기 칸 헤이나 그녀 같은 절실한 상황에 처한 사람들은 대변 이식의 아이디어를 기꺼이 포용해왔다. 맨체스터 대학교 의과대학 소화기내과 교수인 피터 워웰이 "제 과민성 장 증후군 환자들은 건강한 미생물을 이식받고 싶어 합니다"라고 말한 것처럼 환자들은 이식을 원한다. 실제로 이식을 꺼리는 것은 의사들이다. 시술 과정의 특성상 혐오스럽기도 하고 한편으로는 돌팔이 치료법이 아닐까 의심하기 때문이다. 미국에서 식품의약품안전청은 병원에서 대변 미생물 이식을 금지한 적이 있다. 2013년 봄 두 달 동안, 식품의약품안전청은 인가받은 몇몇 병원을 제외한 나머지 병원에서 대변 미생물 이식을 금지한 것이다. 따라서 이를 이용하여 시디프나 다른 소화기 질환을 성공적으로 치료해온 의사들은 갑자기 새로운 면허를 취득해야 했다. 식품의약품안전청은 대변 이식이 한 번도 공식적인 임상 시험을 거치지 않은 방법이라는 이유로 시술 과정상의 안전성을 염려했다. 그러나 소화기 전문의들의 탄원으로 금지 조치는 곧바로 풀렸고 대변 미생물 이식은 임시로 허용되었다. 단 시디프 치료를 위해서만이다.

오픈바이옴의 출범

만약 몸이 너무 아픈 상황에서 대변 미생물총 이식을 절실히 기다리는 입장이라고 가정해보자. 제일 먼저 공여자가 필요할 것이다. 그리고 당연히 가장 최상의 품질을 가진 대변을 원할 것이다. 어쩌면 나의 반려자의 화장실 습관은 내 것으로 취하기엔 썩 마음에 들지 않을 수도 있다. 또는 가까운 친척 누구는 21세기형 질병에 시달리고 있어서 공여자 명단에서 제외하게 될지도 모른다. 하지만 친구들에게 건강한 체질을 좀 나눠달라고 부탁하는 단체 메일을 보내거나, 페이스북에 자신의 배변 습관이 평균 이상이라고 생각하는 사람은 연락 부탁한다는 글을 포스팅하는 것 말고 제대로 된 대변을 얻을 방법이 뭐가 있을까?

바로 이런 상황이 2011년에 MIT 박사과정 마크 스미스의 절친한 친구에게 닥쳤다. 스미스는 박사과정 학위 연구 주제로 인체와 수원水源에서 발견되는 미생물을 연구했다. 스미스의 친구는 시디프 감염 재발로 18개월을 고생했고 몸 상태가 매우 좋지 않았다. 의대 진학을 앞

둔 학생으로서 그는 감염을 항생제로 다스릴 수 없는 경우에는 대변 이식이 답이라는 걸 처음부터 알고 있었다. 세 차례에 걸친 항생제 치료가 실패하자 스미스의 친구는 다음 단계로 넘어갈 준비를 했다. 문제는 기꺼이 이식 과정에 참여해줄 의사를 찾을 수 없었다는 것이다. 시술 자체가 문제가 된 것은 아니다. 대신에 공여자를 물색하고 공여자가 기증한 대변을 검사하여 이식할 수 있는 형태로 준비하는 과정이 어렵고 비용이 많이 들었다. 스미스는 친구에게 절실히 필요한 치료가 이런 식으로 미루어지는 것을 참을 수가 없었다.

스미스는 생각했다. 수혈이 필요한 환자를 담당한 응급실 의사가 헌혈해줄 사람을 찾아 직접 피를 뽑고 병원균이 있는지 검사를 한 뒤 포장하여 환자에게 배달되도록 바삐 돌아다니는 것을 본 적이 있는가? 그저 혈액은행에 전화 한 통을 넣어 주문하고 피가 도착할 때까지 기다리며 환자를 돌보면 된다. 수혈이 아닌 대변 미생물 이식을 하는 의사라고 다를 이유가 없다.

결국 스미스의 친구는 일곱 차례 항생제 치료에 실패하고 백기를 내린 후 마침내 집에서 검증되지 않은 룸메이트의 변을 이용하여 스스로 이식을 시도했다. 그사이 스미스는 MIT 경영학 석사과정 학생인 제임스 버게스James Burgess와 의기투합하였다. 둘은 스미스의 박사 과정 지도교수인 에릭 암Eric Alm 교수의 지원으로 비영리 대변 은행인 오픈바이옴Open Biome을 창립했다. 이 오픈바이옴은 대변 미생물 이식의 공여자 모집부터 대변 스크리닝, 이식할 세균 준비, 샘플 배달까지 알아서 다 해준다. 따라서 환자들은 이식을 집행해줄 내시경을 갖춘 의사와 샘플을 준비하는 데 필요한 비용 250달러만 있으면 이식을 받을 수 있다. 현재 미국 50개 주 중 33개 주에서 180개 병원이 오픈바이옴과 연계되어 있다. 즉 80퍼센트의 미국인이 네 시간 거리 안에서 자신에게 필요한 안전한 냉동 변을 구할 수 있는 것이다.

자신의 대변을 오픈바이옴에 기증하려는 희망자들이 받아야 하는 선별 과정은 우리가 충분히 예상한 대로 진행된다. 건강한 대변은 각각 40달러의 가치가 있고 한 번 기부할 때마다 두세 명의 목숨을 살릴 수 있다. 대변을 기증할 자격을 갖추기 위해서는 최근에 항생제를 복용한 적이 없고 외국 여행을 다녀온 적이 없으며 알레르기나 자가면역 질환 또는 대사증후군, 심각한 우울증 같은 미생물 관련 질환을 앓은 적이 없어야 한다. 물론 HIV나 대장균O157 같은 미생물도 없어야 한다. 그런데 이러한 자격 요건에 맞는 사람을 찾기 위해서 약 50명의 지원자를 테스트하고 검증해야만 한 사람의 적합한 공여자를 만날 수 있다. 헌혈의 경우 지원자의 90퍼센트 이상이 기증할 수 있는 것과 크게 차이가 난다.

소화 질환 센터는 소화기 관련 병원이지만 보로디는 대변 미생물 이식 후 소화기 질환 외의 질병에서 놀라운 치료 효과를 보인 환자를 여럿 보았다. 놀라운 일은 아니지만 보로디의 환자 중에는 변비나 설사를 하는 동시에 다른 21세기형 질병을 앓고 있는 사람들이 있었다. 그중 한 사람인 빌은 여러 해 동안 다발성 경화증을 앓고 있어서 걸을 수가 없는 사람이었는데 만성 변비를 고칠 수 있는 유일한 방법이 대변 미생물 이식이라고 생각하여 보로디를 찾아왔다. 이식을 하고 며칠 후 그는 건강을 되찾고 심지어 걸을 수도 있게 되었다. 빌은 이제 생전 다발성 경화증을 앓아본 적이 없는 사람처럼 보인다.

대변 미생물 이식을 받은 후 자가면역 질환에 차도를 보인 환자는 빌뿐만이 아니다. 두 명의 다른 다발성 경화증 환자가 있었는데 한 명은 파킨슨병을 앓는 환자로 류머티즘 관절염 초기 단계였고, 다른 한 명은 면역성 혈소판 감소증이라는 면역계가 혈소판을 파괴하는 질병을 앓고 있었는데 두 사람 모두 대변 미생물 이식 이후 회복했다. 이 기적 같은 회복이 이식 때문인지 자연적으로 차도를 보인 것인지는 더 두고 봐야 한다.

대변은 약물이 아니다. 그리고 대변 미생물 이식에 필요한 것은 주방에서 사용하는 믹서기와 약간의 식염수, 그리고 부유액을 거를 수 있는 체이기 때문에 유튜브Youtube에서 약간의 도움을 받으면 누구나 자신의 대변 미생물 이식을 할 수 있고 이미 수천 명이 시도하고 있다. 자폐성 장애 아동의 부모가 그중 일부라는 것은 놀라운 일이 아니다. 보로디 박사도 대변 미생물 이식과 대변 미생물이 든 음료 복용 후 자폐성 장애 아동의 상태가 개선되는 것을 보아왔다.

보로디의 원래 의도는 소화기 증상의 완화이지 정신의학적인 것이 아니었다. 하지만 보로디는 대변 미생물 이식 요법 후 여러 명의 아이에게서 자폐증 증상이 호전되는 것을 보았다고 말한다. 가장 고무적이었던 사례는 겨우 20단어 정도 말하던 어린아이가 미생물 치료 몇 주 만에 800개의 단어를 말하게 된 경우이다. 현재까지는 이런 회복 이야기들은 과학적으로 입증되지 않은 에피소드에 불과하다. 대변 미생물 이식이 자폐 아동에게 보이는 효과를 테스트하기 위한 임상 시험은 지금까지 한 건도 행해진 적이 없다. 다만 현재 계획 중인 시험은 있다. 하지만 과학적인 증거로 뒷받침되지 않았다고 해도 지푸라기라도 잡을 만큼 간절한 부모들을 멈출 수는 없을 것 같다. 많은 이들은 시도해볼 방법이 있다는 것만으로도 가치가 있다고 생각한다.

자폐증이나 제1형 당뇨병 같은 질환을 치료하려는 목적이라면 대변 미생물 이식은 프로바이오틱스의 경우처럼 효과가 미미하거나 이미 너무 늦었을지도 모른다. 이미 입을 만큼 손상을 입고 성장 발달의 문이 오래전에 닫혀버렸다면 건강한 미생물을 복원하는 것은 단지 더 이상의 피해를 막을 뿐이다. 하지만 급격히 악화되는 증상을 보이는 다른 질환에 대해서는 시계를 돌리는 것이 가능할지도 모른다.

2장에서 비만한 사람의 장내 미생물총을 무균 쥐에게 주입했던 실험을 기억하는가? 2주가 지나자 쥐는 더 먹지 않아도 살이 쪘다. 그렇다면 반대로 실험해보면 어떨까? 마르고 건강한 사람의 장내 미생물총을 비만 '쥐'에게 주입한다면 어떤 일이 일어날까? 노코멘트다. 대신 이 마른 미생물을 비만한 '사람'에게 주입하면 어떻게 되는지를 얘기하겠다. 바로 네덜란드 과학자 안비 프리Anne Vrieze와 막스 나위도르프Max Nieuwdorp가 속한 연구팀이 암스테르담 아카데믹 메디컬센터에서 이 실험을 진행했다.

원래 실험의 목적은 장내 미생물을 이식하여 비만을 해결 할 수 있는지 보려는 것이 아니었다. 그보다는 마른 미생물총이 비만한 사람들의 몸에 어떤 즉각적인 영향을 끼치는지를 밝히는 것이 목적이었다. 마른 사람에게서 미생물 이식을 받는다면 비만한 사람들의 신진대사를 개선할 수 있는가? 나는 2장에서 비만은 건강한 비만과 건강하지 못한 비만, 이렇게 두 그룹으로 나뉜다고 하였다. 지금까지는 건강하지 못한 비만이 다수인데 이들은 단지 뚱뚱할 뿐만 아니라 동시에 아픈 사람들이다. 이들은 아마 지금까지 들어본 적이 없는, 경제적인 측면에서 가장 중요한 건강 장애의 증상을 보인다. 바로 대사증후군이다.

대사증후군은 비만증만이 아니라 제2형 당뇨병, 고혈압, 고콜레스테롤과 같은 증상이 합쳐져서 나타난다. 대사증후군을 치료하기 위해 매년 수백억 달러의 비용이 들어간다. 그리고 대사증후군은 선진국에서 대부분의 질병 관련 사망 뒤에 자리 잡고 있다. 대사증후군과 관련된 사망 원인 중 상위권에 있는 것으로는 심장병, 비만 관련 암과 뇌졸중이 있다.

대사증후군의 한 측면인 제2형 당뇨병은 한 사람의 건강을 측정하는 좋은 지표가 된다. 인슐린을 분비하는 세포가 자가면역작용으로 파괴되는 제1형 당뇨병과는 달리 제2형 당뇨병은 여전히 인슐린을 만들 수는 있지만 세포가 인슐린에 반응하지 않는 것이 문제다. 인슐린은 혈액의 포도당이 에너지원으로 바로 사용되지 않을 때 글리코겐의 형태로 저장하라고 명령하는 호르몬이다. 음식을 먹고 포도당이 만들어지면 혈액 내의 당 수치가 위험 수준을 넘는 것을 방지하기 위해 인슐린의 분비가 함께 이루어진다. 그러나 혈액 내의 인슐린 레벨이 지속해서 높게 나타나면 몸은 포도당을 저장하라는 요청을 무시하기 시작한다. 이것이 바로 인슐린 내성이고 이는 매우 위험한 증상이다. 과체중 혹은 비만한 사람들의 30~40퍼센트가 제2형 당뇨병을 앓는다. 그리고 이들 중 80

퍼센트가 결국 심장병으로 사망한다.

건강한 사람들에게서, 과체중이든 아니든 간에, 혈당 수치는 식사 후에 최고에 달한다. 혈액의 포도당 농도가 올라가면 인슐린이 분비되면서 곧바로 혈당이 떨어진다. 이런 빠른 반응은 체내의 세포가 인슐린에 민감하다는 뜻이다. 나중을 위해 포도당을 저장하라는 지시에 귀를 기울이는 것이다. 하지만 인슐린 내성을 가진 사람들은 혈당 스파이크가 없다. 밥을 먹으면 혈당이 올라가지만 내려올 때는 매우 속도가 느리다. 인슐린 내성을 되돌리는 방법을 찾는다면 대사증후군과 연관된 사망을 예방할 수 있게 될 것이다.

살찐 사람의 미생물을 쥐에게 주입했더니 쥐가 살찌는 것을 보면서 프리즈와 니위도르프는 살찐 사람들에게 건강하고 마른 사람의 변을 이용해 장내 미생물을 이식한다면 그들의 비만 관련 증상을 개선할 수 있을 거라고 생각했다. 그들은 대변 미생물 이식을 통해 인슐린 내성을 없애고 민감성을 되찾기 위한 'FATLOSE'라는 임상 시험을 시작하였다. 마른 사람의 미생물총을 이식한다면 몸이 인슐린에 대해 좀 더 민감하게 반응하지 않을까? 이식 후에 세포는 얼마나 빨리 포도당을 글레코겐으로 저장하는가? 그들은 아홉 명의 성인 남자에게 마른 사람의 대변 추출물을, 대조군에게는 그냥 자기 자신의 대변 추출물을 이식하였다. 놀랍게도 대변을 이식한 지 6주 만에 마른 미생물총을 받은 남성은 정말로 인슐린에 훨씬 민감하게 되었다. 그들의 세포는 예전보다 두 배나 빨리 포도당을 저장했는데 이는 거의 마르고 건강한 사람들에게서 보이는 인슐린 민감성 수준이었다. 반면에 자기 자신의 변을 그대로 이식한 대조군의 경우 이식 전과 비슷하게 인슐린 민감도가 낮게 나타났다.

단지 장 속에 사는 미생물의 종류가 다르다는 이유로 어떤 사람은 건강한 생을 영위하고 어떤 사람은 심장병으로 사망할 확률 80퍼센트를 안고 살아야 한다는 사실이 놀랍기만 하다. 인슐린 민감도를 회복한 남성의 미생물총은 다양성이 평균 178종에서 234종으로 늘어났다. 이 추가로 생겨난 종들이 짧은사슬지방산 부티르산을 생성하는 박테리아 그룹이었다. 부티르산은 비만을 방지하는 데 중요한 몫을 담당한다고 알려져 있다. 대장의 세포들은 부티르산으로부터 지시를 받아 장벽 세포에 틈이 새는 것을 막기 위해 단백질 사슬을 단단히 조이고 점액질층으로 장벽을 코팅을 한다.

물론 프리즈와 니위도르프는 마른 미생물의 이식이 비만한 사람에게서 체중 감소를 유도할 수 있는지 알고 싶었다. 쥐에서는 확실히 가능했다. 뚱뚱한 쥐에게 마른 쥐의 미생물총을 옮기면 지방세포가 30퍼센트까지 감소한다. 인간에서도 작용하는지 알아보기 위해 두 번째 실험(FATLOSE-2)이 진행되고 있다. 프로젝트의 결과에 따라 비만과 대사증후군의 치료법을 근본적이고 획기적으로 바꾸어 비용을 절감하고 환자들의 삶을 개선할 수 있을 것이다.

되돌리기 위한 노력

만약 제2형 당뇨병을 비롯한 대사증후군의 증상들을 건강한 미생물을 복원함으로써 제자리로 돌리는 것이 목적이라면 굳이 대변 미생물 이식이 필요할까? 프로바이오틱스가 같은 효과를 불러올 수는 없을까? 한 연구에서 락토바실러스종을 대상으로 실험했더니 인슐린 민감도와 체중 조절 측면에서 긍정적인 결과가 나타났다. 하지만 어떤 종이든 어떤 결과가 나타나든 프로바이오틱스는 상처 위에 바르는 연고일 뿐이다. 그들은 우리 몸속을 통과해 나가버리고 오래 머물지 않는다. 프로바이오틱스를 통해서 이득을 보려면 꾸준히 먹어줘야 한다. 그리고 설령 매일 먹는다고 하더라도 프로바이오틱스만 먹는다면 탄약 상자 없이 보병을 전쟁터에 투입하는 것과 같다.

지속적인 효과를 얻으려면 유익균이 외부로부터의 개입이 없이도 스스로 번성할 수 있는 환경을 만들어줘야 한다. 그래서 프리바이오틱스prebiotics가 있다. 프리바이오틱스는 살아 있는 박테리아인 프로바이오틱스의 먹이다. 프리바이오틱스는 건강한 균주의 집단 전체를 증강하기 위해서 만들어진 물질로 프락토올리고당, 이눌린, 갈락토올리고당이 대표적이다. 이 이름들은 마치 즉석식품의 뒷면에 적힌 화학 첨가물 이름처럼 보인다. 이 물질들이 화학물질인 것은 맞지만, 당근에 들어 있는 베타 카로틴, 글루타민산, 헤미셀룰로오스나 소고기에 들어 있는 디메틸피라진 또는 3-히드록시2-부타온처럼 모든 음식에 자연적으로 들어 있는 천연 성분이지 합성된 것이 아니다. 프락토올리고당이나 갈락토올리고당은 우리가 평소에 늘 먹는 식물성 식품, 특히 소화하기 어려운 섬유질에 들어 있다. 물론 식품보조제 형태로 시판되는 프리바이오틱스도 있다. 그렇다면 햄버거 위에다 프리바이오틱스 가루를 뿌려서 먹지 굳이 식물을 먹을 이유가 있을까?

프리바이오틱스가 주는 혜택은 따로 추출된 것이든 양파나 마늘, 대파, 아스파라거스, 바나나 같은 원재료에 들어 있는 것이든 프로바이오틱스보다는 적용 범위가 더 넓은 것으로 보인다. 프리바이오틱스는 식중독에서 회복하고 아토피를 치료하며 결장암 예방에 효과적이라고 밝혀졌다. 그러나 아직까지 초기 연구 단계라 섣불리 확신할 수는 없다. 또한 프리바이오틱스는 대사증후군 치료에도 사용될 수 있을지 모른다. 프리바이오틱스는 6장에서 언급한 것처럼 장에 틈이 생기는 것을 막아주고 식욕을 감퇴시키며 인슐린 민감도를 높이고 체중 감량을 도와주는 비피도박테리아나 아커만시아를 북돋워준다고 알려졌다.

근본적으로 대변 미생물 이식은 프로바이오틱스와 크게 다르지 않다. 두 가지 모두 장에 유익균을 배달한다는 발상에서 비롯한다. 하나는 위로 넣어주는 것이고 다른 하나는 아래에서 넣어주는 것이다. 하나는 대개 실험실에서 배양되고 다른 하나는 사람 장 속의 이상적인 환경에서 배양된다. 이 두 가지 기술이 하나로 합쳐지는 것은 시간 문제다. 내용물을 장내 원하는 지점으로 정확히 배달할 수 있는 캡슐이 있다면 대변 이식에 사용된 것과 같은 미생물을 캡슐에 잘 넣어 물 한 컵과 함께 삼키기만 하면 된다. 과학 역사의 잔재물인 락토바실러스로 구성된 프로바이오틱스보다는 비교할 수 없을 만큼 효과가 엄청나게 뛰어날 것이며 번거롭거나 비싸지도 않고 대장 내시경을 통해 이식받을 때 겪는 수모도 느낄 필요가 없을 것이다.

혁명적인 발상과 화장실 유머로 언제나 분위기를 밝게 만드는 보로디 교수는 알렉산더 코러츠와 협력하여 이런 캡슐을 개발하는 일을 하고 있다. 보로디는 이 캡슐을 크랩슐Crapsule이라고 부른다. 상대적으로 규제가 완화된 호주의 분위기에서 그는 2014년 12월 처음으로 시디프 환자를 치료하는 데 크랩슐을 사용할 수 있었다. 이 알약에는 보로디가 이식에 사용한 대변 추출액과 같은 성분이 들어 있는데, 다른 점이라면 입으로 전달됐다는 것뿐이다.

하지만 미생물군 유전체 과학자인 에마 알렌-베르코는 캐나다의 엄격한 규제 속에서 다른 방식을 시도하고 있다. 알렌-베르코는 합성 대변을 연구한다. 알렌-베르코는 온타리오 킹스턴의 퀸스 대학교의 감염병 전문의 일레인 페트로프Elaine Petrof 박사와 함께 자신의 연구팀이 자폐증을 연구하면서 사용한 로보것이라고 부르는 무산소 배양기를 이용하여 대변 미생물 이식에서 대변을 대신할 수 있는 미생물의 칵테일을 주조하고 있다. 이 혼합물의 기본 레시피는 41년에 걸쳐 정제되어왔는데 진정으로 건강한 이 사람을 찾는 데 그만큼이나 긴 시간이 걸렸다.

알렌-베르코는 구엘프 대학교에서 매년 300명에 달하는 학부생들을 대상으로 기초미생물학을 강의한다. 매 학기 알렌-베르코는 학생들에게 똑같은 질문을 던진다. 항생제를 한 번도 맞아본 적 없는 사람 있습니까? 하지만 아직까지 아무도 손을 든 적이 없다. 오픈바이옴의 설립자 마크 스미스처럼 알렌-베르코 역시 체내 미생물들이 항생제 약물의 잠재적인 추가 피해에 노출되지 않은 사람을 찾기 위해 애를 쓰지만 심지어 젊고 건강하며 체격도 좋은 대학생 집단에서도 이런 사람을 찾기는 쉽지 않았다. 마침내 알렌-베르코는 항생제를 구하기 어려운 어느 인도의 시골 마을에서 나고 자란 여성을 한 명 만났다. 이 여인은 어렸을 때는 전혀 항생제를 맞은 적이 없고 커서도 무릎 상처를 바늘로 꿰맨 후 딱 한 번 항생제를 복용한 적이 있다고 했다. 이 여인은 건강하고 질병이 없으며 균형 잡힌 유기농 식사를 한다. 알렌-베르코는 마침내 최종적인 대변 기증자를 찾은 것이다.

알렌-베르코와 페트로프는 이 슈퍼 공여자의 변을 이용하여 독특한 조합의 미생물을 배양하였다. 우선 위험성이 알려지지 않고 상대적으로 배양하기 쉬운 33개의 박테리아 균주를 선별하였다. 또한 이 박테리아 균주들은 필요하다면 항생제로 바로 제거가 가능한 균주들이다. 페트로프의 환자 중에 여러 달 동안 시디프 감염이 재발하여 항생제 치료를 받았지만 차도가 없었던 두 명의 여성이 있었다. 일반적인 대변 미생물 이식을 하는 대신 이번에는 '리푸퓰레이트RePOOPulate'라고 이름 붙인 합성 대변 물질을 환자의 장에 뿌렸다. '다시 거주하게 한다'는 의미의 '리파퓰레이트repopulate'라는 단어에 응가라는 뜻의 '푸poo'를 붙인 합성어다. 리푸퓰레이트를 한 후 몇 시간 만에 두 여성 모두 지긋지긋한 설사병에서 벗어나 집으로 돌아갈 수 있게 되었다. 이러한 초기 치료의 성공으로 알렌-베르코와 페트로프는 대변 미생물 이식을 근대적인 '미생물 생태계 치료'로 업그레이드시켰다.

알렌-베르코, 페트로프, 그리고 보로디가 그들의 제품을 정제하고 필요한 규제의 장벽을 넘을 때까지 전형적인 대변 미생물 이식법이 재발하는 시디프 감염 치료법의 표준으로 남을 것이다. 그러나 미래에는 대변 미생물 이식이 더욱 발전하여 개인 맞춤 형태로 이루어질 것이다.

병원에서 기본적인 선별과정을 거친 기증자의 변을 사용하는 것도 얼마든지 좋다. 하지만 한 단계 더 나아가는 것은 어떨까? 여성이 정자 기증자를 고르는 과정을 생각해보자. 여성은 자기 아이의 미래의 생물학적 아빠가 자기의 인생과 가치관에 대해 인터뷰한 영상을 볼 수 있다. 정자 기증자의 학력이나 이력서 역시 볼 수 있다. 키나 몸무게, 병력 및 유전자 풀(생물학적 조부모, 증부모)의 통계 정보를 따져볼 수 있다. 본질적으로 정자 기증자를 고를 때 여성이 조사하는 것은 유전자의 기원이다. 여성들은 자기 자신의 유전자와 합쳐졌을 때 자기 유전자의 부족한 점을 보강해줄 수 있는 유전자를 선택한다. 건강을 위한 유전자, 행복을 위한 유전자 말이다.

대변 기증자에 대해서도 마찬가지다. 하지만 우리가 얻게 될 유전자는 인간 세포가 아닌 미생물로 포장된 유전자다. 그러나 어떤 식으로든 우리 몸의 일부가 될 유전자다. 키나 몸무게 심지어 수명에도 이바지할 유전자다. 우리 자신의 유전자와 섞여서 서로 상호보완하게 될 유전자다. 건강을 위한 유전자이며 행복을 위한 유전자다.

대변 미생물 이식이 보편화되면 우리는 소비자로서 기증자에게 더 많은 것을 요구하게 될 것이다. 기증자가 이미 미생물 관련 질병이나 정신 질환을 포함하여 기본적인 건강 사항에 관해서는 선별 과정을 거쳤더라도 수작업을 통해 선택되거나 수여자의 조건에 따라 조절된 것은 아니다. 유전자 수준까지 내려가지 않더라도 차별화된 공여자를 선택함으로써 얻을 수 있는 혜택은 쉽게 상상할 수 있다. 예를 들면 채식주의자 환자를 위해서는 채식주의자 기증자가 어떨까? 아마도 채식주의자

식단에 맞춤 된 미생물총이 이식 과정을 더 순조롭게 만들 것이다. 과체중인 환자를 위해서 마른 사람이 기증한 미생물을 사용한다면 그건 건강에 보너스까지 추가해주는 것이다. 어쩌면 성격적인 특징도 맞출 수 있을 것이다. 외향적인 미생물이 필요한가? 또는 낙관주의자의 대변으로 좀 더 밝은 세계관을 얻게 되는 것은 어떤가? 변화를 주기 위해 톡소플라스마 반찬까지 곁들이는 것은 어떨까?

지금은 이 모든 것이 환상이며 또한 이것은 1990년대의 '맞춤 아기' 논란을 반영한 것이다. 일단 우리가 미생물의 유전자에 대한 기초적인 지식을 쌓아 그들이 정확히 우리 유전자와 어떻게 상호작용하는지 알게 되면, 그때는 우리가 대변 미생물 이식 수여자에게 전달하는 구체적인 사항이 훨씬 더 중요해질 것이다. 하지만 현재 우리는 장내 미생물총이 한 사람에게 좋다면 다른 사람에게도 좋을 것이라는 단순한 개념에 따라 움직이고 있을 뿐이다. 그러나 우리의 유전, 식습관, 과거, 개인적인 상호교류, 여행 경험에 따라 개인의 미생물총이 어떻게 형성되는지 알게 된다면 비로소 우리가 입양하는 미생물의 선택에 좀 더 안목이 생기게 될 것은 당연하다.

건강한 미생물을 복원하는 것을 목표로 삼는 것은 매우 고무적인 일이다. 그러나 여기에 문제가 있다. 건강한 미생물이 무엇인가? 알렉산더 코러츠, 에마 알렌-베르코, 마크 스미스와 오픈바이옴팀이 겪었던 것처럼 대변을 공여할 정도로 건강한 미국인을 찾기란 어려운 일이다. 선의를 가진 지원자들의 90퍼센트가 선별 기준을 충족시키지 못했으니까 말이다. 이 사람들이 자기 자신이 건강하다는 전제하에 지원했다고 한다면 미생물총을 공여할 가치가 있는 진정한 서구인의 비율은 아마 제로에서부터 시작할 것이다. 그렇다면, 항생제 흉터로 얼룩지고 지방과 당분으로 가득 차 있으며 섬유질이 부족한 서구인의 미생물총을 산업화 이전의 생활방식으로 살고 있는 사람들의 완전한 미생물과 비교하면 어떨까?

말할 것도 없이 큰 차이가 있다. 미생물군 유전체 연구계의 피리 부는 사나이 격인 워싱턴 대학교의 제프리 고든이 이끄는 국제 연구팀이 산업화 이전의 전통적인 문화를 유지하는 시골 지역 두 군데를 선정하여 지역 주민 200명 이상의 대변을 수집하였다. 첫 번째 그룹은 베네수엘라의 아마조나스 지역에 사는 두 군데 아메리카 원주민 마을이었다. 이곳에서 사람들은 섬유질은 많고 지방이나 단백질이 적은 옥수수와 카사바cassave 위주의 식사를 했다. 두 번째 그룹은 아프리카 대륙의 동남부에 있는 말라위의 시골 네 개 마을인데 이곳에서도 역시 옥수수와 채소가 주된 먹을거리였다. 고든의 연구팀은 이들의 대변에서 추출한 미생물총의 DNA 염기서열을 분석하여 미국에 사는 300명 이상 사람들의 대변 미생물과 비교하였다.

유사도에 따라 세 지역의 미생물총을 표시했더니 미국 표본과 비미국인 표본으로 크게 나뉘었다. 그러나 아메리카 원주민과 말라위인의 미생물들은 서로 중복되는 부분이 많고 상대적으로 차이가 별로 없었다. 이 두 민족은 서로 무려 1만 2,000킬로미터나 떨어져서 지내지만 그들의 미생물군 유전체는 미국에 사는 사람들끼리보다 더 비슷했다. 미국인의 미생물총은 비미국 미생물총과 비교했을 때 조성이 다를 뿐 아니라 다양성도 낮았다. 아메리카 원주민은 평균 1,600종의 미생물 균주를 포함하는 반면 말라위인은 1,400종, 미국인은 1,200종 이하였다.

여기서 비정상적인 것은 미국 미생물총이라는 점에는 의문의 여지가 없다. 집단 간에 차이가 나는 박테리아 분류군을 비교하고 그들이 하는 일을 알아냄으로써, 우리는 과연 서구 미생물총이 손상된 것인지, 아니면 단지 다를 뿐인지 쉽게 판단할 수 있다. 연구팀은 분류군만 보아도 미국 것인지 비미국 것인지 알 수 있는 92종의 장내 미생물을 찾았다. 이 중 23종은 모두 프레보텔라속의 박테리아였다. 프레보텔라는 6장에서 부르키나파소 어린이의 장에서 매우 흔하게 발견되었던 바로 그 분류군이다. 어린이들이 먹는 곡물, 콩, 채소 등의 섬유질 풍부한 식단 덕분에 장에서 프레보텔라가 우점하게 되었다. 명확하게 이 23개의 프레보텔라속에 속하는 멤버들은 비미국인 미생물총에 들어 있는 것이다.

연구팀은 또한 미국, 비미국 표본 간에 어떤 효소가 가장 다른지 살펴보았다. 효소는 분자의 세계에서 일벌 같은 존재로 각각 특정한 임무를 수행한다. 예를 들면 단백질을 분해하거나 비타민을 합성하는 과정에 투입되어 작용이 원활하게 이루어지도록 제 역할을 한다. 미국, 비미국 장내 미생물에 의해 생성되는 효소 중 52개는 각 집단을 대표할 수 있을 정도로 뚜렷하게 구분되었다. 여기서 잠깐 퀴즈를 내겠다. 이렇게 서로 다른 효소 중 한 그룹은 비타민이 부족한 식단에서 비타민을 합성하는 데 관여하는 효소들이다. 과연 이 효소는 미국과 비미국 중 어느 그룹에 속한다고 생각하는가? 처음에 나는 미국인은 이런 효소가 별로 필요 없다고 생각했다. 왜냐하면 일반적으로 서구인들은 영양분이 풍부하고 비타민이 첨가된 음식을 어디서나 쉽게 먹을 수 있기 때문이다. 하지만 내 추측은 완전히 틀렸다. 미국인의 미생물군 유전체가 비타민 합성 효소의 유전자를 더 많이 가지고 있었다. 또한 그들은 약물이나 중금속인 수은, 기름기 있는 음식을 먹을 때 생성되는 담즙산염을 분해하는 효소의 유전자 역시 더 많이 가지고 있었다.

근본적으로 미국과 비미국 미생물총의 차이점은 육식동물과 초식동물의 차이를 반영한다. 미국인의 장내 미생물이 단백질, 당분, 당분 대체 물질을 분해하는 전문가라면 아메리카 원주민들과 말라위 사람들이 가진 장내 미생물은 원시적인 음식이 떠오르는 그들의 밥상에서 식물의 녹말을 분해하기에 적합하다.

미생물 복원은 새롭고 불확실한 의학 분야다. 프로바이오틱스, 프리바이오틱스, 대변 미생물 이식, 미생물 생태계 치료의 의학적 잠재력이 무엇이건 간에 여전히 오래된 격언은 우리의 마음을 울린다. "예방이 치료보다 낫다." 인간은 지난 몇십 년간 우리를 인간으로 만드는 미생물의 다양성을 영구적으로 잃어버렸다. 세계에서 가장 서구화의 물결이 닿지 않는 지역에서 항생제와 즉석식품이 없이 살아가는 소수의 사회 집단이 없다면 우리는 인간의 장내 미생물이 원래 어떤 모습이어야 하는지조차 모를 것이다. 이제 우리의 내적 생태계가 우리 지구의 모습을 반영하기라도 하듯 종 다양성을 잃고 있는 지금, 우리 아이들과 손주들을 위해 미생물을 되돌리는 것은 우리의 몫이다.

• 맺음말 •

21세기에도 건강하게

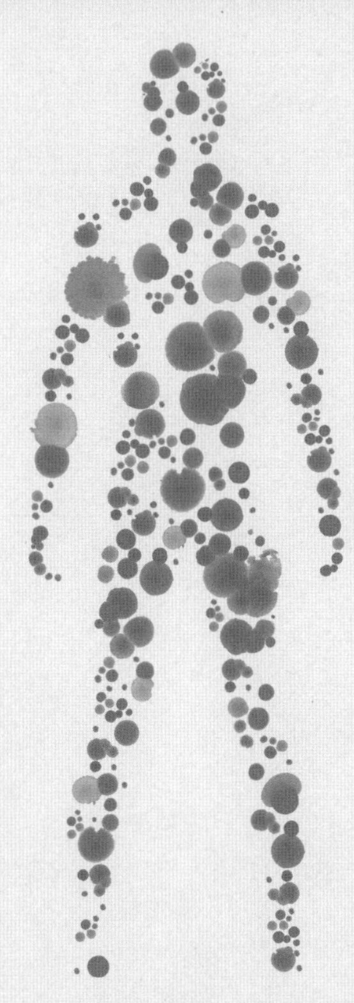

1 0 % H U M A N

1917년 영국의 조지 5세는 남성 일곱 명과 여성 열일곱 명에게 100번째 생일을 축하하는 전보를 보냈다. 이는 오늘날까지 영국 왕실에 내려오는 전통으로, 이제는 조지 왕의 손녀가 전보 대신 축하 카드의 형태로 인사를 한다. 그러나 왕실은 예전보다 한결 바빠졌다. 왜냐하면 엘리자베스 2세는 할아버지가 썼던 것보다 훨씬 많은 카드에 서명을 해야 하기 때문이다. 오늘날에 100세를 맞은 사람들은 조지 왕이 첫 번째 축하 카드를 쓸 당시 겨우 걸음마를 시작한 아기였다. 하지만 이들이 노인이 될 때까지 사는 동안 영국에서 매년 100세 생일을 맞이한 사람의 수는 어느새 1만 명에 달하게 되었다.

20세기에 인간은 우리의 가장 오래되고 무서운 적을 통제할 방법을 찾았다. 예방주사, 의료 환경 개선, 수질 위생 개선, 항생제 덕분에 인간의 수명은 겨우 평균 31세에서 두 배로 늘어났다. 이 네 가지 혁신이 자리잡은 선진국에서 인간의 평균 기대 수명은 80세에 이른다. 인간의 생명을 연장시킨 변화는 20세기 말에서 제2차 세계대전이 끝날 무렵까지의 50년에 집중되어 있다.

20세기에 인간은 웰빙 시대를 살고 있다. 서방 세계에 사는 사람들이 자주 오해하고 있지만 오래 산다는 것이 건강의 척도는 아니다. 80세, 혹은 그 이상 사는 사람들도 신체와 정신의 건강이 허락하는 한도 내에서 삶의 질이 결정된다. 자폐증이라는 자아의 틀에 갇혀버린 아이들, 아토피나 꽃가루 알레르기, 음식 알레르기, 천식으로 고통받는 수백만의 어린이들, 평생 인슐린 주사를 맞으며 살아야 한다는 의사의 통보를 들은 10대 아이들, 신경계가 파괴되어버린 청년들, 과체중인 많은 어른들, 우울증과 불안 장애로 힘든 나날을 보내는 사람들 모두에게 삶은 가혹하다.

감사하게도 선진국에 사는 사람들은 이제 천연두, 결핵, 홍역에 걸릴 일이 없다. 이는 과거로부터의 엄청난 발전과 도약이다. 그러나 그 이후에 우리가 겪는 21세기형 질병은 위생가설이 암시한 필연적인 대안은 아니다. 장수가 축복이던 세상에서, 이제는 건강하게 늙는 것이 모두의 관심이 된 사회가 되었다. 위생가설의 도그마는 감염이야말로 알레르기와 다른 심각한 감염으로부터 인간을 보호한다고 외치지만, 이는 대중과 의학계가 떨쳐버려야 할 개념이다. 감염은 우리에게 없는 것이 아니고 오히려 오래된 친구다. 한때는 맹장이 인간 진화의 과거에서 쓸모를 잃고 퇴화한 흔적으로 여겨졌지만, 이제는 미생물의 대피처이자 재난 복구팀이며 면역계의 교육기관이라는 사실이 밝혀졌다. 충수염은 누군가의 삶에 한 번쯤 일어날 수 있는 소소한 일상의 에피소드가 아니라, 풍부한 미생물 커뮤니티, 다시 말해 병원균으로부터 지켜내야 하는 올드프렌드를 잃어버리는 대사건인 것이다. 우리의 몸이 아는 한 가장 오래전에 시작된 우정을 다시 불러오는 것은 우리 손에 달렸다.

새로운 기회

1장에서 나는 21세기형 질병의 원인을 찾기 위해 역학적 접근방법을 사용하여 21세기형 질병이 '어디서' 일어나고, '언제' 시작했으며, '누구'에게 발병하는지 물었다. 이 질문에 대한 답으로 제일 먼저 '선진국'에서 부로 인해 변화한 삶의 방식이 도마 위에 올랐다. '여기'서 사람들은 별거 아닌 감기와 치명적인 감염에 모두 항생제를 처방한다. 그리고 바로 그 항생제를 가축의 성장을 촉진하기 위해 사용한다. 또한 유전적으로 거의 동일한 가축을 비좁은 공간에 미어터지도록 집어넣고 기르면서 감염에 걸리지 않도록 항생제를 처방한다. '여기'서 사람들은 인류 역사상 가장 적은 양의 섬유질을 섭취한다. 그리고 '여기'서 아주 많은 아이들이 엄마의 산도를 통해 태어나는 대신 수술을 통해 엄마의 몸에서 제거된다. 그리고 수천 년간 아기의 유일한 음식이었던 젖이 분유에 밀려 말라간다.

이러한 변화는 1940년대에 집중해서 나타났다. 21세기형 질병이 시작된 이 시기는 바로 제2차 세계대전이 끝날 무렵 항생제가 개발되고, 밥상 위의 반찬이 달라지고, 제왕절개술과 분유가 인기를 끌던 시기다. 지금까지 우리는 이런 변화가 현미경적 수준에서 인체에 미쳐온 영향을 눈치채지 못하고 있었다. 인간이 미생물과 수천 세대에 걸쳐 유지한 공생과 협동은 인간이 미생물에 대한 전쟁을 선포하면서 뜻하지 않게 종료되었다.

'누구'에게 발병하는가? 21세기형 질병은 남녀노소와 인종을 가리지 않고 모두에게 영향을 미친다. 하지만 이유는 확실히 알 수 없어도 21세기형 질병, 특히 자가면역 질환에 유독 큰 타격을 입은 것은 여성이다. 이러한 성별의 차이가 미생물총과 연관된다는 것을 보여주는 좋은 실험이 있다. 비非비만 당뇨병 쥐로 알려진 NOD 쥐는 유전적으로 제1형 당뇨병에 걸리기 쉬운 교배종이다. NOD 쥐의 암컷은 수컷보다 당뇨병에 걸릴 확률이 두 배나 높다. 이러한 성별 편차는 호르몬이 면역계에 미치는 영향 때문인 것으로 보인다. 거세한 NOD 수컷 쥐는 정상적인 수컷보다 당뇨병에 더 잘 걸린다는 사실이 이를 뒷받침한다.

그런데 이 쥐를 무균 상태로 기르면 당뇨 발병의 성별 편차가 사라진다. 미생물총이 어떤 식으로든 당뇨에 걸릴 위험을 제어하는 것으로 보인다. 수컷의 장내 미생물을 암컷에게 옮기면 테스토스테론 수치가 올라가면서 암컷의 당뇨 발병률이 낮아진다. 이런 성별 차이는 사춘기 이후에만 뚜렷하게 나타나는데, 제1형 당뇨병은 보통 사춘기 이전에 발병하기 때문에 마치 성별 편차가 없는 것처럼 보인 것이다. 다발성 경화증이나 류머티즘성 관절염 같은 자가면역 질환은 발병하는 연령이 높아질수록 남녀의 성별 편차가 줄어든다.

어디서, 언제, 누구에게 21세기 질병이 나타났느냐는 질문은 '왜' 그리고 '어떻게' 21세기형 질병이 돌연 나타났느냐는 질문으로 넘어간다. 한마디로 말하면, 체내의 미생물이 파괴된 것이다. 인간의 미생물총, 특히 장에 살고 있는 장내 미생물이 균형에서 벗어나면 곧바로 염증이 생긴다. 그리고 염증은 만성 질환을 일으킨다. 우리는 인간 게놈을 해독하면서 인간의 유전자 정보가 병의 원인을 캘 수 있는 정보의 광산이 되길 기대했다. 하지만 막상 인간의 유전자에서 질병의 원인을 찾으려다 보니 예상보다 유전적으로 조절되는 질환이 많지 않았다. 대신 전장유전체 연관성 분석GWAS이라는 게놈 수준의 연관성 연구를 통해 병에 걸리기 쉬운 유전적 소인에 영향을 미치는 유전자들이 밝혀졌다.

이 유전자 변이들은 복제과정에서 나타난 오류라기보다는 평소에는 건강에 문제가 되지 않는 자연적인 변이다. 그러나 특정한 환경에 맞닥뜨리게 되면 이 유전적 차이 때문에 어떤 사람은 특정 병에 더 쉽게 걸릴 수 있다. 이 중에서도 21세기형 질병과 연관되었다고 알려진 유전적 변이를 살펴보니 장 내벽의 투과성이나 면역 시스템의 조절과 연관된 유전자들이 수면 위로 떠올랐다.

1900년에 선진국에서 사망률 3분의 1을 차지하는 3대 사망 원인은 폐렴, 결핵, 감염성 설사였다. 당시 인간의 기대수명은 약 45세였다. 2005년에 전체 사망률 2분의 1을 차지하는 3대 사망 원인은 심장병, 암, 뇌졸중이다. 그리고 평균 기대수명은 약 78세였다. 우리는 이 질병들을 노화로 인해 생긴 노인병으로 여긴다. 하지만 비서구화 지역에 사는 사람들은 감염병이나 사고, 폭력 등에 심하게 노출된 사람들이나 고령이 될 때까지 살아남는 사람들조차도 위에서 말한 3대 질병으로 죽는 일이 별로 없다. 결국 인간의 몸이 단지 늙었다고 해서 심장이 굳고, 세포가 통제 불능으로 분열하며, 혈관이 쉽게 터지는 것은 아니라는 말이다. 이 질병들은 노화로 인해 생기는 병이 아니라 염증으로 인한 병이라는 생각이 의학 과학자들 사이에서 새롭게 퍼지고 있다. 여전히 21세기형 질병을 고령 사회의 특징이라고 주장하고 싶다면, 좋다. 인간은 염증이 재앙 수준에 도달할 때까지 지나치게 오래 살아 스스로 자기 몸을 모욕하고 있다고 말하면 만족하겠는가? 만약 이런 경우라면, 몇십 년간 축적된 염증이 없이 고령을 맞이한다는 것은 일말의 가능성일 뿐이다.

인간 게놈 해독이 생물학에 새로운 시대가 도래했음을 예고한 것처럼, 숨겨진 인체 기관으로써 미생물총의 발견은 의학계에 새로운 시대를 열었다. 21세기형 질병은 고령으로 들어서는 환자, 치료법을 구하려는 의사, 꾸준히 소비될 수 있는 약물을 개발하려는 제약회사에게 새로운 도전장을 내밀었다. 전통적인 치료법으로는 인간을 괴롭히는 많은 질환들을 치료하기에 한계가 있다. 이제는 완치를 위한 단기적인 치료보다, 평생 이어지는 장기적인 약물치료로 알레르기에는 항히스타민, 당뇨병에는 인슐린, 심장병에는 스타틴, 정신질환에는 항우울제를 처방한다. 하지만 이런 만성 질환에 대한 치료법은 우리를 속여왔다. 왜냐하면 최근까지 우리는 무엇이 이 질병들을 일으키는지 정확한 원인을 모르고 있었기 때문이다. 이제 우리는 미생물이 뒷짐 지고 서 있는 구경꾼이 아니라 인체에서 일어나는 모든 활동에 적극적으로 참여하는 중요한 선수라는 사실을 인지함으로써, 21세기형 질병을 근본적으로 다스릴 수 있는 새로운 기회를 얻게 되었다.

그렇다면 우리는 무엇을 해야 하는가? 미생물과 인간의 관계는 세 가지로 위협받고 있다. 첫째 항생제 사용, 둘째 섬유질이 부족한 식단, 셋째 아기에게 미생물을 전달하는 방법의 변화. 우리는 이 세 가지 위협에 대해 사회적이고 개인적인 측면에서 변화를 시도해야 한다.

사회적 변화

의료 윤리의 원칙 중에 하나로 '악행 금지의 원칙'이 있다. 어떤 치료법이든 의도하지 않은 부작용이 따른다. 그래서 의사는 약물 사용의 이점과 위험 사이에서 제대로 줄타기를 해야 한다. 최근까지 사람들은 항생제 사용에 따른 의도하지 않은 부작용은 거의 일어나지 않으며 아주 미미한 것이라고 생각했다. 미생물총이 인간의 건강에 얼마나 중요한 존재인지 인지하게 된 지금, 우리는 항생제를 사용하는 데에는 득보다 실이 더 많을 때가 있다는 사실을 인정해야 한다.

항생제가 감염을 성공적으로 치료한 경우에도 이상적으로라면 일어나지 말았어야 하는 피해가 일어날 수 있다. 우리에게는 이미 항생제 사용을 줄여야만 하는 강력한 이유가 있다. 바로 항생제 내성이다. 하지만 사회적이고 개인적인 수준에서 항생제 내성이 가져올 위험에도 불구하고 의사와 환자 모두 적극적으로 항생제 사용을 줄이려는 노력을 기울일 만큼 항생제 내성에 대한 걱정을 하지 않는다. 항암치료는 암세포를 죽이는 것이 목적이지만 그 과정에서 건강한 세포에도 치명적인 영향을 미치기 때문에 손실보다 혜택이 클 때만 사용한다. 우리는 이제 항생제 사용 역시 항암치료를 하듯 신중하게 사용하기 시작해야 한다.

우리 사회가 항생제에 대한 의존도를 낮추고, 항생제 말고는 대안이 없는 상황에서 부작용을 최소화하기 위해 조처할 수 있는 실질적인 방법이 있다. 우리는 의사들이 항생제를 처방할 때 환자의 병이 박테리아성이 아닌 바이러스성인 경우에도 항생제를 처방하여 남용한다는 사실을 알고 있다. 문제는 의사 역시 환자가 바이러스 때문에 아픈지, 박테리아 때문에 아픈지 알 수 없는 경우가 많다는 점이다. 이런 상황에서 감염을 일으킨 병원균을 밝혀내기 위해서는 환자의 몸에서 샘플을 채취해 테스트하고 배양해야 하는데, 이 과정이 보통 며칠씩 걸린다. 환자의 입장에서 보나, 병이 진행되는 상황으로 보나 기다리기엔 결코 짧은 시간이 아니다. 그렇다면 불필요한 항생제 사용을 줄이기 위해 우리가 할 수 있는 첫 번째 단계는 대변이나 소변, 혈액, 호흡처럼 쉽게 채취할 수 있는 샘플로 10분 또는 몇 시간 뒤 빠르게 감염의 원인을 식별할 수 있는 생물 마커를 개발하는 일이 될 것이다.

오늘날 대부분의 항생제가 나타내는 광범위한 효과는 장점으로 여겨지고 있다. 의사가 약을 처방하기 위해서 구체적으로 어떤 박테리아가 감염을 일으켰는지 알 필요조차 없기 때문이다. 광범위하게 적용되는 약물은 분명 감염의 치료에 있어서 효과적이기는 할 것이다. 그러나 이상적으로라면 감염을 일으킨 박테리아를 빠르게 식별하고, 오직 그 박테리아만을 정확히 표적으로 삼는 항생제를 처방하여 치료할 수 있어야 한다. 개별 병원균에 특이적인 분자를 찾아 유익균은 건드리지 않고 해당 병원균만 파괴할 수 있는 항생제를 개발한다면 장내 미생물총 불균형으로 인해 일어나는 피해를 막을 수 있을 것이다.

각 병원균에 개별적으로 작용하는 항생제를 개발하기 위해서는 추가적인 비용이 발생한다. 만약 광범위 항생제 사용으로 인해 발생하는 이차적인 피해를 복구하는 과정에서 드는 비용보다 감염 치료의 위험도를 낮추기 위해 미리 지불하는 비용이 더 적게 든다면, 이 추가적인 비용을 상쇄하고도 남을 것이다.

미생물총의 가치를 진정으로 인정한다면 항생제 사용을 줄이는 것에서 멈춰서는 안 된다. 우리는 병원균과 싸우기 위해 유익균을 연합군으로 사용할 수 있다. 인체에 상주하는 미생물총은 호의를 베풀어 황색포도상구균, 살모넬라, 시디프 같은 병원균이 체내에 증식하지 못하게 막아준다. 적절한 프로바이오틱스를 체내에 주입하여 미생물총의 방어능력을 보강한다면, 감염과 싸우고 염증을 줄이는 데 큰 도움을 받을 수 있다.

항생제 남용을 막기 위해 우리가 할 수 있는 두 번째 단계는 아마도 약물 효과를 향상시키기 위해 개인의 미생물총을 파악하고 조정하는 맞춤 의료가 될 것이다. 예를 들어 심부전 치료제로 사용되는 디곡신은 환자에게 처방할 때 개별적인 접근법이 필요하다. 현재 의사들은 환자에게 처방할 디곡신의 용량을 결정할 때 수수께끼를 풀듯이 환자마다 다른 반응을 예측해야 한다. 몇 주 또는 몇 개월 동안 의사들은 비용과 혜택 사이의 균형을 맞추어 그들이 치료하는 개별 환자에게 필요한 용량을 세심하게 조정한다. 환자마다 보이는 반응의 차이는 유전적인 것이라기보다는 환자의 장내 미생물 조성에 따라 달라진다. 환자가 에게르텔라 렌타*Eggerthella lenta*라는 균주를 지니고 있다면, 이 흔한 박테리아가 약물을 불활성화하게 만들어 약의 효력을 반감시키기 때문에 환자는 디곡신에 제대로 반응할 수가 없다. 환자가 에게르텔라 렌타를 보유한다는 사실을 심장병 전문의가 알고 있다면 환자에게 단백질 섭취를 늘리도록 권할 것이다. 아미노산의 하나인 아르기닌은 박테리아가 디곡신을 불활성화시키는 것을 예방하기 때문이다.

약물에 대한 인간의 반응은 절대 예측할 수 있는 부분이 아니다. 환자마다 독특하게 나타나는 반응은 유전자나 환경만으로 예측할 수는 없다. 미생물총이 보유하는 440만의 추가 유전자—일부는 부모에게서 물려받고, 일부는 후천적으로 획득한—가 약에 대한 개인의 반응을 결정하는 데 중요한 역할을 맡는다. 미생물은 약물을 활성화시킬 수도, 불활성화시킬 수도, 독성화시킬 수도 있다. 1993년에, 미생물군 유전체가 약물 효과를 방해하는 바람에 암 투병 중에 대상포진에 걸린 일본인 18명이 희생되는 일이 있었다. 그들이 처방받은 대상포진 치료제가 환자의 장내 미생물에 의해 변형되어 항암제를 치명적인 독성을 가진 물질로 바꾸어놓은 것이다. 이 대상포진 치료제는 승인을 받을 때 이미 이러한 상호작용의 위험성이 인지되었다. 따라서 약물의 성분표에 항암치료제와 함께 복용하면 위험하다는 경고가 붙어 있었다. 그러나 안타깝게도 그 당시에 일본에서는 의사들이 환자에게 암이라는 사실을 알리지 않고 치료하는 경우가 흔했기 때문에 위험성에 대해 충분히 설명하지 않고 항암제를 처방한 것이다.

누구나 쉽게 예상하겠지만 우리가 만일 개별 환자의 미생물총 염기서열 정보를 알게 된다면 병의 진단에 도움이 될 뿐만 아니라 환자에게 본인의 상태에 맞는 약을 적절한 용량으로 처방할 수 있게 될 것이다. 특정한 박테리아종을 넣거나 제거하는 방식으로 미생물총을 교정함으로써 약물에 대한 부작용을 줄이고, 또한 약물 효과를 향상하여 안정성을 보장할 수 있을 것이다. DNA 염기서열 분석 비용이 점차 저렴해지고 있기 때문에, 개별 환자의 미생물군 유전체 정보를 모니터해서 건강 위험도를 평가하고 치료과정을 기록에 남기는 과정이 현실화될 가능성이 상당히 커지고 있다.

항생제의 남용은 집약적인 농업으로 확장된다. BBC 방송진행자 존 험프리스John Humphrys는 《위험한 식탁》이라는 훌륭한 책에서 영국의 어느 목장을 방문한 이야기를 썼다. 목장 주인은 수의학이 제공하는 최고의 약물을 사용하고 있다며 튼실하고 건강해 보이는 소들을 자랑스럽게 보여주었다. 그런데 마침 한쪽 구석에 서 있는 비실비실한 소 한 마리가 험프리스의 눈에 띄었다. "저 소에 무슨 문제가 있습니까?" 그가 물었다. "오, 아니에요. 그럴 리가요. 저 삐쩍 마른 놈은 저희 집 냉장고로 들어갈 소입니다. 마누라가 애들한테 빌어먹을 약 성분이 들어가는 걸 별로 안 좋아하거든요."

유럽연합에서는 농장주가 가축에게 성장촉진제로 항생제를 사용하는 것을 금지하고 있다. 그러나 항생제는 가축을 '치료'한다는 명목하에 여전히 사용되고 있다. 미국에서는 식품의약안전청이 항생제 사용을 제한하겠다는 의사를 내비쳤음에도 불구하고 성장촉진제로써 항생제 사용을 금지하는 일에 대해서 아직 한참 뒤처지고 있다. 항생제 사용에 의해 영향을 받는 것은 비단 축산물에만 해당하는 사항은 아니다. 항생제로 범벅된 거름은 심지어 유기농 채소밭에서도 합법적으로 사용될 수 있다. 근본적으로 항생제(그리고 농약이나 호르몬을 비롯하여 안정성이 의심되는 많은 약품들) 없이 농사를 짓고 가축을 키운다는 것은 비용이 훨씬 더 드는 일이다. 그러나 당신의 돈을 어디에 지불하는 편이 더 낫겠는가? 마트 계산대, 부실한 건강, 추가 의료비, 의료보험 유지를 위해 늘어난 세금. 어느 쪽이 더 유리할지 생각해보자.

건강한 음식, 건강한 식단을 논할 때 우리는 온갖 논란거리로 둘러싸이게 된다. 버터와 기름, 어느 게 더 나쁜가? 하루에 총 몇 칼로리씩 먹는 것이 적당한가? 견과류는 몸에 좋은가 나쁜가? 살을 빼고 싶다면 탄수화물과 지방 중 어떤 것을 줄여야 하는가? 이 질문들에 대해 모든 전문가가 동의하는 답변은 없겠지만, 아마 섬유질에 대해서는 거의 모두가 같은 의견일 것이다.

2003년, 영국에서 사람들에게 매일 적어도 5회 이상의 채소와 과일을 먹도록 유도하는 'Five-a-Day' 캠페인이 시작되었다. 이제 이 캠페인은 영국인의 의식 속에 깊이 뿌리 박혀서 사람들은 와인이나 잼, 과일맛 사탕을 먹으면서도 오늘 분량을 채웠다는 농담을 하기도 한다. 호주에서는 하루에 과일 2번, 채소 5번이라는 'Go for 2&5'을 공공보건 슬로건으로 삼고 있다. 이러한 캠페인은 사람들의 식습관에 분명히 긍정적인 영향을 주고 있다. 하지만 문제는 이런 운동의 초점이 섬유질이 아니라 비타민과 미네랄에 맞춰져 있다는 사실이다. 식품제조회사들은 이 캠페인을 마케팅 기회로 삼아 토마토 퓌레나 과일 주스처럼 다양한 식품들에 대해 하루 할당량을 채울 수 있다는 공식 인증을 받아 제품을 선전, 판매하고 있다. 하지만 즙을 짜거나 갈아서 만든 과일 음료 등이 채소보다 인기 있으며, 곡물이나 씨앗, 견과류 같은 식품들은 아예 무시되는 경향이 있다. 결국, 섬유질은 필요한 만큼의 관심을 받지 못하고 있다는 말이다. 그렇다면 더 나은 슬로건은 무엇일까? "채식 위주로 먹어라." 이런 게 아닐까?

건강한 식습관과 먹을거리를 논할 때 우리 사회가 직면한 가장 큰 어려움은 바로 '삶의 속도'다. 사람들은 시간이 없다. 시간이 없는 사람들에게는 섬유질도 없다. 바쁘게 돌아가는 대다수의 선진 세계에서 전형적인 점심은 샌드위치다. 샌드위치 안에는 많아 봐야 양상추 한 겹, 약간의 구운 채소가 들어 있다. 섬유질 만찬이라고 보기는 어려운 식단이다. 저녁 역시 마찬가지다. 직접 만들어 먹을 시간이 없기 때문에 전자레인지에 급하게 돌려서 먹을 수 있는 즉석식품으로 저녁 식사를 대신한다. 역시 그 안에 채소는 별로 없다. 과일을 먹을 때도 번거롭게 껍질을 벗기고 잘라서 먹는 대신 신속 편리하게 즙을 짜거나 갈아서 병에 담긴 과일을 먹는다. 직장에 간단히 조리하거나 제대로 밥을 먹을 수 있는 시설이 없다는 점도 문제다. 식어버린 채소 반찬은 맛이 없는 법이기 때문이다. 모든 직장에 전자레인지 하나만 갖다 놓아도 직원들이 채식 위주의 식사를 하는 데 큰 도움이 될 것이다. 음식에는 지대한 관심을 가지는 우리 문화가 정작 사람들이 먹는 방법에 대해서는 별로 배려하지 않고 있다.

마지막으로, 아기 이야기를 하자. 지난 세기에 우리는 산전産前 관리와 영아, 특히 미숙아 사망률을 줄이는 데 도약적인 발전을 이루었다. 그리고 적어도 선진국에서는 수십 년간 모유 수유보다는 분유 수유가 더 흔한 수유법으로 자리를 잡고 있다가 마침내 먼 길을 돌아 다시 모유로 복귀하였다. 그러나 어떤 의미에서는 우리는 퇴보하고 있다. 우리는 현대 과학과 의학에 무한한 신뢰를 보내며, 선택의 자유에 지대한 가치를 두고 있다. 그 결과 많은 도시에서 제왕절개술이 자연 분만보다 훨씬 흔하게 이루어지고 있다. 하지만 임신과 진통, 출산과 같은 건강한 과정에서의 산모와 아이들의 건강에 대한 연구는 상대적으로 이루어지지 않고 있다. 우리는 이런 현상을 경계해야 한다.

조산사와 산부인과 의사는 제왕절개 분만과 분유 수유가 가져오는 미생물적 결과에 대해 잘 알고 있어야 한다. 그리고 임산부는 이런 사실을 알 권리가 있다. 아기를 세상 밖으로 데리고 나오는 의학 기술들은 언제나 엄마와 아기 모두에게 가장 최선의 선택이라는 지식을 바탕으로 한다. 그러나 그 지식은 지속적으로 진화한다. 결국 제왕절개 분만은 우리가 생각했던 것처럼 안전하지 않았다. 제왕절개 분만을 통해 아기가 받게 될 개조된 미생물은 그들의 미래에 영향을 미칠 것이다.

결과적으로 우리는 거대한 실험실에서 전 세대를 아우르는 아기들을 실험용 기니피그로 삼아왔다. 아기가 때가 되어 산도를 통해 스스로 모습을 드러내도록 하는 대신, 그보다 며칠 혹은 몇 주 빨리 아기가 미처 준비도 되기 전에 수술로 아기를 꺼낸다면 무슨 일이 일어날까? 미생물은 둘째 치고, 진통 중에 분비되는 엄마의 호르몬과 세상으로 나가도록 밀어내주는 압력을 빼앗아버린다면 아기는 어떻게 될까? 몇 시간의 진통을 겪으며 화학적, 물리적으로 준비할 충분한 시간을 가지는 대신 수술용 메스로 한 번 그어지고는 단숨에 임부에서 산모가 되어버린 여성에게는 무슨 일이 일어날까? 우리는 이 모든 질문들에 대한 대답을 얻기 시작했다. 하나의 사회로서, 우리는 정말로 필요한 엄마와 아기를 위해 제왕절개술을 보존해야 한다. 하지만 정말로 필요한 경우가 아니라면 자연이 그 자리를 대신하도록 해주어야 한다.

이전 세대의 아이들은 또 다른 실험의 대상이 되었다. 아기에게 엄마의 젖 대신 송아지 엄마의 젖을 주면 어떤 일이 일어나는가? 선진국에서 태어나는 아기들의 4분의 1에 대해서는 여전히 이 실험이 진행 중이다. 물론 약 5퍼센트의 여성들은 아기를 만족시킬 만큼 충분한 양의 젖이 나오지 않는다. 그리고 모유 수유를 한다는 것이 정말로 어려운 여건에 처한 사람들도 있다. 이런 여성들을 지원하고, 젖을 짜서 먹이든, 기부받은 모유를 먹이든, 분유가 되었든지 간에 엄마의 유방에서 직접 나온 모유를 대신할 수 있는 질 좋은 대안을 마련하는 것은 아주 중요한 일이다. 우리는 모유에 포함된 올리고당과 박테리아가 중요한 역할을 한다는 사실을 알게 되었다. 이렇게 진보한 지식을 바탕으로 분유의 품질을 개선한다면 모유 수유를 할 수 없는 엄마와 모유 수유를 하지 않기로 한 엄마 모두에게 크나큰 도움이 될 것이다.

조산사와 산부인과 의사, 지역 보건전문가는 모유에 대한 최신 정보를 가지고 있어야 한다. 그러면 부모들이 여러 선택 사항을 저울질하여 올바른 결정을 내리고, 자신과 아이들의 삶에 요구되는 것들 사이에서 균형을 이루어나갈 수 있도록 적절한 조언과 지원을 해줄 수 있을 것이다.

개인적 변화

선진국에 사는 우리가 자신의 선택에 따라 얼마든지 건강하게 살 수 있다는 사실은 참 다행스러운 일이다. 우리 몸을 집으로 삼는 미생물은 부모가 물려준 유전자나 환경이 야기한 감염과는 달리, 모양을 갖추고 기르고 보살피는 모든 일이 숙주인 우리 자신에게 달렸다. 성인으로서 우리가 먹는 음식과 우리가 복용하는 약이 우리가 지닌 미생물을 결정한다. 그들을 잘 대접하면 그들 역시 호의를 베풀 것이다. 더욱이 아기를 가질 계획이라면 아기의 미생물총은 부모인 우리에게, 특히 엄마에게 달려 있다.

나는 올바른 선택을 하기 위해 모든 노력을 하고 있다. 선택이란 자유의 징표이자 가능성의 상징이다. 선택은 문명사회의 핵심이다. 선택은 개인에게 자신의 삶을 나아지게 하는 힘을 부여한다. 그러나 무지한 상태로 내린 선택은 의미가 없다. 인간은 미생물총에 대한 지난 15년간의 과학적인 연구를 통해 인체를 제어하는 동시에 복잡성을 배가시키는 네트워크를 추가하였다. 미생물총은 초유기체로써 우리의 몸이 어떻게 기능하도록 프로그램되었는지에 대한 새로운 이해를 준다. 그 정보를 가지고 선택을 하는 것은 우리에게 달렸다. 내가 제안하는 것은 의식적으로 선택하자는 것이다.

• 자신의 밥상을 의식적으로 선택하라

격무에 시달리는 의사 친구들이 그들의 일상적인 업무 중에 가장 좌절하는 순간은 스스로 낫기 위해 노력하지 않는 환자를 치료하는 것이라고 말한다. 의사들이 자주 처방하는 것 중에는 활동적인 생활방식과 건강한 식사, 저지방, 저당분, 저염식, 그리고 고섬유질 식단이 있다. 어떤 환자들은 귀를 막고 듣지 않는다. 그들은 그저 약으로 문제를 해결하고 싶어 한다는 것이다. 그러나 음식이 결국 약이다.

우리 인간은 잡식성 동물로서 진화해왔다. 우리 몸이 기대하는 이상적인 식단은 채식 위주의 식사에 약간의 육식이다. 그러나 많은 사람들이 육식 위주의 식단에 약간의 채식을 가미한다. 거기다가 동물인지 식물인지도 알 수 없는 수많은 음식을 먹고 산다. 만약 채식으로 섬유질 섭취를 늘리려는 계획을 세웠다면 천천히 꾸준히 시도해서 체내의 미생물들이 적응할 시간을 주어야 한다. 지방이나 단백질, 단순당에 익숙해진 미생물들에게 섬유질을 한 번에 쏟아부으면 바람직하지 못한 효과를 낳을 수 있기 때문이다. 채소, 콩류는 과일에 비해 섬유질 함량이 높고 당성분이 낮다. 또한 과일을 갈거나 즙을 내서 먹는 것은 섬유질의 양을 감소시키고 인간의 효소에 의해 분해되어서, 열량이 소장에서 흡수될 가능성을 높인다. 이미 소화불량으로 고생하고 있다면 식단을 바꾸기 전에 의사와 상의하라.

채식하는 것은 착한 박테리아들이 장에서 균형을 유지하는 것을 도와주기 때문에 건강의 기틀을 마련하게 해준다. 그러니 좀 더 의식적으로 채식을 하라.

• 항생제를 사용할 때 의식적으로 선택하라

확실히 말하겠다. 항생제는 생명의 치료제이며, 아주 많은 경우 그들이 가져오는 위험성보다 더 큰 이로움을 준다. 그렇다. 우리는 항생제 복용을 결정할 때 미생물총을 고려해야 한다. 그러나 항생제가 없다면 나쁜 박테리아를 처리할 수 없어 착한 박테리아를 보호할 수 있는 호강을 누릴 수 없다는 것도 사실이다. 핵심은 항생제가 '나쁘다'는 것이 아니다. 그들은 병원성 박테리아에 맞서는 우리의 가장 중요한 병기다. 그러나 빈대를 잡겠다고 초가삼간을 불태울 수는 없는 일이다.

항생제 남용의 책임은 의사에게만 있는 것은 아니다. 의사들은 점심시간도 없이 수십 명의 환자를 돌봐야 하는 경우가 많다. 10분도 채 안 되는 짧은 시간에 환자를 만나 증상을 듣고 진단을 내리고 병에 관해 설명해주고 적합한 약을 처방해야 한다. 그래서 약을 왜 안 주냐고 따지고 몰아붙이는 환자들에게 그들이 원하는 것을 줘버리는 경우가 있다. 똑같이 중요한 10분 때문에 대기하고 있는 다음 환자를 위해서 말이다. 우리는 그런 진상 환자가 될지 아닐지 의식적인 선택을 해야 한다.

항생제가 정말 필요한 상황인지 결정할 때 도움이 되는 몇 가지 단계가 있다. 첫째, 병세가 나아지는지 하루나 이틀 정도 기다릴 것을 고려해보라. 내가 여기서 '고려'라는 말을 쓴 이유는 일반적인 상식선에서 생각하라는 뜻이다. 둘째, 의사가 당신에게 항생제를 권하거든 다음과 같은 질문을 하라.

하나, 내가 걸린 감염이 바이러스성 감염이 아니라 박테리아성 감염이 확실합니까?
둘, 항생제를 처방하는 이유가 치료에 결정적이기 때문입니까? 아니면 회복을 빠르게 하기 위해서입니까?
셋, 항생제를 복용하지 않고 내 면역계가 스스로 감염과 싸우게 놔둘 경우 닥칠 위험은 무엇입니까?

항생제를 복용할 것인지 말 것인지 어느 편에 서야 할지 종종 명확하지 않을 때가 있다. 하지만 항생제는 인간에게 도움을 줄 뿐 아니라 해를 줄 수도 있다는 사실을 염두에 두고 의식적인 선택을 하라. 정통한 의사와 상의하며 항생제가 주는 이득이 손해보다 큰 상황인지 따져보아야 할 것은 정통한 환자의 몫이다. 이건 내 몸에 관한 일이고, 의사는 결국 남이라는 사실을 잘 기억해라.

마지막으로 병을 치료하기 위해서 미생물총에게 양질의 식사를 주는 것이 필요한 상황이라면 그 처방을 따르라. 건강을 위한 좋은 밑거름이 될 것이다. 하지만 아직은 미생물총 과학은 시작 단계에 있는 부정확한 과학이라는 사실을 염두에 두어라. 미생물총의 구성만 보아서는, 적어도 아직은, 우리가 어떤 병을 가졌는지 밝혀낼 수 없다. 항생제를 복용하든 안 하든 의식적으로 선택하라.

• **분만과 수유 방법을 정할 때 의식적으로 선택하라**

우리는 임신과 육아에 대한 너무 많은 정보와 조언에 둘러싸여 있기 때문에 때때로 우리의 자연적인 본능이 억압되는 기분이 든다. 하지만 좋은 소식은, 미생물총에 대한 이해의 깊이와 폭이 점차 깊고 넓어지면서 우리의 자식을 위해 좀 더 쉽게 결정을 할 수 있도록 돕는 명쾌한 근거가 늘어나고 있다는 사실이다. 모두가 건강하고 모든 일이 순조롭다면, 자연을 고집하라. 문제가 생긴다면 제왕절개술과 젖병 수유가 도와줄 것이다.

우리 모두가 할 수 있는 가장 최선의 자세는 준비하고 깨어 있는 것이다. 아기를 어떤 식으로 낳을지 계획할 때 아기에게 건강한 미생물총의 씨앗을 줄 수 있는 출산 방법을 찾음으로써 의식적인 선택을 하라. 가장 좋은 출산 방법은 질식 분만이다. 만약 제왕절개술을 피할 수 없는 상황이라면, 마리아 글로리아 도밍게스-벨로가 제안한 대로 질 분비물을 적셔 갓 태어난 아기에게 문질러주어라. 그리고 이 계획을 남편과 의사와 함께 공유하라.

아기를 수유할 때, 미생물총의 싹을 키울 수 있는 좋은 먹이는 바로 모유라는 사실을 기억해라. 모유 수유를 원한다면 지식을 쌓고 지원을 구하고 굳은 결심을 하라. 인터넷을 뒤져보면 모유 수유에 관한 조언이 넘쳐난다. 특히 세계보건기구에서는 모유 수유에 관한 정보와 조언뿐 아니라 건강하고 행복한 아기를 위한 적당한 모유 수유 기간에 관한 권고 사항이 있다. 하지만 모유 수유가 생각만큼 잘 안 된다고 해서 자신을 너무 다그치지 마라. 당신의 미생물을 먹일 방법은 수없이 많다.

아기를 기르는 것에 관해서 더 좋은 뉴스들이 있다. 우리는 주위 환경의 '세균'에 대해서 마음을 놓아도 된다. 아기가 일상생활에서 마주치는 미생물 대부분은 해를 끼치지 않는다. 사실 그들은 다양한 미생물총을 보유하는 데 기여할 것이고, 면역계를 교육하는 데 도움을 줄 것이다. 항균 스프레이와 물티슈를 사용하는 것은 득보다 실이 많을 것이다.

마지막으로 어떤 선택을 하든, 의식적으로 선택하라.

선택 가능한 행복

2000년, 우리 인간 중 가장 똑똑한 구성원 몇 명이 매일 매초마다 또 다른 네 명의 새로운 인간을 구축하는 책임을 지닌 DNA 염기서열을 읽어냈다. 그것은 인간이라는 종을 정의하는 순간이었고, 내가 생물학자가 되겠다고 결심했을 때 특별히 나를 사로잡은 것이었다. 그로부터 몇 년 후에 런던의 웰컴 컬렉션 갤러리에서 나는 우리 인간의 게놈을 형성하는 A, T, C, G에 대해 기록한 책을 마주하게 되었다. 나는 위대한 자연의 업적을 눈앞에 두고 온몸이 떨려왔다. 그 두꺼운 백과사전 120권에는 인간의 영혼이 담겨 있었다. 우리 인간이 그 정수를 포착해내 종이 위에 나타냈다는 사실은 나를 매료시켰고, 내가 선택한 길에 대한 자부심 또한 더했다.

미생물군 유전체의 해독이, 그런 상징적인 방법을 이용하여 예술로 구현된 것조차, 인간의 게놈을 해독했을 때만큼 마법 같은 영향력을 발휘했을 거라고 상상하기는 어렵다. 그러나 지난 10~20년간 인체의 미생물이 우리의 일부이고 그들의 유전자는 우리의 메타게놈의 일부라는 사실을 깨달은 것이 인간의 삶을 이해하는 데 훨씬 중요한 것 같다. 미생물총은 신체 기관이다. 인체 내에서 잊힌 기관, 드러나지 않은 기관이며 인체의 다른 기관 못지않게 인간의 행복과 건강에 이바지한다. 그러나 다른 기관과는 달리 이 새로운 기관은 고정되어 있지 않다. 인간의 유전자와는 달리 우리 미생물의 유전자는 바꿀 수 있다. 우리가 품고 있는 미생물종과 그들이 포함하는 유전자 모두 우리의 소유물이다. 우리는 그들을 지배하고 있다. 우리 자신의 유전자를 고를 수는 없지만 우리의 미생물은 고를 수 있다.

인간과 미생물총의 밀접한 관계에 대해 알게 되면서 우리는 우리의 몸과 생활방식을 새로운 틀에서 해석하게 되었다. 우리의 근대적이고 기술적이며 자연이 결핍된 거시적인 삶은 우리의 진화적인 과거에 피할 수 없이 연결되고 묶여 있다. 다윈이 《종의 기원》에서 언급한 이후로 우리는 우리가 과연 누구인지를 설명하기 위해 선천적으로 타고나는 유전자에 따른 천성과 후천적으로 환경 요인이 되는 양육의 역할에 대한 논쟁을 거듭해왔다. 키가 큰 남자는 아버지의 키가 크기 때문인가 아니면 건강하게 먹고 자랐기 때문인가. 아이가 똑똑하다면 엄마가 똑똑해서인가 아니면 좋은 선생님 밑에서 교육을 잘 받았기 때문인가? 유방암에 걸린다면 유전자 때문인가 아니면 합성 호르몬 때문인가? 이것은 물론 잘못된 이분법이다. 선천성과 후천성 모두 대부분의 성격과 질병에 영향을 미치는 요인이 된다. 인간 게놈 프로젝트가 우리에게 가르쳐준 것이 있다면, 유전자, 즉 선천적인 천성은 모든 질환들에 대해 좀 더 병에 걸리기 쉬운 소인을 줄 수 있다는 것이다. 그러나 실제로 그 병을 일으키는 것은 우리의 생활습관, 식사, 노출에 따라 달렸다. 환경, 즉 후천적인 것이다.

여기에 세 번째 주자가 있다. 바로 선천성과 후천성 사이에서 애매하게 자리 잡고 있는 미생물이다. 미생물군 유전체는 인간에게 전적으로 후천적인 '환경'의 힘으로 영향력을 행사하고 있지만, 동시에 부모에게서 물려받은 선천적인 '유전자'다. 난자나 정자를 통해서도 아니고 인간의 유전자를 통해서도 아닌, 미생물군 유전체의 상당 부분이 부모에게서, 특히 엄마에게서 자식에게로 전달된다. 많은 부모들은 자식에게 최고의 유전자를 물려주고 싶어 한다. 영화 〈가타카〉는 이러한 바람과 가능성이 현실이 된 미래를 이야기하고 있다. 또한 대부분의 부모들은 할 수 있는 한 가장 행복하고 건강한 환경을 아이들에게 제공하고 싶어 한다. 미생물군 유전체는 유전적 영향성과 환경적 통제를 통해 두 가지 모두 가능하게 한다.

온갖 기대와 요란스런 선전에도 불구하고 인간 게놈은 생명의 청사진, 삶의 철학이 될 것이라는 우리의 기대를 만족시키지 못했다. 사람들은 성격이나 체질이 문제가 되는 상황에서 "내 DNA 때문이야"라고 말한다. 그러나 사실 우리는 DNA가 우리의 일상생활에는 별다른 지시를 내리지 않는다는 것을 알고 있다. 그러나 100조의 세포와 440만 개의 유전자로 구성된 나머지 90퍼센트 역시 우리 자신이다. 우리는 그들과 함께 진화해왔고 그들 없이는 살아 있을 수 없다. 다윈의 진화론, 그리고 우리의 나머지 90퍼센트가 처음으로 우리에게 어떻게 살아야 할지를 보여주고 있다.

수백만 년 동안 인간과 함께 동고동락해온 미생물을 보듬어 껴안는 것. 그것이 진정으로 우리 자신을 가치 있게 여기는 첫걸음이며 최종적으로는 100퍼센트 인간이 되는 방법인 것이다.

나오며

100퍼센트 인간

2010년 겨울, 나는 쉴 틈도 주지 않고 찾아오는 통증에 지쳐가면서도 하루에 열 시간 이상 깨어 있으려고 몸부림치고 있었다. 그때 나는 몸이 나을 수만 있다면 뭐든지 할 수 있었고, 마침내 선택한 것은 항생제였다. 도려낸 발가락 뼛속을 채운 항생제 염주, 캐뉼라를 통해 핏속으로 주입된 액상 항생제, 캡슐 째로 삼키면 장 속에서 녹아 나오는 가루 항생제까지. 하지만 이렇게 항생제를 퍼부으면서도 내 인생을 엉망으로 만든 이 끔찍한 감염을 항생제가 정말로 고쳐줄 거라고는 생각지 못했다. 그래서 이 강력한 약물 덕분에 건강을 되찾고 삶의 충만함을 되돌려 받은 것에 대해 평생을 진심으로 감사할 것이다.

항생제 덕분에 나는 내 몸을 공유하는 100조 마리 친구들의 존재를 깨달았다. 미생물이 내 건강과 행복에 이바지한다는 사실을 배우면서 나 자신의 삶뿐만 아니라 생물학적 의미에서 살아 있는 생명의 존재와

공존에 대해 완전히 다른 관점을 가지게 되었다. 사실 이 책을 쓰기 위한 모든 연구 조사는 개인적인 관심과 필요에서 시작되었다. 비록 의도한 바는 아니었지만 내 몸 안의 미생물을 다치게 한 것이 곧 나 자신에게 해를 끼친 것이었는지 알고 싶었다. 그리고 무엇보다도 건강을 되찾을 수 있도록 미생물총을 재건할 방법이 있는지 알고 싶었다.

미생물총의 미학은, 맘대로 조절할 수 없는 인간 유전자와는 달리 어느 정도 통제가 가능하다는 데 있다. 이 책을 쓰기 위한 자료 조사를 시작하면서 콜로라도 주립대학교 롭 나이트의 연구팀이 주도한 아메리카 장 프로젝트라는 민간참여 과학 프로그램에 내 장내 미생물의 샘플을 보냈다. 내가 가진 박테리아의 DNA 염기서열을 밝힘으로써 내가 어떤 박테리아의 숙주 노릇을 하고 있는지 알 수 있었다. 수차례의 항생제 폭격에도 살아남은 미생물이 있다는 사실에 만족스러우면서도, 내 박테리아는 다른 문의 박테리아는 없이 오로지 의간균문과 후벽균문의 두 문으로만 구성되었다는 사실이 염려되었다.

내가 앞으로 추구해야 할 것은 다양성인 것 같았다. 아마존 열대우림이나 말라위의 시골에 사는 사람들은 항생제가 뭔지도 모른다. 또 그들은 건강하지 못한 서구식 밥상과도 거리가 먼 삶을 산다. 이들은 자연분만으로 태어나 몇 해씩 엄마의 젖을 먹고 자란다. 그리고 이 사람들의 장 속에 사는 박테리아는 서구 사람들의 박테리아에 비해 훨씬 다양하다. 이들처럼 내 몸에 다양한 박테리아가 살게 된다면 과연 나에게 어떤 이로움을 줄지, 그리고 내가 이들처럼 건강하게 밥을 먹는다면 다양한 미생물을 얻을 수 있을지 궁금했다.

내 대변 샘플에서 검출된 박테리아 중에 유독 수테렐라*Sutterella*속의 박테리아가 많다는 사실이 무척 흥미로웠다. 살인 진드기 감염을 앓으면서 피곤할 때면 얼굴이나 목의 근육이 내 의지와 상관없이 움찔거리는 틱 장애가 생겼다. 틱 증상이 나타나면 신경이 쓰이고 마음이 심란했다. 자폐 장애가 있는 사람 중에서도 나처럼 신체적 틱 증상을 보이는 사람에게 수테렐라가 많이 나타난다는 사실을 알게 됐다. 과연 수테렐라가 늘어난 것이 내 틱의 원인인지 궁금했다. 아직 연구가 진행 중이라 확신할 수는 없지만 분명히 시사하는 바가 크다. 물론 현재까지 미생물총 분야는 유아기 단계에 있다는 사실을 기억하자. 아직 미생물군 유전체를 통해 건강 장애를 진단할 정도의 지식은 쌓이지 않았다. 각 미생물의 유전자, 종, 군집이 우리 건강과 행복에 구체적으로 어떤 구실을 하는지 밝혀지는 데는 많은 시간이 걸릴 것이다.

나는 미생물총, 정확히 말하면 내 미생물총의 존재에 대해서 알기 전에는 내 입으로 무엇이 들어가는지 별로 신경 쓰지 않았다. "사람은 먹는 대로 간다"는 말이 와 닿지도 않았고, 음식이 건강과 웰빙을 좌우한다는 발상에도 회의적이었다. 평소에 패스트푸드나 간식을 즐기는 편이 아니라서 이 정도면 식습관이 건강한 편이라고 자부했지만, 사실 채소를 별로 좋아하지 않았다. 나는 내가 먹는 식사에 이렇게 섬유질이 부족한지 몰랐다. 항상 마른 편이었기 때문에 건강하게 먹고 있는 것이려니 생각했다. 하지만 이제 나는 음식을 완전히 다른 관점으로 보게 되었다. 인간 세포가 추출하는 영양소에 관해서만 생각하는 게 아니라 미생물 세포가 얻어내는 영양소까지 고려하게 됐다. 오늘 저녁에 스파게티를 먹는다면 어떤 박테리아가 좋아할까? 스파게티로 박테리아는 무엇을 만들어낼까? 박테리아가 스파게티를 분해하여 만든 물질이 내 장벽 투과도에 영향을 줄까? 그 물질이 내 기분도 좋게 할 수 있을까? 혀가 즐거운 음식을 먹느라고 뱃속에서 기다리는 미생물 먹이를 잊은 건 아니겠지?

미생물총을 거둬 먹인다고 해서 예전과 크게 달라진 것은 없었다. 내 한 끼 식사는 여전히 비슷하다. 다만 섬유질을 늘렸을 뿐이다. 예를 들어 아침에는 식품첨가물과 설탕 범벅이지만 섬유질은 부족한 시판 시리얼을 먹는 대신 오트밀용 귀리에 밀과 보리를 섞고, 견과류나 씨앗, 신선한 딸기나 블루베리, 무설탕 생 요거트와 우유를 넣어서 먹는다. 맛도 좋고 저렴할 뿐 아니라 내 착한 미생물에게도 푸짐한 잔칫상 차림이다.

주말이면 여전히 기름진 음식을 즐기지만 대신 꼭 콩이나 버섯을 곁들인다. 흰 쌀밥 대신에 현미를 먹는다. 가끔 파스타 대신 렌틸콩을 먹을 때도 있다. 폭신한 흰 식빵 토스트 대신 빽빽한 견과류 호밀빵을 먹는다. 점심에는 메뉴에 상관없이 항상 냉동 완두콩을 전자레인지에 돌리거나 시금치를 살짝 데쳐서 같이 먹는다. 계산해 보니 섬유질 섭취량이 하루에 15그램에서 60그램 정도로 늘었는데 생각보다 쉬운 일이었다. 예전에는 아침으로 섬유질을 겨우 2그램 먹었지만, 지금은 예전 하루 섭취량보다도 많은 16그램을 먹는다. 아이러니하게도 내가 예전에 늘 먹던 아침 시리얼 상자를 보니 섬유질 함량이 높다는 광고문구가 있다.

그렇다면 이런 식습관의 변화가 내 미생물총에게 어떤 변화를 일으켰는지 궁금하지 않은가? 미생물 친화 식단을 시작한 이후 나는 다시

한 번 장내 미생물 DNA 염기서열 분석을 의뢰했다. 그리고 결과는, 아주 과학적이라고 할 수는 없지만, 확실히 노력의 흔적을 보여주고 있었다. 내게 일어난 가장 큰 변화는 다름 아닌 아커만시아, 2장에서 나왔던 바로 그 마른 세균이 돌아왔다는 사실이다. 섬유질 식단을 시작한 이후로 아커만시아의 양이 예전보다 60배 이상 늘었다. 내 친구 아커만시아가 장 내벽에게 점액질을 더 많이 분비하도록 하는 구슬리는 모습이 떠올랐다. 장 내벽이 두터운 점액질 층으로 보호되면, 면역계의 비위를 건드리고 에너지 저장 형태를 바꾸는 LPS 분자가 혈관으로 침입하는 것을 막아줄 것이다.

섬유질 식이요법을 시작한 이후로 부티르산을 생성하는 피칼리박테륨과 비피도박테륨 팀도 대폭 증가했다. 덕분에 장벽 세포들이 서로 단단히 열을 지어 장벽을 견고하게 지키고 면역계를 진정시켜줄 거라고 믿는다. 지금까지는 아주 만족스럽다. 하지만 그래서 내 건강은 어떻게 되었을까? 나는 점점 나아진다는 것을 느낀다. 적어도 지금까지는 피로를 덜 느끼고 몸의 발진도 아주 깨끗해졌다. 이 변화가 단지 운인지, 플라시보 효과인지, 아니면 순수하게 섬유질을 충실히 먹어서 나타난 결과인지는 시간이 지나면 알게 될 것이다. 하지만 나는 멈추지 않을 것이다. 잠깐의 고섬유질 식이요법 후에 나타난 내 미생물총의 변화가 영구적이진 않을 것이기 때문이다. 이를 무기한 유지하기 위해서는 계속 섬유질을 섭취해서 섬유질을 기다리는 친구들을 먹여 살려야 한다.

일차적으로는 유익균을 증가시키기는 것이 목적이지만, 여기엔 나 자신의 건강을 지키는 것 이상의 뜻이 담겨 있다. 나는 엄마가 되려고 한다. 그래서 내 인간 세포와 미생물 세포를 모두 잘 돌봐야 할 더 큰 이유가 생겼다. 항생제 복용이 내 미생물총을 나쁘게 바꾸어놓았다는 전제하에, 그것을 내 아이들에게 물려주기 전에 되도록 예전 모습으로 돌려놓고 싶다. 채식하는 것이 도움된다면 나는 의식적으로 채식을 선택할 것이다.

나는 얼마 전까지도 아기를 낳고 기른다는 것에 대한 확신이 없었다. 현대 의학이 나와 내 아기를 최고로 보살펴줄 거라고 믿었는데도 말이다. 물론 지금도 그렇다. 하지만 문제가 생겼을 경우에만이다. 모든 것이 순탄하게 흘러간다면 나는 자연적인 것을 고수하고 싶다. 포유류가 수백만 년 동안 새끼를 낳았던 방법, 그리고 새끼를 위해 알맞게 진화된 그 젖을 말이다. 나는 앞으로 많은 결정을 내려야 하고, 균형을 맞춰나가야 한다. 그러나 결정을 앞두고 다른 요인보다도 내가 미생물총의 가치에 대해 새롭게 얻은 지식을 충분히 사용할 것이다.

내 가장 우선순위는 태어나는 아기에게 내 피부 미생물이나 의사, 간호사의 손에 사는 박테리아가 들어 있지 않은 미생물총을 전해주는 것이다. 만약 제왕절개술을 선택할 수밖에 없는 상황이라면, 마리아 글로리아 도밍게스-벨로가 제안한 대로 자연을 최대로 흉내 내어 질 미생물총을 아기에게 발라줄 것이다. 모유 수유는 쉽지 않은 일이라는 것을 안다. 하지만 지식과 용기로 무장하고 남편의 지지와 응원으로 힘을 얻어 고통과 피로를 이겨내고, 갓 태어난 아기와 미숙한 어려움의 시기를 함께 헤쳐나갈 준비가 되어 있다. 그리고 세계보건기구의 지침에 따라 6개월은 온전히 모유 수유만, 그리고 이후에는 2년까지 모유 수유를 계속할 것이다. 이상이 내 목표이며 내 의식적인 선택이다.

마지막으로 항생제에 도달했다. 이 놀라운 약물 덕분에 나는 과거가 남긴 감염병으로부터 현재의 21세기형 질병까지 모조리 겪었다. 항생제는 내가 다시는 영위하지 못하리라고 생각했던 삶의 질을 되돌려주었지만, 그 과정에서 경험하지 못했던 새로운 영역 또한 맛보게 해주었다. 나는 항생제가 나쁘다고 말하려는 게 아니다. 항생제는 사람의 생명을 살리는 소중한 약물이다. 하지만 항생제는 완벽한 약물이 아니고 사용에는 반드시 대가가 따른다는 사실을 인지해야 할 것이다. 마지막 항생체 치료 이후 운 좋게도 아직 항생제를 먹어야 할 일은 없었다. 나와 내 아이들에게 항생제가 정말로 필요한 상황에 닥친다면 나는 주저하지 않고 항생제를 사용할 것이다. 다만 항생제를 사용할 때는 프로바이오틱스와 함께 복용하여 항생제의 부작용이나 예상치 못한 피해를 최소화할 것이다. 그러나 내 면역계가 감염을 스스로 다스리도록 기다려도 괜찮은 상황이라면 아마 참고 기다리는 것이 내 의식적인 선택이 될 것이다.

나와 내 미생물은 천천히 관계를 회복하고 있다. 항생제가 없는 삶은 매우 다를 것이다. 그러나 지금 나는 건강하고 한 가지는 확실하게 알고 있다. 바로 내 몸 안의 미생물이 가장 먼저라는 사실이다. 어쨌거나 나는 10퍼센트 인간이기 때문이다.

| 참고문헌

머리말

1. International Human Genome Sequencing Consortium (2004). Finishing the euchromatic sequence of the human genome. Nature 431: 931-945.

2. Nyholm, S.V. and McFall-Ngai, M.J. (2004). The winnowing: Establishing the squid-Vibrio symbiosis. *Nature Reviews Microbiology* 2: 632-642.

3. Bollinger, R.R. *et al.* (2007). Biofilms in the large bowel suggest an apparent function of the human vermiform appendix. *Journal of Theoretical Biology* 249: 826-831.

4. Short, A.R. (1947). The causation of appendicitis. *British Journal of Surgery* 53: 221-223.

5. Barker, D.J.P. (1985). Acute appendicitis and dietary fibre: an alternative hypothesis. *British Medical Journal* 290: 1125-1127.

6. Barker, D.J.P. *et al.* (1988). Acute appendicitis and bathrooms in three samples of British children. *British Medical Journal* 296: 956-958.

7. Janszky, I. *et al.* (2011). Childhood appendectomy, tonsillectomy, and risk for premature acute myocardial infarction-a nationwide population-based cohort study. *European Heart Journal* 32: 2290-2296.

8. Sanders, N.L. *et al.* (2013). Appendectomy and *Clostridium difficile* colitis: Relationships revealed by clinical observations and immunology. *World Journal of Gastroenterology* 19: 5607-

5614.

9. Bry, L. et al. (1996). A model of host-microbial interactions in an open mammalian ecosystem. *Science* 273: 1380 – 1383.

10. The Human Microbiome Project Consortium (2012). Structure, function and diversity of the healthy human microbiome. *Nature* 486: 207 – 214.

1장

1. Gale, E.A.M. (2002). The rise of childhood type 1 diabetes in the 20th century. *Diabetes* 51: 3353 – 3361.

2. World Health Organisation (2014). Global Health Observatory Data – Overweight and Obesity. Available at: http://www.who.int/gho/ncd/risk_factors/overweight/en/.

3. Centers for Disease Control and Prevention (2014). Prevalence of Autism Spectrum Disorder Among Children Aged 8 Years – Autism and Developmental Disabilities Monitoring Network, 11 Sites, United States, 2010. *MMWR* 63 (No. SS-02): 1 – 21.

4. Bengmark, S. (2013). Gut microbiota, immune development and function. *Pharmacological Research* 69: 87 – 113.

5. von Mutius, E. *et al.* (1994) Prevalence of asthma and atopy in two areas of West and East Germany. *American Journal of Respiratory and Critical Care Medicine* 149: 358 – 364.

6. Aligne, C.A. *et al.* (2000). Risk factors for pediatric asthma: Contributions of poverty, race, and urban residence. *American Journal of Respiratory and Critical Care Medicine* 162: 873 – 877.

7. Ngo, S.T., Steyn, F.J. and McCombe, P.A. (2014). Gender differences in autoimmune disease. *Frontiers in Neuroendocrinology* 35: 347 – 369.

8. Krolewski, A.S. *et al.* (1987). Epidemiologic approach to the etiology of type 1 diabetes mellitus and its complications. *The New England Journal of Medicine* 26: 1390 – 1398.

9. Bach, J.-F. (2002). The effect of infections on susceptibility to autoimmune and allergic diseases. *The New England Journal of Medicine* 347: 911 – 920.

10. Uramoto, K.M. *et al.* (1999) Trends in the incidence and mortality of systemic lupus erythematosus, 1950 – 1992. *Arthritis & Rheumatism* 42: 46 – 50.

11. Alonso, A. and Hernan, M.A. (2008). Temporal trends in the incidence of multiple sclerosis: A systematic review. *Neurology* 71: 129 – 135.

12. Werner, S. *et al.* (2002). The incidence of atopic dermatitis in school entrants is associated

with individual lifestyle factors but not with local environmental factors in Hannover, Germany. *British Journal of Dermatology* 147: 95–104.

2장

1. Bairlein, F. (2002). How to get fat: nutritional mechanisms of seasonal fat accumulation in migratory songbirds. *Naturwissenschaften* 89: 1–10.
2. Heini, A.F. and Weinsier, R.L. (1997). Divergent trends in obesity and fat intake patterns: The American paradox. *American Journal of Medicine* 102: 259–264.
3. Silventoinen, K. *et al.* (2004). Trends in obesity and energy supply in the WHO MONICA Project. *International Journal of Obesity* 28: 710–718.
4. Troiano, R.P. *et al.* (2000). Energy and fat intakes of children and adolescents in the United States: data from the National Health and Nutrition Examination Surveys. *American Journal of Clinical Nutrition* 72: 1343s–1353s.
5. Prentice, A.M. and Jebb, S.A. (1995). Obesity in Britain: Gluttony or sloth? *British Journal of Medicine* 311: 437–439.
6. Westerterp, K.R. and Speakman, J.R. (2008). Physical activity energy expenditure has not declined since the 1980s and matches energy expenditures of wild mammals. *International Journal of Obesity* 32: 1256–1263.
7. World Health Organisation (2014). Global Health Observatory Data – Overweight and Obesity. Available at: http://www.who.int/gho/ncd/risk_factors/overweight/en/.
8. Speliotes, E.K. *et al.* (2010). Association analyses of 249,796 individuals reveal 18 new loci associated with body mass index. *Nature Genetics* 42: 937–948.
9. Marshall, J.K. *et al.* (2010). Eight year prognosis of postinfectious irritable bowel syndrome following waterborne bacterial dysentery. *Gut* 59: 605–611.
10. Gwee, K.-A. (2005). Irritable bowel syndrome in developing countries – a disorder of civilization or colonization? *Neurogastroenterology and Motility* 17: 317–324.
11. Collins, S.M. (2014). A role for the gut microbiota in IBS. *Nature Reviews Gastroenterology and Hepatology* 11: 497–505.
12. Jeffery, I.B. *et al.* (2012). An irritable bowel syndrome subtype defined by species-specific alterations in faecal microbiota. *Gut* 61: 997–1006.
13. Backhed, F. *et al.* (2004). The gut microbiota as an environmental factor that regulates fat storage. *Proceedings of the National Academy of Sciences* 101: 15718–15723.

14. Ley, R.E. *et al.* (2005). Obesity alters gut microbial ecology. *Proceedings of the National Academy of Sciences* 102: 11070 – 11075.

15. Turnbaugh, P.J. *et al.* (2006). An obesity-associated gut microbiome with increased capacity for energy harvest. *Nature* 444: 1027 – 1031.

16. Centers for Disease Control (2014). Obesity Prevalence Maps. Available at: http://www.cdc.gov/obesity/data/prevalence-maps.html.

17. Gallos, L.K. *et al.* (2012). Collective behavior in the spatial spreading of obesity. *Scientific Reports* 2: no. 454.

18. Christakis, N.A. and Fowler, J.H. (2007). The spread of obesity in a large social network over 32 years. *The New England Journal of Medicine* 357: 370 – 379.

19. Dhurandhar, N.V. *et al.* (1997). Association of adenovirus infection with human obesity. *Obesity Research* 5: 464 – 469.

20. Atkinson, R.L. *et al.* (2005). Human adenovirus-36 is associated with increased body weight and paradoxical reduction of serum lipids. *International Journal of Obesity* 29: 281 – 286.

21. Everard, A. *et al.* (2013). Cross-talk between *Akkermansia muciniphila* and intestinal epithelium controls diet-induced obesity. *Proceedings of the National Academy of Sciences* 110: 9066 – 9071.

22. Liou, A.P. *et al.* (2013). Conserved shifts in the gut microbiota due to gastric bypass reduce host weight and adiposity. *Science Translational Medicine* 5: 1 – 11.

3장

1. Sessions, S.K. and Ruth, S.B. (1990). Explanation for naturally occurring supernumerary limbs in amphibians. *Journal of Experimental Biology* 254: 38 – 47.

2. Andersen, S.B. *et al.* (2009). The life of a dead ant: The expression of an adaptive extended phenotype. *The American Naturalist* 174: 424 – 433.

3. Herrera, C. *et al.* (2001). Maladie de Whipple: Tableau psychiatrique inaugural. *Revue Medicale de Liege* 56: 676 – 680.

4. Kanner, L. (1943). Autistic disturbances of affective contact. *Nervous Child* 2: 217 – 250.

5. Centers for Disease Control and Prevention (2014). Prevalence of Autism Spectrum Disorder Among Children Aged 8 Years – Autism and Developmental Disabilities Monitoring Network, 11 Sites, United States, 2010. *MMWR* 63 (No. SS-02): 1 – 21.

6. Bolte, E.R. (1998). Autism and *Clostridium tetani*. *Medical Hypotheses* 51: 133 – 144.

7. Sandler, R.H. *et al.* (2000). Short-term benefit from oral vancomycin treatment of regressive-onset autism. *Journal of Child Neurology* 15: 429-435.

8. Sudo, N., Chida, Y. *et al.* (2004). Postnatal microbial colonization programs the hypothalamic-pituitary-adrenal system for stress response in mice. *Journal of Physiology* 558: 263-275.

9. Finegold, S.M. *et al.* (2002). Gastrointestinal microflora studies in lateonset autism. *Clinical Infectious Diseases* 35 (Suppl 1): S6-S16.

10. Flegr, J. (2007). Effects of *Toxoplasma* on human behavior. *Schizophrenia Bulletin* 33: 757-760.

11. Torrey, E.F. and Yolken, R.H. (2003). *Toxoplasma gondii and schizophrenia. Emerging Infectious Diseases* 9: 1375-1380.

12. Brynska, A., Tomaszewicz-Libudzic, E. and Wolanczyk, T. (2001). Obsessive-compulsive disorder and acquired toxoplasmosis in two children. *European Child and Adolescent Psychiatry* 10: 200-204.

13. Cryan, J.F. and Dinan, T.G. (2012). Mind-altering microorganisms: the impact of the gut microbiota on brain and behaviour. *Nature Reviews Neuroscience* 13: 701-712.

14. Bercik, P. *et al.* (2011). The intestinal microbiota affect central levels of brain-derived neurotropic factor and behavior in mice. *Gastroenterology* 141: 599-609.

15. Voigt, C.C., Caspers, B. and Speck, S. (2005). Bats, bacteria and bat smell: Sex-specific diversity of microbes in a sexually-selected scent organ. *Journal of Mammalogy* 86: 745-749.

16. Sharon, G. *et al.* (2010). Commensal bacteria play a role in mating preference of *Drosophila melanogaster. Proceedings of the National Academy of Sciences* 107: 20051-20056.

17. Wedekind, C. *et al.* (1995). MHC-dependent mate preferences in humans. *Proceedings of the Royal Society B* 260: 245-249.

18. Montiel-Castro, A.J. *et al.* (2013). The microbiota-gut-brain axis: neurobehavioral correlates, health and sociality. *Frontiers in Integrative Neuroscience* 7: 1-16.

19. Dinan, T.G. and Cryan, J.F. (2013). Melancholic microbes: a link between gut microbiota and depression? *Neurogastroenterology & Motility* 25: 713-719.

20. Khansari, P.S. and Sperlagh, B. (2012). Inflammation in neurological and psychiatric diseases. *Inflammopharmacology* 20: 103-107.

21. Hornig, M. (2013). The role of microbes and autoimmunity in the pathogenesis of neuropsychiatric illness. *Current Opinion in Rheumatology* 25: 488-495.

22. MacFabe, D.F. *et al.* (2007). Neurobiological effects of intraventricular propionic acid in rats: Possible role of short chain fatty acids on the pathogenesis and characteristics of autism spectrum disorders. *Behavioural Brain Research* 176: 149–169.

4장

1. Strachan, D.P. (1989). Hay fever, hygiene, and household size. *British Medical Journal*, 299: 1259–1260.
2. Rook, G.A.W. (2010). 99th Dahlem Conference on Infection, Inflammation and Chronic Inflammatory Disorders: Darwinian medicine and the 'hygiene' or 'old friends' hypothesis. *Clinical & Experimental Immunology* 160: 70–79.
3. Zilber-Rosenberg, I. and Rosenberg, E. (2008). Role of microorganisms in the evolution of animals and plants: the hologenome theory of evolution. *FEMS Microbiology Reviews* 32: 723–735.
4. Williamson, A.P. *et al.* (1977). A special report: Four-year study of a boy with combined immune deficiency maintained in strict reverse isolation from birth. *Pediatric Research* 11: 63–64.
5. Sprinz, H. *et al.* (1961). The response of the germ-free guinea pig to oral bacterial challenge with *Escherichia coli and Shigella flexneri. American Journal of Pathology* 39: 681–695.
6. Wold, A.E. (1998). The hygiene hypothesis revised: is the rising frequency of allergy due to changes in the intestinal flora? *Allergy* 53 (s46): 20–25.
7. Sakaguchi, S. *et al.* (2008). Regulatory T cells and immune tolerance. *Cell* 133: 775–787.
8. Ostman, S. *et al.* (2006). Impaired regulatory T cell function in germfree mice. *European Journal of Immunology* 36: 2336–2346.
9. Mazmanian, S.K. and Kasper, D.L. (2006). The love–hate relationship between bacterial polysaccharides and the host immune system. *Nature Reviews Immunology* 6: 849–858.
10. Miller, M.B. *et al.* (2002). Parallel quorum sensing systems converge to regulate virulence in *Vibrio cholerae. Cell* 110: 303–314.
11. Fasano, A. (2011). Zonulin and its regulation of intestinal barrier function: The biological door to inflammation, autoimmunity, and cancer. *Physiological Review* 91: 151–175.
12. Fasano, *A. et al.* (2000). Zonulin, a newly discovered modulator of intestinal permeability, and its expression in coeliac disease. *The Lancet*, 355: 1518–1519.
13. Maes, M., Kubera, M. and Leunis, J.-C. (2008). The gut–brain barrier in major

depression: Intestinal mucosal dysfunction with an increased translocation of LPS from gram negative enterobacteria (leaky gut) plays a role in the inflammatory pathophysiology of depression. *Neuroendocrinology Letters* 29: 117–124.

14. de Magistris, L. *et al.* (2010). Alterations of the intestinal barrier in patients with autism spectrum disorders and in their first-degree relatives. *Journal of Pediatric Gastroenterology and Nutrition* 51: 418–424.
15. Grice, E.A. and Segre, J.A. (2011). The skin microbiome. *Nature Reviews Microbiology* 9: 244–253.
16. Farrar, M.D. and Ingham, E. (2004). Acne: Inflammation. *Clinics in Dermatology* 22: 380–384.
17. Kucharzik, T. *et al.* (2006). Recent understanding of IBD pathogenesis: Implications for future therapies. *Inflammatory Bowel Diseases* 12: 1068–1083.
18. Schwabe, R.F. and Jobin, C. (2013). The microbiome and cancer. *Nature Reviews Cancer* 13: 800–812.

5장

1. Nicholson, J.K., Holmes, E. & Wilson, I.D. (2005). Gut microorganisms, mammalian metabolism and personalized health care. *Nature Reviews Microbiology* 3: 431–438.
2. Sharland, M. (2007). The use of antibacterials in children: a report of the Specialist Advisory Committee on Antimicrobial Resistance (SACAR) Paediatric Subgroup. *Journal of Antimicrobial Chemotherapy* 60 (S1): i15–i26.
3. Gonzales, R. *et al.* (2001). Excessive antibiotic use for acute respiratory infections in the United States. *Clinical Infectious Diseases* 33: 757–762.
4. Dethlefsen, L. *et al.* (2008). The pervasive effects of an antibiotic on the human gut microbiota, as revealed by deep 16S rRNA sequencing. *PLoS Biology* 6: e280.
5. Haight, T.H. and Pierce, W.E. (1955). Effect of prolonged antibiotic administration on the weight of healthy young males. *Journal of Nutrition* 10: 151–161.
6. Million, M. *et al.* (2013). *Lactobacillus reuteri* and *Escherichia* coli in the human gut microbiota may predict weight gain associated with vancomycin treatment. *Nutrition & Diabetes* 3: e87.
7. Ajslev, T.A. *et al.* (2011). Childhood overweight after establishment of the gut microbiota: the role of delivery mode, pre-pregnancy weight and early administration of antibiotics. *International Journal of Obesity* 35: 522–9.

8. Cho, I. *et al*. (2012). Antibiotics in early life alter the murine colonic microbiome and adiposity. *Nature* 488: 621–626.

9. Cox, L.M. *et al*. (2014). Altering the intestinal microbiota during a critical developmental window has lasting metabolic consequences. *Cell* 158: 705–721.

10. Hu, X., Zhou, Q. and Luo, Y. (2010). Occurrence and source analysis of typical veterinary antibiotics in manure, soil, vegetables and groundwater from organic vegetables bases, northern China. *Environmental Pollution* 158: 2992–2998.

11. Niehus, R.M.A. and Lord, C. (2006). Early medical history of children with autistic spectrum disorders. *Journal of Developmental and Behavioral Pediatrics* 27 (S2): S120–S127.

12. Margolis, D.J., Hoffstad, O. and Biker, W. (2007). Association or lack of association between tetracycline class antibiotics used for acne vulgaris and lupus erythematosus. *British Journal of Dermatology* 157: 540–546.

13. Tan, L. *et al*. (2002). Use of antimicrobial agents in consumer products. *Archives of Dermatology* 138: 1082–1086.

14. Aiello, A.E. *et al.* (2008). Effect of hand hygiene on infectious disease risk in the community setting: A meta-analysis. *American Journal of Public Health* 98: 1372–1381.

15. Bertelsen, R.J. *et al*. (2013). Triclosan exposure and allergic sensitization in Norwegian children. *Allergy* 68: 84–91.

16. Syed, A.K. *et al*. (2014). Triclosan promotes Staphylococcus aureus nasal colonization. *mBio* 5: e01015–13.

17. Dale, R.C. *et al*. (2004). Encephalitis lethargica syndrome: 20 new cases and evidence of basal ganglia autoimmunity. *Brain* 127: 21–33.

18. Mell, L.K., Davis, R.L. and Owens, D. (2005). Association between streptococcal infection and obsessive-compulsive disorder, Tourette's syndrome, and tic disorder. *Pediatrics* 116: 56–60.

19. Fredrich, E. *et al*. (2013). Daily battle against body odor: towards the activity of the axillary microbiota. *Trends in Microbiology* 21: 305–312.

20. Whitlock, D.R. and Feelisch, M. (2009). Soil bacteria, nitrite, and the skin. In: Rook, G.A.W. ed. *The Hygiene Hypothesis and Darwinian Medicine*. Birkhauser Basel, pp. 103–115.

6장

1. Zhu, L. *et al.* (2011). Evidence of cellulose metabolism by the giant panda gut microbiome.

Proceedings of the National Academy of Sciences 108: 17714－17719.

2. De Filippo, C. *et al.* (2010). Impact of diet in shaping gut microbiota revealed by a comparative study in children from Europe and rural Africa. *Proceedings of the National Academy of Sciences* 107: 14691－14696.

3. Ley, R. *et al.* (2006). Human gut microbes associated with obesity. *Nature* 444: 1022－1023.

4. Foster, R. and Lunn, J. (2007). 40th Anniversary Briefing Paper: Food availability and our changing diet. *Nutrition Bulletin* 32: 187－249.

5. Lissner, L. and Heitmann, B.L. (1995). Dietary fat and obesity: evidence from epidemiology. *European Journal of Clinical Nutrition* 49: 79－90.

6. Barclay, A.W. and Brand-Miller, J. (2011). The Australian paradox: A substantial decline in sugars intake over the same timeframe that overweight and obesity have increased. *Nutrients* 3: 491－504.

7. Heini, A.F. and Weinsier, R.L. (1997). Divergent trends in obesity and fat intake patterns: The American paradox. *American Journal of Medicine* 102: 259－264.

8. David, L.A. *et al.* (2014). Diet rapidly and reproducibly alters the human gut microbiome. *Nature* 505: 559－563.

9. Hehemann, J.-H. *et al.* (2010). Transfer of carbohydrate-active enzymes from marine bacteria to Japanese gut microbiota. *Nature* 464: 908－912.

10. Cani, P.D. *et al.* (2007). Metabolic endotoxaemia initiates obesity and insulin resistance. *Diabetes* 56: 1761－1772.

11. Neyrinck, A.M. *et al*. (2011). Prebiotic effects of wheat arabinoxylan related to the increase in bifidobacteria, *Roseburia* and *Bacteroides/ Prevotella* in diet-induced obese mice. *PLoS ONE* 6: e20944.

12. Everard, A. *et al.* (2013). Cross-talk between *Akkermansia muciniphila* and intestinal epithelium controls diet-induced obesity. *Proceedings of the National Academy of Sciences* 110: 9066－9071.

13. Maslowski, K.M. (2009). Regulation of inflammatory responses by gut microbiota and chemoattractant receptor GPR43. *Nature* 461: 1282－1286.

14. Brahe, L.K., Astrup, A. and Larsen, L.H. (2013). Is butyrate the link between diet, intestinal microbiota and obesity-related metabolic disorders? *Obesity Reviews* 14: 950－959.

15. Slavin, J. (2005). Dietary fibre and body weight. *Nutrition* 21: 411－418.

16. Liu, S. (2003). Relation between changes in intakes of dietary fibre and grain products and

changes in weight and development of obesity among middle-aged women. *American Journal of Clinical Nutrition* 78: 920 – 927.

17. Wrangham, R. (2010). *Catching Fire: How Cooking Made Us Human*. Profile Books, London.

7장

1. Funkhouser, L.J. and Bordenstein, S.R. (2013). Mom knows best: The universality of maternal microbial transmission. *PLoS Biology* 11: e10016331.
2. Dominguez-Bello, M.-G. *et al.* (2011). Development of the human gastrointestinal microbiota and insights from high-throughput sequencing. *Gastroenterology* 140: 1713 – 1719.
3. Se Jin Song, B.S., Dominguez-Bello, M.-G. and Knight, R. (2013). How delivery mode and feeding can shape the bacterial community in the infant gut. *Canadian Medical Association Journal* 185: 373 – 374.
4. Kozhumannil, K.B., Law, M.R. and Virnig, B.A. (2013). Cesarean delivery rates vary tenfold among US hospitals: reducing variation may address quality and cost issues. *Health Affairs* 32: 527 – 535.
5. Gibbons, L. *et al.* (2010). The global numbers and costs of additionally needed and unnecessary Caesarean sections performed per year: Overuse as a barrier to universal coverage. *World Health Report Background Paper*, No. 30.
6. Cho, C.E. and Norman, M. (2013). Cesarean section and development of the immune system in the offspring. *American Journal of Obstetrics & Gynecology* 208:249 – 254.
7. Schieve, L.A. *et al.* (2014). Population attributable fractions for three perinatal risk factors for autism spectrum disorders, 2002 and 2008 autism and developmental disabilities monitoring network. *Annals of Epidemiology* 24: 260 – 266.
8. MacDorman, M.F. *et al.* (2006). Infant and neonatal mortality for primary Cesarean and vaginal births to women with 'No indicated risk', United States, 1998 – 2001 birth cohorts. *Birth* 33: 175 – 182.
9. Dominguez-Bello, M.-G. *et al.* (2010). Delivery mode shapes the acquisition and structure of the initial microbiota across multiple body habitats in newborns. *Proceedings of the National Academy of Sciences* 107: 11971 – 11975.
10. McVeagh, P. and Brand-Miller, J. (1997). Human milk oligosaccharides: Only the breast. *Journal of Paediatrics and Child Health* 33: 281 – 286.
11. Donnet-Hughes, A. (2010). Potential role of the intestinal microbiota of the mother in

neonatal immune education. *Proceedings of the Nutrition Society* 69: 407 – 415.

12. Cabrera-Rubio, R. *et al.* (2012). The human milk microbiome changes over lactation and is shaped by maternal weight and mode of delivery. *American Journal of Clinical Nutrition* 96: 544 – 551.
13. Stevens, E.E., Patrick, T.E. and Pickler, R. (2009). A history of infant feeding. *The Journal of Perinatal Education* 18: 32 – 39.
14. Heikkila, M.P. and Saris, P.E.J. (2003). Inhibition of Staphylococcus aureus by the commensal bacteria of human milk. *Journal of Applied Microbiology* 95: 471 – 478.
15. Chen, A. and Rogan, W.J. *et al.* (2004). Breastfeeding and the risk of postneonatal death in the United States. *Pediatrics* 113: e435 – e439.
16. Ip, S. *et al.* (2007). Breastfeeding and maternal and infant health outcomes in developed countries. *Evidence Report/Technology Assessment (Full Report)* 153: 1 – 186.
17. Division of Nutrition and Physical Activity: Research to Practice Series No. 4: Does breastfeeding reduce the risk of pediatric overweight? Atlanta: Centers for Disease Control and Prevention, 2007.
18. Stuebe, A.S. (2009). The risks of not breastfeeding for mothers and infants. *Reviews in Obstetrics & Gynecology* 2: 222 – 231.
19. Azad, M.B. *et al.* (2013). Gut microbiota of health Canadian infants: profiles by mode of delivery and infant diet at 4 months. *Canadian Medical Association Journal* 185: 385 – 394.
20. Palmer, C. *et al.* (2007). Development of the human infant intestinal microbiota. *PLoS Biology* 5: 1556 – 1573.
21. Yatsunenko, T. *et al.* (2012). Human gut microbiome viewed across age and geography. *Nature* 486: 222 – 228.
22. Lax, S. *et al.* (2014). Longitudinal analysis of microbial interaction between humans and the indoor environment. *Science* 345: 1048 – 1051.
23. Gajer, P. *et al.* (2012). Temporal dynamics of the human vaginal microbiota. *Science Translational Medicine* 4: 132ra52.
24. Koren, O. *et al.* (2012). Host remodelling of the gut microbiome and metabolic changes during pregnancy. *Cell* 150: 470 – 480.
25. Claesson, M.J. *et al.* (2012). Gut microbiota composition correlates with diet and health in the elderly. *Nature* 488: 178 – 184.

8장

1. Metchnikoff, E. (1908). *The Prolongation of Life: Optimistic Studies*. G.P. Putnam's Sons, New York.
2. Bested, A.C., Logan, A.C. and Selhub, E.M. (2013). Intestinal microbiota, probiotics and mental health: from Metchnikoff to modern advances: Part I – autointoxication revisited. *Gut Pathogens* 5: 1–16.
3. Hempel, A. *et al.* (2012). Probiotics for the prevention and treatment of antibiotic-associated diarrhea: A systematic review and metaanalysis. *Journal of the American Medical Association* 307: 1959–1969.
4. AlFaleh, K. *et al.* (2011). Probiotics for prevention of necrotizing enterocolitis in preterm infants. *Cochrane Database of Systematic Reviews*, Issue 3.
5. Ringel, Y. and Ringel-Kulka, T. (2011). The rationale and clinical effectiveness of probiotics in irritable bowel syndrome. *Journal of Clinical Gastroenterology* 45(S3): S145–S148.
6. Pelucchi, C. *et al.* (2012). Probiotics supplementation during pregnancy or infancy for the prevention of atopic dermatitis: A meta-analysis. *Epidemiology* 23: 402–414.
7. Calcinaro, F. (2005). Oral probiotic administration induces interleukin-10 production and prevents spontaneous autoimmune diabetes in the non-obese diabetic mouse. *Diabetologia* 48: 1565–75.
8. Goodall, J. (1990). The Chimpanzees of Gombe: *Patterns of Behavior*. Harvard University Press, Cambridge.
9. Fritz, J. *et al*. (1992). The relationship between forage material and levels of coprophagy in captive chimpanzees (*Pan troglodytes*). Zoo Biology 11: 313–318.
10. Ridaura, V.K. *et al*. (2013). Gut microbiota from twins discordant for obesity modulate metabolism in mice. *Science* 341: 1079.
11. Smits, L.P. *et al.* (2013). Therapeutic potential of fecal microbiota transplantation. *Gastroenterology* 145: 946–953.
12. Eiseman, B. *et al*. (1958). Fecal enema as an adjunct in the treatment of pseudomembranous enterocolitis. *Surgery* 44: 854–859.
13. Borody, T.J. *et al*. (1989). Bowel-flora alteration: a potential cure for inflammatory bowel disease and irritable bowel syndrome? *The Medical Journal of Australia* 150: 604.
14. Vrieze, A. *et al*. (2012). Transfer of intestinal microbiota from lean donors increases insulin sensitivity in individuals with metabolic syndrome. *Gastroenterology* 143: 913–916.

15. Borody, T.J. and Khoruts, A. (2012). Fecal microbiota transplantation and emerging applications. *Nature Reviews Gastroenterology and Hepatology* 9: 88-96.

16. Delzenne, N.M. *et al*. (2011). Targeting gut microbiota in obesity: effects of prebiotics and probiotics. *Nature Reviews Endocrinology* 7: 639-646.

17. Petrof, E.O. *et al*. (2013). Stool substitute transplant therapy for the eradication of *Clostridium difficile infection*: 'RePOOPulating' the gut. *Microbiome* 1: 3.

18. Yatsunenko, T. *et al*. (2012). Human gut microbiome viewed across age and geography. *Nature* 486: 222-228.

맺음말

1. Markle, J.G.M. *et al*. (2013). Sex differences in the gut microbiome drive hormone-dependent regulation of autoimmunity. *Science* 339: 1084-1088.

2. Franceschi, C. *et al*. (2006). Inflammaging and anti-inflammaging: a systemic perspective on aging and longevity emerged from studies in humans. *Mechanisms of Ageing and Development* 128: 92-105.

3. Haiser, H.J. *et al*. (2013). Predicting and manipulating cardiac drug inactivation by the human gut bacterium *Eggerthella lenta*. *Science* 341: 295-298.

사진목록 |

첫 번째 섹션

1. 천연두 환자 (*Wellcome Library, London*)

2. 살찐 정원솔새와 정상적인 정원솔새 (*Franz Bairlein*)

3. [위] 유전적 비만 쥐 (*Jackson Laboratory, photo by Jennifer Torrance*)

[아래] 미국 성인 비만 추세 (*BRFSS, Centers for Disease Control*)

4. [위] 1993년 크리스마스에 엘렌, 에린, 앤드루 볼트 (*Ron Bolte*)

[아래] 2011년 볼트 가족 (*Christopher Sumpton*)

5. 파푸아뉴기니의 개미 (*Ulla Lohmann*)

6. 미국 개구리의 사지 기형 (*Stanley Sessions*)

7. 주머니날개박쥐 수컷 (*Elizabeth Clare*)

8. 로보것을 다루는 에린 볼트 (*Alanna Collen*)

두 번째 섹션

1. '버블보이' 데이비드 베터 (*Michelle Goebel*)

2. [위] 페니실린 광고 (*National Library of Medicine/Science Photo Library*)

   [아래] 쥐의 맹장 (*Taconic Biosciences Inc.*)

3. [위] 쥐의 체지방 그래프 (*Cox et al. (2014). Cell 158: 705. Elsevier*)

[아래] 무균 쥐에게 미생물총을 이식하는 과정을 나타낸 도식 (*Cox et al. (2014). Cell 158: 705. Elsevier*)

4. [위] 앤 밀러와 알렉산더 플레밍 (*NYT/Redux/eyevine*)

   [아래] 슈퍼마켓 통행로 (*Chris Pearsall/Alamy*)

5. [위] '팹'을 먹는 코알라 새끼 (*Lorraine O'Brien*)

   [가운데] 부화하는 칡벌레 (*Joe Eger*)

   [아래] 서핑 중인 페기 칸 헤이 (*Peggy Kan Hai*)

6. [위] 대변 기증자를 모집하는 광고 (*Thomas Borody/Centre for Digestive Diseases*)

   [아래] '당신의 하루 중 가장 중요한 일' (*OpenBiome*)

7. [위] 기증받은 대변 샘플을 다루는 메리 젠가 (*OpenBiome*)

   [아래] 저장된 대변 미생물 샘플 (*OpenBiome*)

8. 하와이짧은꼬리오징어 (*Todd Bretl Photography/Getty Images*)

찾아보기 |

10퍼센트 인간

초판 1쇄 발행일 2016년 2월 15일
초판 12쇄 발행일 2024년 7월 1일

지은이 앨러나 콜렌
옮긴이 조은영

발행인 조윤성

편집 최안나 **디자인** 전경아 **마케팅** 서승아
발행처 ㈜SIGONGSA **주소** 서울시 성동구 광나루로 172 린하우스 4층(우편번호 04791)
대표전화 02-3486-6877 **팩스(주문)** 02-585-1755
홈페이지 www.sigongsa.com / www.sigongjunior.com

ISBN 978-89-527-7575-7 03470